高分子のエネルギービーム加工

Processing of the Polymers by the Energy Beam

監修
田附重夫
長田義仁
嘉悦 勲

シーエムシー出版

普及版の刊行にあたって

　光・プラズマ・放射線は，触媒や熱を用いずに，エネルギービームの照射によって，反応系を活性化する手段としての共通点をもっている。この反応手段としての共通の特徴は，高分子の反応や加工の領域で多くの現実的な利点をもつことが証明されており，それは実際に工業プロセスに取入れられて，実用化例を生み，いまも発展しつつある。さらに，ハイテクノロジー，バイオテクノロジー，ナノテクノロジーなど，新しい科学技術，産業分野の台頭興隆とともに，そうした新しい領域に，エネルギービームという手段を活用し，有効で有利な高分子の反応加工プロセスを見出したいと考える人々も後を絶たないであろう。

　しかしながら，今日まで，光・プラズマ・放射線という三つの手段をエネルギービームを用いた反応加工という統一的な視点から，その特徴，利点，研究開発の現状，実用化例，実際技術とその問題点，今後の展望と可能性などを総括的に通観，考察，紹介した成書は出版されていない。三つの手段は，それぞれの特色を有し，研究開発の対象，目的，実際条件に応じて適当に選択され，活用される必要がある。そのためにも，統一的な視点から，共通の特徴と個別の特徴とを，それぞれ比較考察して選択できるように，総括的に編集された成書が必要であると考えられる。本書はそうした要求に応えて，それぞれの分野における第一線の専門家の執筆を得てまとめられたものである。

　本書は，1986年に初版『高分子のビーム加工』として刊行されたが，反応加工手段としての光・プラズマ・放射線の重要性は全く今日でも変っていない。さまざまな領域で実用化された工業プロセスは順調に定着しており，特色ある反応加工技術とそのプロセスを，新しいアイデアによって，新分野のニーズやターゲットに適用，活用してゆくという応用技術としての基本的な特長も変るところはない。このたび，本書を普及版として再刊し，より広汎に，便利に利用していただくことを期することになった。

　本書によって，エネルギービームを利用した高分子の反応加工の現状と具体例が全体的に把握され，その特徴と可能性が理解され，広い境界領域を含む新分野，新領域にこの手段を応用しようとする研究者，技術者の方々に大きな刺激と手がかりが与えられるならば，大きな喜びである。また，これまでエネルギービームの利用に携ってこられた研究開発の方々にも，レビューと再考察の機会となり，新しい発想への契機となれば，大変幸いである。

2002年6月

著者代表　嘉悦　勲

執筆者一覧（執筆順）

田附 重夫	東京工業大学	資源化学研究所
甲斐 常敏	旭化成工業㈱	機能製品事業部
水野 晶好	旭化成工業㈱	機能製品事業部
角岡 正弘	大阪府立大学	工学部
	（現）大阪府立大学	大学院工学研究科
田中 誠	大阪府立大学	工学部
久保田 仁	群馬大学	工学部
荻原 允隆	群馬大学	工学部
中山 博之	関西ペイント㈱	技術本部
江口 金満	（財）名古屋市工業技術振興協会	
	（現）江口技術士事務所	
浅海 愼五	東京応化工業㈱	ＳＲ工場
増原 宏	京都工芸繊維大学	繊維学部
	（現）大阪大学	工学研究科
堀江 一之	東京大学	工学部
	（現）東京農工大学	工学部
長田 義仁	茨城大学	教養部
	（現）北海道大学	大学院理学研究科
沼田 公志	日本合成ゴム㈱	東京研究所
	（現）ＪＳＲ㈱	光学材料事業部
新海 正浩	日本合成ゴム㈱	東京研究所
稲垣 訓宏	静岡大学	工学部
平井 正名	㈱豊田中央研究所	
笹川 滋	日本赤十字社	中央血液センター
石川 善英	日本赤十字社	中央血液センター
武田 伸一	青山学院大学	理工学部
	（現）拓殖大学	工学部

広津 敏博		繊維高分子材料研究所
	(現)	産業技術総合研究所　物質プロセス研究部門
中尾 一宗	(元)	岐阜大学　工学部
甲本 忠史		東京工業大学　工学部
	(現)	群馬大学　工学部
近藤 義和		カネボウ合繊㈱　繊維高分子研究所
	(現)	㈱関西新技術研究所
山本 俊博		カネボウ合繊㈱　繊維高分子研究所
	(現)	山本研究所
筏 義人		京都大学　医用高分子研究センター
	(現)	鈴鹿医療科学大学　医用工学部
嘉悦 勲		日本原子力研究所　高崎研究所
	(現)	近畿大学　理工学部
坂本 勇		日新ハイボルテージ㈱
佐々木 隆		日本原子力研究所　高崎研究所
上野 桂二		住友電気工業㈱　大阪研究所
	(現)	住友電気工業㈱　中部支社
宇田 郁二郎		住友電気工業㈱　電子ワイヤー事業部
原山 寛		積水化学工業㈱　工業資材事業本部
岡田 紀夫		大分大学　工学部
大道 英樹		日本原子力研究所　高崎研究所
佐藤 守		大阪工業技術試験所
萩原 幸		日本原子力研究所　高崎研究所
	(現)	セーフテック・インターナショナル㈱
助川 健		日本電信電話㈱　ＮＴＴ電気通信研究所
蒲生 健次		大阪大学　基礎工学部

（執筆者の所属は、注記以外は1986年当時のものです）

目　　次

第1章　総論 ― 反応性エネルギー源としての光・プラズマ・放射線の比較 ―　　田附重夫

1　はじめに……………………………… 1
2　各エネルギー源と物質の相互作用…… 1
　2.1　光……………………………………… 2
　2.2　プラズマ……………………………… 3
　2.3　放射線………………………………… 4
3　原理的および実用的観点からの比較… 5
　3.1　エネルギーの高低…………………… 5
　3.2　エネルギーのフラックス…………… 5
　3.3　反応の再現性………………………… 5
　3.4　エネルギーの単色性………………… 6
　3.5　エネルギーの局在性………………… 6
　3.6　エネルギーの方向性，異方性，
　　　　干渉性………………………………… 6
　3.7　時間分解能…………………………… 6
　3.8　処理効果……………………………… 6
　3.9　作業性………………………………… 7

第2章　光による高分子反応・加工

1　光重合反応の現状と将来性
　　　　　　　　甲斐常敏，水野晶好… 8
　1.1　はじめに……………………………… 8
　1.2　光重合反応の応用の現状………… 11
　　1.2.1　感光層の全体を露光硬化さ
　　　　　せるケース……………………… 11
　　1.2.2　感光層の一部のみを露光硬
　　　　　化するケール…………………… 12
　　1.2.3　光と熱を併用するケース…… 14
　1.3　光重合反応の将来性と課題……… 14
　　1.3.1　感度…………………………… 15
　　1.3.2　酸素による重合禁止………… 19
　　1.3.3　レリーフの形状と界面の物
　　　　　性………………………………… 20

2　高分子の光崩壊反応とその利用
　　　　　　　　角岡正弘，田中　誠… 24
　2.1　はじめに……………………………… 24
　2.2　主鎖切断の関与する光化学反応… 24
　　2.2.1　カルボニル基を有するポリ
　　　　　マー……………………………… 24
　　2.2.2　アシルオキシイミノ基を有
　　　　　するポリマー…………………… 26
　　2.2.3　スルホニル基を有するポリ
　　　　　マー……………………………… 28
　　2.2.4　シリコン含有ポリマー……… 28
　　2.2.5　光によって生成する酸の利
　　　　　用………………………………… 29
　　2.2.6　その他………………………… 30

2.3 側鎖切断の関与する光化学反応… 32	5.3.2 アクリル板と感光フィルム
3 高分子表面の光改質法	との接着…………………… 57
久保田 仁,荻原允隆… 35	5.3.3 画像形成………………… 57
3.1 はじめに……………………… 35	6 フォトレジスト材料 浅海愼五… 60
3.2 光改質法の種類と特徴………… 35	6.1 はじめに……………………… 60
3.3 光改質法の諸例………………… 36	6.2 ネガ型フォトレジスト………… 61
3.3.1 直接照射法………………… 36	6.2.1 水溶性フォトレジスト…… 61
3.3.2 光開始反応法…………… 36	6.2.2 ポリケイ皮酸ビニル(3) … 62
3.4 光グラフト重合法……………… 37	6.2.3 ゴム系フォトレジスト…… 63
3.4.1 光グラフト重合の適用範囲… 37	6.2.4 その他のアジド系フォトレ
3.4.2 表面改質法としての光グラ	ジスト………………… 64
フト重合……………… 39	6.2.5 ドライフィルム………… 65
3.4.3 光グラフト体の表面構造…… 40	6.3 ポジ型フォトレジスト………… 65
3.5 おわりに……………………… 41	6.4 Deep UV レジスト…………… 67
4 光硬化性塗料およびインキ	6.5 ドライ現像用レジスト………… 68
中山博之… 45	6.6 サブミクロン加工用材料……… 68
4.1 はじめに……………………… 45	7 高分子の構造・物性の光計測………… 72
4.2 電子線硬化型塗料との比較……… 46	7.1 高分子表面の分析 増原 宏… 72
4.3 材料面における今後の課題……… 49	7.1.1 吸収・反射電子スペクトル… 72
4.4 応用面における今後の課題…… 51	7.1.2 全反射電子スペクトル…… 74
5 光硬化型接着剤 江口金満… 53	7.1.3 全反射ラマン分光法……… 77
5.1 はじめに……………………… 53	7.1.4 FT-IR-ATR……………… 78
5.2 光硬化型接着剤………………… 53	7.2 バルク物性の動的分析
5.2.1 基本構成………………… 53	堀江一之… 80
5.2.2 主な光硬化型接着剤……… 54	7.2.1 光プローブによる分子運動
5.2.3 特徴……………………… 56	の検出………………… 80
5.3 接着剤………………………… 56	7.2.2 ポリマーのミクロ構造の解
5.3.1 レンズの接着…………… 57	析…………………… 83

第3章 プラズマによる高分子反応・加工

1 プラズマによる高分子加工の特徴と　　　展望　　　長田義仁… 88

1.1 有機プラズマ反応の特徴………… 88
1.2 プラズマによる高分子加工の特
    徴…………………………………… 90
2 プラズマ反応装置・診断・反応
    　　　　　　沼田公志, 新海正浩… 93
2.1 反応装置………………………………… 93
    2.1.1 反応容器………………………… 93
    2.1.2 真空排気系……………………… 94
    2.1.3 真空計…………………………… 94
    2.1.4 ガス導入ライン系……………… 94
    2.1.5 放電形式と電極………………… 95
    2.1.6 基板支持………………………… 96
    2.1.7 その他…………………………… 96
2.2 診断……………………………………… 96
    2.2.1 プローブ測定法………………… 96
    2.2.2 プラズマ中の生成物の同定
          と定量…………………………… 97
2.3 反応……………………………………… 99
3 プラズマ重合による加工………………… 103
3.1 重合膜の作製法　　稲垣訓宏… 103
    3.1.1 はじめに………………………… 103
    3.1.2 プラズマによって起こる化
          学変化…………………………… 103
    3.1.3 プラズマ重合から生成する
          ポリマー………………………… 104
    3.1.4 ポリマー生成機構……………… 104
    3.1.5 機能性プラズマポリマー……… 108
    3.1.6 おわりに………………………… 114
3.2 分離膜の応用　　　平井正名… 116
    3.2.1 はじめに………………………… 116
    3.2.2 液体分離………………………… 116
    3.2.3 気体分離………………………… 120

3.3 生医学材料への応用
    　　　　　　笹川　滋, 石川善英… 124
    3.3.1 はじめに………………………… 124
    3.3.2 コンタクトレンズへの応用…… 124
    3.3.3 組織親和性の改善……………… 124
    3.3.4 血液バッグへの応用…………… 125
    3.3.5 抗血栓性材料…………………… 125
    3.3.6 抗血栓性の改善………………… 127
    3.3.7 おわりに………………………… 130
3.4 電子材料への応用　　武田伸一… 133
    3.4.1 センサーへの応用……………… 133
        (1) はじめに……………………… 133
        (2) 電位差型pHセンサー………… 133
        (3) 湿度センサー………………… 134
        (4) その他のセンサー…………… 136
    3.4.2 光学材料への応用……………… 137
        (1) はじめに……………………… 137
        (2) カラーコート膜……………… 137
        (3) 透湿防止膜…………………… 137
        (4) 液晶配向膜…………………… 138
        (5) 反射防止膜…………………… 138
        (6) 光電波路……………………… 139
        (7) 光記憶スペーサー…………… 140
        (8) レーザー核融合用ペレッタ
            ーゲット膜…………………… 140
        (9) レジスト膜…………………… 141
        (10) その他の応用………………… 141
        (11) おわりに……………………… 141
4 プラズマ処理による加工………………… 143
4.1 プラズマ処理と反応　広津敏博… 143
    4.1.1 はじめに………………………… 143
    4.1.2 プラズマの状態と操作因子… 143

4.1.3　プラズマガスの反応性……… 145
　　4.1.4　表面反応と処理効果………… 145
　　4.1.5　おわりに……………………… 149
　4.2　プラズマ処理による接着性の付
　　　　与　　　　　　　中尾一宗… 151
　　4.2.1　はじめに……………………… 151
　　4.2.2　接着強度に関する基礎的事
　　　　　項………………………………… 151
　　4.2.3　ポリマーの接着強度に対す
　　　　　るプラズマ表面処理の効果… 152
　　4.2.4　プラズマ重合による接着性
　　　　　の改善…………………………… 158
　4.3　電子顕微鏡への応用　甲本忠史… 163
　　4.3.1　はじめに……………………… 163
　　4.3.2　電子顕微鏡………………… 163
　　4.3.3　低温プラズマ処理…………… 163
　　4.3.4　おわりに……………………… 169

　4.4　繊維のプラズマ処理
　　　　　　　　近藤義和，山本俊博… 172
　　4.4.1　はじめに……………………… 172
　　4.4.2　繊維加工への応用…………… 172
　　　(1)　親水化加工…………………… 173
　　　(2)　染色性の改良………………… 174
　　　(3)　撥水加工……………………… 175
　　　(4)　綿の精練……………………… 175
　　　(5)　その他の加工………………… 175
　　4.4.3　プラズマ処理装置…………… 177
　　4.4.4　おわりに……………………… 178
5　グラフト重合による加工　筏　義人… 180
　5.1　はじめに………………………… 180
　5.2　プラズマによるグラフト重合の
　　　　一般法…………………………… 180
　5.3　プラズマ前処理グラフト重合…… 181
　5.4　グラフト化表面の一つの性質…… 183

第4章　放射線による高分子反応・加工

1　放射線による反応加工の現状
　　　　　　　　　　嘉悦　勲… 187
2　放射線照射装置・関連機器の現状
　　　　　　　　　　坂本　勇… 192
　2.1　はじめに………………………… 192
　2.2　利用状況………………………… 192
　　2.2.1　電子線架橋電線（電子ワイ
　　　　　ヤー）…………………………… 192
　　2.2.2　発泡ポリオレフィン分野…… 192
　　2.2.3　熱収縮チューブ，シート…… 192
　　2.2.4　ゴム・タイヤ………………… 194
　　2.2.5　塗膜の硬化…………………… 194

　　2.2.6　磁気メディアの製造………… 195
　　2.2.7　印刷…………………………… 195
　　2.2.8　排煙の脱硫脱硝……………… 195
　　2.2.9　その他………………………… 196
　2.3　電子線照射装置………………… 196
　　2.3.1　走査形電子線照射装置……… 196
　　2.3.2　非走査形電子線照射装置…… 198
　　2.3.3　加速電源……………………… 199
　2.4　関連機器の現状………………… 200
　　2.4.1　オゾン処理…………………… 201
　　2.4.2　不活性ガス置換……………… 201
　　2.4.3　線量測定……………………… 201

- 2.5 おわりに……………………… 201
- 3 放射線による表面硬化 佐々木 隆… 202
  - 3.1 硬化反応……………………… 202
    - 3.1.1 開始・成長の機構…………… 202
    - 3.1.2 プレポリマー，モノマーの実例………………………… 202
    - 3.1.3 硬化条件の影響……………… 203
    - 3.1.4 カチオン重合系……………… 206
  - 3.2 照射加工技術………………… 206
    - 3.2.1 電子の散乱性………………… 206
    - 3.2.2 熱除去………………………… 207
    - 3.2.3 その他の加工方式…………… 207
  - 3.3 応用分野……………………… 208
    - 3.3.1 磁性情報材料の製造………… 208
    - 3.3.2 感圧性接着剤………………… 208
    - 3.3.3 剥離処理フィルム…………… 209
    - 3.3.4 接着加工……………………… 209
    - 3.3.5 塗装・印刷…………………… 209
- 4 放射線橋かけ・分解製品……………… 213
  - 4.1 放射線架橋電線，熱収縮チューブ 上野桂二，宇田郁二郎… 213
    - 4.1.1 はじめに……………………… 213
    - 4.1.2 放射線架橋電線への応用…… 213
    - 4.1.3 熱収縮チューブへの応用…… 222
  - 4.2 発泡体 原山 寛… 226
    - 4.2.1 はじめに……………………… 226
    - 4.2.2 架橋発泡ポリエチレンの基本原理………………………… 226
    - 4.2.3 放射線架橋ポリエチレンの構造と物性…………………… 226
    - 4.2.4 架橋発泡ポリエチレンの製造プロセス…………………… 229
    - 4.2.5 架橋発泡ポリエチレンの用途……………………………… 230
    - 4.2.6 おわりに……………………… 231
- 5 放射線グラフト重合による合成繊維の加工 岡田紀夫… 234
  - 5.1 はじめに……………………… 234
  - 5.2 ポリエステル繊維の改質……… 234
    - 5.2.1 アクリル酸のグラフト重合… 234
    - 5.2.2 アクリルオルゴマーのグラフト重合……………………… 239
    - 5.2.3 その他のモノマー，オリゴマーのグラフト重合………… 242
  - 5.3 ポリ塩化ビニル，ポリプロピレン，ポリエチレン繊維のグラフト重合……………………… 242
- 6 放射線グラフトによる機能性膜の合成と応用 大道英樹… 245
  - 6.1 はじめに……………………… 245
  - 6.2 イオン交換膜………………… 245
  - 6.3 逆浸透膜……………………… 249
  - 6.4 パーベーパレーション膜…… 250
  - 6.5 気体分離膜…………………… 251
  - 6.6 医用人工膜…………………… 251
  - 6.7 おわりに……………………… 252
- 7 イオンビーム照射と応用 佐藤 守… 255
- 8 放射線による極限材料の合成加工……… 259
  - 8.1 超薄膜，超微粒子，超微孔体 嘉悦 勲… 259
  - 8.2 耐放射線性材料，極低温材料 萩原 幸… 265
    - 8.2.1 はじめに……………………… 265
    - 8.2.2 各種ポリマーの耐放射線性… 265

8.2.3　各種複合材料の耐放射線性…268
　　　8.2.4　極低温材料……………………270
9　放射線による情報・電子材料の合成
　　加工………………………………………273
　9.1　リソグラフィー　　助川　健…273
　　9.1.1　露光描画技術…………………273
　　　(1)　ホトリソグラフィー……………273
　　　(2)　電子線リソグラフィー…………275
　　　(3)　X線リソグラフィー……………275
　　9.1.2　レジスト材料…………………275
　　　(1)　ホトレジスト……………………276
　　　(2)　電子線，X線レジスト…………277
　9.2　半導体加工　　　蒲生健次…282
　　9.2.1　ビームプロセス………………282
　　9.2.2　光プロセス……………………282

　　9.2.3　イオンビームプロセス………284
　　9.2.4　おわりに………………………286
10　光学用プラスチックのキャスティン
　　グ　　　　　　　　　嘉悦　勲…288
11　放射線による生物・医学材料の合成
　　加工………………………………………293
　11.1　生体親和性材料，人工臓器素材
　　　　　　　　　　　　筏　義人…293
　　11.1.1　はじめに………………………293
　　11.1.2　放射線滅菌……………………293
　　11.1.3　生体親和性材料………………293
　　11.1.4　おわりに………………………297
　11.2　ドラッグデリバリーシステム
　　　　（薬物配達系），センサ，バイ
　　　　オリアクター　　　嘉悦　勲…298

第1章　総論 — 反応エネルギー源としての光・プラズマ・放射線の比較 —

田附重夫[*]

1　はじめに

　光・プラズマ・放射線というとエキゾチックなエネルギー源の感が深い。化学反応を誘起するには"活性化"の過程が必要となり，多くの場合は熱励起によっている。熱という一般的なエネルギー源では振動励起状態を経て活性化が起こるのに対して，本書でとり上げるビーム励起手法とでも言うべき活性化では，本質的に非平衡状態を経るプロセスとなる。
　ビーム励起手法がもてはやされるようになった背景には材料特に，その表面の高度改質・加工技術への要求がある。光・プラズマ・放射線には後述するように，それぞれの特色があるが，いずれも高エネルギー状態にある活性種を生ずる点で熱反応とは異なっている。これらの励起状態やイオン化状態を熱平衡で達成するには大変な高温を必要とする。可視光線による励起でさえ10^4Kに相当する。非平衡の高エネルギー状態が光や熱としてエネルギーを放出し，熱平衡状態に達する以前に目的とする反応を開始又は完了させる点が異なっている。電子温度より反応系バルクの実温度がはるかに低いことがビーム技術の最大の特徴であり，高温に耐えられない有機材料の加工・処理に適しているのである。
　熱プロセスで行えないビームプロセスの他の特長は反応の位置限定性と反応時間制御である。熱浴中の反応ではある部分だけ反応を行うのは困難である。その好例は追記可能ROM型レーザディスクは元来熱プロセスでありながら，記録エネルギー供給はレーザビーム→熱への変換によっていることである。反応時間制御も加熱，放熱の無駄なプロセスが避けられる利点が大きい。
　このように熱プロセスに比して多くの特長を備えたビームプロセスではあるが，三者のエネルギー形態の内容は互いに異なり，一長一短がある。

2　各エネルギー源と物質の相互作用

　物質にエネルギーを与えて反応を起こすためにはエネルギー吸収が起こり，かつ，そのエネルギーが熱または輻射を伴う失活以外にイオン化や化学結合組みかえに使用されねばならない。

---

[*]　Shigeo Tazuke　東京工業大学　資源化学研究所

第1章 総論 — 反応エネルギー源としての光・プラズマ・放射線の比較 —

2.1 光

同じ電磁波であっても光源の種類により大きな相違がある。太陽光、タングステンランプ、水銀燈、キセノン燈などの古典的光源においては、光束密度は非線型現象を起こすほど大きくはない。連続光、輝線の違いはあっても物質による光吸収(I)は入射光(I_0)に比例して(1)式で与えられる。

$$I = I_0 e^{-kcl} \quad (= I_0 10^{-\varepsilon cl}) \tag{1}$$

ここにkは吸光係数(常用対数単位ではε)、cはモル濃度、lは光路長(cm)である。εは最大10^5程度であるので、μmの厚さのオーダーではぼ完全吸収系を得ることは可能である。

古典的光源よりの光は位相が揃っていない。また輝線スペクトルを取り出しても単色性は良くない、偏光も認められない。レーザ光源に比して汚い光源である。

レーザにはガスレーザ、固体レーザ、色素レーザなど種類が多いが、古典的光源との差は、1)大光量、2)偏光性、3)コヒーレントな光、4)単色性、5)優れた指向性である。[*] 10 Wのレーザビームを$0.1\,\mathrm{mm}^2$に集束するとすればそのパワー密度は$10^5\,\mathrm{W\,cm^{-2}}$となる。強い太陽光を集光した場合と同程度ではあるが、単色光と全連続スペクトル光の差を考えて、単一波長で強度を比べるとレーザは10^{10}倍も太陽光より強い。この様に大光束で励起すると励起状態からの緩和過程よりも励起速度が大きくなり飽和が起こることになる。出力の小さなパルスレーザでもパルス幅がpsとなればパルス当たりのエネルギーがmJ単位でも尖頭出力は10 MW以上となる。各種の非線型現象が起こり、古典的定常光々源とは異なる。2光子以上の同時吸収、励起状態を経る段階的吸収、その結果としてのイオン化、励起状態間相互作用(S-S消滅、T-T消滅)による反応効率の低下などの現象が起こり、(1)式は適用できない。さらに光吸収による発熱が大きく、固相のレーザ光照射では熱反応の寄与を考慮せねばならない。

レーザよりさらに新しい光源としてのSOR(Synchrotron Orbital Radiation)は高エネルギー円形電子加速器の電子軌道から発せられる電磁波で赤外からX線領域に及ぶ。この特徴は、1)鋭い指向性、2)平行性がよい、3)広い波長領域にまたがる連続光、4)点光源に近い、5)電子軌道面内で100%偏光(直線偏光)している(電子軌道面上下では楕円偏光)、6)電子が長時間一定エネルギーで回転しているため光の強度が安定している。7)繰り返しの速いパルス光源である。以上の特徴はレーザ光でも得られないものであり、各種の計測用光源としてのみならず、超LSI製造のためのリソグラフィー用光源として、表面改質用光源としても期待されている。今後、大光量レーザとともに工業規模での生産用エネルギー源となる可能性もある。

紫外−近赤外領域の電磁波吸収は電子遷移である故に異方性がある。一般高分子固体のように

---

[*]注 すべてのレーザ光源がこの条件を満たしているわけではない。

2　各エネルギー源と物質の相互作用

アモルファス状態の物質または微結晶領域がランダムに散在する系では遷移モーメントの方向性は問題にならない。しかし，分子配列の規則正しい系 ─ LB膜や延伸配向後のフィルムなど ─ では偏光面により光吸収効率は異なる。レーザ光，ＳＯＲ光と一般光源とはこの点でも異なる。

　光の位相がそろっている場合，常に一定位置に光波の節と腹が生ずる。光吸収の不均一性が光の波長1/2で繰り返される筈であるが，反応面でまだ実例はない。深さ方向の解像力も高い精密な表面処理が要求される時代となると，この問題も検討を迫られるであろう。

　光吸収モードは有機化合物では $\sigma-\sigma^*$，$\pi-\pi^*$，$n-\pi^*$，CT吸収帯の各励起および光イオン化によりエネルギー吸収が起こる。また，無機化合物（配位化合物）では配位子自身の吸収の他に $d-d^*$，CTTL（金属より配位子の電荷移動），CTTM（配位子より金属への電荷移動），CTTS（溶媒への電荷移動）の各吸収帯がある。エネルギー吸収モードが多様でかつ明確であり，後続反応も最もよく理解されている。

2.2　プラズマ

　高温プラズマと低温プラズマがあるが，高分子加工に利用されるのは，もちろん後者である。プラズマ状態を得るには物質の最低イオン化エネルギーより高いエネルギーを与えねばならない。最低はCsの3.89 eVより最高はHeの24.58 eVまでの間に各物質のイオン化ポテンシャルが散在する。有機化合物では7〜15 eVの範囲にある。希ガス，不活性ガスではイオン化が起こったあと気相での2次反応は起こらない。CASING（Crosslinking by Activated Species of Inert Gases）処理はプラズマ利用の高分子加工では最も単純なものである。汎用の表面処理法のコロナ放電処理は活性種密度は低いが，酸素プラズマと同等の活性種を生ずる。プラズマ重合ではいわゆる重合性単量体と認められているビニール化合物以外の有機物も反応に巻き込んでいくことはよく知られた事実である。励起状態，親イオン，フラグメントイオン，ラジカルなど種々雑多の活性種を生じ，それが二次反応で高分子化するので化学反応として解析することは難しい。光は単なるエネルギー源であるが，プラズマは物質流でもある。

　イオンビームは狭義のプラズマではないが，熱的に非平衡状態である点ではプラズマ類似である。クラスターイオンビーム法，イオンビームエピタキシー法，イオンビーム蒸着法，イオンビームスパッタ法があるが，プラズマ法との相違点はいずれも引出し電圧をかけて粒子を加速してターゲットに衝突させることである。表面導電性透明フィルムの作製やプラスチックメタライジングが行われているが，いずれも高真空中の処理が必要なため，連続および長尺の処理が難しい。処理速度も遅い難点がある。クラスターイオンビーム法は $10^2 \sim 10^3$ 個の原子の集団の一部をイオン化して基板に吹き付けるもので，低い基板温度で速い蒸着速度が得られる上，基板衝突時のマイグレーション効果で密着性のよい処理がすみずみまで行われるため今後が期待される。

第1章 総論 — 反応エネルギー源としての光・プラズマ・放射線の比較 —

2.3 放射線

放射線にはX線，γ線，α線，β線（電子線），中性子や陽子などの粒子線と種類が多いが，加工のエネルギー源としてはX線と電子線にほぼ限られる。γ線はかつて利用され，現在でも殺菌や発芽防止などの限定された用途はある。

X線は光と同じ電磁波ではあるが，分子・原子の電子遷移エネルギーよりはるかに高エネルギーであるため，エネルギー吸収機構はイオン化で起こる。この機構には光電吸収，コンプトン散乱，電子対創生がある。光電吸収は物質中の原子の軌道電子が電磁波のエネルギーを吸収して電離されるために起こる。入射エネルギーの高い時は最内殻電子（K電子）の電離が主因となる。この吸収断面積は原子番号の5乗に比例し，入射エネルギーの7/2乗に逆比例して増大する。コンプトン散乱は入射電磁波エネルギーが原子核の電子束縛エネルギーに比して充分大きい場合に起こる。系内の電子は自由電子と考えてよく，電磁波（光子）は自由電子と弾性体のように衝突し，運動量とエネルギーの保存則が共に満たされるような方向に電子を散乱する。以上から明らかなようにこの機構による吸収断面積は原子番号に比例する。入射エネルギーの低い場合は原子核による電子束縛エネルギーの考慮が必要となる（トムソン散乱）。電子対創生は 2.04 MeV（= $m_0 c^2$，m_0 - 電子陽電子の静止質量）以上のエネルギー域で電子と正孔の対生成が起こる機構であり，X線領域では問題外である。

結局，X線特に軟X線では光電効果のみを考えればよい。分子構造には依存せず，原子番号への依存度が大きい。光吸収と同様に(2)式で表わされる。

$$I = I_0 e^{-\sigma N x} \qquad (2)$$

σ は1個の原子当たりの吸収の強さであり，面積の次元を持つ吸収の全断面積である。Nは単位体積当たりの原子数である。光吸収との大きな差は，光吸収は1回の分子との相互作用で光子エネルギーが完全に移動する。即ち，共鳴吸収であるのに対して，X線，γ線では光子が物質と次々と相互作用を続けてエネルギーを徐々に失うことである。この結果生じた2次電子も過剰エネルギーを有しているので他の分子・原子を次々とイオン化して2次電子のエネルギーを失い，遂には熱電子となる。この2次電子の飛跡は加工に際しては解像力を低下させることになる。

X線でも初期過程以外の2次電子の失活過程は電子線と変わるところはない。電子は他の粒子（α粒子や陽子）に比べて質量が小さい。このため，MeV程度のエネルギーでも粒子速度は光速の90％以上に達する。電子のエネルギー損失は物質中の原子の励起，電離など原子内電子との非弾性衝突によるので原子番号に比例してエネルギー損失が増す。また，物質の電離エネルギー（これも原子番号に比例する）が小さいほど大きい。しかし，数MeVの電子になると放電損失も現われる。光速に近い高速電子が原子核の近傍を通過すると静電引力で電子は加速度を得る。この結果電磁波を出して電子は減速される。光子と電子はこのように互変性がある。電子が物質

中をどれほど透過するかはほぼエネルギーに比例して定まる。

電子線は従来 0.5～5 MeV の高電圧であったが，最近は 500 KeV 以下の電子線加速器が開発されて自己シールドが容易になり使いやすくなった。低エネルギーになると電磁波への変換がなくなり，もぐり込み深さも減ずるので表面処理用として好適となる。

電子線もX線もエネルギーによって吸収機構が変化する点は光吸収に見られないことである。

3　原理的および実用的観点からの比較

3.1　エネルギーの高低

高エネルギーのイオン化放射線でもイオン化→再結合→ホットアトム（分子）生成を経てラジカルを生ずるので活性種の反応性は熱的なラジカル反応と同等である（少なくとも現在の工業的利用の水準では）。

電子励起を経る可視－紫外光反応に対して真空紫外でイオン化を伴う気相反応になるとプラズマ反応と区別し難くなる。プラズマ状態の粒子の運動エネルギーが反応にいかに影響するか興味ある問題である。

3.2　エネルギーのフラックス

短時間に大量のエネルギーを注入するにはレーザに優るものはない。エネルギーの吸収断面積が大きいことが高フラックスの有効利用に不可欠ではあるが，励起状態を経ない直接イオン化または光→熱変換で金属のレーザ裁断，加工をするような場合以外では高密度励起は励起状態間相互作用（S-S消滅，T-T消滅）で熱の発生となり，化学的に有効利用できないことに留意せねばならない。高密度励起には常に非線型現象がつきまとう。

放射線でもLINAC（linear accelerator）を用いた高密度電子線パルス照射で高密度イオン化は可能である。γ線などの高エネルギー電磁波では吸収断面積が小さく有機物の高密度励起や高密度イオン化はできない。

3.3　反応の再現性

光・放射線では入射エネルギー量，吸収エネルギー量の測定が容易であり，量子収率やG値の絶対基準があるため，異る実験者間でのデータの相違は少ない。しかし，プラズマでは反応が反応容器の形状，電極の方式，試料を置く位置などわずかな実験条件の影響をうけるために他者の実験を定量的に再現し難い問題点がある。

3.4 エネルギーの単色性

1光子が1分子に吸収される光反応では入射光と透過光とは波長は同じで光束が変わるのみである。この場合には単色性には意味があり,事実,レーザの優れた単色性を利用してstate-to-state chemistry が展開されている。高分子加工において現在,回転準位を個別に励起できるほどの単色性は要求されていないが,将来 PHB (Photochemical Hole Burning) による高密度多重記録を行う場合には±1cm^{-1}程度の単色光々源は必須である。

放射線においては入射エネルギーが段階的な物質との相互作用を繰り返してエネルギーを徐々に失っていくので,入射エネルギーは上限と考えるべきで単色性は無意味である。

3.5 エネルギーの局在性

光よりもエネルギーの高いX線は理論的に位置解像力が大きい。しかし,X線にはレンズもマスクも難しく,操作性では光に及ばない。両者の中間としてSORがその光の質の高さの故に注目されている。電子線スキャンも有効な描画法ではあるが作業効率が劣る。

縦方向(深さ方向)の位置限定の技術は遅れている。表面層にのみエネルギー注入するにはプラズマ,低速電子,軟X線,高吸収系の光照射を利用できる。一歩進んで表面より一定深さに限定してエネルギーを集中する技術はまだ見られない。細いビームのクロス照射や焦点深度の浅いレンズで一定深さに焦点を結ばすなどの方法を考えねばならない。

3.6 エネルギーの方向性,異方性,干渉性

プラズマ以外は方向性を有しているが,光は偏光性,干渉性(coherency)の点で特長がある。偏光励起や位相の揃った光源の用途は今後,高配向性高規則性分子集合体の加工で重要となろう。レーザ光の高調波発生も coherency を利用した技術である。

SOR X線も偏光しているが,エネルギー吸収は電子遷移でないので偏光の影響はない。

3.7 時間分解能

加工用光源としては極短パルスの必要はないが,測定用としては 10^{-12} 秒のパルス光が一般に用いられる時代となった。電子線のパルス化も行われている。パルス光は光路長を加減して10^{-12}～10^{-8}秒の範囲では容易に遅延させることができる。ピコ秒閃光分解法のモニター光源として利用されている。適当な鏡のないX線や電子線では不可能である。

3.8 処理効果

どのような物質にもエネルギー注入が可能な点では放射線が優れている。光は照射対象が高吸

収係数をもつ透明系に限られる。光硬化塗料においても無色の体質顔料（シリカ，炭酸カルシウムなど）を加えた場合はまだしも，着色顔料系は難しい。塗付硬化の技術に対しては，したがって電子線の方が利用範囲が広い。さらに増感剤を加える光反応系は耐候性の点でも問題がある。

　プラズマはプラズマ自体に反応性分子を含んでいる場合と不活性ガスのみから成る場合に大別される。前者はプラズマ重合でビニル化合物は元より，一般には重合しないとされている分子もプラズマ状態下では反応して不溶物を与える。高分子表面にプラズマ重合処理を施した場合は主反応は気相重合物の堆積または表面での重合であるが，高分子表面との直接反応で結合しないと表面層の密着性が劣る。CASINGに代表される後者の主な効果は高分子表面に架橋層を形成する反応である。しかし，不活性ガスの種類により表面性（例えば極性）も異なり，単なる架橋反応だけではないと思われる。表面に発生したラジカルを利用して表面グラフト重合も可能であり，両方法共に多様な処理効果が得られる。プラズマ（O_2プラズマ）によるエッチングも実用的に重要な技術である。

3.9　作業性

　放射線利用において遮へいの問題があるが，電子線の低エネルギー化に伴い遮蔽が簡単になり作業性が改善された。プラズマについては排気の処理をすれば作業環境上の問題はないが，装置が減圧系のため可能な反応，処理物の形状の制約が大きい。不活性ガスを用いるair-to-airのフィルム連続処理装置（最大厚さ0.5 mm）は実用に供されているが，その他の複雑な形態の成形品については連続処理は難しいであろう。

　プラズマ重合系の作業性は反応器の汚染のために問題がある。処理対象物以外の場所にプラズマ重合物が付着して量産性を損ねている。この点の改良がないとプラズマ重合は今後ともに特殊品の少量生産にとどまらざるを得ないであろう。低級な酸素プラズマ処理ともいうべきコロナ放電処理は常圧で行えるため，最も汎用の高分子表面処理となっているのと対称的である。

文　　献

1)　低温プラズマ応用技術，シーエムシー，昭和58年
2)　光化学の極限をさぐる，化学，**38**，(11) (1983)
3)　ビーム励起プロセス技術に関する調査研究報告書，機械システム振興協会，昭和59年
4)　放射線化学入門，上巻，雨宮綾夫，丸善 (1962)
5)　レーザ化学，I, II, 片山幹郎，裳華房 (1985)
6)　放射線プロセスシンポジウム講演要旨集，1985年11月，東京

第2章 光による高分子反応・加工

1 光重合反応の現状と将来性

甲斐常敏*，水野晶好**

1.1 はじめに

　光重合反応は古くからよく研究されていて、その応用も20数年前から種々提案されてきたが[1]、現在ではかなり広範な分野で実用されるに至った[2〜6]。

　光重合反応は組成物系に光を照射することによりラジカルなどの活性種を発生させ、モノマー類の連鎖重合反応を起こさせるものであり、この反応を利用する光重合性組成物は他の感光性組成物に比べ比較的に高感度化を達成しやすく、また、感光層を厚くすることができるという特徴がある。

　光重合性組成物の応用は、一般の感光性組成物と同じく低温（室温）での反応が可能であることと、選択的な重合硬化が可能であることを利用し、かつ光重合性組成物の上記の特徴を生かして、一つには感光層の全体を重合硬化させる用途（インキ、塗料、歯科材料など）に、一つには感光層の一定部分のみを選択的に重合硬化させる用途（レジストや印刷版材などのレリーフ・パターン形成材料）に広がっている。

　現在、工業的に利用されている光重合反応の中で最も一般的なものは
　(a) 付加重合性エチレン状不飽和化合物（モノマー，プレポリマー）
　(b) 光重合開始剤（および/または増感剤）
　(c) 添加剤
からなる系（光重合性組成物）に光を照射してラジカル重合により硬化させるものである。

　(a)成分は組成物の主成分であり、光重合して得られる硬化膜の物性に最大の影響を与える。成分の一部または全部に2個以上の不飽和基を持たせ多官能性とすることで重合反応により網状構造となりゲル化するように設計される。

　(b)成分は照射された光を吸収し、光重合反応を開始する役割を果たすもので光重合反応のスピードに支配的影響を与える。光重合開始剤として作用する化合物は数多くのものが古くから報告

---

　* Tsunetoshi Kai　旭化成工業(株)　機能製品事業部
　** Masayoshi Mizuno　旭化成工業(株)　感光材技術部

されており[7]～[8]，その例を表2.1.1に示す。現在実用されているものは芳香族カルボニル化合物がほとんどであり，種々のものが提案されている[9]～[10]。

(c)成分としては貯蔵安定性向上のための熱重合禁止剤，着色のための染料，顔料や機械的物性を向上させるための無機充填剤，基材との接着促進剤などがある。

また，組成物系全体をシート状またはフィルム状として利用するため，各種のポリマーをバインダーとして加えることも行われ，この場合は(a)成分がこのバインダーポリマーをからめ込みながら硬化することになり，最終硬化物の物性は(a)成分だけでなくバインダーポリマーによっても大きく左右されることになる。

表2.1.1 光重合反応開始剤例

		化 合 物 例
1.	過酸化物	H_2O_2，ジ-t-ブチル-ジペルオキシイソフタレート
2.	有機カルボニル化合物	ベンジル，ベンゾフェノン類，ベインゾイン類，アセトフェノン類アントラキノン類，チオキサントン類
3.	イオウ化合物	ジフェニルジスルフィド，テトラメチルチウラムモノ（ジ）スルフィド
4.	アゾ化合物	2,2'-アゾビスプロパン
5.	金属カルボニル	$Mn_2(CO)_{10}$, $C_6H_6Cr(CO)_3$
6.	無機固体	ZnO, AgX,
7.	無機イオン	Ce^{3+}, UO_2^{2+}, Fe^{3+} Fe^{3+}—過酸化物（レドックス）
8.	色 素	チオニン，メチレンブルー，アクリフラビン，ニュートラルレッド
9.	その他	トリフェニルホスフィン

光重合性組成物に光を当てると，光の吸収，光重合の開始と成長が起こり，不飽和基がある程度反応すると組成物に網状構造ができて，ゲル化して来る。光の照射をさらに続け，反応すべき不飽和基の消費が進むと系全体が完全に硬化し，必要とする物性を持つ硬化物が得られる。

光重合開始剤が光を吸収してラジカルを発生し，系をラジカル重合させる例をとると反応のスキームは次のようになる。

＜光化学一次過程＞

(i) 光吸収　　　　　　　$I + h\nu \longrightarrow I_S^*$ （一重項）

(ii) 蛍　光　　　　　　　$I_S^* \longrightarrow I + h\nu'$

(iii) 系間交差　　　　　　$I_S^* \longrightarrow I_T^*$ （三重項）

(iv) リン光　　　　　　　$I_T^* \longrightarrow I + h\nu''$

(v) 消光（クエンチング）　I_S^* または $I_T^* + M \longrightarrow$ 非ラジカル生成物または非重合開始ラジカル

(vi) ラジカル発生　　　　I_S^* または $I_T^* \xrightarrow{k_d} R_1\cdot + R_2\cdot$

＜重合反応＞

(vii) 開　始　　　　　　　$R\cdot + M \xrightarrow{k_a} M_1\cdot$

第2章 光による高分子反応・加工

(viii) 成長　　　　　　　$M_1\cdot + M \xrightarrow{k_p} M_2\cdot$

$\qquad\qquad\qquad\qquad$ — — — — — —

$\qquad\qquad\qquad\qquad M_x\cdot + M \xrightarrow{k_p} M_{x+1}\cdot$

(ix) 停　止　　　　　　 $M_x\cdot + M_y\cdot \xrightarrow{k_{tc}} M_{x+y}$

$\qquad\qquad\qquad\qquad M_x\cdot + M_y\cdot \xrightarrow{k_{td}} M_x + M_y$

(x) 禁止／抑制　　　　 $M_x\cdot + Z \xrightarrow{k_{tr}} M_x + Z\cdot$

$\qquad\qquad\qquad\qquad 2Z\cdot \longrightarrow$ 非ラジカル生成物

$\qquad\qquad\qquad\qquad$ など。

　光重合開始剤がラジカルを発生し，これがモノマーの重合を開始する反応の速度を Ri とすると系全体の重合速度 R_p は次式で与えられる[7]。

$$R_p = k_p \cdot k_t^{-1/2} \cdot R_i^{1/2} [M] \tag{1}$$

$\qquad k_p$ ：成長反応の速度定数 [$\ell\cdot\text{mol}^{-1}\cdot\text{sec}^{-1}$]

$\qquad k_t$ ：停止反応の速度定数 [$\ell\cdot\text{mol}^{-1}\cdot\text{sec}^{-1}$]

$\qquad [M]$：モノマー濃度　　　[$\text{mol}\cdot\ell^{-1}$]

この開始反応速度 R_i は

$$R_i = f \cdot I_{abs} \tag{2}$$

$\qquad I_{abs}$：有効吸収光強度，1リットルの反応系において，1秒間に吸収される光量子のモル数 [$\text{einstein}\cdot\ell^{-1}\cdot\text{sec}^{-1}$]

$\qquad f$：連鎖発生の量子収率，吸収された1個の光量子によって生じる鎖状ラジカルの対の数 [$\text{mol}\cdot\text{einstein}^{-1}$]

ところで有効吸収光強度 I_{abs} は，次式で示される。

$$I_{abs} = I_o(1 - e^{-\varepsilon\cdot d\cdot C_i}) \fallingdotseq \varepsilon\cdot d\cdot C_i\cdot I_o \text{（ただし } \varepsilon\cdot d\cdot C_i \ll 1 \text{ の場合）} \tag{3}$$

$\qquad \varepsilon$　：モル吸光係数　　　[$\ell\cdot\text{mol}^{-1}\cdot\text{cm}^{-1}$]

$\qquad d$　：感光層の厚さ　　　[cm]

$\qquad C_i$　：開始剤濃度　　　　[$\text{mol}\cdot\ell^{-1}$]

$\qquad I_o$　：入射光強度　　　　[$\text{einstein}\cdot\ell^{-1}\cdot\text{sec}^{-1}$]

(2)，(3)式を(1)式に代入し

$$R_p = k_p \cdot (f\cdot\varepsilon\cdot d\cdot C_i I_o / k_t)^{1/2} [M] \tag{4}$$

したがって光重合性組成物の定常状態での光重合速度 R_p は系の量子収率と吸光係数，モノマーの反応速度定数；開始剤濃度および光の強度（単位に注意）によってきまる。

以上は代表的な光重合反応であるラジカル重合の場合であるが，他にも，光によるカチオン重合がよく知られている[11),12)]。この系の代表的なものは，光によりカチオン重合触媒を放出する光カチオン重合開始剤とエポキシ化合物との組み合わせで，エポキシ基の開環重合を行わせるものである。光カチオン重合開始剤としては芳香族ジアゾニウム塩[13)]，ヨードニウム塩[14)]やスルホニウム塩[15)]のようなオニウム塩などがある。このような系で重合可能なモノマーとしてはエポキシ化合物の他にビニルエーテル類なども知られているが，実用されているのはエポキシ樹脂に限られている。しかしラジカル重合と違って酸素による重合禁止がないという特徴があるので，開始剤とモノマーの組み合わせを広げ，高感度化を図っていくことにより応用の幅も広がっていくものと思われる。

光重合反応を起こすための光は実用的には近紫外ないし青色光（300〜500 nm）である。特に選択的に光重合硬化させる用途の場合は，用いられるフォトマスクや光学レンズ系の光の吸収のため，波長が 330 nm より短い光は実用され難い。

通常用いられている光源としては，低圧水銀灯（主波長 365 nm＝i 線），超高圧水銀灯（主波長 i 線および 436 nm＝g 線），メタルハライドランプ，キセノンランプ，紫外線蛍光灯などがある。

さらにまた最近ではレーザの利用も進んできており，レーザ感光性高分子の開発も活発である[16)]。

1.2 光重合反応の応用の現状

光重合反応は現在，光照射により物性が変化するという機能をもった光機能性高分子[17)]を作るための重要な手段の一つとして，広く利用されている[18)]。

光機能性高分子としての光重合性組成物の工業的な応用の形態は，先に述べたように，(1)感光層の全体を光重合硬化させるケース（全硬化）と，(2)感光層の選択された部分のみを光重合硬化させるケース（選択硬化）とがあるが，さらに両方とも，光だけで硬化させる場合と，光と熱を併用する場合とがある。

1.2.1 感光層の全体を露光硬化させるケース

このケースは液状の光重合性組成物を基材に塗布，印刷，含浸，充填させたのち，全面に露光を行って硬化させるものである。利用される光重合性組成物は不飽和基を持つオリゴマー（プレポリマー）をアクリル酸エステルモノマーやメタアクリル酸エステルモノマーで希釈し，光重合開始剤，熱重合禁止剤を加えて作る。さらにその他必要に応じてレベリング剤，消泡剤，体質顔料，着色顔料を加えて塗料，インキ，コンポジットレジンとして仕上げたものである。したがって通常の塗料における希釈溶剤の役割はモノマーが代わりを果たしており通常は無溶剤タイプの塗料，インキなどとして使用される。

(1) 塗料・コーティング剤[19]

光を透過させるということから着色顔料を含むものは少なく，クリア塗料として用いられることが多い。応用例としては(i)木工製品分野のクリアラッカー，目どめ剤，(ii)プラスチック分野では表面の耐擦傷性の改良のためのハードコート剤，塩ビ床材の表面コーティング，金属蒸着用プライマー，および蒸着フィルムのオーバーコーティング，(iii)紙分野では表面つや出しコーティング，(iv)金属分野での鋼管の防錆塗料や金属缶のベースコート剤として用いられている。その他光ファイバー用として，シリコーン系に代わるコーティング剤としての応用も行われている。

(2) 印刷インキ[20]

インキへの応用はカートン印刷，金属印刷，ラベル印刷，フォーム印刷などの分野で平版や凸版インキとして使われている。スクリーンインキは次のレジストインキとしての応用が主で，その他プラスチックやガラス容器への印刷にも利用されている。

(3) レジストインキ[21]

プリント配線板用のソルダーレジストインキ，エッチングレジストインキ，マーキングインキなどに用いられている。熱硬化タイプに対して，プロセスタイムの短縮と溶剤揮散による粘度変化やスクリーン版の目詰まりがないなどの作業性の向上のメリットがあるため民主用ソルダーレジストでは大幅に採用されている。その他導電性ペーストなどへの応用も行われはじめている。

(4) 接着剤[22]

接着すべき対象の少なくとも一方は透明でなければならない制限はあるが硬化時間が短く，ポットライフは長い特徴を生かして，透明板への接着だけでなく，電子部品の固定や封止などへの応用も行われている。

(5) 歯科材料[23]

合金アマルガムやセメントなどが使われる虫歯充填剤に光重合コンポジットレジンが最近急速に用いられるようになってきた。充填用コンポジットレジンとしては過酸化物－アミンの組み合わせによる重合開始タイプが以前より実用化されていたがそれに代わって普及しつつある。当初は紫外線の照射により光重合をさせていたが，現在では人体に影響のない可視光により重合硬化するタイプが使用されている。

(6) 酵素の固定化[24]

酵素や微生物菌体を用いて反応させる有用物質の生産において，酵素や菌体を固定化する手段として，光重合反応を利用することが試みられている。これは液状の光重合性組成物に酵素液を加えて光重合反応させ，硬化させて酵素や菌体を固定したものである。

1.2.2 感光層の一部のみを露光硬化するケース

画像形成用材料として用いられるケースであり，通常ネガフィルムを通して露光を行い，露光

部と非露光部との物性の相異を利用して，画像を形成するものである。

　光重合性組成物は他の有機感光材料と比べた場合，モノマー，プレポリマーないしはバインダーポリマーの選択次第で重合硬化物の物性値をかなり広い範囲で設計できるし，光重合反応の特性からかなり厚い感光層を硬化することができる。

　したがって，光重合性組成物を利用して形成された画像は単なる可視画像としてだけでなく，種々の特性をもった厚みのあるパターン（レリーフ）を形成できるので応用範囲も広い。

　画像を形成するのに使われる露光前と露光後の物性値の差は組成物の溶解度の差を利用することが多いが粘着力や接着力の差を利用するものも実用化されている。図 2.1.1 にそれらの方法を示す。

　光重合性組成物は 1.2.1 と同様な液状のものと，バインダーポリマーと組み合わせてシートやフィルム状に成形された固体状のものとがある。

(1) 溶解度差を利用した画像形成
①印刷版[25]

　光重合反応の利用は三次元画像であるレリーフの作成に適していることから凸版への応用が多く，現在，国内外の各社より数多くの製品が発売されている。版の種類もダンボール印刷に使われるフレキソ印刷用の軟質版から紙型取用原版となる硬質版まで揃っている。軟質版はスタンプとしても応用される。平版印刷版はジアゾ系の感光層が主体であり，光重合を利用したものは少ないが重合連鎖を利用することにより高感度のＰＳ版が得られるため，ネガを使用しないダイレクト製版用のＰＳ版が作られている[26],[27]。

②フォトレジスト

　金属のエッチングやメッキ加工に際して形成した画像が保護膜としての役割をするフォトレジスト用途では，バインダーポリマーを加えてフィルム状とした感光層を銅面に転写して使用するドライフィルムレジストがプリント配線基板用のレジストとして利用されている[28]。現在写真的にプリント配線基板を加工する場合にはもっぱらこのドライフィルムが使われている。

③サンドブラスト用レジスト

　ガラス，石，陶磁器，プラスチックスに研磨砂を吹きつけて画像を彫るサンドブラスト加工用のレジストの作成に光重合反応が利用されている。光重合性組成物を用いて作成したレジスト膜は厚いもの得られまた物性も軟質強靱なものを得ることができるため，サンドブラストに十分耐えるレジスト膜を作成できる[29]。

④光成型品

　作成したレリーフを銘板としたり，鋳造用原型とする応用が行われている[1]。

また透明なプラスチックスシート上に光重合性組成物を用いて黒色の微細なルーバー状レリーフを形成させたライトコントロールフィルム（LCF）も実用化されている[30]。このLCFは窓などに取り付けて使用されるブラインドと類似な構造を微細化したもので、一定角度以上の斜めからの入射光を遮光し、LCFを通過する光の拡がりをコントロールする。これを自動車用のスイッチ表示盤や計器につけると、表示光がフロントガラスやドアミラーに映り運転の妨げとなるのを防ぐことができる。

(2) 粘着力差・接着力差を利用した画像形成

光重合性組成物の露光前と露光後の接着力の差を利用して図2.1.1の③のように画像パターンを作製する方法は以前より提案され[31]乾式現像として種々の試みが行われている[32]が解像力に限界があるため応用が限定され、製図・地図類の第二原図として利用された[33]。

粘着力の差を利用するものに、図2.1.1の②のように、カラートナーを粘着部に付着させて色校正のカラープルーフとする用途（クロマリン、デュポン社）がある[34]。

1.2.3 光と熱を併用するケース

光重合性組成物は光が当らない限り重合硬化しないので、組成物中に不透明なフィラーが入ったり、硬化層が厚くなったり、光の当たらないかげの部分ができたりすると硬化しないという不便がある。そのため、光重合性組成物を同時に熱硬化型にし、予め表面部分だけを光で硬化させた後、全体を熱重合硬化させる方法が電気絶縁ワニス[35]、多層プリント配線板の内層用絶縁材[36]などに応用されている。

耐熱性ポリマーであるポリイミドの膜を選択的に形成するために、ポリイミド前駆体であるポリアミック酸にアクリル基を導入して光重合性とし、必要部分を露光・現像してパターンを形成した後、加熱して重合に与ったアクリル基をとばすと共にイミド環を形成させるものもＩＣ等のパッシベーションや層間絶縁膜などの用途に実用化されている[37]。

1.3 光重合反応の将来性と課題

光重合反応の特徴を最も良く生かすアプリケーションは光重合性組成物の選択硬化（レリーフの形成など）の用途である。

従来この用途に供される組成物は、例えば印刷版材の場合には印刷物、ドライフィルムレジストの場合にはプリント配線板といった最終製品を作るために必要な機能を果すだけのもの（機能製品）として用いられ、それ自体が恒久的に用いられる最終製品となるケースは（塗料などの全硬化の用途に比べ）比較的少なかった。しかし今後は単に機能製品としてだけでなく、例えばLCFのような微細成型品や感光性ポリイミドを用いた層間絶縁膜のような恒久膜のような光重合性組成物の光重合物自体が最終製品となる用途にも広く使われるようになろう。

1 光重合反応の現状と将来性

その場合の技術開発のポイントは,感度とレリーフパターンの質である。

現在,光重合性組成物の精密レリーフの形成は多くの場合フォトマスクを通した平面露光にとどまっており,例えばレーザ光などで直接かつ立体的に(任意に硬化厚さを変えて)パターニングすることは行われていない。酸素による重合阻害を克服し,貯蔵安定性を維持しつつ感度を現状の $10^2 \sim 10^3$ 倍以上に上げていけば光重合性組成物の応用範囲は一段と広がろう。

得られるレリーフパターンの質は,解像力に関わるレリーフの形状の質にとどまらず,用途に応じた界面物性の質が重要な問題で,形成されるレリーフの界面の物理・化学に関する基礎的知見の積み上げは緊急を要する。

光重合性組成物自身を精密成型品などに加工する場合は,レリーフパターンを形成する機能に加えて最終製品の構成材としての信頼性・耐久性が要求される。そのためレリーフパターン賦与の機能をもつ光重合性基と物性賦与の機能をもつ反応性基を同一ポリマー内にもたせた複合機能性高分子も今後の方向の一つと思われる。

以下に主要課題の2,3を取り上げる。

1.3.1 感度

光重合性組成物の層に光を当てると露光量に応じて硬化厚さが大きくなる。露光量 E の対数 $\log E$ と硬化厚さ d とは直線関係にある。このようにして得られる感度曲線は硬化が開始するまでのイングクションタイム(I.T.)に相当する露光量 E_0 と $\log E$ 軸に対する直線の傾き角 α の正接($\tan \alpha$)即ち γ 値によって特性づけられる(図2.1.2)。

硬化厚さの測定が困難な薄膜の場合は,基材上に硬化膜が残るために必要な露光量で感度が示される。

しかしながら実用的な意味での感度は,光重合性組成物が一定波長の光の照射によって用途に応じた必要な物性をもつ硬化物になるのに必要な最小露光量の逆数であるので,上記の一般的な感度測定で得られる感度と対応しないことが多い。

レリーフパターンを形成する用途の場合の実用感度の尺度は露光部分が現像に耐えるだけの物性に達しておりかつ基材に対し充分な接着を示すに必要な最少露光量となる。

一般に露光量 E(J/cm^2)は照射強度 I(W/cm^2)と露光時間 t(sec)の積であるが,必要な物性をもつ硬化物になるのに必要な露光量は多くの場合相反則が成立しない。レリーフ形成速度を上げるために光源の強度を大きくする場合,同一露光量で得られるレリーフの機械的強度は往々にして低下することがあるので注意を要する。

さらに,実用的な意味での感度の場合,光重合層が基材と充分な接着強度を得るのに意外に長時間を要しているケースが多く,そのため感光層のみの硬化に必要充分な量以上の露光となる場合がありレリーフの形状の質に好ましくない影響がある。したがって微弱な光で充分な接着強度

第2章 光による高分子反応・加工

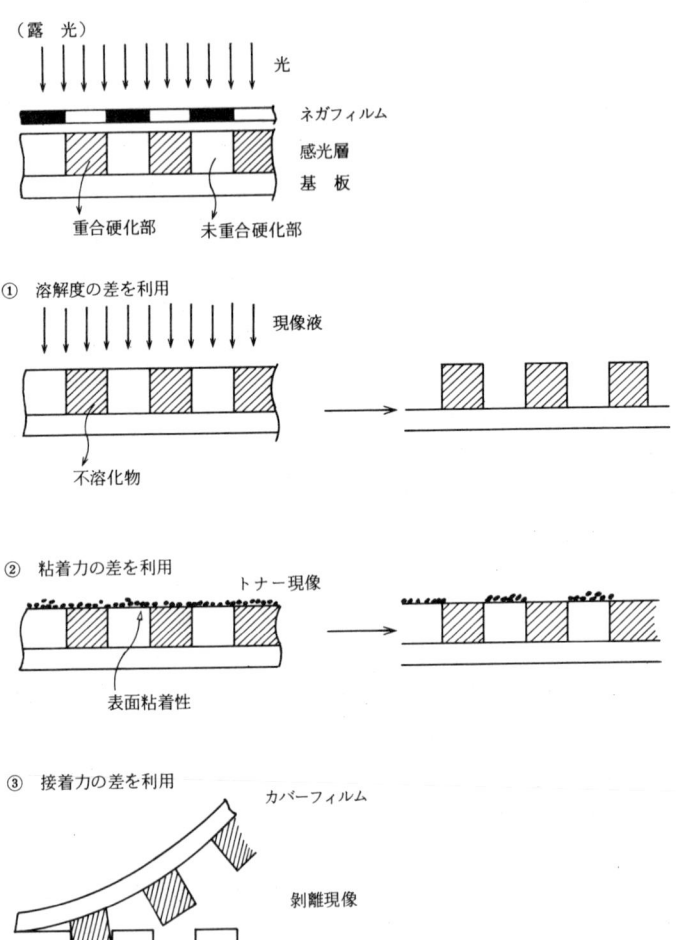

図 2.1.1

に達するような光化学系が実現できれば実用感度の向上とレリーフの質の向上に非常に有利となる。

ところで光重合反応は連鎖反応を含むため高感度化の可能性は高い。連鎖反応を含まない光二

量化型のフォトポリマーの感度について
A. Reiser と E. Pitts は計算上の理想感
度を $0.1\,mJ/cm^2$ としている[38]。しかし
実際には,例えば感光層の厚さが1〜2
μm のPS版(オフセット印刷版)の画像
形成のために必要な露光量は光二量化型
で $50〜200\,mJ/cm^2$ である。また,ジア
ゾ系の場合も $300〜350\,mJ/cm^2$ である。
これに対し連鎖反応を利用した系のPS版
では $0.1〜0.5\,mJ/cm^2$ が実現されており[26],
さらにそれ以上の感度のPS版も報告さ
れている[27]。

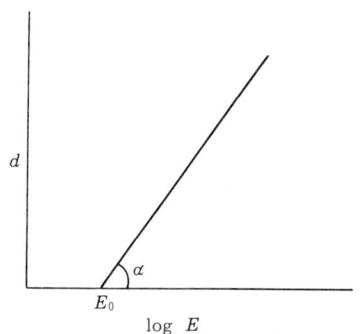

図 2.1.2 光重合性組成物の感度曲線

PS版に比べ感光層の厚さが0.4mmから7〜8mmの凸版印刷用のものは,光重合反応の利用に
より $200〜1000\,mJ/cm^2$ の範囲にあり,厚さが $20〜50\,\mu m$ のドライフィルムレジストは数十mJ/
cm^2 であるが,これらの厚い感光層の感光速度はもっと上げる必要がある。

　感度向上のためには光重合の開始反応の効率と露光前後の物性変化の効率を上げねばならない。
そのために,光重合開始剤の種類と濃度,モノマーやポリマーの官能基の反応性と濃度,分子量
と分子量分布およびガラス転移点,酸素や貯蔵安定性向上の目的で加えられる安定剤の重合阻害
効果の排除,基材との接着向上剤の添加あるいは基材の表面処理,現像剤と現像方法などの総合
的な検討が要請され,ケミストリーの粋が結集されねばならない。

　これらのうち光重合開始剤については,現在主として用いられているものは次のもので,光カ
チオン重合開始剤を除いてほとんどが芳香族カルボニルである。市場で入手可能な主な開始剤を
表 2.1.2 に示す。

(a) 分子開裂型

例;ベンゾイン類 (表 2.1.2 の①,以下同様)
　　ベンジルケタール類 (②),アセトフェノン誘導体 (③, ⑥, ⑧),
　　α -ヒドロキシアルキルフェノン類 (④, ⑤, ⑦),オキシム類 (⑨)

第2章 光による高分子反応・加工

表2.1.2 主要光重合開始剤と増感剤

物　質　名	商品名, メーカー等	物　質　名	商品名, メーカー等
① ベンゾインアルキルエーテル (構造式) R:メチル, エチル, イソプロピル, イソブチル	・精工化学 ・大東化学工業所 ・和光純薬 ・黒金化成 ・新日曹化工 ・Stauffer 他	⑩ ベンゾフェノン (構造式) o-ベンゾイル安息香酸メチル (構造式)	・片山化学 ・和光純薬 ・ダイトキュアOB (大東化学工業所)
② ジメトキシフェニルアセトフェノン (構造式)	・Irgacure 651 (チバガイギー)	⑪ (構造式 COOCH₃) 4,4'-ビスジエチルアミノベンゾフェノン (構造式)	
③ ジエトキシアセトフェノン (構造式)	・DEAP (Upjohn)	⑫ 4,4'-ビスジエチルアミノベンゾフェノン (構造式)	・ニッソキュアEABP (新日曹化工) ・三菱油化
④ 2-ヒドロキシ-2-メチルプロピオフェノン (構造式)	・Darocure 1173 (メルク)	⑬ ベンジル (構造式)	・黒金化成 ・新日曹化工 ・精工化学
⑤ 4'-イソプロピル-2-ヒドロキシ-2-メチルプロピオフェノン (構造式)	・Darocure 1116 (メルク)	⑭ フェニルグリオキシル酸メチル (構造式)	・Vicure 55 (Stauffer)
⑥ α,α-ジクロル-4-フェノキシアセトフェノン (構造式)	・Sandoray 1000 (Sandoz)	⑮ 2-エチルアントラキノン (構造式)	・三井東圧化学
⑦ 1-ヒドロキシクロロヘキシルフェニルケトン (構造式)	・Irgacure 184 (チバガイギー)	⑯ 2-クロロチオキサントン (構造式)	・カヤキュア-CTX (日本化薬) ・Quantacure CTX (Ward Blenkinsop)
⑧ 2-メチル-1-[4-(メチルチオ)フェニル]-2-モルフォリノ-プロパン-1-オン (構造式)	・Irgacure 907 (チバガイギー)	⑰ 2-メチルチオキサントン (構造式)	・Quantacure MTX (Ward Blenkinsop)
⑨ 1-フェニル-1,2-プロパンジオン-2-(o-エトキシカルボニル)オキシム (構造式)	・Quantacure PDO (Ward Blenkinsop)	⑱ 4-ジメチルアミノ安息香酸イソアミル (構造式)	・カヤキュア-DMBI (日本化薬)

(b) 水素引抜型

$$X-\underset{\|}{\overset{O}{C}}-Y + RH \xrightarrow{h\nu} X-\underset{\cdot}{\overset{OH}{C}}-Y + R\cdot$$

例；ベンゾフェノン類（⑩, ⑪）

　　　ベンジル類（⑬）

　　　アントラキノン類（⑮）

(c) エネルギー移動型

$$PS \xrightarrow{h\nu} PS^*, \quad PS^* + I \longrightarrow PS + I^*, \quad I^* \rightarrow I\cdot$$

例；チオキサントン（PS）とキノリンスルフォニルクロライド(I)の組み合わせなど（⑯, ⑰）

(d) エキサイプレックス形成型

<chemical reaction showing benzophenone + NR₃ → exciplex → products including R₂N-ĊHR'>

エキサイプレックス

例；ベンゾフェノン⑩と3級アミン（⑫, ⑱）

(e) カチオン重合触媒生成型

<chemical reaction: PhN₂⁺BF₄⁻ → PhF + N₂ + BF₃> など。

　光重合反応の応用範囲を広げるために，紫外域に強い吸収のあるポリマーに感光性を賦与したり，レーザを光源として利用可能としたりする等の要請は今後益々大きくなると予想される。そのために可視域での増感剤・光重合開始剤で高感度を示すものが必要となる。イミダゾール2量体とアリーリデンアリールケトンの組み合わせ[39]，アシルフォスフィンオキシド誘導体[40]などが提案されている。

1.3.2　酸素による重合禁止

　光によるラジカル重合において酸素は光化学一次過程の励起状態のクエンチャーになり，また重合過程のフリーラジカルのスカベンジャーになる。

　そのため光重合反応が遅くなり，表面の硬化が不充分になったりべとつきが残ったりする。この問題は従来から大きな問題であったが，今後も例えばフォトマスクを介さずに直接レーザで露光描画するような用途展開を考えると，その対策は重要な解決課題の一つである。

　これまでに提案された対策は，光源の強度を大きくする方法や，光重合性組成物の表面をシールする方法（不活性ガス雰囲気にする，酸素不透過性のフィルムで覆う，パラフィンワックス等

を添加しておき表面にブリードさせて薄膜をつくるなど）の他，光重合過程で酸素を消費させる方法として，①芳香族ケトンと3級アミンの開始剤系を使用[41]　②ベンゾインアルキルエーテルとp-ジメトキシアミノベンズアルデヒドの使用[42]，③ベンジルジメチルケタール類の光重合開始剤にメチレンブルーのような色素増感剤と2,3-ジフェニルイソベンゾフランのような一重項酸素のトラップ剤を加え赤色光を当てる方法[43]などがあるが，今後さらに突込んだ検討を要する。

1.3.3　レリーフの形状と界面の物性

光重合反応により作成されるレリーフは用途により，その形状がまず問題となる。例えばアスペクト比（縦横比，図2.1.1のh/a）ショルダー角（同図，θ），露光部と非露光部の境界のシャープさなどである。

レリーフの作成は図2.1.1に示すように画像部分のみ光重合をさせることにより行われるが，実際には感光層内部における光の散乱や基板との界面でのハレーションにより非画像部にも光は到達するし，逆に十分な光の到達が必要な画像部では感光層内部にゆくに従い光の強度が減少する問題がある。

そのため望ましいレリーフ形状を得るためには感度，感光層の屈折率および光の吸収性，基板との界面におけるハレーション，照射する光の平行性，未

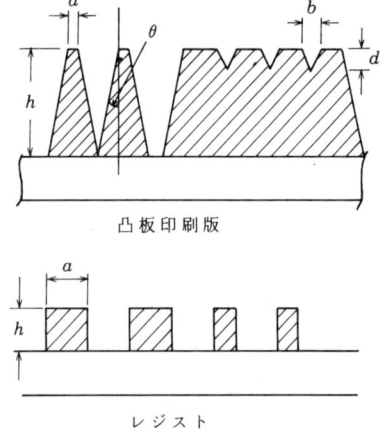

図2.1.3　レリーフの形状

硬化感光層の溶解性，重合硬化部の現像液に対する膨潤性などを考慮する必要がある。

特に凸版の場合は印刷時の圧力に耐えるように図2.1.3に示すように富士山型のレリーフが必要とされるため種々の工夫が必要である。

例えば，感光層を多層化して基板に近い層程感度を高くしたり[44]，基板を透明として，基板からも露光を行い基板との界面や感光層内部の方をより重合硬化しやすくする工夫も行われている[45]。両面からの露光の方法は図2.1.4に示す。この両面露光の場合，画像露光時に，露光面とは逆の側である基板（ベース側）が先に重合硬化を始める現象もあり，この現象を利用したグラビア版作成の試みもある[46]。

非硬化部と硬化部をシャープに区分するためには光重合性組成物の感光特性（I.T.とtan α）

1　光重合反応の現状と将来性

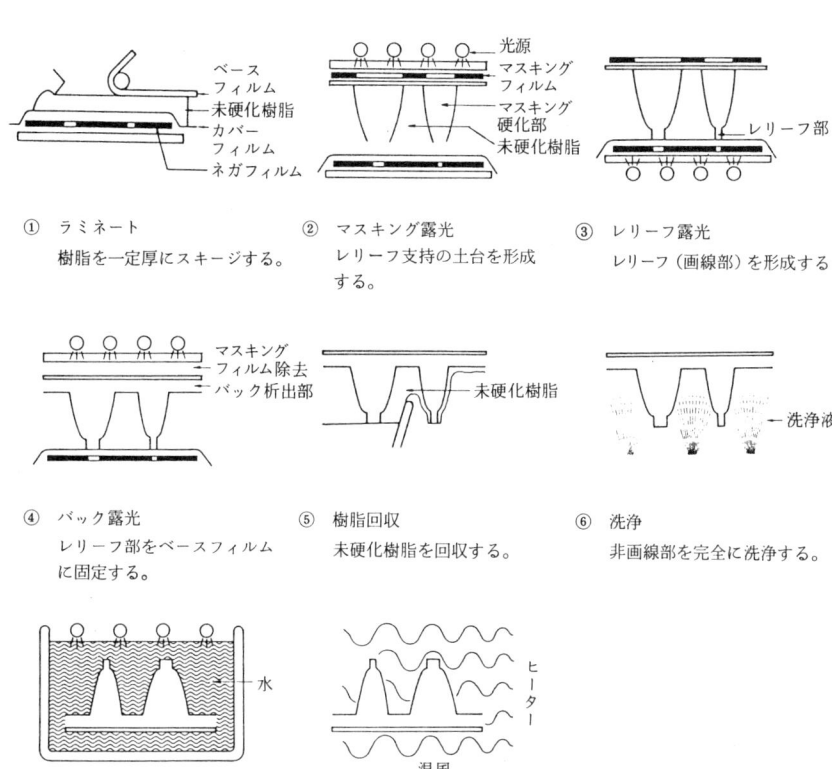

図2.1.4　両面露光

を適切に設計することが大事であるが限界もある。最近サブミクロンリソグラフィー用に提案されたCEL（Contrast Enhanced Lithography）法[47]の概念はいろいろと応用が可能なものといえる。この方法はフォトレジスト層の上に薄いフォトブリーチ層を設けて画像露光すると，ある程度以上の強い光が当たる部分はフォトブリーチ層が光を吸収・分解して光吸収性を失い，光の透過率が上昇するが，微弱な光は透過しないでコントラストが良くなるというものである。

　次にレリーフパターンで問題となるのは，レリーフ側面の物性である。レリーフ側面は硬化部と非硬化部の界面であるが，この側面は例えばドライフィルムレジストの場合はメッキ界面と

第2章 光による高分子反応・加工

なり,印刷版の場合はインキの付着界面となり,それぞれの用途ごとに最終製品の品質に重大な影響を及ぼすことはいうまでもない。しかしながらこの界面の微細構造や物理的・化学的性質は充分には解明されていないのが現状である。

　レリーフパターンと基材との接着性も重要な問題で,先述のように実用感度に大きく影響するほか,レリーフパターンの機能発揮に重大な影響を与える。効率の良い光接着は今後とも重要なテーマであろう。またドライフィルムレジストの場合はエッチングやメッキに際しては基材と強固に接着しているが,最後に取り除くときは容易に剥離されねばならない。接着性と剥離性のバランスも,もっとコントロールされねばならない点である。

文　　献

1) 例えば,角谷　勤,化学経済,**16**,No.6,67 (1969);高分子,**19**,No.215,94～159 (1970)
2) G. E. Green et al., *J. Macro. Sci. Rev. Macro. Chem.*, **C 21**, No.2, 187 (1981-2)
3) UV．EB硬化技術,総合技術センター (1982)
4) R＆Dレポート感光性樹脂の合成と応用,シーエムシー (1979)
5) R＆Dレポート感光拙性樹脂の合成と応用 (続),シーエムシー (1980)
6) 光・放射線硬化技術,大成社 (1985)
7) a．G. Oster et al., *Chem. Rev.*, **68**, 125 (1968)
　 b．林　晃一郎,高分子実験学,第4巻,第7章2節 (1983)
8) 西島安則ほか,工化誌,**72**,No.1,31 (1969)
9) V. D. McGinniss, "Developments in Polymer Photochemistry 3" Edited by N. S. Allen, Applied Science Publishers (1982)
10) H. J. Hageman, *Prog. Org. Coatings*, **13**, 123 (1985)
11) 角岡正弘ほか,光機能性高分子の合成と応用 (第1章),シーエムシー (1979)
12) 森尾和彦ほか,機能材料,**5**,No.10,5 (1985)
13) S. I. Schlesinger, *Phot. Sci. Eng.*, **18**, No.4, 387 (1974)
14) 特開昭50-151996
15) 特開昭50-151997
16) 市村国宏,*TRIGGERS*,85-12,107 (1985)
17) 田附重夫,有合化,**40**,No.9,30 (1982)
18) 山岡亜夫,熱硬化性樹脂,**5**,No.4,14 (1984)
19) a．磯崎　理,工業材料,**29**,No.10,29 (1981)
　　 b．石原　直,機能材料,**3**,No.12,48 (1983)
20　 a．住田益次郎,工業材料,**29**,No.10,38 (1981)
　　 b．今井敬義,機能材料,**3**,No.10,61,(1983)

21) a. 与那原邦夫 ほか, 電子材料, **22**, No.10, 44 (1983)
    b. 吉野 篤 ほか, 電子技術, **27**, No.7, 111 (1985)
22) 小笠原誉久, 工業材料, **29**, No.10, 24 (1981)
23) 特集・光重合型コンポジットレジン, 歯科ジャーナル, **21**, No.5, 501 (1985)
24) 福井三郎, ほか, 醗酵工業, **56**, 448 (1978)
25) 角田隆弘, 感光性樹脂改訂版, 印刷学会出版部 (1978)
26) 清水茂樹 ほか, 印刷雑誌, **68**, No.2, 11 (1985)
27) 小関健一 ほか, 日化, **1985**, 119
28) a. 田中能之, 電子技術, **27**, No.7, 106, (1985)
    b. 特公昭 45−25231
29) 特公昭 46−35681
30) 日経メカニカル, **1985. 5. 6**, 78
31) 特公昭 38−9663
32) 井上英一 ほか, 高分子, **29**, No.7, 531 (1980)
33) R. W. Woodruff et al., *Phot. Sci. Eng.*, **11**, No.2, 93 (1967)
34) 特公昭 48−31323
35) 四十物雄次 ほか, 工業材料, **28**, No.8, 48 (1980)
36) K. H. Rembold, "Proceedings of the First Printed Circuit World Convention" I, 1. 11. 1 (1978)
37) R. Rubner et al., *Phot. Sci. Eng.*, **23**, No.5, 303 (1979)
38) A. Reiser et al., *Phot. Sci. Eng.*, **20**, No.5, 225 (1976)
39) 特公昭 54−155292
40) 特開昭 55−13794
41) C. L. Osborn et al., *J. Rad. Curing.*, **3**, No.3, 2 (1976)
42) H. G. Heine et al., *Prog. Org. Coat.*, **3**, No.3, 135 (1979)
43) C. Decker, *Macromol. Chem.*, **180**, 2027 (1979)
44) 特公昭 35−16614
45) 特公昭 45−23165
46) 特公昭 47−32684
47) B. F. Griffing et al., "Proceeding of 6th International Conference on Photopolymers", Ellenville, N. Y. (1982)

2 高分子の光崩壊反応とその利用

2.1 はじめに

角岡正弘*，田中　誠**

　高分子の光崩壊すなわち「高分子材料の光劣化」のイメージが強く，高分子の光崩壊反応の利用を積極的に考えることはなかなか難しい。それゆえ，高分子の光崩壊反応の研究成果を「高分子の光劣化」[1]という立場から検討し，高分子材料の光安定化にいかに役立たせるかというのが，高分子の光崩壊反応の一番重要な利用法ということになるかもしれない。事実，「高分子の光劣化と安定化」に関する研究は年々増え続けている[2]。しかし，もっと積極的な利用法の例としては1970年代初期に，高分子材料の寿命のコントロールに高分子の光崩壊反応を利用したことがある。使用ずみになった高分子材料を屋外に放置するだけで高分子の光崩壊が急速に進むように設計しようというものである[3]。この研究は石油ショックのため実用化にはいたらなかったが，現在でも農業用マルチフィルムではその必要性が認められている[4]。一方，最近になって高分子の光崩壊反応をポジ型フォトレジスト材料へ利用しようという研究が盛んになってきた。従来のフォトレジストがネガ型（光橋かけ反応を利用し，現像時に光照射部を残す）であり，現像時に膨潤するため解像度をあげにくいが，ポジ型（光崩壊反応を利用し，現像時には低分子量部が先に溶解）ではこのような欠点がないので，光崩壊性ポリマーをポジ型レジストに利用しようという動きがでてきた。さらに，解像度を上げて1μ以下（サブミクロン）のパターンを作製するときには，従来使用されていた350～450nmの紫外線よりも回折・干渉の少ない200～260nmの遠紫外線（Deep UV）を用いる必要がある。したがって，高分子の光崩壊反応の利用としては，Deep UVを用いるポジ型レジストへの応用が，最近のトピックスと考えられるので，光崩壊反応を利用する場合の特長と考え方を中心に解説する。なお，光崩壊性ポリマーの例および反応[5]についてはまとめたことがあるのでその詳細は省略する。

2.2　主鎖切断の関与する光化学反応
2.2.1　カルボニル基を有するポリマー

　カルボニル基をもつポリマーの光崩壊機構に関する研究は現在でも盛んに続けられている。最近の研究の特徴として脂肪族系カルボニル基を有するポリマーの例が多くみられることである。例えば内藤ら[6]は溶液中での光崩壊の初期過程について詳細な研究を続けており，Guilletら[7]は固相での脱カルボニル化反応について検討している。これらの研究は次に述べるフォトレジス

---

*　Masahiro Tsunooka　大阪府立大学　工学部
**　Makoto Tanaka　大阪府立大学　工学部

トへの応用とも関連してくるが，詳細は述べられないので関連部分のみを解説する。
カルボニル基を有するポリマーの光反応には次の二つのタイプがある。

$$\text{[1]} \xrightarrow{h\nu, \text{Type I}} \quad \text{主鎖切断} \rightarrow (\beta\text{-切断,酸化崩壊}) \quad (1)$$

$$\xrightarrow{h\nu, \text{Type II}} \quad + \quad (2)$$

$$\text{[2]} \xrightarrow{h\nu} \quad (3)$$

ガラス転移点以上では Type II 反応が優先するが，ガラス転移点以下では Type II 反応の効率は悪くなり，Type I 反応と競争になる。主鎖にメチル基を有するポリ（メチルイソプロペニルケトン）（PMIPK）[2]では Type I の反応が主に起こる。

津田，中根ら[8]はポジ型 Deep UV レジストとして検討された PMMA（ポリメタクリル酸メチル）の解像度はすぐれているが感度が低いという欠点を改良するため，254 nm 光で光崩壊しやすい PMIPK をポジ型 Deep UV レジストへ応用した。PMIPK の感度は PMMA の約4倍であるが，p-t-ブチル（あるいは p-メトキシ）安息香酸などを増感剤（10 wt%）として添加すると20～25倍まで増加する。現在，PMIPK はポジ型 Deep UV レジストとして市販されている。

ポリ（t-ブチルイソプロペニルケトン）（PTBIPK）[9] [3]は主鎖にメチル基，側鎖に t-ブチル基をもつので非常に光分解しやすくなる。PMIPK の主鎖切断の量子収率（313 nm 光）は，液相で0.44，固相で0.085であるのに対し，PTBIPK は液相で0.38，固相で0.32となり，液相でも固相でもほとんど差がないという特異な結果が得られている。ポジ型レジストへ利用すれば興味深い系であるがまだデータは発表されていない。

Nate ら[10]は p-置換フェニルイソプロペニルケトン（p-X-PhIPK）共重合体[4]のレジストへの反応を検討した。[4]は側鎖に芳香環をもつため～350 nm まで吸収がある。Xe-Hg ランプを用いた結果では，感度（mJ/cm^2）は PMMA 11000，PMIPK 1000 に対して，P（p-MeO-PhIPK(15)-MMA）66，P（p-Me-PhIPK(34)-MMA）

第2章 光による高分子反応・加工

[構造式 [4]: -(CH₂-C(CH₃)(C(=O)-C₆H₄-X)-CH₂-C(CH₃)(C(=O)O-CH₃))-
(X = H, CH₃, CH₃O)]

150, P(PhIPK(28)-MMA)100 という結果となり芳香環の導入により感度が著しく増大することがわかる。PMIPKの光反応ではIRスペクトルで1720 cm^{-1}（$>$C=O）の減少がみとめられるが[4]ではそのような変化はほとんどなく，光反応の詳細は不明である。

インデノンとMMAの共重合体[5][11]は環状ケトンを利用した珍しい例であり，光崩壊反応は(4)式のように進む。

[反応式 (4): 構造式[5]が $h\nu$ によりα-切断し、さらにβ-切断して二級ラジカルから三級ラジカルへ変化する反応スキーム]

ポジ型のDeep UVレジストとして検討した結果，インデノン7%を含有する場合，248nm光で感度0.02J/cm^2, 18%含有する場合280nm光で0.1J/cm^{2}と求められた。MMA-フェニルビニルケトン共重合体に比べ，感度は100倍高い。その理由としてケトンの光分解における環のひずみの重要性，主鎖切断により生成ラジカルが二級から三級へ変化することなどが考えられている。

2.2.2 アシルオキシイミノ基を有するポリマー

Delzenneら[12]はアシルオキシイミノ（AOI）基が光分解しやすいことを利用した光崩壊性ポリマー[6]について研究しているが，主に液相での研究を中心におこなった（(5)式）。

[反応式 (5): 構造式[6] $\xrightarrow{h\nu}$ 中間体 + CO_2 $\longrightarrow$ 主鎖切断]

2 高分子の光崩壊反応とその利用

$$-(CH_2-\underset{\underset{\underset{\underset{CH_3}{|}}{C=N}}{\underset{O}{|}}}{\overset{R_1}{\underset{|}{C}}})-$$
$$(R_1=H \text{ or } CH_3$$
$$R_2=C_6H_5 \text{ or } C_{10}H_7)$$

[7]

筆者ら[13]は [7] のAOI基をもつ共重合体について検討した結果，ベンゾフェノン（BP）が増感剤としてすぐれていることを見出したが，液相と固相で崩壊挙動がかなり異なることから，固相での光崩壊挙動について検討した。その結果，固相で光崩壊反応を優先させるためには，[7] のR$_1$がメチル基である必要があり，共重合体中の相手モノマー（スチレン(St)あるいはMMA）に関係しないこと，共存する酸素が崩壊反応を著しく促進すること，BPは増感剤としてのみならず，可塑剤的な役割を果すことを指摘した[14]。

Reichmanis ら[15]は [6] のAOI基が290nm付近まで吸収をもち，光分解しやすいことを利用して，[6] のDeep UVレジストへの応用を試みた。AOI基を16mol％導入すると，Hgランプ（200～400nm）を用いた時，感度はPMMAの30～40倍であり，240nm光では〜100mJ/cm^2，265nm光では〜500mJ/cm^{2}であった。MMA，AOI基を有するモノマー（OM），メタクリロニトリル（MAN）の三元共重合体P（MMA-OM-MAN）（69：16：15（モル比））では感度はPMMAの85倍にもなる。P（MMA-OM-MAN）（86：6：8）の場合，p-t-ブチル安息香酸を15wt％添加すると，その感度は共重合体のみのときに比べ10倍増加し，PMMAの83倍になる[16]。

筆者ら[17]は [7] のAOI（R$_1$=CH$_3$）基をもつMMA共重合体（R$_2$=C$_6$H$_5$の時MAAPO(11)-MMA，R$_2$=C$_{10}$H$_7$の時MAANO(10)-MMA）をDeep UVレジストとして用い，254nm光での感度を検討したところ，PMMAに比べ，前者で1.6倍，後者で4倍の感度が得られたが，

$$-(CH_2-\underset{\underset{\underset{CH_3-Si-CH_3}{|}}{\underset{CH_2}{|}}}{\overset{CH_3}{\underset{C=O}{\underset{|}{C}}}}) - (CH_2-\underset{\underset{\underset{CH_3}{|}}{\underset{N=C}{\underset{|}{O=C}}}}{\overset{CH_3}{\underset{C=O}{\underset{|}{C}}}}) -$$

[8]

これらの共重合体にt-ブチル安息香酸を10wt％添加すると，PMMAの100倍の感度が得られた。St共重合体でも同じ結果が得られた。ポジ型レジストは一般にドライエッチングに弱いという欠点があるが，[7] のAOI基は芳香環をもつこと，相手モノマーにStを用いることによって耐ドライエッチング性が向上すると考えられるが，CCl$_4$を用いたプラズマエッチング速度はPMMAの1/4であり，耐ドライエッチング性がすぐれていることがわかった。

Reichmanis ら[18]は [8] の共重合体を合成した。ポリマー中にSi原子を導入し，反応性イオンエッチング（O$_2$RIE）耐性を増大させようというものであり，図 2.2.1 のように基板に凸凹がある場合の2層レジストの上層レジストとして利用することを目

27

的としている。酸素圧20μmでのO₂RIE速度(A/min)は100〜150(Si含有量に依存)，平坦化に使われたノボラック樹脂-キノンジアジドでは1750であった。PMMAではその速度は3700となり，[8]のすぐれたO₂RIE耐性が証明された。

2.2.3 スルホニル基を有するポリマー

ポリ(1-ブテンスルホン)[9]は紫外部に吸収がほとんどないので，Deep UVレジストより，電子線を用いるポジ型レジストとして利用される。Hiraokaら[19]は，増感剤を用いると[9]がDeep UV用ポジ型レジストとして利用できることを見出している。[9]に増感剤(ピリジンN-オキシド(λ_{max}, 265nm)，p-ニトロピリジンN-オキシド(332, 234nm)あるいはBP)を20wt%添加して，フィルムとし紫外線(300nm以下カット)を照射した後，100℃で7分間ポストベーキングをおこなうとポジタイプのパターンができる。光照射後加熱

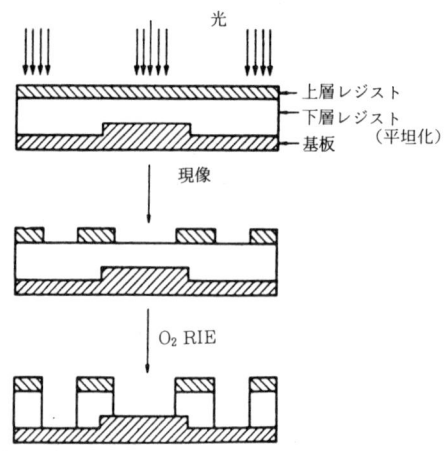

図2.2.1 上層レジストにDeep UVレジストを用いたときの2層レジストの概要

$-\text{(CH}_2-\text{CH}-\text{SO}_2\text{)}-$
 　　　　$|$
 　　　　CH_2
 　　　　$|$
 　　　　CH_3
　　[9]

により1-ブテンとSO₂が生成する。このポリマーは耐ドライエッチング性が悪いので，クレゾールーホルムアルデヒド-ノボラック樹脂(Varcum)との組み合わせが検討された。ポリ(2-メチル-1-ペンテンスルホン)(16.5wt%)とVarcumを混ぜ合わせて作ったレジストは，Varcumの吸収(λ_{max}≒280nm)と同じ位置に吸収をもつが，吸光度が著しく大きくなる。光照射後KOHをふくむ溶液で現像するとポジタイプのパターンが得られ，光照射後130℃で5分間加熱するとネガタイプのパターンが得られる。主鎖切断時に生成したラジカルがノボラック樹脂の橋かけに利用されたのではないかと推定されている。Varcumのかわりにブロム化ポリ(p-ヒドロキシスチレン)を用いても同様の結果が得られる。

2.2.4 シリコン含有ポリマー

2層レジスト法における上層レジストとしてシリコンを含むレジストに興味がもたれているのは前述したとおりである。Ishikawaら[20]はポリ〔p-(ジシラニレン)フェニレン〕[10]のポジ型レジストへの応用について検討しており，O₂プラズマ耐性が高いという。[10]の光崩壊は，Si-Si結合の切断によっておこる。Millerら[21]も同様に[11]について検討している。光照射時に

2 高分子の光崩壊反応とその利用

```
   CH₃ CH₃                    CH₃
 ─(Si - Si─⟨◯⟩─)ₙ          ─(Si─)ₙ
    R   R                     X
 ( R = Me , Et , Ph )    ( a : X = Phenyl    )
        [10]              b : X = n - dodecyl
                                [11]
```

[11a] では崩壊と橋かけが同時に進行するが，[11b] では崩壊のみが起こる。液相での光崩壊の量子収率は，[11a] の方が[11b] より大きいことより，[11a] の光崩壊には連鎖移動反応が重要な役割を果たしていると考え，[11a] の固相での光崩壊において，

```
    CCl₃           CCl₃                CCl₃
    ⟨◯⟩          N   N               N   N
    CCl₃      CCl₃─⟨ ⟩─CCl₃     CCl₃─⟨ ⟩─CH=CH─⟨◯⟩─OCH₃
                     N                   N         OCH₃
    [12]            [13]                [14]
```

連鎖移動剤として[12]を約20wt%添加したところ，固相でも容易に主鎖切断がおこるようになった。この時照射光の90%以上は[11a]によって吸収される。[14]は〜400nmまで吸収があり，[14]のみが光を吸収する条件下でも，属感剤として作用し，[11a]の崩壊がおこる。

2.2.5 光によって生成する酸の利用

光照射によってブレンステッド酸やルイス酸が生成する系を利用して，光カチオン重合や光橋かけ反応をおこなう研究は最近のトピックス[22]であり，この系は高分子の崩壊反応にも応用できる。光照射によって酸を生成する代表的な例は次のようなものである（(6)式から(10)式）。

$$(C_2H_5)_2N-\langle\bigcirc\rangle-N=N^+ MX_n^- \xrightarrow{h\nu} (C_2H_5)_2N-\langle\bigcirc\rangle-X + N_2 + MX_{n-1} \quad (6)$$

[15] $(MX_n^- = BF_4^-,\ S_bF_6^-,\ AsF_6^-,\ PF_6^-\ etc)$

$$(\langle\bigcirc\rangle)_2 I^+ MX_n^- \xrightarrow{h\nu} \langle\bigcirc\rangle-I + H^+ MX_n^- + Others \quad (7)$$

[16]

$$(\langle\bigcirc\rangle)_3 S^+ MX_n^- \xrightarrow{h\nu} \langle\bigcirc\rangle-S-\langle\bigcirc\rangle + H^+ MX_n^- + Others \quad (8)$$

[17]

$$(\langle\bigcirc\rangle)_3 SiCOPh \xrightarrow[alcohol]{h\nu} (\langle\bigcirc\rangle)_3 SiOH \quad (9)$$

[18]

第2章 光による高分子反応・加工

$$\text{[19]} \quad \text{Ph-SO}_2\text{SO}_2\text{-Ph} \xrightarrow[\text{RH}]{h\nu} \text{Ph-SO}_2\text{H} \quad (\text{and} \quad \text{Ph-SO}_3\text{H}) \tag{10}$$

Ito, Willson[23]はポリフタルアルデヒド[20]の光崩壊反応にヨードニウム塩[16], スルホニウム塩[17](MX_n^- = AsF_6^-)を利用した。これらの塩をS, 生成するブレンステッド酸をAと記すと[20]は(12式のように分解する（B

$$S \xrightarrow{h\nu} A \tag{11}$$

$$B\text{-(CH-O)}_n\text{Ac} \xrightarrow{A} \cdots \rightarrow n\text{ RCHO} \tag{12}$$

：開始剤末端基）。ポリエーテルの天井温度が室温より低い（-40℃）ので，一度主鎖切断が起こると，モノマーまで分解が進む。化学増幅（chemical amplification）として興味がもたれている。[20]に[16]あるいは[17]を10 wt%添加し，1μm厚のレジストを作り，254 nm光で照射すると，感度$2\sim5$ mJ/cm^2, 解像度1μm以下でポジタイプのパターンを作ることができる。現像処理が不要で，ドライ現像できるので，非常にユニークな系となる。Crivello[24]はポリカーボネート，ポリエステル，ポリアゾメチンの加水分解に，これらの塩（[16], [17]）の光分解で生成する酸を利用することを考えている。

2.2.6 その他

現在ポジ型レジストとして使用されているナフトキノンジアジド－ノボラック樹脂系ではポリマーの光崩壊は関係せず，ナフトキノンジアジドが溶解阻止剤（resin-solution inhibitor）として作用することを利用している。ところが同様の発想で開発された溶解阻止剤[21]とMMA-MA（メタクリル酸）共重合体の組み合わせの系ではポリマーの光崩壊も関与する。

$$\text{[21]} \xrightarrow{h\nu} [\cdots] \rightarrow [\cdots] \rightarrow \text{(nitroso compound)} + \text{RCOOH} \tag{13}$$

（R = ステロイド骨格）

2 高分子の光崩壊反応とその利用

コール酸 o-ニトロベンジルエステル [21] は(13)式に示したように，光照射によりカルボン酸を生成する。Reichmanisら[25),26)]はMMA-MA共重合体（モル比75：25，$\overline{Mw}$ = 65〜70×10^3）を [21]（20wt%）とともにキャストしてレジストとし，260±20nm光を照射後アルカリ（Na_2CO_3）水溶液で現像するとポジ型のパターンが得られることを報告している。このレジストはコントラスト（γ＞5）が高く，1μm以下の解像度があり，感度は150〜200mJ/cm^2であった。

モノニトロ体 [21] のかわりに，2,6-ジニトロ体を用いると感度は2倍上昇する[27)]。光照射後，MMA-MA共重合体の分子量は1/2に低下しており，現像時の溶解速度を大きくすることが実証されている[28)]。

ポリ（トリメチルシリルプロピン）[22] が光崩壊性であること，シリコンを含有することより，O_2RIE耐性をもつポジ型レジストとして利用できる。三洋化成とNTTの共同で研究が進められており，遠紫外線ではこのままで高感度ポジ型レジストになるが，近紫外線（i線）ではキノン系増感剤を用いることにより100mJ/cm^2，γ＞4でポジ型レジストになる。O_2RIE耐性があり，そのエッチング速度は6nm/min以下であった[29)]。

MacDonaldら[30)]は [23] が(14)式のように，光反応でカルボン酸を生成すること[31)]に着目して，耐熱性の感光性高分子 [24] を合成した。300℃まで耐熱性があり，感度（Xe-Hgランプ）は100mJ/cm^2であった。

高分子の光崩壊をドライ現像に利用する方法が報告されている。杉田，上野ら[32)]は重水素ランプ（λ＞180nm）を用いるとPMMAやPMIPKが光崩壊（低分子化）によりエッチングされることを見出し，ドライエッチングによる現像を考えている。エッチング速度（Å/min）は，PMMA 21，PMIPK 33であるのに対し，ノナフルオロヘキシルメタクリレート-MMA（1：1）共重合体では，その速度は48となりフッ素原子を導入することによりエッチング速度が大きくなるという[33)]。エッチングには酸化反応が関与していることは確かだが，崩壊反応の詳細は不明である。この方法で1μmのパターンを書くことができる。

Srinivasan[34)]はArF エキシマーレーザ(193 nm)を用いてポリエチレンテレフタレートの光分解(ablative photodecomposition)を行っている。光照射により，CO，CO_2，H_2の他にC_1～C_{12}の化合物が約30種検出されており，もっとも収率の高いものはベンゼンであった。この方法を用いるとドライ現像が可能であり，そのエッチング速度は空気下で，1,200 A/パルス（1パルス 370 mJ/cm^2）であった[35)]。レーザを用いてドライ現像しようという例は最近多くみられるようになったが，ここではこれ以上ふれない。

2.3 側鎖切断の関与する光化学反応

Ito，Willson[23)]はポリ(p-t-ブトキシカルボニルオキシスチレン)[25]中にヨードニウム塩(20 wt%)を添加し，254 nm光を照射すると，生成した酸により加水分解がおこり，[25]は[26]へ変わる。極性溶媒で現像するとポジタイプのパターンが，非極性溶媒で現像するとネガタイプのパターンができる。同様にポリ(t-ブチルメタクリレート)，ポリ(t-ブチル-p-イソプロペニルフェニルオキシアセテート)，ポリ(t-ブチル-p-ビニルベンゾエート)なども利用できる。

Frechetら[36)]は[27]および[29]の光化学反応について検討した。

[27]では光フリース転位により，o-位にアセチル基が転位して[28]が生成し，光を遮蔽するため光反応は進まなくなるが，[29]では脱カルボニル化によりフェノール構造となるため光反応はほぼ完全に進行する。[29]はポジ型，ネガ型いずれのレジストとしても利用できる。Deep UV レジストとしての性能を検討したところ，感度は $70mJ/cm^2$，解像度は $1.25\mu m$ であった。

その他，光照射によってポリマーフィルム表面が酸化劣化することを利用するとフィルム表面の物性を変えることができる。接着性の改良，気体透過性のコントロールに利用できるが，これらについては別にまとめたことがある[37]のでここでは省略する。

(謝辞) 本稿をまとめるにあたり，千葉大学工学部助教授　杉田和之氏，大阪府立大学工学部助手　伊藤進夫氏，三洋化成工業(株)新事業開発本部主任研究員　高田耕一氏，松家英彦氏には文献調査でご協力いただきました。厚く御礼を申し上げます。

文　　　献

1) 角岡正弘，田中　誠，プラスチックス・エイジ，(No.8) 109，(No.9) 107，(No.10) 101，(No.11) 97 (1981)
2) 高分子の崩壊と安定化研究会編，高分子の崩壊と安定化文献調査資料，高分子学会 (1985)（西本清一"高分子の光酸化劣化"p. 25，角岡正弘"高分子の光安定化"p. 40）〔この資料集は 1981 年より毎年アニュアルレビューとして編集されている〕
3) 文献 1 (No.9) 107，(No.10) 101
4) D. Gilead, *Chem. Tech.*, **15**, 299 (1985)
5) 角岡正弘，感光性樹脂の合成と応用(続)(新しいタイプのフォトポリマーの合成と光反応)，シーエムシー p.143 (1980)
6) 例えば，I. Naito, W. Schnabel, *Polym. J.*, **16**, 81 (1984)
7) 例えば，J. E. Guillet., S. K. L. Li, *Am. Chem. Soc. Polym. Preprints*, **25**, (1) 296 (1984)
8) 津田　穣，中根　久ら，第 14 回半導体集積回路技術シンポジウム要旨集，p. 42 (1979)
9) S. A. MacDonald, H. Ito, C. G. Willson, J. W. Moore, H. M. Gharapetian, J. E. Guillet, *Am. Chem. Soc. Polym. Preprints*, **25**, 298 (1984)
10) K. Nate, T. Kobayashi, *J. Electrochem. Soc.*, **128**, 1394 (1981)
11) R. L. Hartless, E. A. Chandross, *J. Vac. Sci. Tech.*, **19**, 1333 (1981)
12) G. A. Delzenne, U. Laridon, H. Peeters, *Eur. Polym.*, *J.*, **6**, 933 (1970)
13) M. Tsunooka, K. Kotera, M. Tanaka, *J. Polym. Sci.*, *Polym. Chem. Ed.*, **15**, 107 (1977)
14) 角岡正弘，芋野昌三，頼　明照，田中　誠，1979 年度高分子の崩壊と安定化研究討論会，

p. 27 (1979) (*J. Polym. Sci., Polym. Chem. Ed.*, in press)
15) E. Reichmanis, C. W. Wilkins, Jr., *Am. Chem. Soc. Symp. Ser.*, **184**, 29 (1982)
16) E. Reichmanis, C. W. Wilkins, Jr., E. A. Chandross, *J. Electrochem. Soc.*, **127**, 2514 (1980)
17) 角岡正弘, 頼 明照, 田中 誠, 小西文弥, 竹山健一, 1982年度高分子の崩壊と安定化研究討論会, p. 19 (1982)
18) E. Reichmanis, G. Smolinsky, *J. Electrochem. Soc.*, **132**, 1178 (1985)
19) H. Hiraoka, L. W. Welsh, Jr., *Org. Coatings and Appl. Polym. Sci. Proceedings*, **48**, 48 (1983)
20) M. Ishikawa, N. Hongzhi, K. Matsusaki, K. Nate, T. Inoue, H. Yokono, *J. Polym. Sci., Polym. Lett. Ed.*, **22**, 669 (1984)
21) R. D. Miller, D. Hofer, C. G. Willson, R. Trefonas, Ⅲ, R. West, *Am. Chem. Soc. Polym. Preprints*, **25**, (1) 307 (1984)
22) 角岡正弘, 田中 誠, 光機能性高分子の合成と応用(光カチオン重合とその展開), シーエムシー, p. 1 (1984)
23) H. Ito, C. G. Willson, *Org. Coatings and Appl. Polym. Sci. Proceedings*, **48**, 60 (1983)
24) J. V. Crivello, *Org. Coatings and Appl. Polym. Sci. Proceedings*, **48**, 65 (1983)
25) E. Reichmanis, C. W. Wilkins, Jr., E. A. Chandross, *J. Vac. Sci. Tech.*, **19**, 1338 (1981)
26) C. W. Wilkins, Jr., E. Reichmanis, E. A. Chandross, *J. Electrochem. Soc.*, **129**, 2552 (1982)
27) E. Reichmanis, C. W. Wilkins, Jr., D. A. Price, E. A. Chandross, *J. Electrochem. Soc.*, **130**, 1433 (1983)
28) E. Reichmanis, R. Gooden, C. W. Wilkins, Jr., H. Schonhorn, *J. Polym. Sci., Polym. Chem. Ed.*, **21**, 1075 (1983)
29) 森田雅夫, 小野瀬勝秀, 田中啓順, 第46回応物予稿集, 309 (1985 秋)
30) S. A. MacDonald, C. G. Willson, *Am. Chem. Soc. Symp. Ser.*, **184**, 73 (1982)
31) B. Amit, A. Patchornik, *Tetrahedron Lett.*, **1973**, 2205
32) N. Ueno, S. Konishi, K. Tanimoto, K. Sugita, *Jpn. J. Appl. Phys.*, **20**, L 709 (1981)
33) K. Sugita, N. Ueno, S. Konishi, Y. Suzuki, *Photogr. Sci. Eng.*, **27**, 146 (1983)
34) R. Srinivasan, W. J. Leigh, *J. Am. Chem. Soc.*, **104**, 6784 (1982)
35) R. Srinivasan, V.-M. Banton, *Appl. Phys. Lett.*, **41**, 576 (1982)
36) J. M. J. Fréchet, T. G. Tessier, C. G. Willson, H. Ito, *Macromolecules*, **18**, 317 (1985)
37) 角岡正弘, 田中 誠, 洗浄設計, (21) **11** (1984)

3 高分子表面の光改質法

久保田 仁[*], 荻原允隆[**]

3.1 はじめに

高分子は優れた機械的特性を持つきわめて安定な材料として各分野で発展してきた。近年,新たな高分子の出現が困難なことや材料品質への要求の高度化などから,既存の高分子に対する多様化と機能化のニーズが高くなってきた。これを実現するために,高分子の化学反応性を利用して種々の機能を付与し,従来の高分子により高い特性を与える試みが盛んになってきた。一方,高分子材料の用途を決定する上で材料表面に由来する性質,例えば濡れ,接着,帯電,摩擦,光沢,汚染などが関連してくる場合が多くみられる。汎用合成高分子材料の多くはポリオレフィンに代表されるように非極性表面を有している。このため接着性に乏しく,印刷,接着,塗装などの面でその用途が制約される。したがって,材料表面における非極性から極性への改質によりその用途の拡大が期待される。

高分子材料の表面改質は実用面において重要な課題であり,従来からこの点に関する広範囲の検討が行われてきた。例えば,化学薬品処理,酸素あるいはオゾン処理,紫外線あるいは放射線処理,コロナ放電処理,プラズマ処理およびグラフト重合処理などが開発されている。これら表面処理法の詳細については総説[1〜3]を参照されたい。本稿では光による表面改質法を概説し,本改質法の特徴を明らかにしようとする。

3.2 光改質法の種類と特徴

光による高分子材料の改質は大別すると,基材表面を酸化,架橋あるいは分解などにより変性させるかあるいは要求機能を持つ物質を光化学反応により表面へ付加することによって行われる。前者は基材に紫外線を直接照射することによって達成されるが,増感剤を照射系に共存させる場合もある(直接照射法)。後者では非重合性あるいは重合性物質を用いて基材表面における光化学反応が行われる(光開始反応法)。重合性物質を用いる系では基材表面上で光重合あるいは光グラフト重合が行われる。両系の違いは光グラフト重合では重合体が基材と化学的に結合していることにある。直接照射法に比べて後者の方法は用いる物質の選択により多彩な性質を基材表面へ付与できる特徴がある。

光改質法の利点としては,1) 光は供給容易なエネルギー源である,2) 光による反応には選択性がある,3) 光のエネルギーはγ線などの放射線に比べると低エネルギーであり,基材の大

---

[*] Hitoshi Kubota 群馬大学 工学部高分子化学科
[**] Yoshitaka Ogiwara 群馬大学 工学部高分子化学科

幅な劣化を伴うことなく表面へ，エネルギーを集中させることが可能であるなどが挙げられる。光改質法の中でも特に光グラフト重合法[2),4)〜6)]は改質効果の多様性，設備および変動費の面でプラズマ処理や放射線グラフト重合法より有利であると考えられている。光グラフト重合法については第4項で詳しく述べる。

3.3 光改質法の諸例
3.3.1 直接照射法

ポリオレフィンの光照射（$\lambda \leqq 254$ nm）により基材の接着性の向上することが認められている。ポリエチレン（PE）への光照射[7)]ではESCA測定可能な表面層まで酸化され，カルボニル基よりカルボキシル基が多く導入されるが，これに要する時間は他の表面処理法より長い。光照射によりポリオレフィンの強度的に弱い表面が架橋により強化[8)]されるか，あるいは極性基の導入により表面エネルギーが増加[9)]して接着性が向上するものと考えられている。このようなポリオレフィンの接着性に関する各種表面処理法の特徴については総説[3)]を参照されたい。ポリエチレンテレフタレートの自己接着性[10),11)]は光照射により向上し，これは酸化で生成したカルボキシル基のカルボニルとフェノール基の水素との間で形成される水素結合に由来すると考えられている。表面酸化により基材の表面エネルギーは向上し，水の接触角は低下するが，ポリスチレン（PS）やポリビニルケトン[12)]では照射試料を水に浸漬するかデシケーター中に放置すると，接触角は未照射試料近くにもどる現象が認められている。照射系に増感剤を共存させることは照射光の長波長化および照射時間の短縮の観点から有利と考えられ，ポリオレフィンやEPDMゴムにベンゾフェノン（BP）溶液を噴霧して光照射した例[13)]がある。

3.3.2 光開始反応法

要求機能を持つ物質を光反応により基材表面へ付与する方法であり，非重合性および重合性物質が用いられる。ハロゲン存在下気相あるいは液相系で光照射して得られたハロゲン化ポリオレフィン樹脂[14)]をアリール化すると印刷，塗装，接着などの二次加工性の良いアリール化ポリオレフィン樹脂が得られる。また，不飽和二重結合を持つ高分子と無水マレイン酸（MAH）の光反応[15)]を行うと，MAHが不飽和基へ付加し，基材表面の濡れ性や染色性が改善される。

光硬化塗料存在下に光照射して表面改質を計る試みがあるが，一般に塗料と基材との接着性が乏しいことが問題となる。最近，この点を解消しようとする試みが報告[16),17)]されている。Decker[17)]はポリ塩化ビニル（PVC）シートを増感剤の1,2-ジクロルエタン溶液で処理した後，エポキシ／アクリレート系光硬化塗料を塗布して光照射する方法を提案した。本法では増感剤と塗料を同時に塗布してから照射する方法に比べて塗料はPVC基材と強固に結合し，表面の化学および光安定性が向上した。これは増感剤溶液処理により基材表面層へ浸透した増感剤が(2)式に従っ

3 高分子表面の光改質法

てPVCから水素を引抜き，生じたPVCラジカルを拠点として架橋重合が行われた結果であり，いわゆる表面光グラフト重合が進行したものと考えている。

$$\text{Ph-C(=O)-C(OH)}\langle\text{CH}_2\text{CH}_2/\text{CH}_2\text{CH}_2\rangle\text{CH}_2 \xrightarrow{h\nu} \text{Ph-}\dot{\text{C}}\text{(=O)} + \text{OH-}\dot{\text{C}}\langle\text{CH}_2\text{CH}_2/\text{CH}_2\text{CH}_2\rangle\text{CH}_2 \quad (1)$$

$$\text{Ph-}\dot{\text{C}}\text{(=O)} + \text{-(CH}_2\text{-CHCl)}_n\text{-} \longrightarrow \text{Ph-CH(=O)} + \sim\text{CH}_2\text{-}\dot{\text{C}}\text{Cl-CH}_2\sim \quad (2)$$

or

$$\text{OH-}\dot{\text{C}}\langle\text{CH}_2\text{CH}_2/\text{CH}_2\text{CH}_2\rangle\text{CH}_2 \quad \text{or} \quad \text{C}_6\text{H}_{10}\text{-OH}$$

$$\sim\text{CH}_2\text{-}\dot{\text{C}}\text{Cl-CH}_2\sim + \text{CH}_2=\text{CH-C(=O)-O-}\boxed{\text{Oligomer}}\text{-O-C(=O)-CH=CH}_2 \quad (3)$$

$$\downarrow$$

$$\text{Cl-C(CH}_2\text{)(CH}_2\text{)-CH}_2\text{-}\dot{\text{CH}}\text{-C(=O)-O-}\boxed{\text{Oligomer}}\text{-O-C(=O)-CH=CH}_2$$

$$\downarrow \text{網目構造グラフトPVC}$$

基材表面上でモノマーの光重合を行い，表面に重合体膜を形成させる改質法がある。ポリプロピレン（PP）フィルム[18]を137mmHgヘキサンおよび0.4mmHgアクリル酸（AA）を含む窒素中，100W高圧水銀灯照射下に通過させると，21μm厚のポリAA膜が形成される。高分子基材ではないが，ガラスやアルミニウム上で各種モノマー蒸気に光照射すると高分子フィルムが基材上に形成されることが認められている[19]～[21]。また，カチオン光重合による例[22]もある。少量のカチオン光開始剤で処理したPSやポリメトキシスチレンフィルムを光照射した後，ビニルエーテル蒸気を系に導入するとカチオン重合が進行し，表面にポリビニルエーテル膜が形成される。カチオン光開始剤にはオニウム塩が用いられ，本法は光照射（254nm）を真空中で行う必要のないことが利点である。

3.4 光グラフト重合法

本改質法は光照射により基材上に生じたラジカルを拠点としたビニルモノマーの重合を通して行うものである。生成したビニル重合体は基材と化学的な結合を形成し，ビニルモノマーの種類を選択することにより多彩な特性を基材に付与できる特徴を持っている。

3.4.1 光グラフト重合の適用範囲

光グラフト重合は1950年末期にOster[23]やStannett[24]らによる先覚的な検討以来注目され

第2章 光による高分子反応・加工

てきた特徴ある方法である。本項では一般的な光グラフト重合の方法と適用範囲について概説する。

(1) 幹高分子

数多くの天然および合成高分子への適用が可能であり，例えばセルロース[25)~27)]，羊毛[28)]，絹[29)]，ゴム[1)]，ポリビニルアルコール(PVA)[24),30),31)]，PE[24),32)~34)]，PP[33)~34)]，PVC[35)]，ポリエステル[36),37)]，ナイロン[24),37),38)]などが用いられる。幹高分子の多くは繊維状あるいはフィルム状で用いられ，これら重合のほとんどは不均一系で行われるが，セルロース/DMSO/ホルムアミドを組み合わせた均一系光グラフト重合の例[39)]もある。

(2) モノマー

広範囲の親水性および疎水性ビニルモノマーが使用され，これらモノマーの幹高分子への供給方法によりグラフト重合の系は液相および気相に大別される。前者ではモノマーは重合系にて液状で作用するが，後者におけるモノマーは気相状で幹高分子に供給される。気相系ではMAH，マレイミド(MI)およびアセナフチレンなどの固体モノマー[32),40)]の使用も可能である。また，混合モノマーの利用[41),42)]により単独では重合困難なスチレン(S)，MAH，MI，アクロレイン，アリルアルコールなどのポリオレフィンフィルムへの導入が可能となる。例えば，S/アクリロニトリル，AAあるいはグリシジルメタクリレート，MAHあるいはMI/S，N-ビニルピロリドン，ビニルエーテルあるいはベンジルメタクリレートなどの組み合わせが有効である。混合モノマーによる光グラフト重合は広範囲のモノマーを幹高分子へ導入する有用な手段として期待されるところである。

(3) 開始方法

①光による直接開始

光により幹高分子上に直接活性種を生成する方法であるが，光エネルギーが低いために高分子の種類によっては効率の良い開始が困難である場合がある。ナイロン6[38),45)]，セルロース[25),44),45)]，ポリエステル[36)]，PE[32)]などの報告例がある。

②増感剤を用いる開始

光を吸収する物質を重合系に共存させて開始する方法である。増感作用のある物質の種類は多く，例えばBP，ビアセチル，ベンゾイン，アントラキノンおよびこれらの誘導体，過酸化ベンゾイル，過酸化水素，金属イオン(Fe^{3+}, Fe^{2+}, Ce^{4+}, UO_2^{2+}など)などがある。一般に，増感剤はモノマーと共に重合溶媒中に溶解して用いられ，光グラフト重合で最も多く検討されている開始系である。増感系でホモポリマーの生成を減少させるためには増感剤が幹高分子とのみ作用を持つことが望ましい。このために増感剤を幹高分子の近傍で使用する工夫がなされる。つまり，光グラフト重合に先立って幹高分子を増感剤溶液で処理するプロセス[27),34),46)~50)]が大きな意味を

3 高分子表面の光改質法

持つ．

③光活性基を含む幹高分子による開始

光を吸収する活性基をあらかじめ基質中に含み，これが光により活性化されて高分子ラジカルを生成し，重合が開始される場合がある．例えば，メチルビニルケトン導入セロハン[51]およびPVA[52]，セルロースアセテート[53),54]，アルデヒドセルロース[55),56]，ジチオカーバメイト基導入PS[57]，PVC[58]，ポリエチレンイミン[59]およびポリジメチルシロキサン[60]，S-ビニルBP共重合体[61]，過酸およびα-ヒドロキシヒドロペルオキシド型の過酸化基を導入したセルロース[62)~64]，PVA[31]およびPE[65]，アミノ基導入PE[66]などがこの範囲の高分子として報告されている．

(4) 光の波長

グラフト重合の開始に用いられる光のエネルギーは増感剤あるいは幹高分子中の活性基を励起するレベルを越える必要のあることは言うまでもないが，幹高分子または生成したグラフトポリマーの分解を起こすほど強力であっても好ましくない．使用する光の波長はこのような条件を満足するよう選択されるべきであって，一般には300nm以上の波長光が好適である．300nm以下の短波長光が使用される場合もあるが，このような光はモノマーの種類によっては単独重合の開始に寄与し，そのためにむしろグラフト重合反応を抑制する可能性も考えられる．光源には各種の水銀ランプが多く用いられている．

3.4.2 表面改質法としての光グラフト重合

田附ら[2),4)~6),67),68]は光グラフト重合の特徴を積極的に高分子の表面改質に応用した．ここでは，1) 極薄いグラフト層を表面につくる，2) 汎用高分子材料に広く適用可能であること，3) 処理工程が実用的であること，4) ホモポリマーの生成は問題にしない，5) 疎水性から親水性の表面改質のために，使用モノマーは水溶性に限定するなどの技術的立場から以下の基本方式を採用している．1) 基材高分子と相互作用の少ない溶剤を用いて，グラフト層を表面に限定する，2) 増感剤はBPなど水素引抜き能の大きな$n-\pi^{*3}$型を使う，3) 反応溶液を基材に接触させ，基材が透明な場合には基材を通して光照射する，4) ホモポリマー生成は避けられないので，光照射後水洗により除く，5) 実用的には増粘剤添加などにより塗布型の処理液とする．

モノマーにアクリルアミド（AAm）を用いて各種高分子材料を光グラフト重合処理した例[67]を表2.3.1に示した．重量増加量として測定できない程度のグラフト鎖の導入（カルボニル基の赤外吸収強度を相対グラフト量の目安に使用）によっても基材の表面特性（水に対する接触角）を十分改質することが可能である．基材表面に導入されたグラフト層は水，アセトン，DMFなどによる抽出後も剥離せず強固に化学結合している．PP/AAm系の検討において，増感剤としてベンゾインエチルエーテルのようなラジカル発生型物質はグラフト重合を開始しないが，BPに代表される三重項増感剤が有効であることが認められた．使用する溶媒は重合速度のみならず生

表 2.3.1 光グラフト重合法による高分子材料の表面改質

高分子材料	赤外吸光度 ($1660 \mathrm{~cm}^{-1}$)	接触角(度) 改質前	接触角(度) 改質後
軟質ポリ塩化ビニル	0.6〜0.7	92	30〜40
ポリ塩化ビニリデン	0.20	75	50〜60
三酢化セルロース	−	60	30〜50
1,2-ポリブタジエン	−	94	50〜60
低密度ポリエチレン	0.7〜0.8	90	40〜50
二軸延伸ポリプロピレン	0.67	101	35〜60
ABS樹脂	−	98	30〜50
エポキシ樹脂	−	80〜90	5〜10

モノマー：アクリルアミド

成表面層の物性にも大きな影響を与え，溶媒の選択により表面構造の異なるグラフト体の得られることが認められている。このような表面光グラフト法は照射時間，ランプ強度，水洗工程などの問題から，高付加価値が期待できる特殊材料の表面形成にその実用性が考えられている。

3.4.3 光グラフト体の表面構造

筆者らはBPを塗布したポリオレフィンフィルム（厚さ30μm）を用いてメタクリル酸(MAA)の光グラフト重合($\lambda > 300\mathrm{nm}$)を行い，得られたグラフトフィルム表面の電子顕微鏡観察を行った。液相系（水溶媒）で調製したグラフト試料は粒状表面（写真2.3.1-a）を，気相系試料は平面状表面（写真2.3.1-b）を与えた。厚さ1mmのポリオレフィンプレートに関する同様の観察結果[69]から，粒状表面はMAA，AA，AAmおよびN-ビニルピロリドンなど親水性モノマーに特有な構造であることがわかった。メチレンブルーで染色したMAAグラフトPE試料の光学顕微鏡観察[70]を行った。単位表面積当たりのグラフト量が増加するに従って，液相試料では表面が濃く染色されるのに対し，気相試料では表面の染色程度の小さいことが認められた。試料断面については，液相試料が表面付近が集中的に染色され，気相試料では内部まで均一に分散して染色されていることが観察された。したがって，液相試料におけるMAAグラフト鎖はフィルム表面に局在しているのに対し，気相試料ではフィルム内部まで浸透していることが確認された。

図2.3.1はMAAグラフト試料の透湿性をカップ法により測定した結果である。液相試料の透湿性は気相試料に比べて大幅に小さいことが認められた。これは両試料におけるグラフト鎖の分布状態の違いに基因すると推察される。図2.3.2に水に対する接触角を示した。液相試料ではグラフト量の低い領域で接触角は急激に低下したが，気相試料ではこの低下が比較的緩やかであることが認められた。このように，液相試料ではグラフト鎖が表面に局在するため，フィルム表面の親水化に大きく寄与していることが考えられる。

以上のように，液相試料ではグラフト鎖は表面に集中的に局在し，一方気相試料ではグラフト

3　高分子表面の光改質法

鎖が内部まで分散しているため水蒸気の透過性は高いものの，表面の親水性への寄与は乏しいことが認められた。このように，グラフト鎖の分布状態と写真2.3.1に示した表面構造との間には密接な関係があるものと考えられる。したがって，光開始による高分子フィルムの表面改質におけるグラフト鎖の分布に関しては大きな配慮が必要である。

3.5　おわりに

高分子表面の光改質法として限られた範囲ではあるがその諸例を紹介した。詳しい処理条件などについてはふれなかったが，そこには光反応系の特徴を生かしたさまざまな工夫が求められている。特に，光グラフト重合法は多彩な特性を基材表面へ付与することができ，しかも処理層の安定性が高く，有用な表面改質法と考えられる。しかし，要求機能を持つグラフト体を調製するには開始系，照射光，モノマー，増感剤および重合溶媒の選択あるいは照射時間や温度，モノマーや増感剤濃度など諸条件の調整が必要とされる。光グラフト重合は単に表面改質の一手法にとどまらず，高分子材料の改質および機能性付与の基本的な手段として十分その機能を備えていると考えられる。本法における光，高分子およびモノマーという普遍的な要素の組み合わせは，今後の新材料開発の分野で広範囲に活用されるものと期待される。

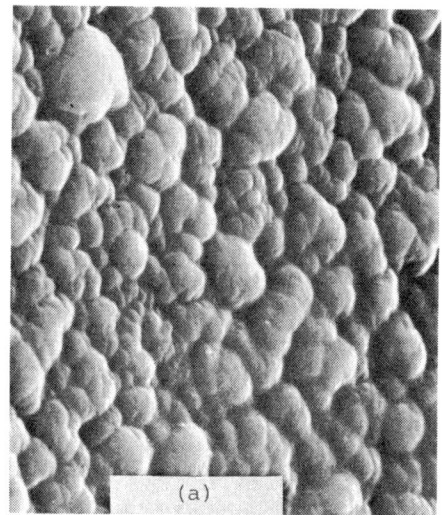

写真2.3.1　MAAグラフトPEフィルム表面の電子顕微鏡写真（900倍）
(a) 液相試料（グラフト量＝1.2 mg/cm^2）
(b) 気相試料（グラフト量＝1.6 mg/cm^2）

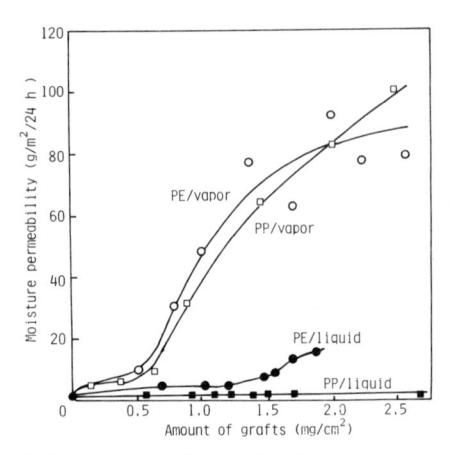

図2.3.1 MAAグラフトポリオレフィンフィルムの透湿性
（○）気相PE試料，（●）液相PE試料
（□）気相PP試料，（■）液相PP試料

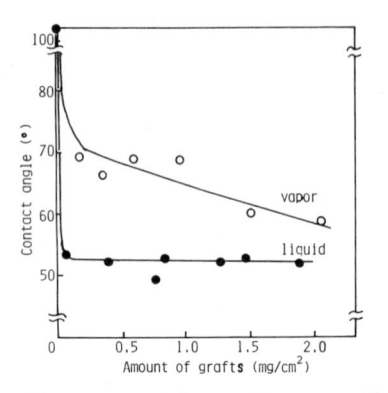

図2.3.2 MAAグラフトPEフィルムの接触角
（○）気相試料，（●）液相試料

文　　献

1) 新保正樹，色材，**48**，45 (1975)
2) 田附重夫，木村均，膜，**4**，299 (1979)
3) D. M. Brewis, D. Briggs, *Polymer*, **22**, 7 (1981)
4) 田附重夫，繊維誌，**35**，P-61 (1979)
5) 田附重夫，日本接着協会誌，**15**，201 (1979)
6) 木村均，中山博之，色材，**54**，149 (1981)
7) J. Peeling, D. T. Clark, *J. Polym. Sci. Polym. Chem. Ed.*, **21**, 2047 (1983)
8) H. Schonhorn, F. W. Ryan, *J. Appl. Polym. Sci.*, **18**, 235 (1974)
9) 新保正樹，小林俊夫，高化，**28**，604 (1971)
10) D. K. Owens, *J. Appl. Polym. Sci.*, **19**, 3315 (1975)
11) J. Peeling et al., *J. Polym. Sci. Polym. Chem. Ed.*, **22**, 419 (1984)
12) K. Esumi et al., *Bull. Chem. Soc. Jpn.*, **55**, 1649 (1982)
13) R. A. Brazole, *Plast. Technol.*, **19**, 13 (1973)
14) 特開昭53-147771

15) S. Tazuke, H. Kimura, *J. Polym. Sci. Polym. Chem. Ed.*, **15**, 2707 (1977)
16) 特公昭 56-5254
17) C. Decker, *J. Appl. Polym. Sci.*, **28**, 97 (1983)
18) 特開昭 58-79029
19) A. N. Wright, *Nature*, **215**, 953 (1967)
20) C. O. Kunz, A. N. Wright, *J. Chem. Soc. Faraday Transaction I*, **68**, 140 (1972)
21) M. M. Millard, *J. Appl. Polym. Sci.*, **18**, 3219 (1974)
22) A. Hult et al., *IBM Research Report*, RJ 4523, 11/30/84
23) G. Oster, O. Shibata, *J. Polym. Sci.*, **26**, 233 (1957)
24) N. Geacintov et al., *J. Appl. Polym. Sci.*, **3**, 54 (1960)
25) H. Kubota, Y. Ogiwara, *J. Appl. Polym. Sci.*, **15**, 2767 (1971)
26) H. Kubota et al., *J. Appl. Polym. Sci.*, **18**, 887 (1974)
27) R. Herold, J. P. Fouassier, *Angew. Makromol. Chem.*, **86**, 123 (1980)
28) P. Barker et al., *J. Appl. Polym. Sci.*, **26**, 521 (1981)
29) S. Lenka et al., *Angew. Makromol. Chem.*, **99**, 45 (1981)
30) H. Kubota, Y. Ogiwara, *J. Appl. Polym. Sci.*, **16**, 965 (1972)
31) H. Kubota, Y. Ogiwara, *J. Appl. Polym. Sci.*, **23**, 227 (1979)
32) K. Hayakawa et al., *J. Polym. Sci. A-1*, **8**, 1227 (1970)
33) C. H. Ang et al., *J. Polym. Sci. Polym. Lett. Ed.*, **18**, 471 (1980)
34) Y. Ogiwara et al., *J. Polym. Sci. Polym. Lett. Ed.*, **19**, 457 (1981)
35) W. Kawai, T. Ichihashi, *J. Macromol. Sci. Chem.*, **8**, 805 (1974)
36) H. L. Needles, K. W. Alger, *J. Appl. Polym. Sci.*, **22**, 3045 (1978)
37) 荻原允隆ほか, 日化第 47 春季年会予稿集 II, 1378 (1983)
38) 石橋博, 高化, **23**, 620 (1966)
39) J. T. Guthrie et al., *Polym. Bull (Berlin)*, **1**, 501 (1979)
40) K. Hayakawa et al., *J. Polym. Sci. Polym. Chem. Ed.*, **12**, 2603 (1974)
41) 吉野信幸ほか, 高分子学会予稿集, **32**, 317 (1983)
42) H. Kubota et al., *J. Polym. Sci. Polym. Lett. Ed.*, **21**, 367 (1983)
43) 石橋博, 玉木英雄, 高化, **24**, 171 (1967)
44) A. H. Reine, J. C. Arthur Jr., *Text. Res. J.*, **42**, 155 (1972)
45) H. Kubota et al., *J. Polym. Sci., Polym. Chem. Ed.*, **11**, 485 (1973)
46) R. Herold, P. J. Fouassier, *Angew. Makromol. Chem.*, **97**, 137 (1981)
47) Y. Ogiwara et al., *J. Polym. Sci. A-1*, **6**, 3119 (1968)
48) H. Kubota, Y. Ogiwara, *J. Appl. Polym. Sci.*, **16**, 337 (1972)
49) B. Focher et al., *Cellulose Chem. Technol.*, **6**, 277 (1972)
50) I. R. Bellobono et al., *J. Appl. Polym. Sci.*, **26**, 619 (1981)
51) 角岡正弘ほか, 高化, **22**, 107 (1965)
52) 角岡正弘ほか, 工化誌, **72**, 1208 (1969)
53) S. K. Kuolrna, *Vysokomol. Soyed.*, **7**, 557 (1965)
54) R. Herold, J. P. Fouassier, *Makromol. Chem. Rapid Commun.*, **2**, 699 (1981)

55) Y. Dgiwara et al., *J. Appl. Polym. Sci.*, **23**, 1 (1979)
56) 高橋璋, ほか, 繊維誌, **35**, T-196 (1979)
57) 大河原信 ほか, 工化誌, **66**, 1383 (1963)
58) 大河原信 ほか, 工化誌, **69**, 761 (1966)
59) 大河原信 ほか, 工化誌, **69**, 766 (1966)
60) H. Inoue, S. Kohama, *J. Appl. Polym. Sci.*, **29**, 877 (1984)
61) H. Sumitomo et al., *J. Polym. Sci.* A-1, **9**, 809 (1971)
62) H. Kubota, Y. Ogiwara, *J. Appl. Polym. Sci.*, **22**, 3363 (1978)
63) Y. Ogiwara et al., *J. Appl., Polym. Sci.*, **23**, 837 (1979)
64) H. Kubota, Y. Ogiwara, *J. Macromol. Sci. Chem.*, A **16**, 1083 (1981)
65) 外山弘子 ほか, 高分子学会予稿集, **30**, 224 (1981)
66) F. K. James, L. W. Stuart Jr., *Polym. Sci. Tech.*, **10**, 461 (1977)
67) S. Tazuke, H. Kimura, *J. Polym. Sci. Polym. Lett. Ed.*, **16**, 497 (1978)
68) S. Tazuke, H. Kimura, *Makromol. Chem.*, **179**, 2603 (1978)
69) Y. Ogiwara et al., *J. Polym. Sci. Polym. Lett. Ed.*, **23**, 365 (1985)
70) 小池則之 ほか, 高分子学会予稿集, **34**, 303 (1985)

4　光硬化性塗料およびインキ

中山博之[*]

4.1　はじめに

1969年，西ドイツのバイエル社より光硬化性塗料が発売された（ここで光とは紫外線光のことでありUVと略す）。その後約15年間，UV塗料は華々しい発展期とその後の反省期を経て，現在新な発展期を迎えようとしている。UV塗料は表2.4.1に示したような構成であり，重合性

表2.4.1　UV塗料の構成

成　　分	機　　能
重合性オリゴマー（プレポリマー）	造膜成分
モノマー（反応性希釈剤）	造膜成分
光重合開始剤	触　媒
顔料・染料・フィラー	着色等
その他の添加物　　ポリマー	硬化性・物性改良
溶　媒	塗料の低粘度化
硬化促進剤	硬化不足部分の後硬化促進
	酸素による硬化阻害を防止
暗反応禁止剤	貯蔵性の改良

オリゴマー，モノマーおよび光重合開始剤が基本的な要素であり，塗布された液状物はUV照射により硬化して架橋構造を有する塗膜となる。基本的には溶媒を含まないので，従来の塗料と比較して低公害性の省資源型塗料の一つである。さらに表2.4.2に示したように，短時間（秒単位）の硬化による生産性の良さ，硬化に必要なエネルギーが少ない，塗膜物性が良いなどの長所があり，当初新な塗装システムして大きな期待が寄せられた。しかし，溶媒揮散に対する公害規制は当初予測されたよりも厳しくなく，技術的にも未解決の多くの問題を抱えていたために，長所を十分に発揮することなく期待どおりの発展は見られなかった。当初のUV塗料の重合性オリゴマー，モノマーおよび光重合開始剤はそれぞれ，不飽和ポリエステル，スチレン，ベンゾインエチルエーテルであったが，この十数年間の研究開発の進展はめざましく，多くの実用的な材料が品揃えされた。ランプをはじめとする照射装置も大きく改善された。これに加えて，材料メーカー，照射装置メーカー，設備メーカー，ユーザーが一体となって開発を進めるという機運があるので，第2世代の発展が期待されている[1]。UV塗料の短所の1つは作業条件の幅が狭いことなので，境界領域の問題を解決するためにも，上記の機運は是非必要なことであろう。

---

*　Hiroyuki Nakayama　関西ペイント(株)　技術本部

第2章 光による高分子反応・加工

表2.4.2　塗装システムとしてのUV塗料の特徴

長　　　　所	短　　　　所
1. 基本的に無溶剤型塗料である（低公害，省資源）。	1. エナメル化（着色）に限界がある（濃色，厚い塗膜は硬化しない）。
2. 短時間硬化である（生産性の向上）。	2. 被塗物の形状に制限がある（UVの当たらない所は硬化しない）。
3. 硬化に必要なエネルギーが少ない（省エネルギー）。	3. 塗装，照射条件の最適巾が狭い。
4. 基本的に熱がかからない（熱に弱い素材，熱容量の大きい素材の塗装に適する）。	4. 塗料に皮膚毒性がある（モノマーなど）。
5. 高密度の物性の良い塗膜が得られる（ハードコートなど）。	5. 塗料コストが割高になる（光重合開始剤など）。

UVインキもUV塗料と同様な経過を経て発足してきた。表2.4.1の構成もほぼ同じであるが，インキは膜物性よりも着色が重視されるので，顔料・染料を多量使用する。UVを吸収する顔料・染料の使用は硬化の妨げとなるが，インキの場合には膜厚が数 μm 以下なので硬化に支障はない。塗料の場合には膜厚が1桁大きいので，濃色特に黒は困難で，UV塗料の大きな短所である。これらの点を除いて両者は基本的に類似している。

以上，塗装システムにおけるUV塗料の意味を概説したが，次に電子線法と比較してUV硬化方法の長所を生かす方法論について述べる。インキの場合には比較例が少ないので，ここでは主にUV塗料をとりあげることにする。

4.2　電子線硬化型塗料との比較

この書の主題は「光・プラズマ・放射線のエネルギービームによる高分子加工を，統一的な視点から比較考察する」ということであるから，この点からUV塗料の特徴について述べてみたい。塗料の硬化に利用されるエネルギービームの主なものは表2.4.3の如くであり，プラズマの例はあまりみられないから[2]，ここでは光と放射線との比較となる。現在，塗料の硬化に用いられている電離放射線は電子線であり，以後EBと略すことにする。UVとEBの最も大きな相違はエネルギーであり，UVのエネルギーは通常の分子の結合エネルギーと同程度であるので，実用的な活性種濃度を確保するためには開始剤が必要であるが，5桁エネルギーの大きいEBの場合には分子の開裂が容易であり開始剤がなくとも1秒以下で塗料が硬化する。EB塗料は表2.4.2に示したUV塗料の長所をすべて有する上に，エネルギーが大きいので透過性が良くエナメルの硬化も可能であるが，設備コストが大きいことのが最大の欠点である。ゆえに，品質もさることながらUVとEBとの実用的な比較はコストが重要となる。概していえば，UV塗料はランニングコス

4 光硬化性塗料およびインキ

表2.4.3 利用されるエネルギービーム

種類	発生装置	エネルギービーム	エネルギー（eV）	雰囲気
光	水銀灯・キセノン灯	300～400nm の UV	3～6	大 気 下
プラズマ	高周波放電装置	100～200nm の UV	6～10	真 空 下
放 射 線	電子線加速器	150～500keV の EB	$1.5 \times 10^5 \sim 5 \times 10^5$	不活性ガス下

表2.4.4 UVシステムとEBシステムとのコスト比較

	UV	EB
光重合開始剤	要 （1～5）	不要（ 0 ）
不活性ガス	不要（ 0 ）	要 （0.5～4）
エネルギー効率	15% （2～6）	50% （0.3～1）
設 備 費	5～50百万円(0.1～2)	1～4億円(0.2～6)

（ ）内 円/m²

トは大だが，イニシャルコストは小さいということであり，要点をまとめると表2.4.4のようになる。表中の金額は種々のデータから求めた m² 当たりの概数である。しかし，EB照射の時に必要な不活性ガスの費用も馬鹿にならないし，UVの設備投資もクリーンルームなどを含めると1億円するともいわれている。いずれにしろ量産すればEBのメリットは大きいが，一般に生産性に見合うほど需要のある製品は少ない。具体的に対象物が明確にならないとコストの比較は困難である。

次にエネルギーコストの比較例について述べる。種々の塗装システムにおける塗料の硬化に関するエネルギー効率は，熱風炉で1%以下，赤外線で約7.5%，UVで10～15%，EBで50～60%だといわれている。星野は各塗装システムの実用的なラインを設定し，炉体負荷熱量，被塗物とコンベアーの負荷熱量，エネルギー効率などを詳細に仮定して硬化に必要なエネルギーを計算した[3]。それから求められた塗膜単位面積当たりの硬化に必要なエネルギー価格を図2.4.1に示した。EBは明らかに省エネルギーであり，UVも熱風との差が開きつつある。もう1つの比較例は[4]，塗膜硬化のための化学変化を起こさせるに必要なエネルギーの理論値と，実測値をもとに熱法，UV，EBの比較を行った。要約は表2.4.5のとおりであり，UV，EBが省エネルギーであることがわかる。

次に反応機構と塗膜性能の面からUVとEBを比較する。EBを照射すると塗料中の分子に非選択的エネルギー吸収が行われ，励起分子，イオン，ラジカルなどの種々の活性種が生成される。通常，寿命

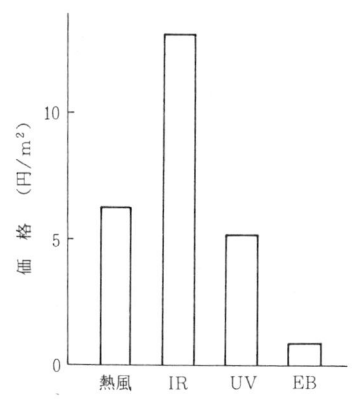

図2.4.1 単位面積当たりに必要なエネルギー価格の比較[3]

第2章 光による高分子反応・加工

表2.4.5 UVとEBのエネルギーコストの比較[4]

	熱　風	UV	EB
塗料単位体積当たりに必要なエネルギーの比	100〜500	3〜30	1
塗料1kgの硬化に必要なエネルギー量　　（kWH）	50〜250 $4×10^4$〜$20×10^4$ kcal （LPG変換 3〜17kg）	1.5〜15	0.5
塗料1kgの硬化に必要なエネルギーコスト　（円）	450〜2,550 （LPG 150円/kg）	40〜400 （電気 25円/kWH）	13
エネルギーコストの比	40〜200	3〜30	1

の長いラジカルが活性種であり、C=Cの重合反応により硬化が進行する。エネルギーの小さいUVの場合には、光重合開始剤の選択的UV吸収によりラジカルが発生し、重合・架橋反応が進行する。後述するが、光重合開始剤の選択によりカチオンを活性種とすることも可能であり、UVの場合には反応機構の制御が比較的容易である。塗膜の硬化性の点からみると、エネルギーの大きい透過性のあるEBの場合には膜厚300μmでも硬化可能であるが、UVの場合はせいぜい50μm程度であり、顔料が多くなると極端に硬化性が低下する。また、UVの場合には塗膜の表面と内面では反応率が大きく異なる。トリメチロールプロパントリトリアクリレートをプレポリマーとした場合の実験例を紹介する[5]。ベンゾインエチルエーテルを2%添加し高圧水銀灯の360nmによるUV照射と、エレクトロカーテン方式の加速器による160kVのEB照射を比較した。図2.4.2に照射エネルギーとC=Cの減少から求めた反応率との関係を示した。両者ともエネルギー強度には依存せず、反応初期に直線的に反応率が増加するが、反応率はEBの場合が大きい。EBの場合には高エネルギーで励起するため、反応に寄与する活性種の生成量が多いためと考えられる。図2.4.3には反応率とゲル分率との関係を示した。UVの方が同一反応率におけるゲル分率が大きい。EBの場合には橋かけに関与しない反応も起こるためである。

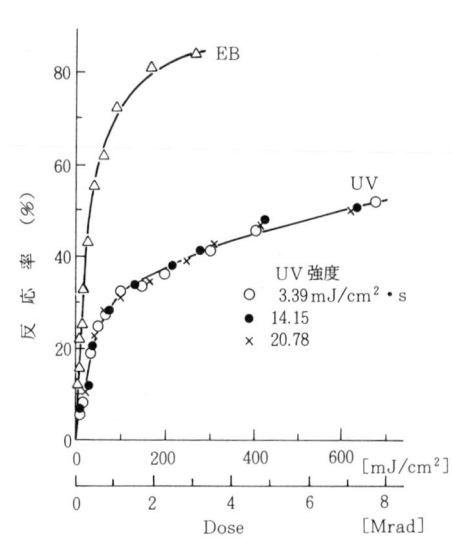

図2.4.2 照射エネルギーと反応率との関係[5]

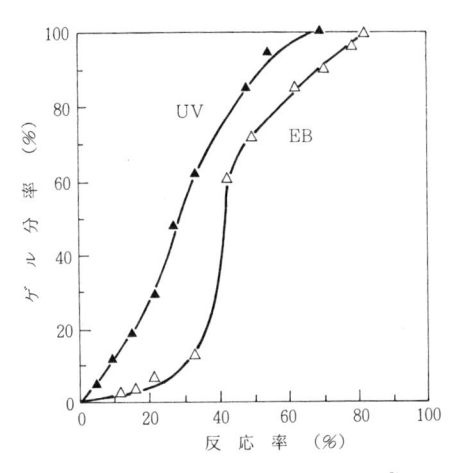

図2.4.3 反応率とゲル分率との関係[5]

4.3 材料面における今後の課題

UV塗料の長所を生かすためには多くの基本的材料の検討が必要であるが,ここではEB塗料との比較の上で特に重要である光重合開始剤について主に述べる。最近の総説から[6]実用的なラジカル型光重合開始剤をまとめると表2.4.6のようになる。分子間水素引抜型の場合には第四級アミン類が共触媒となり反応を促進する。用途に応じて光重合開始剤は選定されるが,例えば,チタン白でエナメル化する場合には,2-イソプロピルキサントンとベンゾフェノンの組み合わせが有効である。水溶性光重合開始剤は後述する水溶性インキの開発に利用される。加藤の総説も参考になる[7]。また,種々の開始剤で可視光による硬化も試みられているが,まだ硬化速度は遅い[8]。一方,カチオン型のUV硬化は,ラジカル型と異なって空気中の酸素の阻害がないこと,可撓性に富んだ硬化物の得られることなどから新しい展開が期待されている[9]。1970年代に開発された芳香族ジアゾニウム塩は,UV照射によりルイス酸を生成し,エポキシ基などの開環重合を促進する式(1)。

$$Ph-\overset{\oplus}{N}=N\cdot \overset{\ominus}{BF_4} \xrightarrow{h\nu} N_2 + PhF + BF_3 \longrightarrow カチオン開環重合 \qquad (1)$$

これはN_2ガスを発生すること,熱的に不安定なことなどの欠点があったが,芳香族ヨードニウム塩の開発により問題点は解決された。式(2)のようにUV照射により高い量子収率でブレンスラッド酸を与え,カチオン重合を開始する。新しい開始剤が次々と開発されつつある。

$$Ph_2\overset{\oplus}{I}\ \overset{\ominus}{PF_6} \xrightarrow{h\nu} Ph\cdot + Ph\overset{\oplus}{I}\cdot \xrightarrow{SH} PhI + \overset{\oplus}{H} \qquad (2)$$

重合性オリゴマーはアクリレート型が主流であるが,ポリオール系,ポリエステル系,エポキシ系,ウレタン系など多くの化合物が開発された。カチオン重合用としてエポキシ系の開環重合型のオリゴマーも開発されている。詳細は文献を参照されたい[10〜12]。モノマー(反応性希釈剤)も塗装作業性を向上させるために重要である[13]。低粘性と同時に皮膚刺激性の低いことが大切である。

表 2.4.6 ラジカル型光重合開始剤[12]

分類	タイプ		化学名
分子内光開裂型	ベンゾイン エーテル類	(構造式: ベンゾインエーテル, OR₃)	メチルベンゾインエーテル エチルベンゾインエーテル イソプロピルベンゾインエーテル n-ブチルベンゾインエーテル
	ジアルコキシ アセトフェノン類	(構造式: R₁, R₂, R₃)	2,2-ジエトキシアセトフェノン 2,2-ジメトキシ-2-フェニルアセトフェノン
	ヒドロキシ アセトフェノン類	(構造式: R₁, R₂, OH)	2-ヒドロキシ-2,2-ジメチルアセトフェノン 1-ベンゾイルシクロヘキサン-1-オール
分子間水素引抜型	ベンゾフェノン類	(構造式: F, R₁)	ベンゾフェノン 4-クロロベンゾフェノン 4-フェニルベンゾフェノン 4,4'-ビス(ジメチルアミノ)ベンゾフェノン 4 p-トリクロロベンゾフェノン
	環状ベンゾ フェノン類	(構造式: OR₁, S, R₂)	フルオレン 2-メチルアントラキノン ジベンゾスベロン 2-クロロチオキサントン 2-メチルチオキサントン 2-イソプロピルチオキサントン 2,4-ジエチルチオキサントン
	ベンジル	(構造式: ベンジル)	
水溶性型	ベンゾフェノン類		4-(スルホメチル)ベンゾフェノンNa 4-(ベンゾイルベンジル)トリメチルアンモニウムクロリド
	ベンジル類		4-(スルホメチル)ベンジルNa 4-(トリメチルアンモニウムメチル)ベンジルブロミド
	チオキサントン類		2-(3-スルホプロポキシ)チオキサントンNa 2-カルボキシメトキシチオキサントンのN(2-ヒドロキシエチル)-N,Nジメチルアンモニウム塩

4.4 応用面における今後の課題

最後に応用面について簡単に述べる。現在では材料などの基本的な研究もさることながら，用途に応じた開発がなされなければUV硬化の長所は生かされない。例えば，照射装置ではランプの改良だけでなく，熱線は吸収するがUVを反射するミラーも開発されUV硬化の効率を高めた。当初にも求べたように，関係者が一体となって開発を進めることがますます重要になってくる。

UV塗料に関していえば，ハードコートとしてクリヤーがのびている。用途を広げるために，平面状以外の被塗物にも適用するためにスプレー塗装が要求されている。そのためには本来の長所は犠牲にしても溶媒の添加が必要となり，硬化性の劣る分をポリマーを添加して補なうことになる。表2.4.1に示したその他の添加剤の活用が重要である。表2.4.2に示したUVの当たらない所は硬化しないという短所を補なうために，熱硬化による後反応を併用したハイブリッド型のものも検討されている。

UVインキについては，フレキソ印刷，グラビヤ印刷には低粘度のものが必要であるために，水希釈性のもの，あるいはカチオン重合性のものが研究されている。また，新しい用途としてエッチングレジストインキ，ソルダーレジストインキへの応用例がある[14]。

以上，最近の文献を中心にUV塗料の特徴について述べたが，紙面の関係上片寄った説明となった。不足の点は，優れた総説（UV塗料[15]~[17]，UVインキ[17]~[19]）を参照されたい。

文　献

1) 大熊道雄ら，塗装技術，**24**，(6) 71 (1985)
2) 特公昭57-326229
3) 星野喜信，色材，**53** (9) 537 (1980)
4) 金子秀昭ら，第15回日本アイソトープ会議論文集　219 (1981)
5) 瀬戸順悦，高分子論文集，**40** (1) 9 (1983)
6) P.N. Green, *Polym. Paint Col. J.* **175**, 246 (1985)
7) 加藤清視，塗装技術，**24** (9) 102 (1985)
8) 加藤清視，高分子加工，**34** (4) 182 (1985)
9) 森尾和彦ら，機能材料，**5** (10) 5 (1985)
10) 実松徹司ら，日本接着協会誌，**20** (7) 300 (1985)
11) 田中重喜，塗装工学，**19** (12) 579 (1984)
12) K. Ohara, *Polym. Paint Col. J.* **175**, 254 (1985)

13) 久保元伸, 高分子加工, **34** (6) 278 (1985)
14) 奈良良吉ら, ファインケミカル **14** (1) 35 (1985)
15) 磯崎理, 工業材料, **29** (10) 29 (1981)
16) 髙橋信夫, 塗装工学, **18** (1) 17 (1983)
17) R. Dowbenko, et al., *Progress in Org. Coatings*, **11**, 71 (1983)
18) 住田益次郎, 工業材料, **29** (10) 38 (1981)
19) 飯田一喜, 色材, **53** (9) 545 (1980)

5 光硬化型接着剤

江口金満[*]

5.1 はじめに

アメリカにおける光硬化型接着剤の需要状況をみると，1984年の場合'80年に比較して約13倍の伸びを示しているが，我が国においても各社で生産が開始され，昭和55年度ですでに1トン／月，年約1億円ラインまでに至り，爾後20～25%／年の伸びを示して各方面に活用されている[1]。

5.2 光硬化型接着剤

5.2.1 基本構成[2]

基本的な構成としては，アクリル系，不飽和ポリエステル系，ブタジエン系，ウレタン系などのオリゴマーに，2-ヒドロキシエチルメタクリレートをはじめとする官能基をもったモノマーを添加し，ベンゾフェノンなどの光反応開始剤を混合したものである。さらに添加剤として，熱重合禁止剤，光重合促進剤，チクソトロピック性付与剤，充塡剤などが適宜使用されている。

(1) ポリエステルアクリレート

$$CH_2=CH-CO+O-CH_2-CH_2-O-OC-\bigcirc-CO)_{\overline{n}}O-CH_2-CH_2-O-OC-CH=CH_2$$

(2) 不飽和ポリエステル

$$+OC-CH=CH-CO-O-CH_2-CH-O)_{\overline{m}}(OC-\bigcirc-CO-O-CH_2-CH-O)_{\overline{n}}$$
$$CH_3 \phantom{)_{\overline{m}}(OC-\bigcirc-CO-O-CH_2-}CH_3$$

(3) ウレタンアクリレート

$$CH_2=CH-CO-O-CH_2-CH_2-O+OC-NH-\bigcirc-NH-CO-O-(PEA)-O)_{\overline{n}}OC$$
$$CH_3$$

$$-NH-\bigcirc-NH-CO-O-CH_2-CH_2-O-OC-CH=CH_2$$
$$CH_3 \qquad (PEA：ポリエチレンアジペート)$$

(4) 1,2-（または1,4-）ポリブタジエン

$$+CH_2-CH)_{\overline{n}},\ +CH_2-CH=CH-CH_2)_{\overline{n}}$$
$$CH=CH_2$$

---

* Kanemitsu Eguchi （財）名古屋市工業技術振興協会

とくに添加するモノマーは高分子量オリゴマーに配合して粘度を下げる目的で使用されるが，被着体との接着強度や硬化性にも大きな因子となる。

また，分子量が低すぎると硬化速度の低下，体積収縮の増大をはじめ，臭気や皮膚への刺激などの問題も生ずる危険性がある。

5.2.2 主な光硬化型接着剤

アクリル系のノーランドNOA 60, 61および65[3]，ポリエステル系のサンマ UV 66[4]などの刺激をうけて，国産品でも透明板の光接着に漸次使用されはじめたが，その代表的な接着剤の硬化前後の諸性質を表2.5.1，表2.5.2に示す。

表2.5.1 光硬化前の物性

	ノーランド[*1] NOA 65	アロニックス[*2] 3033	フォートボンド[*3] 100	ハードロック[*4] OP−1000
性　　　状	無色粘稠な液体	無色粘稠な液体	淡黄色透明な液体	無色透明な液体
不 揮 発 分	99％以上	99％以上	99％以上	99％以上
比　重（25℃）	−	1.099	0.97	1.28
屈　折　率 （D.25）	−	1.45	1.48	1.52
粘　度（CPS）	150〜300	700	460	500
貯 蔵 安 定 性	6カ月	3カ月以上	6カ月	6カ月

[*1] ノーランド，[*2] 東亜合成，[*3] 明星チャーチル，[*4] 電気化学

表2.5.2 光硬化物の物性

	ノーランド NOA 65	アロニックス 3033	フォートボンド 100	ハードロック OP−1000
外　　　観	無色透明	わずかに白色	淡黄色透明	無色透明
比　重（25℃）	−	1.225	1.05	1.37
体 積 収 縮 率（％）	−	10.4	8.2	6.5
引張強度（kg/cm^2）	180	347	250	−
せん断強度（kg/cm^2）	−	39	49	55
切断時の伸び率（％）	85	53	−	−
硬　　　度	60〜75 （ショアD）	115 （ロックウエルR）	−	30 （ショアD）
屈　折　率 （D.25）	1.56	1.50	1.52	1.56

5.2.3 特徴

光エネルギーによる硬化型樹脂を用いることは，エネルギーおよび溶剤コスト高，作業環境の規制強化に対応する有力な方策と考えられるが，その長短所について検討してみよう[5]。

5　光硬化型接着剤

(1)　長所

①無溶剤化

溶剤コストの低減,作業者の衛生確保,火災の危険防止をはじめ,硬化時の収縮も少なくてすむ。さらに溶剤処理のための回収装置あるいはアフターバーナ付燃焼装置などがすべて不必要となる。

②接着作業の簡易性

1液であるため計量・混合の手間も省け,露光する前まではハミ出しの拭きとりや修正も自由であり,硬化接着時間も秒あるいは分単位で完結してしまう（図2.5.1）。

③必要エネルギーの低減

従来の接着剤と比較してはるかに低温かつ短時間ですむので,ラミネートの連続作業ではとくに有利。加熱型とくらべて数分の1程度のエネルギーで能率的に操作可能。

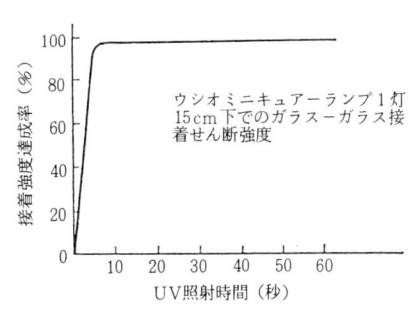

図2.5.1　照射時間と接着力

（グラフ中：ウシオミニキュアーランプ1灯15cm下でのガラス-ガラス接着せん断強度）

(2)　短所

①光源のコスト高

紫外線ランプと置き替えるコストが高く,ランプの効率的な作動時間も約2,000時間と短い。

②被着物の紫外線透過率に左右される。

たとえば,0.038mmのポリエチレンでは,2537 Åで86％,0.025mmのポリエステルでは0％,0.025mmの酢酸セルロースでは4％,0.02mmのPTセロファンでは76.4％の透過率である。また着色性によっても当然影響されるので,印刷部と非印刷部とで接着速度および強さに差も生じてくる。

③光接着

表2.5.3に示すように光硬化型接着剤は,加熱型エポキシ系接着剤と比較しても,接着力・耐水性・耐候性などですぐれた特性をもっている[2]。したがって一方の被着体が透光性をもてば,きわめて短時間に接着硬化し表2.5.4に示すような接着力を示す。

しかし表2.5.5に示すように,熱処理による後硬化現象も見逃すわけにはゆかず,併用することが好ましい場合もしばしばある。「ラディキュア」（日立化成）という商品のUV硬化絶縁ワニスが,小型モータなどの絶縁材として最近多用されはじめたのも,光・熱併用による硬化特性を利用したものである[6]。

第2章 光による高分子反応・加工

表2.5.3 接着剤の比較 (単位：kg/cm²)

接着剤			フォートボンド 100	エポキシ系 (1液型)	エポキシ系 (2液型)	シアノアクリレート系
ガラス (5mm) + ガラス (5mm)	硬化条件		900W 水銀ランプ 20cm, 5分	160℃ 30分	25℃ 72時間	25℃ 24時間
	引張強度	室温	89.5	78.6	47.3	30.3
		50℃−48時間浸漬	82.5	60.7	16.5	0.0
	耐候性	WOM* 100時間	89.6	90.0	15.0	0.0
		WOM 500時間	100.2	85.4	0.0	0.0
ガラス (5mm) + 鉄板 (0.8mm)	引張強度	室温	88.3	48.9	66.7	48.9
		50℃−48時間浸漬	60.5	69.7	12.9	0.0
	耐候性	WOM 100時間	105.3	75.3	12.4	0.0
		WOM 500時間	60.2	80.3	0.0	0.0

＊WOM＝耐候試験

表2.5.4 各種被着体における接着剪断強度

被着体	せん断強度 (kg/cm²)	表面処理
ガラス−ガラス	49	無処理
アルミニウム−ガラス	43	金属サンディング
黄銅−ガラス	41	〃
銅−ガラス	42	〃
鉄−ガラス	47	〃
A B S−ガラス	38	無処理
ポリカーボネート−ガラス	32	〃
P V C−ガラス	30	〃
ポリスチレン−ガラス	20	〃

硬化条件：SHL−100W−2（東芝製）
2.0mW/cm² 30分, 引張り速度 10mm/分 25℃

表2.5.5 後処理の影響

熱処理条件	せん断強度 (kg/cm²)
ブランク（接着直後）	69
80℃ 2 時間	90
〃 8 時間	103
〃 24 時間	107
〃 72 時間	108

被着体：ガラス−ガラス（12.5×25×1.2mm）
硬化条件：HL−400W（東芝製）
2.0mW/cm², 30分
引張速度：10mm/分 20℃

5.3 接着例

光硬化型接着剤は，フィルム接着，アンプ・チューナなど電気部品の接着，カメラレンズなど精密部品の接着，その他注射針の接着など応用範囲は次第に拡大されてきた。次に代表例を記す。

5　光硬化型接着剤

5.3.1　レンズの接着

　レンズあるいはプリズムが貼合されて商品化がはじまったのは，1841年頃といわれており，この接着工程は図2.5.2の通り行われていたが，光硬化型接着剤とくにノーランドNOA 65タイプの入手が容易となった昨今では，(4)および(8)の加熱はもちろんのこと，(5)の泡出しも(9)の心合わせと同時に行うようになり，(11)，(12)もほとんど不要となりきわめて簡単化してきた。

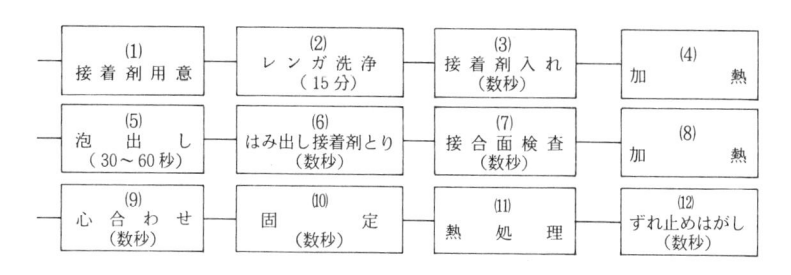

```
─┬─(1)接着剤用意──(2)レンガ洗浄(15分)──(3)接着剤入れ(数秒)──(4)加　熱
 ├─(5)泡　出　し(30～60秒)──(6)はみ出し接着剤とり(数秒)──(7)接合面検査(数秒)──(8)加　熱
 └─(9)心合わせ(数秒)──(10)固　　　定(数秒)──(11)熱　処　理──(12)ずれ止めはがし(数秒)
```

図2.5.2　光学レンズの接着工程

5.3.2　アクリル板と感光フィルムとの接着

　写真2.5.1に示すエンコーダーはメカトロニクスの発展とともに最近では，きわめて需要量の増大の目立つものである。これは機械加工を行う関係上樹脂製が必要条件で，アクリル板（0.5 mm厚）と，感光フィルム（0.2 mm厚）との光接着を試み，表2.5.6の結果を得た。接着剤はアロニックス3033，照射は大日本スクリーン製P-11-Bを用いたが，硬化後には孔あけおよび周辺の突切り加工にも十分耐える接着力が得られている。

写真2.5.1　アクリル板上の画像

5.3.3　画像形成

　ノットレーは[7]，1ミルと4ミルのマイラーフィルムの間へ，0.25ミルのフォトポリマーを介在させて露光したところ，図2.5.3のようにカバーフィルム，ベースフィルムのフォトポリマーのはく離力が変ることを見出し，図2.5.4のクロルックス法によるネガ・ポジ同時に乾式で作成するシステムを開発している[8],[9]。

　この分野の応用は今後ますます拡大されるであろう。たとえば，テーブルトップのフィルム接着とか，眼鏡向けフィルムの接着とか，活用面の展開には大きな期待がかけられよう。

表2.5.6　アクリル感光フィルムの接着力

照射時間（分）	1	3	5
接 着 面 積	10×20mm	10×20mm	10×20mm
はく離荷重(kg)	0.1	0.3	0.3
はく離時間(秒)	約0.2	約0.8	約1.2
接 着 面 積	10×10mm	10×10mm	10×10mm
引張荷重(kg)	1.5	10.0	10.0
状　　　態	接着部ではく離	はく離せず	はく離せず

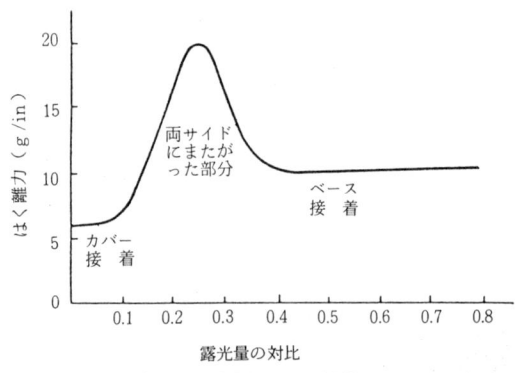

図2.5.3　露光量とはく離性

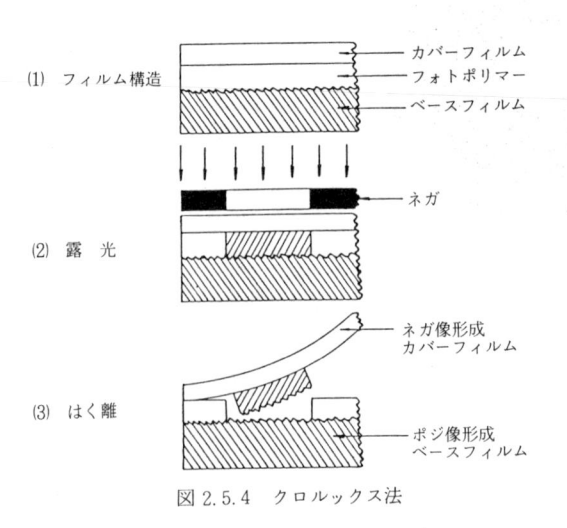

図2.5.4　クロルックス法

文 献

1) 江口金満, 工業材料, **30** No. 5, 73 (1982).
2) 小笠原誉久, 工業材料, **29** No. 10, 24 (1981)
3) ノーランド光学用接着剤カタログ
4) Loctite (Ireland) Ltd, Fr. Demmande 2001985 (1969)
5) J. Stanley, *Adhesives Age,* **19**, 22 (1976)
6) 四十物雄次 他, 工業材料, **29**, No. 10, 33 (1981)
7) N. T. Notley, U. S. P. 3,036,915 (1962)
8) R. W. Woodruff, et al., *Phot. Sci. & Eng.,* **11**, 93 (1967)
9) I. J. Berkower, et al., *Phot. Sci. & Eng.,* **12**, 283 (1968)

6 フォトレジスト材料

浅海慎五[*]

6.1 はじめに

超LSIは1メガビットの量産が始まり,微細加工の寸法は1μmに達して,いよいよサブミクロンの時代へと移りつつある。紫外線による微細加工は,数年前のネガ型フォトレジスト全盛期には2μmが限界とされていたが,フォトリソグラフィーおよびエッチング技術の進歩によってサブミクロン領域に達している。

フォトレジストは紫外線に感じて重合,架橋または分解などの化学反応を起して現像液に不溶または可溶になる有機高分子化合物を,フォトエッチング(図2.6.1)の保護膜として使用する材料である。フォトエッチング技術は金属などの表面を酸などで化学切削する方法で,量産性に富み,しかも微細加工に適している。

金属の加工では,機械加工の場合には物理的な力によるバリや変形によって精度は得られないが,フォトエッチングでは全く問題なく,電気カミソリの刃やサポートスクリーン,リードフレーム,バネ,歯車,コネクター,ローター,シャッターの絞り羽根などその応用範囲は広い。

微細加工ではカラーブラウン管のシャドウマスク,プリント配線基板,液晶表示用ネサ膜のエッチング,半導体,IC,LSIなどのシリコンウェハの加工など,加工する対象も数ミリからサブミクロンまで種々のものに適用されている。

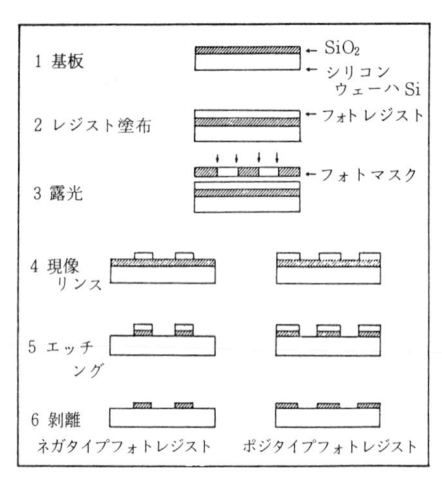

図2.6.1 フォトエッチング工程図

フォトレジストにはネガ型とポジ型があり,光照射された部分が架橋や重合などの化学反応を起して現像液に不溶になるものをネガ型,光照射された部分が分解して現像液に溶解するものをポジ型と称している。フォトレジストと成り得る感光性高分子(フォトポリマー)としては種々のもの[1]があるが,安定性および使いやすさ,コストの点から材料としてはすでに陶汰されてきている。

---

* Shingo Asaumi 東京応化工業(株) SR工場

6 フォトレジスト材料

以下，フォトレジストを中心にネガ型フォトレジスト，ポジ型フォトレジスト，Deep UV レジスト，ドライ現像レジストおよびサブミクロン加工用材料について述べる。

6.2 ネガ型フォトレジスト
6.2.1 水溶性フォトレジスト

卵白と重クロム酸塩の混合物に紫外線を照射するとネガ型像が得られることは古くから知られており，近代まで写真製版の印刷材料として用いられてきた。紫外線によってクロムは6価から3価に還元され，3価のクロムはタンパク質のカルボニル基（C＝O）やイミノ基（－NH－）と配位したり，クロムが還元するときアルコール（＞CHOH）を酸化してカルボニル基に変えて配位結合をしてタンパク質を不溶化させる。

重クロム酸塩としては重クロム酸アンモニウムが用いられ，タンパク質としては卵白やニカワ，カゼインなどを使用して，テレビのシャドウマスクのエッチングに用いられている。

$$Cr^{6+} \xrightarrow{h\nu} Cr^{3+} + \text{タンパク質}$$

$$\longrightarrow$$

クロムイオンは公害問題から水質規制されており，含クロムレジストに代る材料として，有機の水溶性フォトレジストが開発されている。

ポリマーとしてはポリビニルアルコール（PVA），ポリアクリルアミド，ポリビニルピロリドンなどの水溶性高分子と，光架橋剤としてジアゾジフェニルアミン－ホルムアルデヒド縮合物(1)や4,4′－ジアジドスチルベン－2,2′－スルホン酸塩(2)から構成され，ケミカルミリング用として使用されている。

6.2.2 ポリケイ皮酸ビニル(3)

　ケイ皮酸は紫外線によって二量化するところから，Kodak 社の Minsk らによってポリケイ皮酸ビニルが開発されて KPR の商品名で市販されて以来，シンナモイル基をもつレジストが多数開発されたが，ポリケイ皮酸ビニルを除いてはほとんど実用化されていない。ポリケイ皮酸ビニルは PVA とケイ皮酸をエステル化させたもので，製造方法にはピリジン法[2]と東工試法[3]とがある。高分子反応であるため100％エステル化物を得ることは難しく，50〜80％エステル化したもの[4]が使用されている。

　加藤[5]は100％エステル化物としてβ-ビニロキシエチルシンナマートモノマーを合成し，これを重合して感光性ポリマーのポリ(β-ビニロキシエチルシンナマート)(4)を得ており，フォトレジストとして利用している。

$$n\ \text{C}_6\text{H}_5\text{CH=CHCOCl} + -(\text{CH}_2-\text{CH})_m- \xrightarrow[\text{NaOH}]{\text{ピリジンまたは}}$$
　　　　　　　　　　　　　　　　　　　　　　　|
　　　　　　　　　　　　　　　　　　　　　　　OH

$$-(\text{CH}_2-\text{CH})_m-(\text{CH}_2-\text{CH})_{m-n}-$$
　　　　　　　|　　　　　　　　　|
　　　　　　　O　　　　　　　　　OH
　　　　　　　|
　　　　　　　C=O
　　　　　　　|
　　　　　　　CH
　　　　　　　‖
　　　　　　　CH
　　　　　　　|
　　　　　　　C₆H₅　　　　　　　　　　　　　　　　　　　　(3)

$$\text{CH}_2=\text{CHOCH}_2\text{CH}_2\text{Cl} + \text{C}_6\text{H}_5\text{CH=CHCOCl} \xrightarrow{-\text{HCl}}$$

$$\text{CH}_2=\text{CHOCH}_2\text{CH}_2\text{O}\cdot\overset{\text{O}}{\underset{\|}{\text{C}}}-\text{CH=CH}-\text{C}_6\text{H}_5 \xrightarrow{\text{重合}}$$

$$-(\text{CH}_2-\text{CH})_n-$$
　　　　|
　　　　O
　　　　|
　　　　CH₂CH₂O-C-CH=CH-C₆H₅　　　　(4)
　　　　　　　　　‖
　　　　　　　　　O

　ポリケイ皮酸ビニルの感光波長は340 nm より短く，超高圧水銀灯などの露光用光源(350〜450 nm)の光には感光し難いため，光源の波長に合うように増感剤[6]を添加して450 nm 付近まで感光波長を広げている。

　ポリケイ皮酸ビニルに紫外線を照射すると二重結合が開いて架橋する。光架橋した皮膜は強靱で耐熱性や耐薬性にすぐれている。

6 フォトレジスト材料

[反応式: ポリ桂皮酸ビニル型ポリマーの光反応]

6.2.3 ゴム系フォトレジスト

ゴム系フォトレジストは天然ゴムの主成分である 1,4 - cis ポリイソプレンを環化した環化ポリイソプレンと光架橋剤のビスアジドを芳香族炭化水素（例えばキシレン）に溶解したものである。精製してアルカリ不純物を除去したものは超 LSI が出現してポジ型フォトレジストが使われるまで，安定性と価格の面から半導体 IC 製造用フォトレジストの主流をなしていた。

ポリイソプレンは弾性に富み，高分子量のために溶剤に溶け難く，その溶液は 1～2% でも高粘度を有している。塗布した膜は粘着性があり，膨潤が大きいなどの欠点がある。環化ポリイソプレンはこれらの欠点を改良するために，環化反応を行って分子内に環化構造をもたせたものである。環化反応触媒としては塩化アルミニウムや三フッ化ホウ素などが用いられ，環化反応は次のように推定されている[7]。環化物としてはポリイソプレンの他にポリブタジエンの環化物[8]も報告されており，耐熱性にすぐれている。

架橋剤はビスアジド類の中から 2,6 - ジアジドベンジリデンシクロヘキサノンや 2,6 - ジアジドベンジリデン - 4 - メチルヘキサノンが用いられている。

ゴム系フォトレジストは露光時に空気中の酸素の影響による残膜率の低下があるが，現在ではマスクアライナーの窒素パージが十分行われており，高残膜率を確保している。また，現像液による膨潤の問題から実用の解像度は 2 μm が限界である。

光化学反応はビスアジドが紫外線によって分解してナイトレンラジカルを生じ，これがゴムの二重結合と反応する。

$$R-N_3 \xrightarrow{h\nu} R-\bar{N}\cdot + N_2 \uparrow$$
　　　　　　　　ナイトレンラジカル

$$R-\bar{N}\cdot + \underset{|}{\overset{|}{C}}-CH_3 \xrightarrow{橋かけ} R-N\underset{C-H}{\overset{C-CH_3}{<}}$$
　　　　　　CH

$$R-\bar{N}\cdot + >CH_2 \xrightarrow{水素引抜き} R-NH-CH$$

$$2R-\bar{N}\cdot \longrightarrow R-N=N-R$$

$n=3$　　　　　　　　$n=2$　　　　　　　　$n=1$

6.2.4　その他のアジド系フォトレジスト

側鎖にアジド基をもつポリマーとしてポリ p - アジド安息香酸ビニル(5)およびポリビニル p - アジドベンザル(6)があり，ケミカルミリング用フォトレジストとして使用されている。

ゴム系フォトレジストの現像液による膨潤の問題から，膨潤の少ないフォトレジストが開発されている。ポリメチルイソプロペニルケトンと 2,6 - ジアジドベンジリデン - 4 - メチルヘキサノンを混合したONNR - 20[9]やポリビニルフェノールとアジド(7)を混合したMRL[10], Gライン(436nm)に感じやすいアジド(8)を混合したMRG[11]が報告されている。

6 フォトレジスト材料

$$N_3-\phi-CH=CH-CO-\phi-R \qquad (7)$$

$$N_3-\phi-(CH=CH)_2-\text{(cyclohexenone with CH}_3, CH_3) \qquad (8)$$

6.2.5 ドライフィルム

ドライフィルムはフォトレジスト組成物の溶液をあらかじめ乾燥皮膜にしたもので,銅などのプリント配線用基板に熱圧着するだけでフォトエッチングに用いられる。

Du Pont 社で開発され,リストンの商品名で市販されて以来,組成物での改良が加えられている。

ドライフィルムは感光層を中心にした三層構造(図2.6.2)から成り,表面のカバーフィルムを剥がして感光層を基板に貼り合わせて用いる。ドライフィルムの組成は支持体としてアクリルポリマーを用い,光重合モノマーのアクリル酸エステル類および光重合開始剤(例えばベンゾフェノン)を混合したものであり,ドライフィルムの組成の一例はつぎのようなものがある[12]。

1) ポリ(メタクリル酸メチル/アクリロニトリル/アクリル化グリシジルアクリル酸エステル,65/10/25) 1196.0 g
2) ポリ〔メタクリル酸メチル/アクリル酸(β-ヒドロキシエチル),90/10〕 557.0 g
3) トリエチレングリコールジ酢酸エステル 262.0 g
4) 第3ブチルアントラキノン 142.0 g
5) 2,2′-メチレン-ビス-(4-エチル-6-第3ブチルフェノール) 34.5 g
6) エチルバイオレット染料(G.I. 24,600) 2.5 g
7) メチルエチルケトン 全量が11000.0 gになるまで。

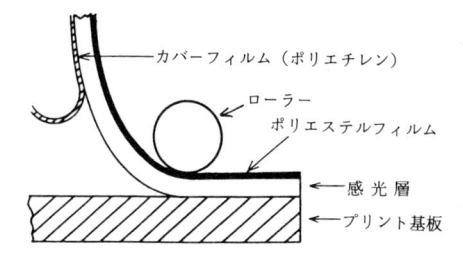

図 2.6.2 ドライフィルムの構造と基板への圧着

6.3 ポジ型フォトレジスト

ポジ型フォトレジスは溶解抑制剤のナフトキノンジアジドスルホエステル(9)とクレゾールノボラック樹脂(10)から構成されている。

ナフトキノンジアジドスルホエステルとしてはクレゾールノボラック樹脂(11),没食子酸アルキル(12)や2,3,4-トリヒドロキシベンゾフェノン(13)などのエステルが使用

第2章 光による高分子反応・加工

(9) ナフトキノンジアジド-SO₂R 構造

(10) ノボラック樹脂 (クレゾール-ホルムアルデヒド)

(11) 共重合体構造

(12) トリヒドロキシベンゼン-COOR

(13) ジヒドロキシベンゾフェノン構造および D= ナフトキノンジアジドスルホニル基

されている。

ポジ型フォトレジストは解像度が非常に優れているが,もろくてウェットエッチングでのシミ込みが大きいため,コンタクト露光とウェットエッチングが主流だった半導体IC製造プロセスでは,アルミ配線工程など一部の工程でしか使用されていなかった。歩留り向上のためのプロジェクション露光法の普及とドライエッチング法の発達によって,ポジ型フォトレジストの高解像性と耐ドライエッチング性が見直されて超LSI製造用レジストの主流となった。最近では縮小投影露光装置の発達によってサブミクロンパターンが安定して得られている。写真2.6.1にポジ型フォトレジストのパターンプロファイルを,写真2.6.2にウェットエッチングとドライエッチングの比較を示す。

ポジ型フォトレジスト中のナフトキノンジアジドは紫外線によって分解した後,分子内転位を起こしてアルカリ現像液に可溶なインデンカルボン酸に変わる。

反応式:
ナフトキノンジアジド $\xrightarrow{h\nu}$ カルベン中間体 $+ N_2\uparrow$ $\xrightarrow{転位}$

$\xrightarrow{+N_2O}$ インデンカルボン酸 (-COOH)

写真2.6.1 ポジ型フォトレジストのパターンプロファイル (0.8μ L&S)

6.4 Deep UV レジスト

Deep UV リソグラフィはフォトリソグラフィに使用される光源を，紫外線（350～450nm）の代わりに波長の短い Deep UV 光（200～300nm）を使用することによって，光の回折を少なくしてサブミクロン加工を行う技術である。光学系には超高圧水銀灯の代わりに 200～350nm に発光効率のよい Xe-Hg 灯を光源として，レンズには石英を使用して Deep UV 光の透過をよくしている。

レジスト材料に成り得るポリマーとしては Deep UV 光のエネルギーが高いので，フォトレジストの他に電子線やX線レジストの一部にまでその範囲は広くなっている。紫外線崩壊型ポリマーのポリα-置換アクリラート類はポジ型レジストになり，ポリメチルメタクリラート（PMMA）[13][14]は最初に実用性の検討が行われてサブミクロンを解像したが，感度が低いため高感度レジストの検討が行われた。ポリメチルイソプロペニルケトン（PMIPK）[15] は高感度で解像度が PMMA と同等であるので，増感剤を添加してさらに高感度化させて実用化している[14]。その他，GCM[15]，P（MMA-BzMA）[16]，PBS などについても Deep UV レジストとしての検討がなされている。

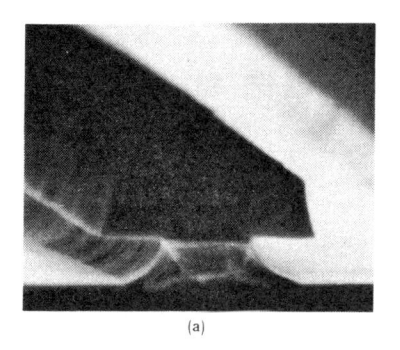

写真 2.6.2　ウェットエッチング(a)とドライエッチング(b)
基板：アルミニウム

$$\text{-(CH}_2\text{-C}\overset{\overset{\displaystyle CH_3}{|}}{\underset{\underset{\displaystyle O-CH_3}{|}}{\underset{\displaystyle C=O}{|}}}\text{)}_n\quad (14)\qquad \text{-(CH}_2\text{-C}\overset{\overset{\displaystyle CH_3}{|}}{\underset{\underset{\displaystyle CH_3}{|}}{\underset{\displaystyle C=O}{|}}}\text{)}_n\quad (15)$$

これらのレジストはウェットエッチングでの密着性は良いが，ドライエッチングに弱く，ドライエッチングでの耐性の良いレジストとして AZ-2400 がある。

ネガ型 Deep UV レジストとして電子線やX線レジストの CMS[17]，SEL-N[18]，BPA[19]，CAM[20]，CVE[20] などの Deep UV 光での感度が検討されているが，Deep UV レジストとして開発されたものはポリグリシジルメタクリラートへのケイ皮酸付加物[21]，WR（環化ゴム-ビスアジド系）[22]，MRS（ポリビニルフェノール-ビスアジド系）[23]，ODUR-120（フェノール樹脂-ビスアジド系）

現像液中

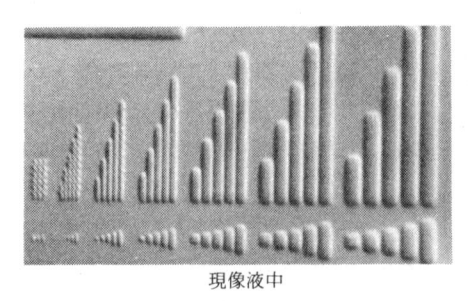

リンス後

写真2.6.3 ゴム系フォトレジストの現像液中での膨潤

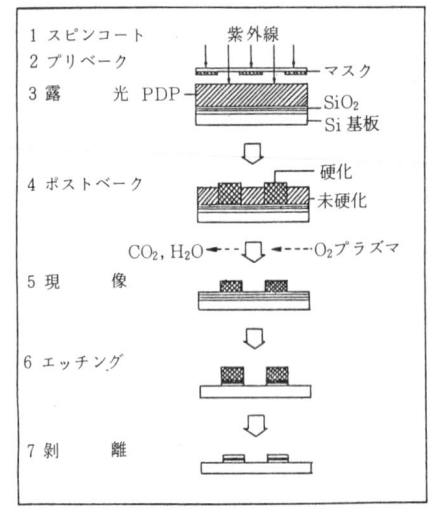

図2.6.3 ドライ現像工程

1 スピンコート
2 プリベーク
3 露 光 PDP
4 ポストベーク
5 現 像
6 エッチング
7 剥 離

紫外線
マスク
SiO_2
Si基板
硬化
未硬化
CO_2, H_2O ←--- ←--- O_2プラズマ

があり，CMS，MRSおよびODUR-120は耐ドライエッチング性がよい。

6.5 ドライ現像用レジスト

半導体IC製造用フォトレジストの主流をなしていたゴム系フォトレジストは現像液中での膨潤（写真2.6.3）が著しく，リンスを行っても実用の解像度は2μmが限度である。ドライ現像は現像液による膨潤をなくするために，米国モトローラ社のSmithら[24]によって提唱された方法でPDP（Plasma Developable Process）(図2.7.3)と名付けられ，光重合型レジストを用いて2μmの解像度を得たと報告されている。露光までの工程は従来のフォトエッチング工程と変わらないが，露光後にリリーフベーク（relief bake）と称する熱処理を行った後酸素プラズマでエッチングしてレジストパターンを得る方法である。

中根らはPMIPK-ビスアジド系[25]のドライ現像レジストを開発して実用化に近づいている。写真2.6.4にドライ現像によるパターンの例を示す。

6.6 サブミクロン加工用材料

サブミクロン加工はポジ型フォトレジストと縮小投影露光装置の組み合わせでサブミクロンの解像が可能であり，プロセスへの適用が検討されている。サブミクロンの領域では，光の波長に近づくため，光の回折によって転写されたパターンのコントラストが低下して微細なパターンは解像しなくなる。レジスト表面でのコントラストを上げる方

6 フォトレジスト材料

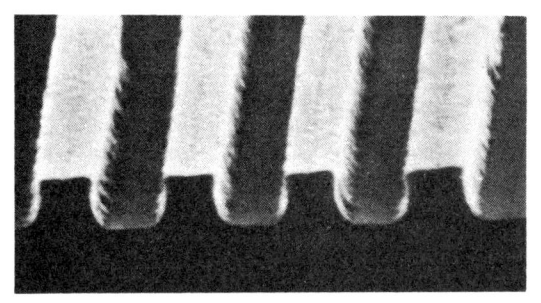

写真2.6.4 ドライ現像レジストプロファイル
（1μm L&S）

法としてCEL[26]が報告されている。また，基板からの反射による定在波によっても解像度が低下するため，反射防止膜としてARC[27]の報告もある。

　半導体デバイスの表面は平担ではなく，時にアルミ配線などの最終工程では段差が1μm近くにまで達している。このような基板ではフォトレジストを均一な厚さに塗布することが難しく，単層のレジストで均一なパターンを得ることはむずかしい。この解決方法として2層および3層レジスト法が報告されている[28]。2層法では平担化層としてPMMAを使い，その上にポジ型フォトレジストを塗布するPCM法で，三層レジスト法は上層にポジ型フォトレジストを中間層にシリコン酸化膜を用い，ポジ型フォトレジストパターンを利用してシリコン酸化膜をフッ素ガスでエッチングした後，下層レジストを酸素でリアクティブイオンエッチングする方法である。前者は耐ドライエッチング性に，後者は微細パターンは得られるが工程が面倒である欠点がある。

　改良された方法として無機レジストを用いた2層レジストが報告[29],[30]されている。レジスト材料としてはシリコン系のものが多く，ネガ型レジストとして含シリコンCMS系[31]〜[33]およびハロゲン化ポリスチレン[34]，側鎖にC=C二重結合をもつレジスト[33],[35],[36]，ポジ型レジストとしてSi-Si結合をもつレジスト[37],[38]，ポリメタクリル酸エステル系[39]，含シリコンノボラック樹脂－キノンジアジド系[40],[41]，ポジ型フォトレジストにシリコン化合物を混合したもの[42]などがある。

　　　　　　　　　　　　　　文　　　献

1）基礎と応用フォトポリマー，フォトポリマー懇話会編，シーエムシー（1977），永松元太

第2章 光による高分子反応・加工

郎ほか,感光性高分子,「サイエンティフィック」講談社(1977); R&Dレポート No. 7 感光性樹脂の合成と応用,シーエムシー(1979); R&Dレポート No. 11 感光性樹脂の合成と応用(続),シーエムシー(1980)
2) U.S.P. 2,610,120
3) 時公昭 40-8669
4) 戸田昭三 ほか,神工試研究報告,No. 14, 50
5) 加藤政雄,画像技術,2, No. 3, 12 (1971)
6) 田中秀明,基礎と応用フォトポリマー,フォトポリマー懇話会編,シーエムシー, 44 (1977)
7) 榛田善行 ほか,R&Dレポート No. 11 感光性樹脂の合成と応用,シーエムシー, 319 (1980)
8) 榛田善行 ほか,第1回フォトポリマーコンファレンス講演予稿集, 21~28 (1976); R&Dレポート No. 7 感光性樹脂の合成と応用,シーエムシー, 136 (1977)
9) H. Nakane et al., *Polymer Eng. Sci.*, **23**, 1050 (1983)
10) T. Iwayanagi, et al., *Polymer Eng. Sci.*, **23**, 935 (1983)
11) M. Hashimoto et al., Preprints of 1st SPSJ International Polymer Conference (Soc. Polymer Sci., Japan) 111 (1984)
12) 特公 昭45-25231
13) Lin, B.J., *J. Vac. Sci. Tech.*, **12**, No. 6, 1317 (1975);中根靖章 ほか,第11回半導体集積回路技術シンポジウム, 54 (1976); R&Dレポート No. 7 感光性樹脂の合成と応用,シーエムシー, 328 (1977)
14) 津田穣 ほか,第14回半導体・集積回路技術シンポジウム論文集 (1978)
15) 山下吉雄 ほか,電子材料, **18**, No. 10, 79 (1979)
16) 三村 ほか,第25回応用物理学関係連合講演会, 29 a H-7, 249 (1978)
17) 今村 ほか,半導体・集積回路技術第17回シンポジウム, 90 (1979)
18) 越知英夫,電子材料, **18**, No. 10, 70 (1979)
19) 小椋 ほか,電気通信学会, 391, 2-141, Mar (1978)
20) 三村 ほか,第25回応用物理学関係連合講演会, 30 a-M-1, 322 (1978)
21) 津田穣 ほか,半導体・集積回路技術第16回シンポジウム, 78 (1979)
22) T. Iwayanagi, *J. Electrochem. Soc.*, **127**, 2759 (1980)
23) T. Iwayanagi, *IEEE Trans, Electron Dvices*, ED-**28**, 1306 (1981)
24) J. N. Smith et al., Kodak Micro Electronics Seminer (1979)
25) M. Tuda et al., Microcircuit Engineering '80 in Amsterdam (1980);中根 ほか,応用物理, **50**, No. 2, 145 (1981)
26) B. F. Griffing et al., Technical Papers - Regional Technical Conference " Photopolymers Principles - Process and Materials " 185 (1982)
27) Richard D. Coyne et al., *Solid State. Technol.*, 日本語版, No. 5, 73, No. 6, 91 (1984)
28) B. J. Lin, *Proc. SPIE*, **174**, 114 (1979); B. J. Lin, et al., *J. Vac. Sci. Technol.*, **16**, 1669 (1979); E. Reichmanis, et al., *Polymer Engrg. Sci.*, **23**, 1039 (1983); T. Batchelder, et al., *Semicond. Int'l.*, **4**, No. 4, 213 (1981); J. M. Moran, et al., *J. Vac. Sci. Technol.*, **16**, 1620 (1979)

29) Gary N. Taylor et al., *Solid State Techonol.* 日本語版, April, 57 (1984)
30) E. Reichmanis et al., 同上, October, 52 (1985)
31) M. Suzuki et al., *J. Electrochem. Soc.*, **130**, 1962 (1983)
32) K. Morita et al., *Jpn. J. Appl. Phys.*, **22**, L 659 (1983)
33) A. Tanaka et al., Proc. Ist SPSJ International Polymer Conference, 63 (1983)
34) S. A. Mac Donald et al., 1983 International Symposium on Electron, Ion and Photon Beam, Los Angels, CA. (1983)
35) J. M. Shaw, Proc. Technical Conference, Photopolymer principles- Processes and Materials, 285 (1982)
36) K. Saigo et al., 1984 International Symposium on Electron, Ion and Photon Beams, (1984)
37) D. C. Hofer et al., *SPIE* Vol. 469, Advance in Resist Meeting, 16 (1984)
38) K. Nate et al., *Exlended Abstract* Vol. 84-2, Electrochem. Soc. Fall Meeting, 530 (1984)
39) E. Reichmanis et al., *SPIE* 469, Advances in Resist Technology, 38 (1984)
40) C. W. Wilkins et al., *J. Vac. Sci, Technol.*, **3**, No.1, 306 (1985)
41) Y. Ohnishi et al., *SPIE* Vol. 539 Advances in Resist Technology and Processing II, 62 (1985)
42) 上野巧 ほか, 第4回フォトポリマーコンファレンス講演予稿集, フォトポリマー懇話会 107 (1985)

7 高分子の構造・物性の光計測

増原　宏*

7.1 高分子表面の分析

　一般に分光分析法は，発光，吸収，散乱，反射現象を扱っている。波長としては遠赤外から真空紫外まで広範囲におよぶが，それに応じて分子の回転状態，振動状態，電子状態の知見が得られる。原理的には，取り扱う現象と用いる波長により様々な高分子表面解析が考えられるが，実際に用いられる方法は限られてくる。ここでは現在用いられているあるいは近い将来の精密解析法として重要視されているものを紹介する。なお電子顕微鏡関係やESCA等の電子分光法は表面解析法として不可欠であるが，光計測ではないので他の総説[1]を参照していただくことにし，いっさい省略する。

7.1.1　吸収・反射電子スペクトル

　電子スペクトルは分子の電子状態間の遷移に基づいており，基本的には分子構造により決まるが，分子のおかれた環境や媒体の条件，分子間相互作用をも反映する。しかしながら，分子の集合状態や高次構造について直接的な知見を与えるわけではないので，いわゆるキャラクタリゼーションにはさほど有効ではない。むしろ，電子状態により決まる電子的機能の評価法としての活用が期待される。もう一つ重要な特徴は，その高い時間分解能にある。現在では各種パルスレーザを光源に用いることにより，ナノ（10^{-9}）秒やピコ（10^{-12}）秒オーダーの測定はきわめて容易である。今後，光や電子のダイナミックスを扱う光機能材料の開発が進むなかで，動的過程の評価法として広く使われていくものと思われる。

　最も単純な測定は，高分子薄膜の吸収スペクトルを透過法により求めることで，これは市販の分光光度計を用いて行う。吸収にかかるクロモフォアの分子吸光係数を 10^3 $M^{-1}cm^{-1}$ とし，その濃度を1Mとすると，1μmオーダーの厚さの薄膜のスペクトルを精度よく求めることができる。したがって表面の構造や物性がμmオーダーの深さにより規定される場合は，この方法で充分目的を達する。この測定においてはスペクトルに多重反射の影響が現われるので(1)式により補正する必要がある[2]。今観察された透過率をT，薄膜の厚さをd，表面反射率をR，真の吸収係数をαとすると

$$T = \frac{(1-R)^2 e^{-\alpha d}}{1 - R^2 e^{-\alpha d}} \tag{1}$$

の関係が導かれる。これにより，

$$\alpha = \frac{1}{d} \ln \left\{ \frac{(1-R)^2}{2T} + \left[\frac{(1-R)^4}{4T^2} + R^2 \right]^{0.5} \right\} \tag{2}$$

---

* Hiroshi Masuhara　京都工芸繊維大学　繊維学部

となり正しいスペクトルが算出される。なお，このαは分子吸光係数とクロモフォア濃度の積である。

薄膜の厚さがさらに薄い場合には吸光度が小さくなり，信号はノイズレベルに埋れてしまう。現在では SN 比を向上させるために，モニター光をチョップしロックインアンプを用いる方式が採用されている。この方式のダブルビーム分光光度計は市販もされているが，試料側と参照基準側の光学的条件を一致させるのが問題となる。全く同じと思われる一組のセル，一組の基板を選んでも平坦なベースラインを得ることは難しい。一般的にはこのベースライン補正をマイコンでやらせる方式になりつつある。

ここではさらに感度の高い測定方式として山本らの開発した光子計数方式の概略を紹介する[3]。図2.7.1にブロックダイヤグラムを示すが，上記の問題を避けるためにシングルビーム法を採用している。一枚の基板の半分に試料をコーティングし，これを出し入れしてモニター光強度 I_0 と透過光 I のわずかの差を検出

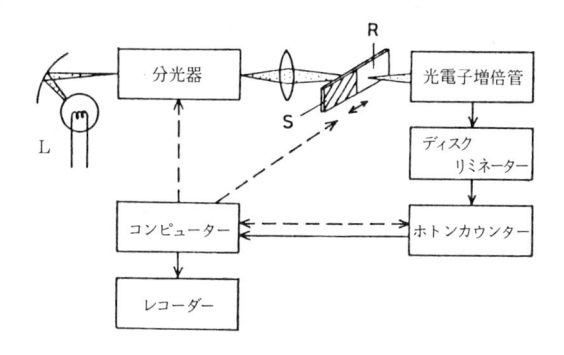

図2.7.1　光子計数方式分光光度計のブロックダイヤグラム
L：光源，S：試料，R：参照基準

する。両モニター光は光子計数レベルにまで下げ，特別な光電子増倍管でこれを検出し，ディスクリミネーターで暗電流成分をカットする。これにより光計測のダイナミックレンジを大幅にふやすことができる。具体的には各波長において $\log(I_0/I)$ を計算する代わりに，一定のカウント数に達する I_0 側の時間 T_0 と I 側の時間 T をもとに，$\log(T/T_0)$ を求める。10^8 カウントまで積算することにより，吸光度にして 0.0001 を検出することも可能である。山本らの結果によれば単分子層まで測定できるので，高分子薄膜に関する限りもはや技術的な限界はない。

高分子材料の厚さが μm 以上になると透過法による吸収測定は不可能になる。この場合正反射率の変化を波長の関数として求める反射スペクトル測定が有効である。一般に空気と材料の屈折率に差がある時，光は反射されるわけだが，この材料の複素屈折率の中に吸収係数が入っている。したがって吸収係数の値にもよるが，反射スペクトルに反映される表面の深さは 1 nm 程度と考えられている。物理的な説明や具体的なスペクトルの求め方については，多くの解説が成書にのっている[4]。この反射法は金属や結晶等の表面の滑らかな固体系の研究に活用されてきたが，高分子固体にも適用される。具体例として田仲による電導性ポリアセチレンの結果を述べる[5]。図2.7.2に

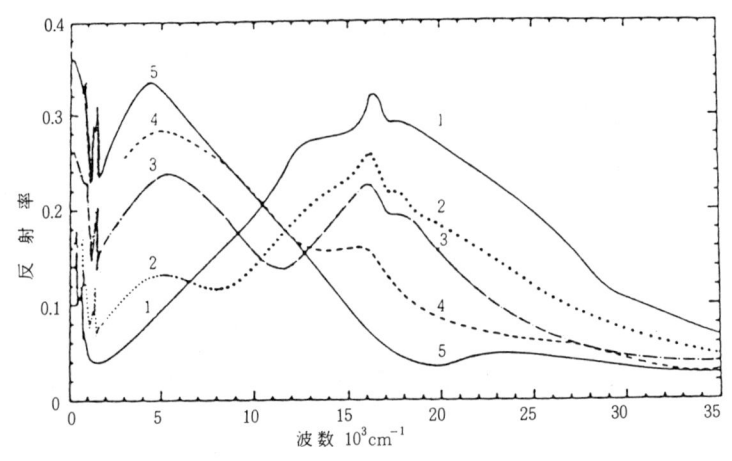

図2.7.2 Br₂をドープしたシス体の豊富なポリアセチレンの反射スペクトル
1. $\sigma = 10^{-9} \Omega^{-1} \text{cm}^{-1}$, 2. $\sigma = 0.3 \Omega^{-1} \text{cm}^{-1}$, 3. $\sigma = 2.6 \Omega^{-1} \text{cm}^{-1}$,
4. $\sigma = 21 \Omega^{-1} \text{cm}^{-1}$, 5. $\sigma = 33 \Omega^{-1} \text{cm}^{-1}$

Br₂をドープした時に観測される反射スペクトル変化を示す。ドープ量の増加に伴いシス体のπ－π*遷移に帰属される19,000 cm⁻¹のバンドが減少する。free carrierによる300～15,000 cm⁻¹のバンドとそれにより誘起された赤外部の1,370, 1,280, 870 cm⁻¹のC－C, C＝C, C－H結合の振動が増加する。これらのスペクトルの変化は電気電導度の向上と対応しており，Br₂のドープ量は電導度をパラメーターとして与えられている。膜厚が薄い場合のポリアセチレンフィルムについては透過型の吸収スペクトルにより調べられており，同一レベルのデータを得ている。

7.1.2 全反射電子スペクトル

高分子表面にあるクロモフォアの吸収係数が小さい時は，反射率に波長依存性はみられず，明確な反射スペクトルは求まらない。このような場合には全反射法を適用する。これは屈折率の大きいガラス基板に高分子等の材料を密着させ，光をガラスの中で全反射させる。この時電磁気学的に光は波長のオーダー屈折率の小さい高分子側にしみ込む現象を利用するものである。このしみ込むエバネッセント波の深さZの位置における強度Eは次の式が与えられる。ここでE_0は$Z=$

$$E = E_0 \exp(-rZ) \tag{3}$$

$$r = \frac{2\pi n_1}{\lambda} \left[\sin^2\theta - \left(\frac{n_2}{n_1}\right)^2 \right]^{0.5} \tag{4}$$

0での光強度,n_1とn_2はそれぞれガラス基板と高分子の屈折率,λは入射光の波長,θは入射角度である。系を選べばn_1,n_2は決まるので,モニターする表面の深さはλとθによることになる。吸収の弱い時は多重反射をとり入れた光学系を組めばよい。

上述の全反射条件で入射する光を吸収した時にけい光を発する分子がある場合には,このけい光挙動の解析により表面の知見を求めることができる。一般に,けい光測定は感度の高いことが特徴であり,絶対分子数の少ない表面の研究には優れた方法である。また,シンクロナス励起モード同期色素レーザーを励起光に用いて,時間相関光子計数法により,けい光を観測すると,その時間分解能はピコ秒のオーダーとなる。すなわち,表面における電子移動,光エネルギー緩和,分子運動等を計測することが可能となる。このような観点から,我々は時間分解全反射けい光スペクトル測定を重要と考え,モデル系を用いてその可能性を世界で初めて示した。以下デモ実験の概要を紹介する[6]。

図2.7.3に光学系を示すが,ガラス基板としてサファイアを選び,モデル2層膜はポリスチレンの薄膜(S-フィルム,0.01μm)と肉厚フィルム(B-フィルム,数十μm)である。サファイアは固く加工が容易でないが紫外から近赤外領域まで透明でありかつけい光を出す不純物の含有量が少ない。S-フィルムはシンチレーターであるPOPOPを,B-フィルムにはN-エチルカルバゾールを適当量ドープした。励起光として色素レーザーの高調波(313nm,6ps)を用いた。励起光が臨界角θ_cよりも小さい角度で入射すると,光はS-とB-フィルム両層をつき抜けるので,観測されるけい光スペクトルにおいてはB-フィルムのN-エチルカルバゾールの寄与が圧倒的に大きい。θをθ_cより大きくしていくと,全反射現象により表面部分のみが励起されるために,S-フィルムのPOPOPのけい光もみえてくる。このけい光を時間分解測定すると,両けい光分子のけい光寿命の差を利用してより選択的に表面の情報を求めることができる。図2.8.4に二種のθについて測定した時間分解スペクトルを示した。350nm付近の振動構造をもつけい光は,B-フィルムのN-エチルカルバゾールによるものであり,400nmより長波長部はPOPOPに帰属される。θをわずか2.3°増し,0.4〜1.4nsのゲート時間とすると,薄い0.01μmの厚さのS-フィルムのけい光が強調されて観測されるのがわかる。なおθ_cはこの基板とフィルムの組み合わせの場合,68.2°である。

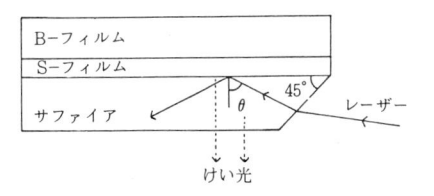

図2.7.3 全反射けい光測定用光学系
(θ:入射角度)

さらに定量的に解析するために,けい光減衰曲線を入射角度の関数として測定した。POPOPとN-エチルカルバゾールのけい光寿命τ_Sとτ_Bは,それぞれポリスチレンフィルム中において

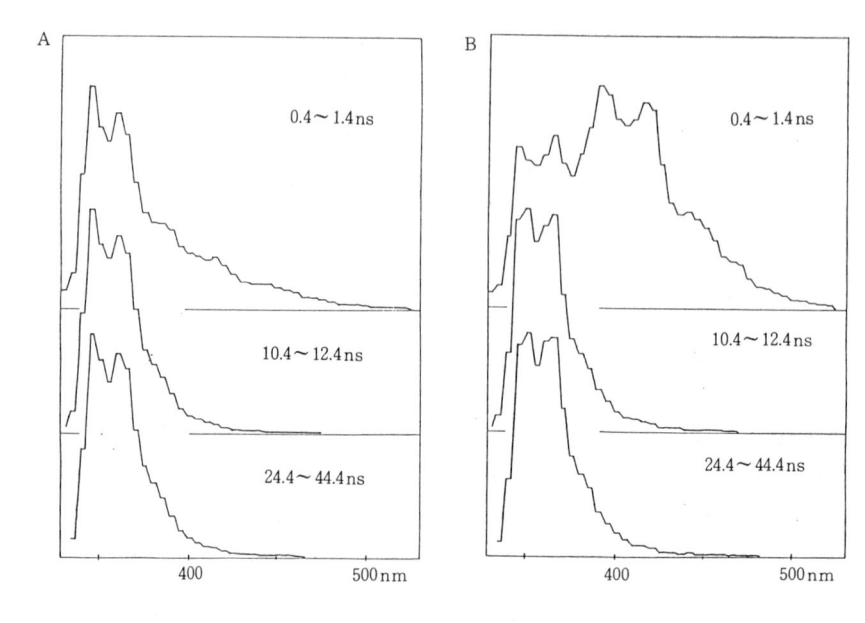

図 2.7.4 モデル2層膜の時間分解けい光スペクトル．S-フィルム：
1×10^{-2} mol dm^{-3} POPOPを含む0.01 μm厚膜，B-フィルム：1.3×10^{-2}
mol dm^{-3} N-エチルカルバゾールを含む肉厚膜，入射角度 (A)69.6°, (B) 71.9°

1.2 ns と 1 3 ns である．したがってモデル2層膜のけい光減衰曲線は(5)式で表わされる．

$$F(t) = A_S \exp(-t/\tau_S) + A_B \exp(-t/\tau_B) \tag{5}$$

A_S と A_B はフィルムの厚さ，ドープ分子の濃度，けい光収量，観測波長の関数であり，一義的な意味をもたない．そこで両層のけい光分子数の比に比例するA_B/A_Sをとり，そのθ依存性を調べることにより深さ方向の知見を求めることにした．図2.7.5に0.01, 0.1, 0.4 μmのS-フィルムについて結果を示すが，いずれもθにより大きくかわる．S-フィルムの厚さの薄い程急激な変化はθの大きいところでみられる．これは薄いS-フィルムほどθを大きくして初めて表面層の選択的励起が可能になることを示している．目安としてθ_cより3°くらい大きい入射角度で測定すれば，0.1 μmの層を有効にモニターすることができると考えてよい．

一般にけい光分光法は振動分光や電子分光に比べ，分子種や構造の帰属や判定が大まかであり，表面キャラクタリゼーション法としては不適当と考えられてきた．しかし本書で考えていく高分子加工においては，出発材料は既知の場合が多いと考えられ，したがって光，プラズマ，放射線による表面加工がどこまで及んでいるかをみるのには一つの有効な方法と期待される．具体的には加えるエネルギー源に応じて適当なけい光プローブ分子を少量添加する手法も可能である．

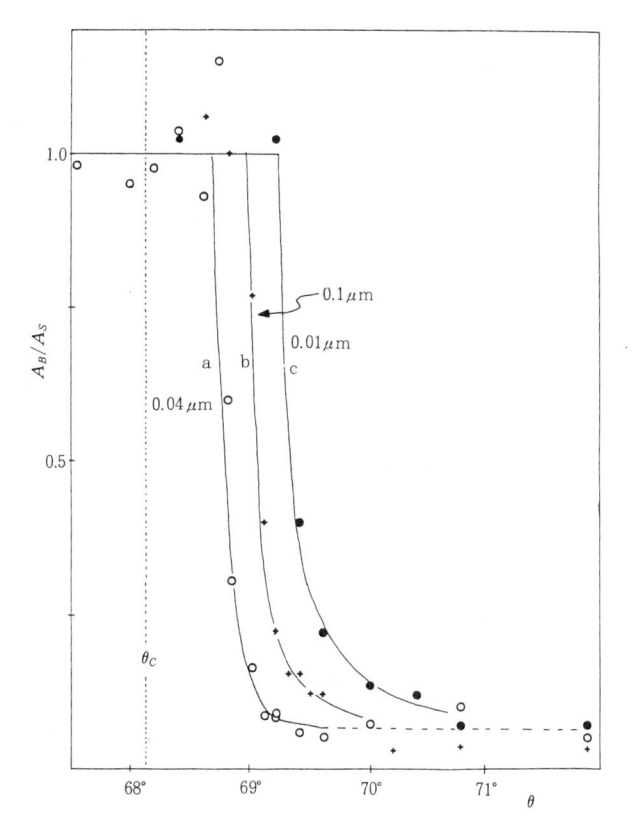

図 2.7.5　A_B / A_S と θ との関係
両フィルム層にドープしたけい光分子の濃度比は一定，膜厚は図中に記載

7.1.3　全反射ラマン分光法

　上に述べたけい光スペクトルの代わりにラマン散乱を観測すれば高分子表面の振動状態の知見が得られる。通常ラマン散乱は弱いので，この場合けい光強度が高いと測定が困難である。岩本らはガラス基板の選択，測定光学系の工夫，測定条件の検討，理論曲線との比較考察を行い，この方法の有効性を示した[7]。彼らは Ar^+ レーザの 488 nm あるいは 514.5 nm ラインを励起光に用い市販ラマン分光光度計で測定した。S－フィルムとしてポリスチレン，B－フィルムとしてポリカーボネートを用い，前者の $1002\,cm^{-1}$ と後者の $890\,cm^{-1}$，$1112\,cm^{-1}$ のピーク強度を手がかりに定量的解析を行った。一例として図 2.7.6 に全散乱強度に占める S－フィルムの強度 R

(Z)を，その膜厚 Z の関数として示す．実験値と理論値はよい一致をしており，Z が励起光の波長と同じ値に近づくとほぼ表面層のみのラマンスペクトルとなってくるのがよくわかる．

7.1.4 FT-IR-ATR

分光分析法の中でキャラクタリゼーションに最も適しているのは赤外分光法である．従来より，ATR-IR 法として広く用いられてきたが，最近は FT-IR 分光光度計がゆきわたりより精度の高い測定が可能となってきた．データ処理機能を生かして差スペクトルを求めることが可能なので，試料のセットを含む測定光学系の再現性が重要なポイントとなる．全反射を起こさせるガラス基板としては Ge（屈折率 4.0）や ZnSe（同 2.40）が用いられることが多い．岩本らは測定条件を詳細に検討し，$52.5 \times 20 \times 2$ mm の基板に入射角度 45°あるいは 51°で測定光を導入し，400 回積算により $2\ cm^{-1}$ の分解能で測定を行っている[8]．ここでは彼らの結果を紹介する．基板自身 IR スペクトルをもつが，これは差機能により完全に消去することができる．図 2.7.7 (a) に Ge 上にキャスティングした

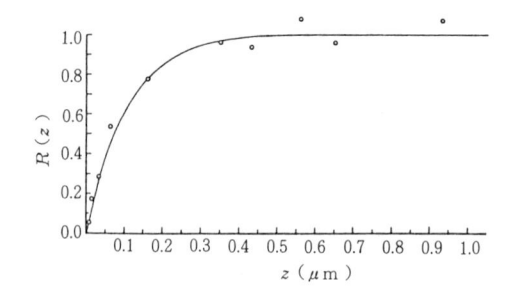

図 2.7.6　$R(Z)$ の実験値（○）と理論曲線（─），入射角度 $\theta = \theta_c + 3.7°$

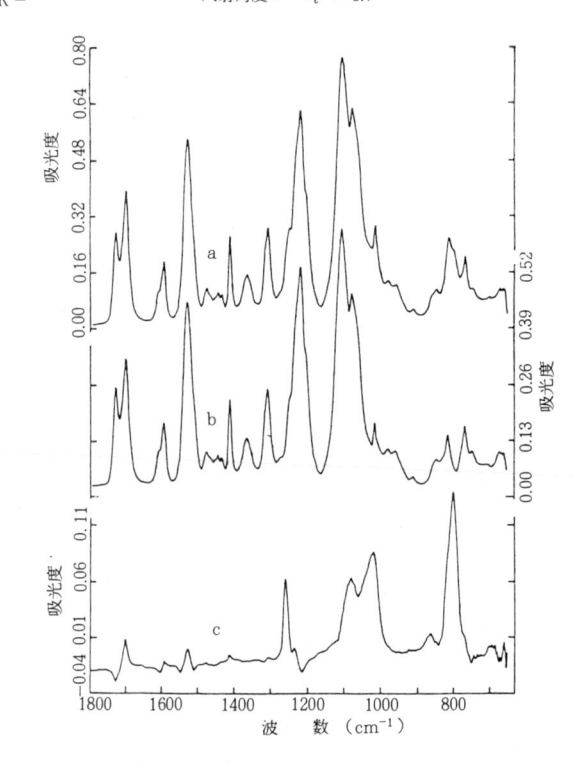

図 2.7.7　Ge 基板を用いて入射角度 45°で測定された Cardiothane 51 フィルムの FT-IR-ATR スペクトル
(a) 空気に接触した面，(b) ポリウレタン成分の空気接触面，(c) （a-b）の差スペクトル

Cardiothane 51 フィルムの空気に接触する側のスペクトルを示す。このフィルムはポリウレタンとポリジメチルシロキサンの成分を有しており，(b)のポリウレタンの IR スペクトルを差し引くと，(c)の 1018, 1090, 1260 cm^{-1} のバンドが得られる。これらはポリジメチルシロキサンに帰属されるが，これはキャスティングフィルムの表面構造が内部と違うことを意味する。Cardiothane 51 は生体適合材料として使用されているが，これは表面構造が血液と適合するように変化していくことと結びつけられる。この他 FT-IR-ATR 法は高分子表面層の配向，表面不純物の確認等繊維を含む多種の高分子表面の解析に使われている[1]。

文　献

1) 例えば，黒崎和夫, 分光研究, **32**, 411 (1983)
2) H. Fujimoto, M. Tanaka, J. Tanaka, *Bull. Chem. Soc. Jpn.*, **56**, 671 (1983)
3) N. Yamamoto, T. Sawada, H. Tsubomura, *Bull. Chem. Soc. Jpn.*, **52**, 987 (1979)
4) 簇野昌弘ほか, 高分子実験学 15, 高分子における分光学, 高分子学会編, 共立出版 p. 57 (1984)
5) M. Tanaka, H. Fujimoto, J. Tanaka, *Mol. Cryst. Liq. Cryst*, **83**, 75 (1982)
6) H. Masuhara, N. Mataga, S. Tazuke, T. Murao, I. Yamazaki, *Chem. Phys. Lett.*, **100**, 415 (1983)
   H. Masuhara, S. Tazuke, N. Tamai, I. Yamazaki, in preparation (1986)
7) R. Iwamoto, M. Miya, K. Ohta, S. Mima, *J. Chem. Phys.*, **74**, 4780 (1981)
8) R. Iwamoto, K. Ohta, *Appl. Spectroc.*, **38**, 359 (1984)

7.2 バルク物性の動的分析
7.2.1 光プローブによる分子運動の検出

堀江一之[*]

　高分子固体中の光物理過程や光化学過程は，フォトレジストなどの有機光機能材料の，機能発現に直接かかわるキープロセスであり，マトリックスポリマーの分子構造や分子運動の影響を受ける。ポリマー固体中の官能基の反応性は，マトリックスのガラス転移温度（T_g）の上下で，大きく変化することが多いが，それのみならず，副ガラス転移と呼ばれる，主鎖の局所的なモードの運動が解放される温度（T_β）や，側鎖の回転が始まる温度（T_γ）にも依存する例が，知られるようになってきた[1)~3)]。このことは逆に，光物理過程や光化学過程の測定により，ポリマー固体の分子運動，特にT_β，T_γなどの副ガラス転移についての情報が得られることを示唆している。また，固相反応でしばしばみられる反応の不均一な進行は，マトリックスの自由体積に分布があることに原因していると考えられており[2)]，反応過程の解析から，自由体積分布についても議論できる可能性がある。ここでは，まず，リン光をプローブとした副ガラス転移温度の検出の例を紹介し，光異性化などの光反応をプローブとした，分子運動と自由体積分布の分析についてもふれる。

　光励起三重項状態からのリン光は，蛍光に比べて寿命が著しく長いので，緩和時間のながい固体中の分子運動を検出するためには都合がよい。Guilletら[4)]は，ケトン基やナフチル基を少量含むポリスチレン，ポリメタクリル酸メチル（PMMA），ポリエチレン，ポリ塩化ビニル，ポリアクリロニトリルなどのフィルムのりん光強度を，77～300 Kの温度範囲で測定し，そのアレニウスプロットが，図 2.7.8 に例示したように，それぞれのマトリックスポリマーの副ガラス転移温度で，折れ曲がることを見出した。これらの転移温度は，光プローブ法以外では，動的粘弾性や誘電分散，NMRで測定されており，測定周波数に依存するので，リン光測定による転移温度は，リン光の減衰速度程度の周波数（1～10^4 Hz）に対応する測定であるとみなされる。Guilletら[4)]の結果については，リン光強度が変化する原因は，フィルム中に残存した酸素による消光反応で，マトリックス中の酸素の拡散係数が，マトリックスの分子運動を反映して折れ曲りを示したものと考えられている。酸素のような小さな分子の拡散係数は，T_gでは目立った変化を示さず，むしろより低温部のT_βやT_γを鋭感に反映する。

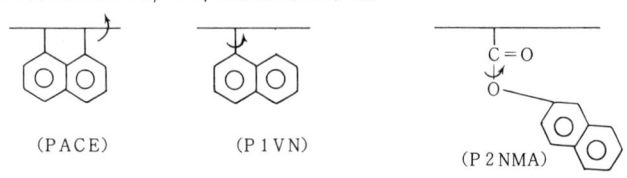

（PACE）　　（P1VN）　　（P2NMA）

---

[*] Kazuyuki Horie 東京大学 工学部

Soutarらは，PMMA[5]やポリアクリル酸メチル(PMA)[6]中に，コモノマーとして少量導入したナフチル基の，リン光強度，リン光寿命，およびリン光偏光解消の温度依存性を測定した。

PMMAの場合，ナフチル基の結合方式をかえて，アセナフチレン，1－ビニルナフタレン，2－ナフチルメタクリレートを含むポリマー（それぞれ，PACE，P1VN，P2NMA），およびナフタレンを分子状に分散させたポリマー（P/N）を比較すると，リン光強度測定では，320～340Kのα'転移，240～260Kのβ転移，150～170Kのγ転移がいずれも折れ曲がりとして観測されるが，リン光寿命τの測定では，PACEではγ転移があらわれない。リン光偏光度pの測定では，図2.7.9のように，(P/N)とP1VNではPMMA側鎖の回転が始まるβ転移温度で偏光解消がおこりはじめ，PACEではα'転移温度で初めて偏光度が変化しはじめており，このα'転移が主鎖の運動によるものであることを示している。P1NMAの場合，吸収光のベクトルと発光ベクトルとの間の角度θが，たまたま(1)式の値をゼロとするマジック角（55°）になっているために，回転運動がなくとも分子内部で偏光解消し，全温度範囲で$p=0$になったものと説明されている。

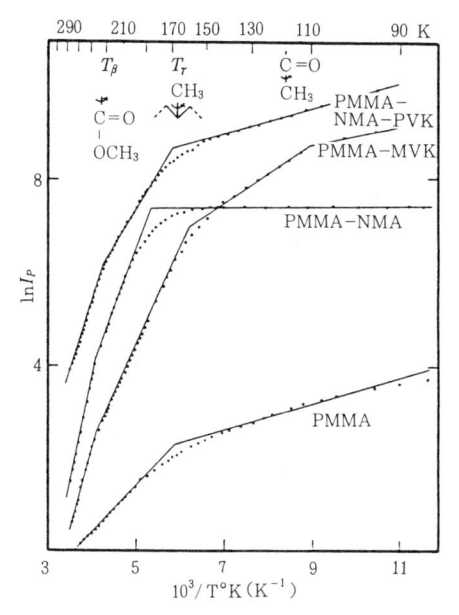

図2.7.8 発光基を少量含むPMMAフィルムのリン光強度（I_p）のアレニウスプロット[4]

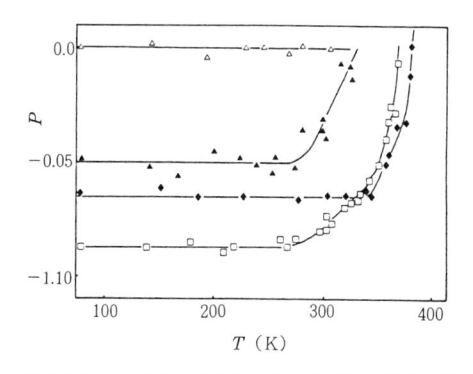

図2.7.9 ナフチル基を少量含むPMMAのリン光偏光度 (P) の温度依存性[5]
△：P1NMA，▲：P2NMA，■：PACE，□：P1VN

第2章 光による高分子反応・加工

$$p_0 = \frac{3\cos^2\theta - 1}{3 + \cos^2\theta} \tag{1}$$

筆者らは，PMMA[7]，ポリスチレンやポリカーボネート（PC）[8]，ポリビニルアルコール（PVA）[9]中で，窒素レーザパルスにより励起したベンゾフェノンからのリン光減衰曲線を，80〜453 Kの温度範囲で測定し，マトリックスポリマーのT_g以上では指数型で減衰し，T_g以下でT_βまたはT_γ以上では指数関数型からずれること，そのずれの原因は，ベンゾフェノン三重項とマトリックス中のフェニル基あるいはエステル基との消光反応，または水素引抜き反応において，その拡散律速反応速度係数に，時間に依存する非定常項があらわれるためであることを明らかにした。減衰曲線の解析から，リン光寿命や拡散係数の温度依存性が得られ，その折れ曲がりから，表2.7.1に示すマトリックスポリマーの転移温度が求められた。反応基の拡散係数Dの温度依存性の例を，図2.7.10に示すが，ポリカーボネート（PC）はT_gが高いにもかかわらず，室温でのPC中の拡散係数Dが，PMMA中より大きく，ポリスチレン（PS）中と同程度であることは，ポリカーボネートの自由体積が大きいことを示唆し，耐衝撃性にすぐれていることと関連し興味深い。

表2.7.1　ベンゾフェノンリン光をプローブとして求めたマトリックスポリマーの転移温度

	T_γ(℃)	T_β(℃)	T_g(℃)
ポリスチレン	−100	−20	100
ポリカーボネート	−100	20, 100	150
ポリビニルアルコール	−100	30	85
	$T_\beta{}^*$(℃)	$T_{\alpha'}{}^*$(℃)	T_g(℃)
ポリメタクリル酸メチル	−40	40	110
ポリメタクリル酸イソプロピル	−70	20	80
ポリアクリル酸メチル	−70		10

* アクリル系ポリマーでは，普通エステル基の回転に対応する転移をT_β，主鎖の局所モード緩和に対応する転移を$T_{\alpha'}$と呼ぶ。

光化学反応において，T_gで速度定数や量子収率が不連続的に変化したり折れ曲がったりする例は，すでにいろいろと知られており[1),10),11]，また，T_g以上や溶液中で一次反応として進行する反応が，T_g以下で一次プロットからずれることは，固相反応の典型[2),12]とも言えるが，副ガラス転移温度で変化する例も報告されている。Kryszewski[13]によれば，光着色したスピロピラン(SP)の熱による脱色の速度の温度依存性の断続的な変化から，PMMAのT_βを40℃と決めることが

（SP）無色　⇌（$h\nu$／$h\nu'$またはΔ）　（MC型）青紫色

でき，Wandelt[14]は，ポリ-2,6-ジメチルフェニレンオキシドの光分解挙動が，酸素の拡散に関連し，T_β（50℃）を境に変化すると報告している。ポリカーボネート中のスピロピランの定常光照射による光脱色反応のみかけの速度[15]は，マトリックスのT_g（150℃），T_β（20℃），T_γ（-120℃）で折れ曲りを示し，これらの値は，通常の粘弾性測定（1〜10^4 Hz）から得られる温度にほぼ対応した。着色分子（メロシアニン（MC）型）の励起寿命は約3 ns[16]と短いので，この光脱色反応から得られた転移温度は，励起寿命内での分子運動を反映したというよりは，定常光照射のもとでマトリックスの自由体積の再分配の緩和時間を反映したものと云えそうである。

スピロピランやアゾベンゼンの光異性化反応が，T_g以下で一次プロットからずれる原因として，系の自由体積に図2.7.11のような分布があり，反応の進む自由体積の大きなサイトと，反応の進まない自由体積の小さなサイトが存在するという考え方が提案されており[17〜19]，光反応が，固体での自由体積の分布状態を知るひとつの手がかりを，与えてくれるかもしれない。

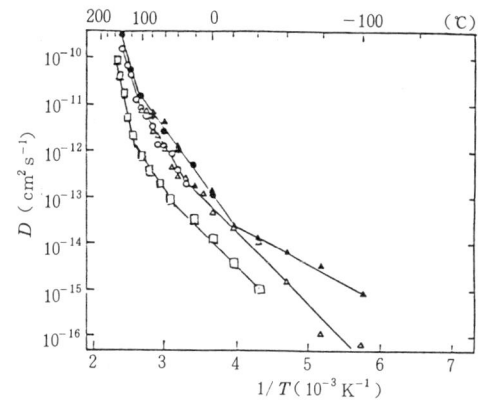

図2.7.10 ベンゾフェノンリン光の消光反応でみたポリマーマトリックス中の反応基の拡散係数（D）のアレニウスプロット[7],[8]
（●，▲：ポリスチレン，○，△：ポリカーボネート，□：PMMA）

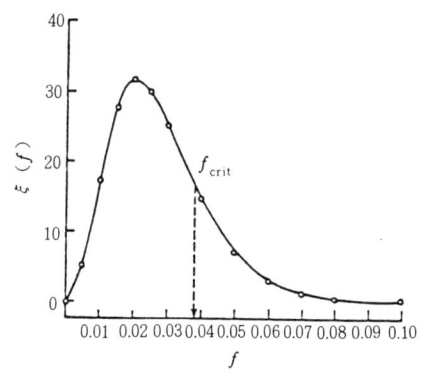

図2.7.11 ポリスチレン20℃での自由体積分率（f）とその分布関数$\xi(f)$[18]
f_{crit}は反応に必要な臨界自由体積分率。

7.2.2 ポリマーのミクロ構造の解析

光励起発色基の行うエネルギー移動や発色基間の励起錯体の形成は，高分子系の分子運動や凝集状態についての，ミクロな情報を知らせてくれる分子レポーター（光プローブ）であり，これまで，溶液中の高分子鎖の反応性や分子運動の解明に利用されてきたが[20],[21]，固体中の局所的

第2章 光による高分子反応・加工

な分子運動やミクロ構造を明らかにするためのプローブとしても有効であり、そのような研究が最近増えてきている。

ポリマーブレンド系は、マクロ的には均一であっても、ミクロには相分離している場合が多い。しかし、最近ミクロ的にも相溶している系もかなり知られるようになり[22]、相溶性と相分離状態のミクロ構造の解明が、物性との関連で重要になっている。蛍光プローブ法は、数Å～数十Åの距離のオーダーでの相溶性を調べる方法として、注目されている[23]。2種類のポリマーの一方にエネルギー供与基（D）を、他方にエネルギー受容基（A）を結合してブレンドし、DとAの蛍光強度の比I_D/I_Aからエネルギー移動の程度すなわち相溶性の程度を調べるエネルギー移動法[24]と、エキシマー発光を示すポリマーを、発光基をもたない別のポリマー中に少量ブレンドして、そのエキシマー発光の強度から相溶性の程度を調べるエキシマー法[25]が知られている。

前者の例[24]を図2.7.12に示す。Dである1.45％のカルバゾール基でラベルしたスチレン－アクリロニトリル共重合体（S-AN）と、Aである1％のアントリル基でラベルしたPMMAとの等量ブレンドフィルムのI_D/I_Aは、共重合体中のアクリロニトリルの割合が20～50％のところで小さくなって相溶していることを示し、透明性やT_g測定による結果[26]ともよく対応している。

エキシマー法としては、ゲストとしてのポリ-2-ビニルナフタレン（P2VN）を、種々のアクリル系ポリマー中に0.2％ブレンドした例[25]（図2.7.13）が有名である。エキシマー発光のモノマー発光に対する相対強度I_D/I_Mを、ホストポリマーの溶解度パラメータδに対してプロットすると、I_D/I_Mの極小は、$\delta_{ホスト}=\delta_{ゲスト}$のとき、すなわちゲストポリマー鎖とホストポリマー鎖の相互侵入が最大となって、P2VNの側鎖間での分子内および分子間のエキシマ

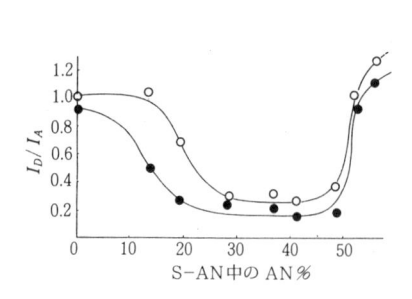

図2.7.12 S-AN共重合体とPMMAの等量ブレンドフィルム中のけい光エネルギー移動[24]
（○：$[\eta]_{PMMA}=1.06$、●：$[\eta]_{PMMA}=0.18$）

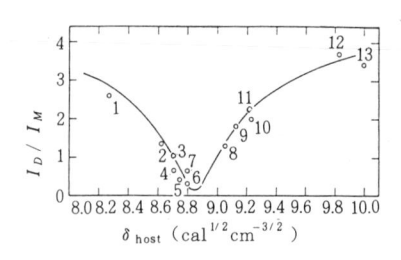

図2.7.13 ホストポリマー中のP2VNのエキシマー発光強度（I_D/I_M）と、ホストポリマーの溶解度パラメータδ_{host}との関係[25]
(1) PiBoMA, (2) PiBMA, (3) PnBMA,
(4) PtBMA, (5) PiPMA, (6) PsBMA,
(7) PnPMA, (8) PCMA, (9) PS, (10) PBzMA
(11) PMMA, (12) PVAc, (13) PPhMA

一形成サイトの数が最小になったときに対応している。P2VNとPMMA系[27],P2VNとポリスチレン系[28]の相溶性に対する分子量の効果や,ポリスチレンとポリメチルビニルエーテル系のブレンドの相分離の速度論[29]も,エキシマー法で調べられている。

　ポリマーのガラス状態は,過剰の自由体積とエンタルピーをもった非平衡な状態であるので,T_gより少し低い温度で熱処理することにより,凝集状態は,より密な平衡に近い状態に変化していくと思われる。エキシマー発光のような,ミクロ構造の比較的はっきりした光プローブをつかうと,熱処理[30),31)]やフィルムの製膜温度のちがい[25),32)]による,固体の凝集構造の変化を検出できる。ポリスチレンの場合,熱処理によりI_D/I_Mは増加し,ポリエチレン-2,6-ナフタレンジカルボキシラート[31)]では,熱処理試料の方が結晶化度が大きくなるためにI_D/I_Mが増す。環が部分的に重なった状態のエキシマーからの発光I_{D2}を示すポリ-4-メトキシビニルナフタレンとポリスチレンのブレンド系[32)]では,その相対強度の温度依存性(図2.7.14)は,試料の製膜温度により著しく変化している。高強度の耐熱材料として知られる芳香族ポリアミドやポリイミドの配向構造や非晶構造と,その機能発現のメカニズムを,エキシマー法を使って,分子レベルで解明することが期待されている。

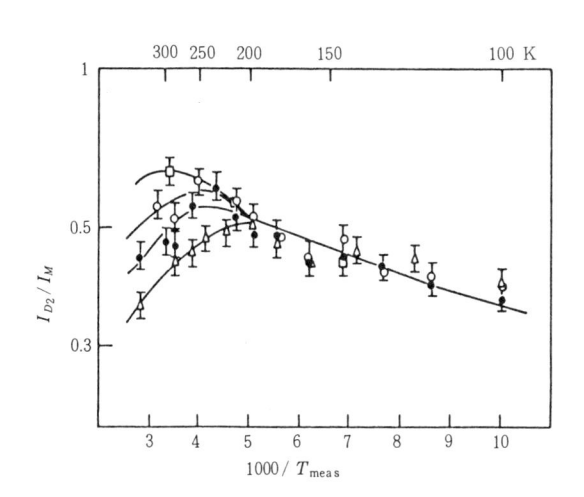

図2.7.14　ポリ-4-メトキシビニルナフタレンのポリスチレン中でのエキシマー強度I_{D2}/I_Mの測定温度T_{meas}および試料作製温度依存性[32)]
　　試料作製温度:□30°C,○40°C,●60°C,△96°C

　蛍光の偏光解消も,ポリマーフィルムのキャラクタリゼーションのための有効な手段である[33)]が,最近,粘着剤の作用機構と,プローブとして導入した蛍光分子の偏光解消度との間に,相関のあることが報告されている[34)]。

第2章 光による高分子反応・加工

文　献

1) 堀江一之, 機能材料, **4**, No.10, 15 (1984)
2) 堀江一之, 三田　達, 高分子, **34**, 448 (1985)
3) J. E. Guillet, "Polymer Photophysics and Photochemistry", Cambridge University Press, Cambridge, (1985)
4) A. C. Somersall, E. Dan, J. E. Guillet, *Macromolecules*, **7**, 233 (1974)
5) H. Rutherford, I. Soutar, *J. Polym. Sci. Polym. Phys. Ed.*, **18**, 1021 (1980)
6) H. Rutherford, I. Soutar, *J. Polym. Sci. Polym. Phys. Ed.*, **15**, 2213 (1977)
7) K. Horie, K. Morishita, I. Mita, *Macromolecules*, **17**, 1746 (1984)
8) K. Horie, M. Tsukamoto, K. Morishita, I. Mita, *Polym. J.*, **17**, 517 (1985)
9) 堀江一之, 安藤はるみ, 森下景子, 三田　達, 日本写真学会誌, **47**, 345 (1984)
10) J. E. Guillet, *Pure Appl. Chem.*, **49**, 249 (1977)
11) 角岡正弘, 田中　誠, *Plastic Age*, No.9, 97 (1981)
12) G. Smets, *Adv. Polym. Sci.*, **50**, 17 (1983)
13) M. Kryszewski, D. Kapienis, B. Nadolski, *J. Polym. Sci. Polym. Chem. Ed.*, **11**, 2423 (1973)
14) B. Wandelt, *Polym. Bull.*, **4**, 199 (1981)
15) K. Horie, M. Tsukamoto, I. Mita, *Eur. Polym. J.*, **9**, 805 (1985)
16) K. Horie, K. Hirao, I. Mita, Y. Takubo, T. Okamoto, M. Washio, S. Tagawa, Y. Tabata, *Chem. Phys. Lett.*, **119**, 499 (1985)
17) M. Kryszewski, B. Nadolski, A. M. North, R. A. Pethrick, *J. Chem. Soc. Faraday Trams.* II, **76**, 351 (1980)
18) C. S. P. Sung, I. R. Gould, N. J. Turro, *Macromolecules*, **17**, 1447 (1984)
19) 平尾勝彦, 三田　達, 堀江一之, *Polym. Prepr. Jpn.*, **34**, 1573 (1985)
20) 堀江一之, 高分子, **32**, 196 (1983)
21) M. Winnik, *Chem. Rev.*, **81**, 491 (1981) ; *Acc. Chem. Res.*, **18**, 73 (1985)
22) 秋山三郎, 表面, **23**, 617 (1985)
23) H. Morawetz, *Polym. Eng. Sci.*, **23**, 689 (1983)
24) F. Amrani, J. M. Hung, H. Morawetz, *Macromolecules*, **13**, 649 (1980)
25) M. A. Gashgari, C. W. Frank, *Macromolecules*, **14**, 1558 (1981)
26) D. J. Stein, R. H. Jung, K. H. Illers, H. Hendus, *Angew. Makromol. Chem.*, **36**, 89 (1974)
27) S. N. Semerak, C. W. Frank, *Macromolecules*, **17**, 1148 (1984)
28) S. N. Semerak, C. W. Frank, *Macromolecules*, **14**, 443 (1981)
29) R. Gelles, C. W Frank, *Macromolecules*, **16**, 1448 (1983)
30) M. Kryszewski, B. Wandelt, D. J. S. Birch, R. E. Imhof, A. M. North, R. A. Pethrick, *Polym. Commun.*, **24**, 73 (1983)
31) 古知政勝, 松本みどり, 三田　達ら, *Polym. Prepr. Jpn.*, **34**, 1065, 2353 (1985)
32) H. Itagaki, K. Horie, I. Mita, *Eur. Polym. J.*, **19**, 1201 (1983)

33) 西島安則, 山本雅英, 小野木禎彦, 高分子, **33**, 233 (1984)
34) 加納義久, 牛木秀治, 秋山三郎, 北崎寧昭, *Polym. Prepr. Jpn.*, **34**, 1090, 1091 (1985); *Eur. Polym. J.*, 印刷中

第3章　プラズマによる高分子反応・加工

長田義仁[*]

1　プラズマによる高分子加工の特徴と展望

1.1　有機プラズマ反応の特徴

　気体放電によって発生させた高エネルギー電子やイオンを利用するプラズマプロセスは，高機能材料合成，高性能表面処理・コーティング，超微細加工等高分子加工の革新的方法として各方面から注目されている[1]。

　高分子など有機化合物のプラズマ反応の場合には，放電そのものによって生じた電子やイオンだけでなく，それから二次的に生成した中性の活性種が特に重要な役割を果たすようになる。水素ラジカルは，水素原子のイオン化に近い程大きなエネルギーを有しており，しかもその反応断面積（ross section）は通常の気相反応よりずっと大きいので，特に重要である。水素分子のプラズマ解離は，有機プラズマ重合，プラズマＣＶＤ，ダイヤモンド状カーボン合成等，多くのプラズマ反応で主要な役割を果たしており，その反応は以下のように示すことができる（図3.1.1）。

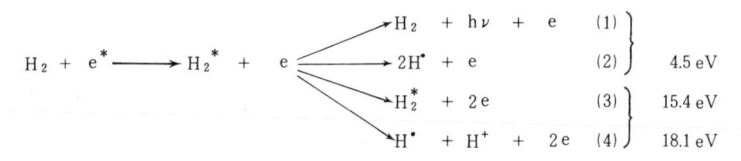

$$H_2 + e^* \longrightarrow H_2^* + e \begin{cases} \rightarrow H_2 + h\nu + e & (1) \\ \rightarrow 2H^{\cdot} + e & (2) \\ \rightarrow H_2^* + 2e & (3) \\ \rightarrow H^{\cdot} + H^+ + 2e & (4) \end{cases} \begin{array}{l} \\ 4.5\,eV \\ 15.4\,eV \\ 18.1\,eV \end{array}$$

図 3.1.1　水素分子のプラズマ反応

　①では〜150 nm までのＵＶ光を輻射すると考えられており，プラズマ反応におけるこの役割も無視できない。①②のプロセスはＵＶ照射によっても可能である（220〜440 nm の光は 3〜5 eV に相当）が，プラズマの場合は電子のエネルギー分布が広いのではるかに多様の励起種が存在する。また，光子による励起とその解消は光学的選択規則に支配されるが，原子・電子衝突では基底状態への遷移が禁止されているような準位（準安定状態）への励起もおこる（ペニング効果）。中性ラジカルは低圧下では比較的長寿命であり，再結合，再開始反応を経ながら，プラズマ空間

---

[*]　Yoshihito Osada　茨城大学　教養部

に蓄積されていく。前記①，②に加え活発な二次反応は高い活性種密度をもたらす。プラズマによる重合体生成のG値は放射線の場合の10^6倍という推算もある。

5〜9eVの励起エネルギーは，もはや光や加熱によって得ることは困難になる。可能な場合でもかなりの高温にする必要があるので，基盤の相転移や生成物の熱分解等の問題が生じる。プラズマでは低温でこれらが可能となる。

電子がさらに大きなエネルギーを有すると，分子のイオン化やイオンラジカルの生成を起こし，これは更に分裂して原子になる。

$$AB \rightarrow AB^+ \rightarrow A^+ + B\cdot \quad (5)$$

プラズマ反応の利点として，

1) 活性化エネルギーが大きい系でも反応種を励起させることによって，相体的に活性化エネルギーを小さくし，反応速度を大きくすることができる。
2) 反応種を解離・イオン化させることによって高温反応を低温で実現できる。

の2点を挙げることができる。

プラズマ反応においては，気体成分だけでなく反応器壁や電極も反応に関係させることができるのも大きな特徴である。例えば，カソードへの陽イオンの衝突を利用して種々の侵入型化合物（酸化物，窒化物，炭化水素）や固溶体を合成できるし，イオン衝突によって固体格子イオンを格子間へたたきだしたり，表面原子を外部にたたき出して（スパッタリング）表面改質やコーティングに応用することができる。一方，アノードへは電子や負イオンが衝突するのでアノード表面分子を分解したり，中和して系外にたたき出す反応（陽極酸化）もおこる。プラズマエッチングやレジスト膜のドライ現象は今や半導体微細加工に不可欠の手法になっている。反応はいずれも薄膜を気化・除去することが目的である。フルオロカーボンのプラズマを用いると活性のF^*がシリコン膜と反応して揮発性SiF_4を生成し，シリコン膜はエッチングされる。

$$Si + 4F^* \rightarrow SiF_4 \uparrow$$

有機レジスト膜の場合には酸素プラズマによってCO，CO_2，H_2O，N_2O，NO_2等の揮発性化合物を生成してエッチングされる。現在，集積回路の製造は高温・湿式プロセスで行なわれているが，プラズマ技術を駆使することによって将来，レジストコーティング－描画－現像－エッチング－灰化といったトータルマイクロファブリケーションも可能となろう。

このように酸素，窒素，フッ素，アルゴン等，無機元素のプラズマを有機高分子に接触させると高分子はエッチングやアブレーションをおこし，単に高分子表面が食刻されるだけでなく，脱水素反応を伴った変性（無機化）をおこす。

これらの反応を応用して表面改質，接着性改善，光学特性制御，など様々の高分子加工の試みがなされている。

プラズマ還元反応も最近展開されている。すなわち，ビオローゲン，ベンゾキノン等電子受容性化合物やヨウ素 Fe^{3+}, Cr^{6+} 等金属イオン溶液をプラズマと接触させると極めて効率的かつ定量的にプラズマ電子が取り込まれて還元反応がおこる。

1.2 プラズマによる高分子加工の特徴

0.01～10 torr の真空度で有機ガスを定常的に送りながらグロープラズマを発生させると基盤表面に重合体薄膜を生成させることができる。これはプラズマ重合と呼ばれ，厚さ 3 nm～1 μm もの広い範囲にわたってピンホールのない均一な膜を作成できるので注目を集めている[2]。ESCAや ^{13}C-NMR 等の解析によると重合体は高密度の網目構造を有しており，モノマー有機ガスの脱水素を中心とするラジカル機構によりモノマーの活性化－付加－再結合－再活性化の繰り返しで重合は進行すると考えられている。プラズマ重合はほとんどの有機化合物，有機金属化合物に有効であること，酸素，窒素，各種無機・金属化合物等多彩な異種成分を「ドーピング」，「共重合」ないしは，「積層化」できることから，分離膜，導電性膜，センサ，レーザービーム導波路，医用材料，電子ビームリソグラフィー用レジスト等機能性薄膜として多彩な研究展開がなされている[3]。例えば，シリコーン系化合物（シロキサンおよびシラン）を用いたプラズマ重合膜を作製することによって酸素濃縮膜，レーザー光導波路，集光用反射鏡，ビデオディスク保護膜，抗凝血材等多彩な材料を作りだすことができる。同様にスチレンの重合膜からは薄膜コンデンサ，湿度センサ，保護膜等に展開可能である。詳しくは文献2を参照されたい。また最近はプラズマを液相，固相のモノマーに照射して分子量 10^7 g/mol 以上の直鎖状超高分子量重合体や結晶性ポリマーを合成する「プラズマ開始重合」も行われている[4]。

このようにプラズマは極限の化学構造を持つ化合物合成の新手法になりつつあるといえよう。窒素，酸素，炭酸ガス，フッ素等をプラズマ化してもそれ自身は重合しない。しかし，プラスチック等有機物質が存在するとその表面に NH, NH_2, OH, C=O, C-F 等の極性基が導入され，表面エネルギーが変わるので親水・疎水性制御に役立つ（プラズマ処理 Plasma treatment）。また，アルゴンプラズマと接触すると表面スキン層のみに高密度網目構造を形成す

表3.1.1　高分子プラズマ加工の応用例

電気・電子材料	IC, LSI, レジスト，アモルファス半導体　アモルファスファインセラミックス　エッチング，センサー，メモリー機能膜，インシュレーター，薄膜コンデンサー　電池隔膜，光電導性膜，導電性膜，透明電極
化学プロセス	逆浸透膜，選択透過膜，ガス分離膜　潤滑性膜
表面改質	接着性の改良，保護膜，耐摩耗性膜
光学材料	反射防止膜，防曇膜，透明性向上　光ファイバー，光導波路，レーザーおよび光学ウィンドー，コンタクトレンズ
繊維	防炎処理，制電処理，染色性改善　親水性改善，は水性，防縮加工
生医学材料	酵素・オルガネラ・細胞の固定化　医薬品の徐放性制御，消毒・殺菌　抗血栓性付与

ることができる（CASING；crosslinking by activated species of inert gases）ので，可塑剤浸出防止や徐放性制御に応用することもできる。プラズマ反応の応用例を表3.1.1に示す。

プラズマ反応過程は極めて複雑である。それは反応に関与する活性種が多種類にわたること，それらがMaxwell‐Boltzmann分布で表わされるような広いエネルギー分布をもち，したがって反応も多種類になること，気相-固相にわたる不均一反応であることなどが理由である。このような特性を有するプラズマ重合膜を再現性よく作製し，機能発現を目指すためには薄膜形成における反応制御パラメーター（図3.1.2）の効果を明らかにし，結晶構造，配向構造，堆積構造をはじめとする高次構造制御法を確立することも重要である。

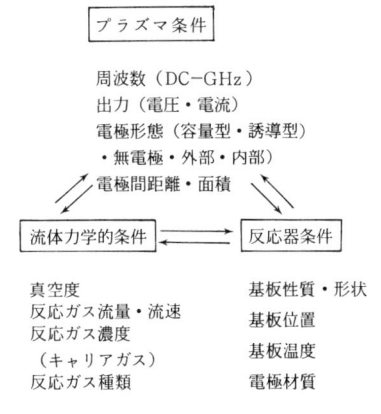

```
              プラズマ条件

          周波数（DC-GHz）
          出力（電圧・電流）
          電極形態（容量型・誘導型）
           ・無電極・外部・内部）
              電極間距離・面積

  流体力学的条件  ⇄  反応器条件

  真空度              基板性質・形状
  反応ガス流量・流速   基板位置
  反応ガス濃度         基板温度
   （キャリアガス）
  反応ガス種類         電極材質
```

図3.1.2 プラズマ反応制御因子

文　　　献

1) プラズマ化学に関する成書
a) F. K. McTaggort, "Plasma Chemistry in the Electrical Discharges" Elsevier, Amsterdam (1967)
b) "Chemical Reactions in Electridcal Discharges" *Adv. Chem. Ser.*, 80, ACS, Washington (1969)
c) 早川保昌，松本　修，"プラズマ化学とその応用" 裳華房（1971）
d) J. R. Hollahan, A. T. Bell, "Techniques and Applications of Plasma Chemistry", John Wiley & Sons, New York (1974)
e) A. T. Bell, C. Bonet " Plasma Chemistry‐2 ", Pergamon Press, Oxford (1976)
f) 穂積啓一郎編「低温プラズマ化学」南江堂（1976）
g) 「電子材料」編集部編「超LSI時代のプラズマ化学」工業調査会（1983）
2) プラズマ重合に関する成書
a) M. Shen Ed. "Plasma Chemistry of Polymers ", Marcel Dekker Inc. (1976)
b) A. T. Bell and M. Shen "Plasma Polymerization", ACS Symposium Series 108, ACS, Washington (1979)
c) H. K. Yasuda, "Plasma Polymerization" Acadlmic Press, Inc. (1985)

d) 長田義仁ほか著「プラズマ重合」東京化学同人 (1986)
3) 長田義仁,化学と工業,**36**,756 (1983),高分子,**32**,342 (1983),現代化学,No. 129, 10 (1981),森田慎三「低温プラズマ応用技術,第3章」CMC
4) 長田義仁,応用物理,**50**,1205 (1981),繊維学会誌,**37**,243 (1981)

2 プラズマ反応装置・診断・反応

沼田公志[*], 新海正浩[**]

2.1 反応装置

プラズマ反応装置についての一般的な構成については成書に譲りたい。現在,研究,生産に用いられている装置は多種多様である。むしろ全く同一な実験条件でプラズマ反応を他に見出すことは不能であると言っても過言でない。

ここでは我々の実験装置を紹介し具体的な構成を述べる。

2.1.1 反応容器

装置の概略を図 3.2.1 に示す。容器はベルジャー型で内容積は約 160 ℓ である。反応容器の容量を決定するには,所望のプラズマ生成領域,もしくは,処理すべき基板の形状,寸法を考慮しなければならない。また,後述するプラズマの放電形式も念頭におかなければならない。図の容器の材質はステンレス製である。他に,パイレックス,石英もよく用いられる。その場合,外か

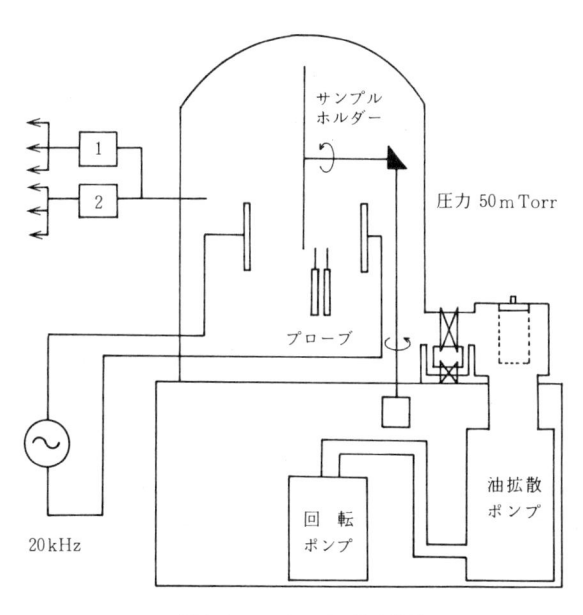

図 3.2.1 プラズマ反応装置

---

* Koushi Numata 日本合成ゴム (株) 東京研究所
** Masahiro Niinomi 日本合成ゴム (株) 東京研究所

第3章 プラズマによる高分子反応・加工

ら反応中のプラズマを観察できる利点がある。我々は石英の窓を特別に設けて外側から観察している。

実験開始前には，器壁は常に清掃し，実験毎に同じ器壁の状態を保つ必要がある。実験をしない時でも反応容器は常に真空引きを怠らないようにすべきだ。器壁とのプラズマ反応，器壁からの out gas が影響を及ぼすからである。

2.1.2 真空排気系

真空排気系は前段に油拡散ポンプ，後段に油回転ポンプを用いている。真空装置には一般に高真空にするための排気系と大気圧から低真空までの排気系を用意する。プラズマ反応に関しては，次の3段階の真空引きがある。

1) 大気圧からの荒引き（1気圧〜0.1 Torr）
2) ガス導入前の真空引き（10^{-6} Torr 以下）
3) プラズマ実験中のガス排気（数 mTorr〜数 Torr）

それぞれの段階に適合するポンプとしては，1) 回転ポンプ，2) 拡散ポンプ，ターボ分子ポンプ，クライオポンプ，イオンポンプ，3) メカニカルブースターポンプ等が考えられる。我々の場合の組み合わせでは，低真空での実験は，排気系の制約で困難であり，数十 mTorr の圧力下で行っている。圧力とガス流量はプラズマ反応において重要な因子であるので排気能力は充分考慮しなければならない。

また，回転ポンプは，プラズマ反応生成物により故障をきたすことが多い。化学反応用と銘うつ回転ポンプ，安定性が高いポンプ用オイル（フォンブリンオイル等）などを利用すると良い。

2.1.3 真空計

真空計も測定する真空度に適用できる方式を選択しなければならない。我々は，高真空（10^{-3}〜10^{-8} Torr）用に電離真空計，中真空（1〜10^{-3} Torr）用に静電式真空計，低真空（20〜1 Torr）用にピラニー真空計を組み合わせて使用している。最近 1000〜10^{-5} Torr に渉り精度良く圧力測定が可能な，キャパシタンス・マノメーターが開発された。これを用いれば1台で全真空領域がカバーできる。

真空計検出端の設置場所には注意を要する。真空系のコンダクタンス，ガスフローを考慮して，検出端付近での真空度と反応域での真空度が大きく差異が生じないようにすべきである。

2.1.4 ガス導入ライン系

ガス導入系は多数のガス種の混合が可能であるように設計する。我々の場合，6本のボンベから最大4種類の混合ガスを作ることができる。また，配管，バルブ類の材質は，使用するガスと反応しないものを選ぶ。通常はステンレスで十分である。

各ガスの流量はガス種により更正されたマスフローメーターにより制御する。ガス流量は，真

空排気速度により，滞留時間というプラズマの物理量の基本のひとつになるので精度良く測定する。マスフローメーターを使用できない場合は，容器の圧力上昇により流量を測定する方法もある。この場合はあらかじめ容器容積が正確にわかっていなければならない。

2.1.5 放電形式と電極

プラズマ反応に用いられている放電方法は次の3通りである。

1) 直流グロー放電
2) 高周波（AF，RF）放電
3) マイクロ波放電

この中では，13.56 MHz の RF（Radio Frequency）を用いた例が多い。

1)の場合，電極は容量結合型の平行平板電極を用いる。2) の場合，AF（Audio Frequency ; ～20 kHz）では容量結合型であるが，RFではコイルを用いた誘電電極も用いることができる（図3.2.2参照）。3) は導波管内にプラズマを発生させる。

我々は20 kHz の AF を用いて平行平板電極内にプラズマを発生させている。AFタイプはRFタイプとプラズマ物性は大きく変わらない上に，電源からのノイズが少なくモニター機器が乱されることがない，電極面積を容易に大きくすることができる（マッチングがとりやすい）等の利点を有している。

3) の特徴は電離度，つまりプラズマ密度が他の放電方法より高くなるということである。

電極の材質はMoである。電極裏側には磁石を取りつけてあり，プラズマの閉じ込め効果をあげている。電極材はスパッタリング等によりプラズマ反応に少なからず影響を与えているが，誘電方式でも容器の壁材の影響があり，いずれにしても注意を要する。

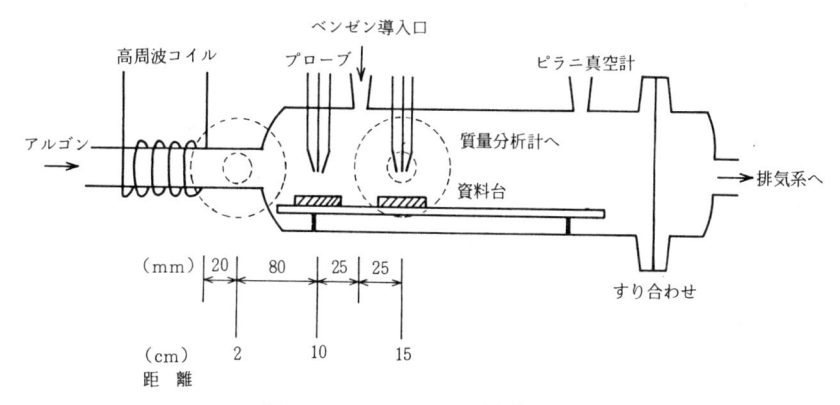

図3.2.2　フロータイプ反応装置

第3章 プラズマによる高分子反応・加工

2.1.6 基板支持

プラズマ反応で表面処理，重合膜の製作を行う際，基板を保持する台が必要である。我々の場合，電極間を通過する回転板を設け，これに基板を取り付けている。回転板は基板上での均一性，蓄熱緩和に役立つ。

その他，基板温度はプラズマ処理において重要な因子であるので，基板の加熱・冷却をする工夫も考える。特に高分子加工を目的とするのであれば基板冷却は必須となる。プラズマによる熱で基板の変形を生ずるおそれがあるからである。

2.1.7 その他

重合用にプラズマ反応を利用するとすれば，膜厚計，熱電対等のモニターを設置する。また，次節で述べるプラズマ診断用センサも設けておく。

2.2 診断

プラズマ内の反応の基礎過程の解明は立ち遅れていると言われている。これは低温プラズマ内での物理・化学現象の複雑さにその原因がある。その解明の一助となるべきプラズマ診断法を紹介したい。

2.2.1 プローブ測定法

まず，簡便に用いられる診断法としてプローブ測定法[1]を挙げることができる。

プラズマ中に小さい針状の電極を挿入し，プラズマに対して正または負のバイアス電圧を印加し，プローブに流れる電流の特性を求める。これにより局所的な電子密度，電子温度が容易に測定できる。ただし，プラズマ重合においては，探針上に絶縁性被膜ができてしまい，またたく間に測定が不能になってしまう。

(1) 熱探針（複探針）

プラズマ重合中で正確にかつ安定的に探針測定をするために開発したのが熱探針[2]である。探針の測定回路を図3.2.3に示す。基本的には，従来の複探針[3]と同様である。その特徴は，探針内にヒーターを設け1000℃位に加熱することにより被膜の除去，あるいはグラファイト化による導電化をもたらすことにある。探針は15mm×0.5mmϕのNi製で，1000℃では電子放出せず加熱による測定誤差はほとんど無い。

三角波の低周波電圧V_dを印加し，電流-電圧特性を記録する。電子温度と電子密度の算出には土手の式[4]を用いている。この際，電子エネルギー分布はマックスウェル分布を仮定している。

(2) 熱探針（三探針）

プラズマ化学反応では電子エネルギー分布はマックスウェル分布からずれている。正しい電子温度，電子密度を見出すには，正確な電子エネルギー分布を知らなければならない。この目的に

2 プラズマ反応装置・診断・反応

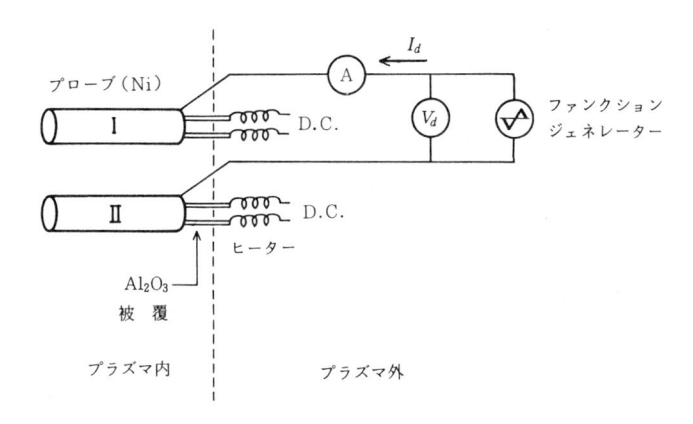

図 3.2.3 熱探針(二探針)回路図

は,非対称三探針法[5]が適している。測定回路を図3.2.4[2]に示す。図の探針Ⅰ,Ⅱは二探針の場合と大きさが異なる(30mm×1mmϕ, 1mm×5μmϕ)。

三角波の印加電圧 V_d はⅠ-Ⅱ間にかけられる。Ⅲへ流れる電子流が零になるように V_1 を設定し, I_d, V_d, d^2I_d/dV_d^2 を記録する。この2次微分がエネルギー分布を反映している。

プローブ法で注意すべき点は,プローブをプラズマ中に挿入することによりプラズマに影響を与えることである。

プラズマ内での化学反応の過程を解釈するには,電子温度,電子密度ばかりでなく,さまざまな反応の断面積,反応速度定数が必要である。この評価としては,ビーム法[1],スウォーム法[1]がある。

2.2.2 プラズマ中の生成物の同定と定量

プラズマ内で化学反応がどのように進みいかなる生成種ができているのかを評価することはプラズマ化学を理解する上で欠くことができない。以下にその測定法を簡単に述べる。

(1) **プラズマ発光分析法**[6]

プラズマ中の生成物が励起状態にある場合,光を放射して低いエネルギー状態に遷移する。この発光スペクトルを観測して生成物の同定を行う。

(2) **光吸収分光分析法**[7]

基底状態にある生成物の密度を光学的に測定する。

(3) **レーザ分光法**[8]

レーザを用いた蛍光法,光散乱法,吸収法等によるプラズマ診断。特に空間分解能測定ができ

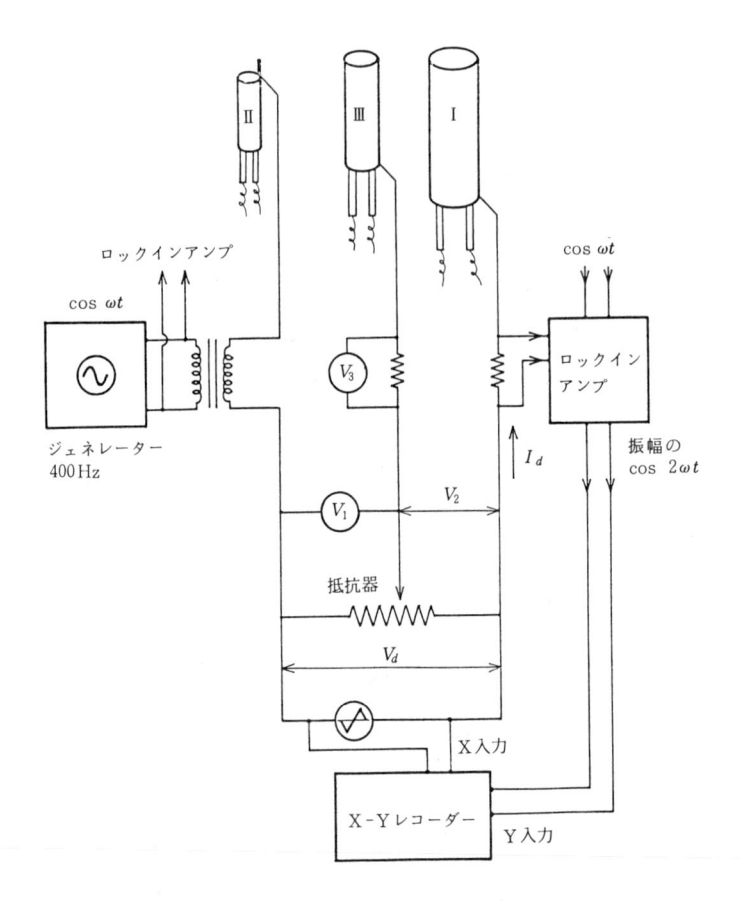

図 3.2.4　三探針測定回路

るものとして CARS (Coherent Anti-Stokes Raman Spectroscopy)[9]が最近注目されている。

(4) 質量分析法

プラズマ中で生成された中性およびイオン活性種をプラズマ容器の側壁に設けた開口（オリフィス）から取り出して測定する。特にイオン生成物の場合には定量測定も可能であるが多少の困難もある。イオンを質量分析器に導く途中で中性分子と衝突し再結合してしまうからである。我々はプラズマからイオンだけを効率よく取り出し導くために静電レンズ（図 3.2.5）[2]を用いている。

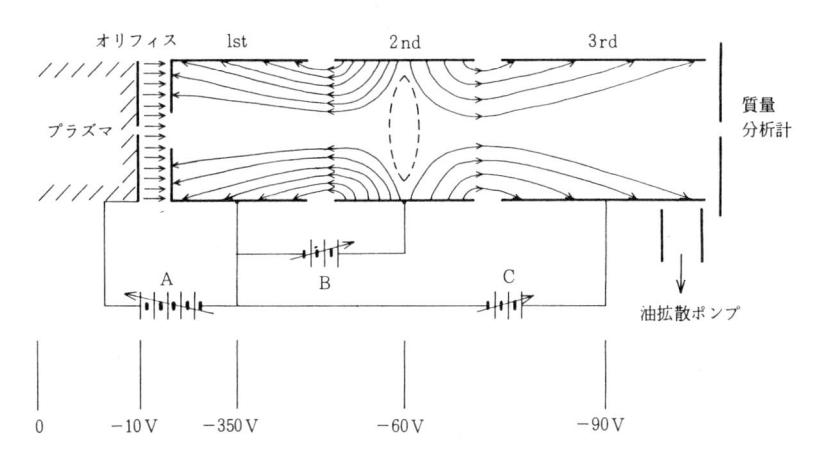

図3.2.5　電磁レンズ

　プラズマ反応を決定する因子をあげると，供給電力，ガス種，ガス圧，ガス流量，放電形式，反応容器，電極形状，プラズマ密度，ガス温度，電子温度，イオン温度，イオン種，中性活性種，基板の種類，基板温度等多種にのぼる。しかも，これらが互いに独立でなく関連している。今後，プラズマ診断として用いることが可能な手法を数多く試み，反応の解明を行うことが必要である。

2.3　反応

　プラズマを用いての化学反応の利点は2つある。
1) 活性化エネルギーが大きく反応速度が遅い反応をプラズマにより励起分子を作ることにより反応速度を大きくすることができる。
2) 分子などが解離，イオン化して高温でなければ不可能である反応が，低い温度でも可能となる。

　物理的側面からはプラズマの重合反応における電子温度，電子エネルギー分布の特殊性をあげることができる。
　図3.2.6[10]はCH_4，CF_4の単独の場合の電子温度と放電電流特性である。また，図3.2.7[10]はCH_4 + CF_4の混合ガスの電子温度である。単独では放電電流が大きくなるにつれて電子温度も増加しているが，混合系のCH_4/CF_4 = 1.8では逆に減少している。これはCH_4 + CF_4プラズマ系中で，電子との衝突断面積が大きい生成物ができたためと解釈できるが詳細は明らかで

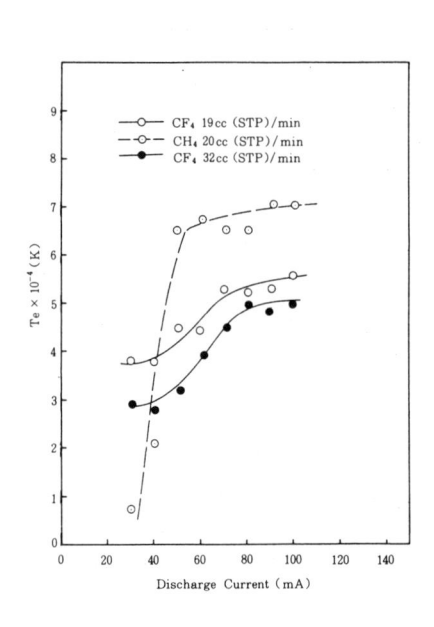

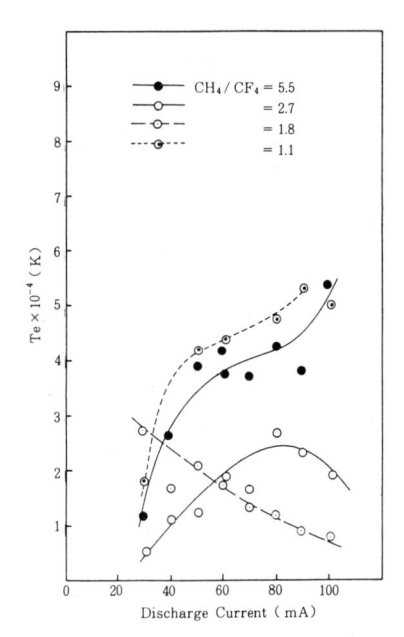

図 3.2.6　CH_4, CF_4 の放電電流－電子温度　　図 3.2.7　$CH_4 + CF_4$ の放電電流－電子温度

はない。

　図 3.2.8 はベンゼンとアルゴンの混合ガスの電子エネルギー分布を測定したもの[11]である。流量が零は Ar の単独ガスを表わしているが，これに比べてベンゼンを混ぜることにより電子エネルギー分布が大きく異なってくることがわかる。

　プラズマの反応を論ずる場合，気相での反応機構と同様（むしろそれ以上に）考えなければならないのは，プラズマと固体表面の相互作用である。いかにプラズマ物性が制御し得ても基板表面での反応が解明されなければ，実際の表面改質，膜生成は不確かさを免れない。

　プラズマ反応はその特殊性から，新規なる材料，表面処理が期待されるが，夢のままで終わってしまう危険も秘めている。そうならないためには，プラズマ反応の全容を解明する努力を怠ることができない。

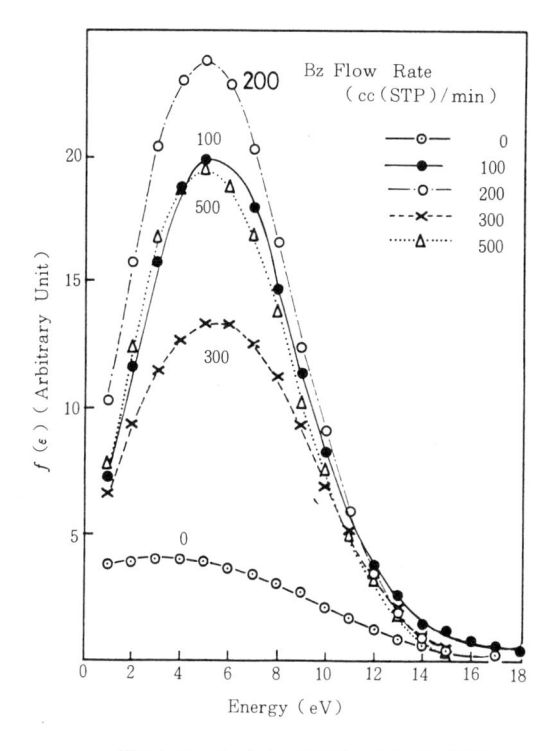

図3.2.8 Bz / Ar の電子エネルギー分布

文　献

1) 奥田孝美, 気体プラズマ現象 (4版), コロナ社 p.409 (1975)
2) M. Niinomi et al., *ACS Symposium Series* **108**, 87 (1979)
3) E. O. Johnson et al., *Phys. Rev.*, **80**, 58 (1950)
4) T. Dote, *Japan. J. Appl. Phys.*, **7**, 964 (1968)
5) T. Okuda et al., *J. Appl. Phys.*, **31**, 158 (1960)
6) A. Matsuda et al., *Thin Solid Films*, **92**, 171 (1982)
7) K. Tachibana et al., *J. Phys. D : Appl. Phys.*, **15**, 177 (1982)
8) W. Demtröder ; "Laser Spectroscopy", Springer-Verlag p.696 (1981)
9) 秦　信宏, ほか, 応用物理, **54**, No.3, 208 (1985)
10) K. Yanagihara et al., "Preprints of organic coatings and plastics chemistry, ACS,

p. 304 (1982)
11) K. Yanagihara et al., "Proc -ISIAT '83 & IPAT '83-, Kyoto", p. 1475 (1983)

この章, 全般にわたる参考書を付記する。
Ⅰ) 野村興雄, ほか, プラズマ化学, 日本工業新聞社, p. 207 (1984)
Ⅱ) 「電子材料」編集部, 超LSI時代のプラズマ化学, 工業調査会, p. 213 (1983)
Ⅲ) 菅野卓雄, ほか, 半導体プロズマプロセス技術, 産業図書, p. 313 (1980)
Ⅳ) 穂積啓一郎, 低温プラズマ化学, 南江堂, p. 132 (1976)
Ⅴ) B. Chapman, "Glow Discharge Processes" John Wiley & Sons, Inc. p. 406 (1980)
Ⅵ) H. V. Boenig, "Plasma Science and Technology", Cornell University Press, p. 299 (1982)

3 プラズマ重合による加工

3.1 重合膜の作製法
3.1.1 はじめに

稲垣訓宏[*]

プラズマとは物理学の本には"分子または原子が解離し，中性原子のほかに陽イオンとこれにほぼつりあった数の陰イオンまたは電子を含んだ気体となった状態"をプラズマと呼ぶと述べている[1]。簡単に言えば"プラズマ"とは気体，液体，固体などと同じように物質の状態をあらわす用語であり，気体が非常な高温，あるいは強い電磁波の存在下におかれたとき出現する。したがって気体と比べ，プラズマは励起された不安定状態にある。このエネルギーを利用して重合反応を行わせることがプラズマ重合である。プラズマ重合はラジカル・イオン重合などの従来の重合法と基本的には違いはないが，重合反応に利用するエネルギーに特徴があり，プラズマ重合の特異性があらわれてくる。このエネルギーの特徴は第1章でくわしく述べられている。

ここではプラズマ重合の基本的考え方，機能性プラズマポリマー合成の考え方の一つを述べる。

3.1.2 プラズマによって起こる化学変化

プラズマ中にガスを吹きこむと，プラズマ内に存在する励起された分子・イオン・電子などがガス分子を攻撃する。この結果，吹きこまれたガスの活性化，フリーラジカルの生成とそれに伴なうラジカル反応が起こる。プラズマ中に吹きこむガスの種類によって，基板表面に起こる現象が異なる。窒素・アルゴン・酸素のような無機ガスでは，活性化されたガスの基板表面への直接作用，ならびに分解反応が起こる。一方，メタン・エチレン・アセチレンのような有機ガスでは基板表面にポリマーの析出がみられる。

図3.3.1は無機ガスであるアルゴンおよび窒素ガスのプラズマ照射したポリエチレン表面のESCAスペクトルを比較したものである[2]。アルゴンプラズマで処理したポリエチレン表面には多量の酸素の導入が認められる。一方，窒素プラズマ照射では酸素のほかに窒素がポリエチレン表面に導入されている。このように通常は不活性であると考えられているアルゴン・窒素ガスでさえ，プラズマ状態では活性となり基板と化学反応を起こす。この無機ガスを用いたプラズマ照射の方法はプラズマ処理と呼ばれ，接着性・濡れ性・生体適合性など表面改質の有力な手段である。詳しくは本章第4節にくわしく述べられている。

有機ガスを用いた場合には，基板表面にポリマーが析出する。このプラズマで起こるポリマー化をプラズマ重合と呼んでいる。エチレン・アセチレンのように重合可能な官能基を持つ化合物でも，メタン・エタンなどの通常の重合法ではポリマーが得られないガスからでもプラズマ重合

---

[*] Norihiro Inagaki 静岡大学 工学部

ではポリマーが生成する。ガス化できるほとんどすべての有機化合物からポリマーが得られることがプラズマ重合の最大の特徴である。炭化水素以外に,有機金属化合物からでもポリマー生成が可能である[3)~7)]。

3.1.3 プラズマ重合から生成するポリマー

プラズマ重合では官能基を持たないメタン・エタンなどからでもポリマーが生成することは既に述べた。この特徴はポリマー生成過程が通常の重合反応と異なっていることを予想させる。

プラズマ中の電子のエネルギーはプラズマ重合のひきがねとなっている。このエネルギーの大きさはプラズマの操作条件で変化する[8)]。プラズマのエネルギーが変わると,活性化の状態も変化し,生成してくるポリマーの性状・化学構造に変化をもたらす。Tibbtら[9)]はモノマー流量・圧力・RF電力を変えることによって生成してくるポリマーが粘稠な液体から,フィルム状,粉状へとその性状を変えることを報告している。

ところで,プラズマ重合によって生成したポリマーはどんな化学組成を持っているのであろうか。表3.3.1は通常の重合反応に用いられているモノマーからプラズマ重合によって生成したポリマーの元素組成をまとめたものである[10)]。この表は,たとえばエチレン(C_2H_4)からプラズマ重合によって$C_2H_{2.6}O_{0.4}$の元素組成を持ったポリマーが生成したことをあらわしている。この表をながめてみると,プラズマ重合から得られたポリマーの元素組成はモノマーのそれと異なることに気づくであろう。総じて,プラズマポリマーはモノマーの元素組成に比べ,水素含量が少なく,酸素を含んでいる。もしエチレンの二重結合の開裂によってポリマーが生成したとすると,

$$CH_2 = CH_2 \longrightarrow +CH_2 \cdot CH_2 \overset{}{\rightarrow}_n$$
$$H/C = 2 \qquad\qquad H/C = 2$$

生成したポリマーの元素組成は末端基を無視すればモノマーのそれと変わりないはずである。表3.3.1の結果より,プラズマポリマーの元素組成とモノマーのそれとの間に差異が生じていることから,プラズマ重合では単に二重結合の開裂によってポリマー鎖が成長するのではないこと

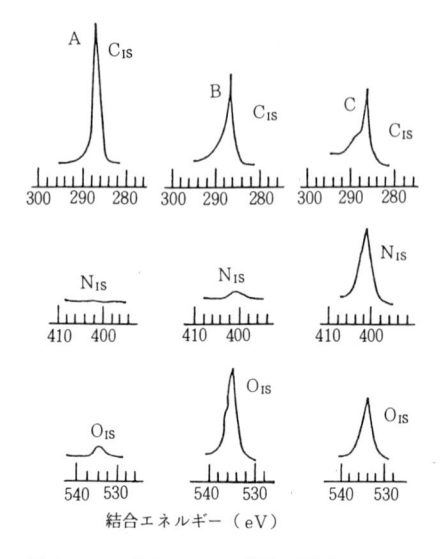

図3.3.1 ポリエチレン表面のESCAスペクトル
A:未処理,B:アルゴンプラズマ処理
C:窒素プラズマ処理

を意味している。さらに興味深い点はエチレン・アレン・アセチレンに窒素ガスを含んだポリマーが生成することである。言い換えると、プラズマ重合によって生成したポリマーは、プラズマ中に存在する全ての元素を含有したポリマーが生成する。この特徴はポリマー合成の立場からは望ましいことである。というのは、窒素を含むポリマーの形成は出発物質に窒素を含む化合物を使用する必要はなく、窒素ガスの混合によって達成されるからである。

3.1.4 ポリマー生成機構

プラズマ重合で起こっているポリマー生成過程は、単に二重結合の開裂のみによって進行するのではないことを前に述べた。このプラズマ重合の特異性はYasudaら[11]の実験によってさらにはっきりしてきた。表3.3.2はビニル基を持つモノマーと持たないモノマーとの重合速度を比べたもので、ポリマー生成の容易さと、モノマー構造との関係をまとめたものである。ポリマーの析出速度 (R) は $R = aP_m$ と書かれる。ここで P_m はプラズマ状態になる前のモノマー圧であり、a は重合速度定数を表わすものと考えてよく、モノマーの分子量を考慮すると a は k に変えられる。表中 δ 値はプラズマ状態におけるモノマー圧 (P_g) と P_m との比 (P_g/P_m) であり、反応速度が非常に速いときにはプラズマ状態にあるガスはほとんど水素であることがわかっているので、δ はモノマーから生ずる水素の生成比をあらわすと考えてよい。すなわち、δ 値の大きなものほど生成ポリマー中の水素含量が低下することになる。k 値は δ 値が1以下の場合、ビニル基の存在には関係なく重合速度は等しいことがわかる。ポリマー生成はビニル基を経由して進行するのではないように思える。表3.3.3は飽和と不飽和環状化合物を比較したものである。飽和環状化合物はいずれも δ 値が1以上であり、k 値も小さい。一方、不飽和環状化合物の δ 値は1以下であり、k 値も大きく重合しやすいことを物語っている。飽和化合物では、鎖状・環状を問わず δ 値は1以上であり、k 値はほぼ等しい。重合の容易さは鎖状・環状化合物で変わらないようである（表3.3.4）。環状化合物のうちで芳香族化合物は δ 値1以下となり、k 値も大きく重合が容易となる。置換基効果については表3.3.5にベンゼン・ピリジン・

表3.3.1 プラズマ重合より得られたポリマーの元素組成

モノマー	モノマーの元素組成	ポリマーの元素組成
アクリロニトリル	C_3H_3N	$C_3H_3NO_{0.4}$
プロピオニトリル	C_3H_5N	$C_3H_{4.7}NO_{0.5}$
プロピルアミン	C_3H_9N	$C_3H_5NO_{0.4}$
アリールアミン	C_3H_6N	$C_3H_{4.7}NO_{0.4}$
エチレン	C_2H_4	$C_2H_{2.6}O_{0.4}$
エチレン/窒素ガス		$C_2H_3N_{0.6}O_{0.8}$
アレン	C_3H_4	$C_3H_{3.7}O_{0.4}$
アレン/窒素ガス		$C_3H_{3.8}N_{0.7}O_{0.5}$
アレン/水蒸気		$C_3H_{4.2}O_{0.6}$
アレン/窒素ガス/水蒸気		$C_3H_{4.4}N_{0.45}O_{0.6}$
アセチレン	C_2H_2	$C_2H_{1.6}O_{0.3}$
アセチレン/窒素ガス		$C_2H_{2.2}N_{0.5}O_{0.3}$
アセチレン/水蒸気		$C_2H_{2.7}O_{0.6}$
アセチレン/窒素ガス/水蒸気		$C_2H_{2.9}N_{0.5}O_{0.7}$
エチレンオキシド	C_2H_4O	$C_2H_{2.9}O_{0.4}$
ヘキサメチルジシロキサン	$C_6H_9Si_2O$	$C_{3.5}H_{10.5}Si_2O_2$
テトラフルオロエチレン	C_2F_4	$C_2F_3O_{0.3}$

第3章 プラズマによる高分子反応・加工

表3.3.2 プラズマ重合におけるポリマー生成速度

モノマー	a	k	δ	モノマー	a	k	δ
N-⟨○⟩-CH=CH$_2$	16.4	7.59	0.01	N-⟨○⟩-CH$_2$-CH$_3$	10.0	4.72	0.10
⟨○⟩-C(CH$_3$)=CH$_2$	13.8	5.33	0.26	⟨○⟩-CH(CH$_3$)$_2$	10.4	4.05	0.16
⟨○⟩-CH=CH$_2$	12.1	5.65	0.10	⟨○⟩-CH$_2$-CH$_3$	9.4	4.52	0.14
CH$_3$-⟨N⟩-CH=CH$_2$	11.9	7.65	0.16	CH$_3$-⟨N⟩-CH$_2$-CH$_3$	12.9	7.38	0.24
⟨N⟩(=O)-CH=CH$_2$	9.7	7.75	0.61	⟨N⟩(=O)-CH$_2$-CH$_3$	4.6	3.76	1.60
CH$_2$=CH-CN	7.2	5.71	0.16	CH$_3$-CH$_2$-CN	4.9	4.49	0.35
CH$_2$=CCl$_2$	5.8	5.47	0.70	CH$_3$-CHCl$_2$	4.5	2.98	1.16
CH$_2$=CH-CH$_2$-NH$_2$	3.2	2.86	0.66	CH$_3$-CH$_2$-CH$_2$-NH$_2$	3.7	2.52	1.94

フランを例示してある。置換基が大きくなるとδ値は増加し，置換基の分解が起こりやすいことをあらわしている。k にはほとんど変化がなく，ポリマー生成の容易さには変化がない。

以上のことをまとめてみると，プラズマ重合ではモノマーの化学構造はポリマー形成に限れば影響は少ないようである。

ではどんな経路でポリマー生成がなされているのであろうか。この問題はいまだ完全に解明されているわけではないが，フッ素化合物からのプラズマポリマーのESCAスペクトルは一つのヒントを与えている。

図3.3.2はテトラフルオロエチレン（TFE）およびパーフルオロメチルシクロヘキサン（PFM

表3.3.3 プラズマ重合におけるポリマー析出速度

モノマー	a×10^4	k×10^4	δ
⟨○⟩ (benzene)	6.0	4.35	0.06
⟨○⟩ (cyclohexane)	2.7	1.71	1.58
furan	6.6	5.59	0.17
tetrahydrofuran	0.43	0.32	1.97
pyrrole NH	6.0	5.03	0.11
pyrrolidine NH	5.1	4.18	1.40
N-CH$_3$ pyrrole	5.7	4.01	0.14
N-CH$_3$ pyrrolidine	5.7	4.10	1.30

CH）からのプラズマポリマーのESCA（C_{1S}，F_{1S}）スペクトルである[12]。C_{1S}スペクトルには両ポリマーの炭素鎖の微細構造がよくあらわれており，低エネルギー側からCF，CF-CF_n，CF_2，CF_3基と帰属される。これら炭素鎖単位の相対量は約25％ずつである（表3.3.6）。もしTFEの二重結合の開裂，PFMCHのシクロヘキサン環の開環によってポリマーが生成したとすると，TFEからは$+CF_2・CF_2+$単位が，PFMCHからは$+(CF_2)_5・CF(CF_3)+$単位をもつポリマーが生成するはずである。したがってC_{1S}スペクトルはTFEからのポリマーではCF_2単位が100％，PFMCHからのポリマーではCF-CF_n単位：14.3％，CF_2単位：71.4％，CF_3単位：14.3％の構成となるはずである。表3.3.6に示した実験結果はこの予想と大巾に相違している。表3.3.6のC_{1S}スペクトルの結果を与えるには，ポリマー生成過程でC-F結合の切断とF原子の再配列が起こらねばならない。

表3.3.4 プラズマ重合におけるポリマー析出速度

モノマー	$a \times 10^4$	$k \times 10^4$	δ
$CH_3-CH_2-CH_2-CH_2-CH_2-CH_3$	2.7	1.74	2.10
⬡	2.7	1.71	1.58
◯	6.0	4.35	0.05
$CH_3-CH_2-C-O-CH_3$ (C=O)	0.8	0.57	3.56
(テトラヒドロフラン)	1.6	1.24	2.66
$CH_3-CH_2-CH_2-CH_2-OH$	1.3	0.79	2.75
⬡-OH	1.3	0.81	2.34

表3.3.5 プラズマ重合におけるポリマー析出速度

	$a \times 10^4$	$k \times 10^4$	δ
◯	6.0	4.35	0.06
◯-CH_3	8.2	5.03	0.08
◯-CH_2-CH_3	9.4	4.52	0.14
◯-CH(CH_3)(CH_3)	10.4	4.05	0.16
◯-C(CH_3)(CH_3)(CH_3)	10.9	4.41	0.35

以上の結果より，プラズマ重合におけるポリマー生成過程を図3.3.3のように考えることができる。プラズマ中に吹きこまれたモノマー分子は，フラグメンテーションを受け，つづいて再配列を経てポリマーが生成するのであろう。この考え方では出発物質としてのモノマーは一旦フラグメンテートされるので，生成したポリマー鎖を構成している原子の配列はモノマーのそれとはかなり変わってくるであろう。

3.1.5 機能性プラズマポリマー

プラズマ重合ではプラズマ中に吹きこまれたモノマー分子はフラグメンテーションを受け，再配列をした後ポリマーが生成することを前に述べた。したがって，得られるポリマーの化学構造はプラズマ中でモノマーがどのようにフラグメンテーションを受けたかに強く影響されることは容易に推察されることである。機能性プラズマポリマーの合成はこのフラグメンテーションをいかに望む方向に導くかにかかっている。このフラグメンテーションはプラズマエネルギーに深く関係することはもちろんであるが，モノマーの化学構造とも関係が深い。プラズマエネルギーの大きさとその制御については第3章2節でくわしく述べられているので，ここではモノマー構造との関係について述べることにする。

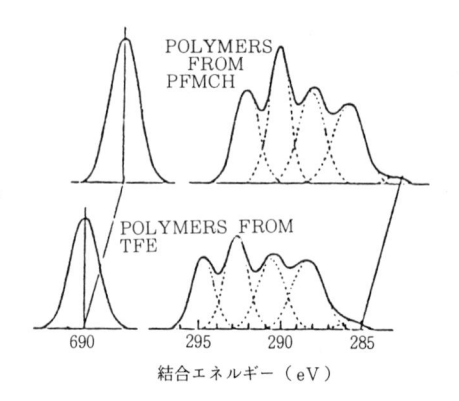

図3.3.2 フルオロカーボンからのプラズマポリマのESCAスペクトル

表3.3.6 フルオロカーボンからのプラズマポリマー微細構造

モノマー	W/FM (MJ/kg)	析出位置	成分1 (eV),(area)	成分2 (eV),(area)	成分3 (eV),(area)	成分4 (eV),(area)
TFE	220	−8cm*	288.4 26%	290.6 24%	292.8 26%	294.9 21%
		+8	288.6 23	290.8 26	293.0 23	295.1 25
PFMCH	190	−8	288.6 31	291.2 24	293.0 28	295.1 17
		+8	288.3 19	290.6 32	292.8 24	294.8 23
	270	−8	288.0 22	290.3 27	292.4 27	294.4 22
		+8	288.0 22	290.3 27	292.4 27	294.4 22
帰属			CF	CF−CF$_n$	CF$_2$	CF$_3$

$$A-B-C-D \longrightarrow \begin{bmatrix} A-B^* \\ C^* \ D^* \end{bmatrix}$$

出発物質（モノマー）　　　　　　グロー状態

$$\longrightarrow \underset{\underset{C}{|}}{A}-\underset{}{B}-\underset{\underset{D}{|}}{D}-\underset{}{A}-\underset{}{B}-\underset{\underset{B}{|}}{B}-\underset{}{A}-\underset{}{D}-$$

生成ポリマー

図3.3.3 プラズマポリマー生成過程

(1) モノマーの化学構造

化学構造を異にする3種のモノマー，ヘキサメチルジシラザン（HMDSZ）・トリメチルシリルジメチルアミン（TMSDMA）・およびテトラメチルシラン/アンモニア混合物（TMS/NH$_3$）からのプラズマポリマーの元素組成を表3.3.7

3 プラズマ重合による加工

にまとめた[13]。3種のプラズマポリマーはいずれも窒素を含むシリコンポリマーである。IRスペクトル(図3.3.4)にはN-H(3370 cm^{-1}), C-N(1183 cm^{-1}), Si-NH-Si(940〜830 cm^{-1}), N→O(904 cm^{-1})の窒素残基の吸収が認められる。しかし、これらプラズマ中の窒素残基の化学構造は出発物質であるモノマー間で異なっている。TMSDMA, およびTMS/NH$_3$からのプラズマポリマーにはN-H, C-N, およびN→O基が, 一方, HMDSZからのポリマーにはSi-NH-Si基の吸収が強い。これらの基の違いはポリマーをCH$_3$Br処理するとより明確となる(図3.3.4)。もし窒素残基がアミノ・アミンオキシド基であれば, CH$_3$Br処理によってアンモニウム窒素が生成し, 1400 cm^{-1}附近に強い吸収があらわれるはずである。図3.3.4のスペクトルB', C'にはこの吸収が認められるが, スペクトルA'には吸収は認められない。アンモニウム窒素の生成はESCA(N$_{1S}$)スペクトルによっても確認することができる。図3.3.5にはTMSDMAからのプラズマポリマーの一例を示した。以上の結果より, TMSDMAとHMDSZからのプラズマポリマー中の窒素残基は異なり, 前者ポリマーにはアミノ・アミンオキシド基を含有するが, 後者ポリマーにはこれら窒素残基を含んでおらない。

表3.3.7 窒素含有モノマーからのプラズマポリマー

モノマー	モノマーの元素組成	W/FM (MJkg^{-1})	ポリマーの元素組成
HMDSZ	C$_3$H$_{9.5}$N$_{0.5}$Si	104	C$_{4.7}$H$_{15.6}$N$_{1.0}$O$_{1.8}$Si
		415	C$_{2.1}$H$_{5.6}$N$_{0.4}$O$_{0.1}$Si
TMSDMA	C$_5$H$_{15}$NSi	143	C$_{5.0}$H$_{11.9}$N$_{0.8}$O$_{1.9}$Si
		571	C$_{2.9}$H$_{6.9}$N$_{1.1}$O$_{1.1}$Si
TMS	C$_4$H$_{12}$Si	1800	C$_{3.1}$H$_{6.2}$N$_{0.1}$O$_{0.4}$Si
67%TMS−33%NH$_3$	C$_4$H$_{13.5}$N$_{0.5}$Si		C$_{2.9}$H$_{6.8}$N$_{0.9}$O$_{0.5}$Si
50%TMS−50%NH$_3$	C$_4$H$_{15}$NSi		C$_{2.1}$H$_{5.6}$N$_{0.9}$O$_{0.5}$Si
33%TMS−67%NH$_3$	C$_4$H$_{18}$N$_2$Si		C$_{1.6}$H$_{4.2}$N$_{1.1}$O$_{0.4}$Si

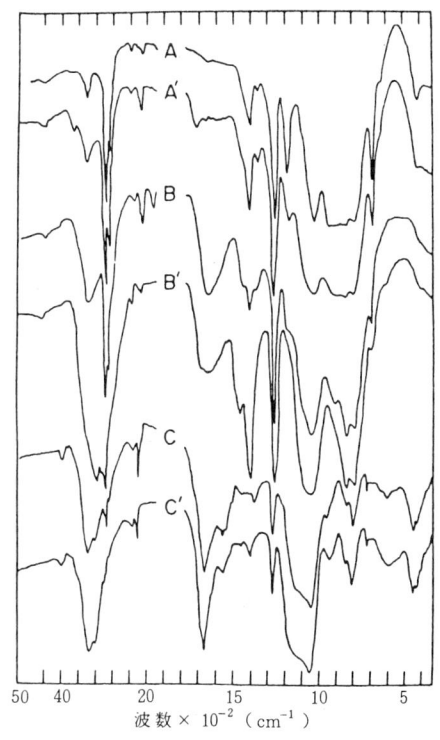

図3.3.4 含窒素シリコンプラズマポリマーのIRスペクトル

A, A': HMDSZからのプラズマポリマー
B, B': TMSDMAからのプラズマポリマー
C, C': TMS/NH$_3$からのプラズマポリマー
A, B, C: CH$_3$Br未処理
A', B', C': CH$_3$Br処理

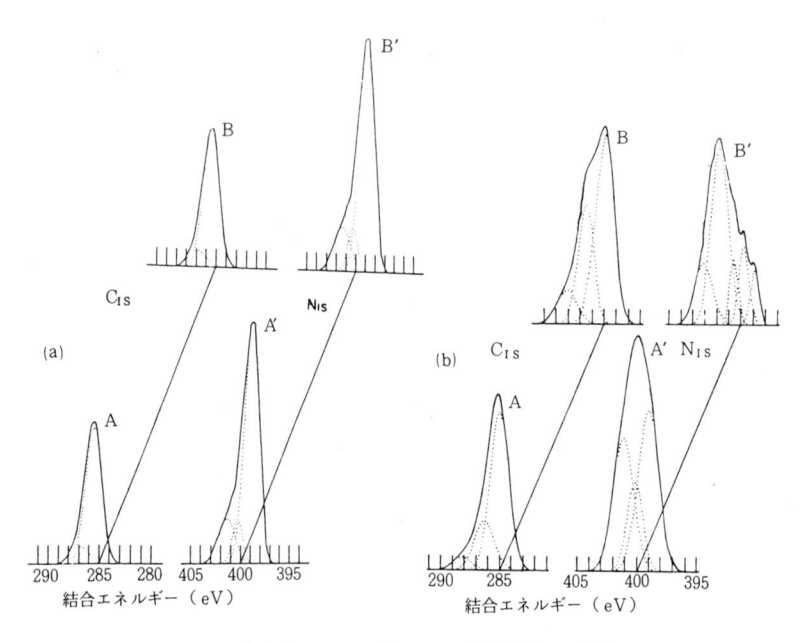

第3章 プラズマによる高分子反応・加工

図 3.3.5 含窒素シリコンポリマーのESCAスペクトル
(a): HMDSZからのプラズマポリマー, (b): TMSDMAからのプラズマポリマー
A, A': CH_3Br 未処理, B, B': CH_3Br 処理

次に, モノマーの化学構造の影響の第2の例として, フェニルシラン ($PhSiH_3$) とトルエン ($PhCH_3$) からのプラズマポリマーがあげられる[14]。図 3.3.6 にはこれらプラズマポリマーのIRスペクトルを示した。フェニル基の特性吸収を認めることができ, フェニル基含量を 3020 cm^{-1} (C=C-H) と 2930 cm^{-1} (CH_2) あるいは 2870 cm^{-1} (C-H) との吸収強度比 (A_{3020}/A_{2930}, A_{3020}/A_{2870}) から比較した。図 3.3.7 には, これら強度比をプラズマを発生させるために供給した見かけの電気エネルギー (W/F) (ここでWはrf電力, Fはモノマー流量, Mはモノマーの分子量である) に対してプロットしたものである。フェニル基含量はW/F値の増加につれて減少する。さらにいずれのW/F値においても, $PhSiH_3$からのプラズマポリマーは$PhCH_3$からのものに比べフェニル基含量が高い。これはプラズマ中で$PhSiH_3$が$PhCH_3$よりもフラグメンテーションを受け難いことをあらわすものであり, Siとフェニル基間の$p_\pi - d_\pi$結合が寄与しているものと推察される。

以上これまでの2つの実例はプラズマ重合に用いるモノマーの化学構造の重要性を示すものであり, プラズマ中でのモノマー分子のフラグメンテーションの違いを反映したものであろう。

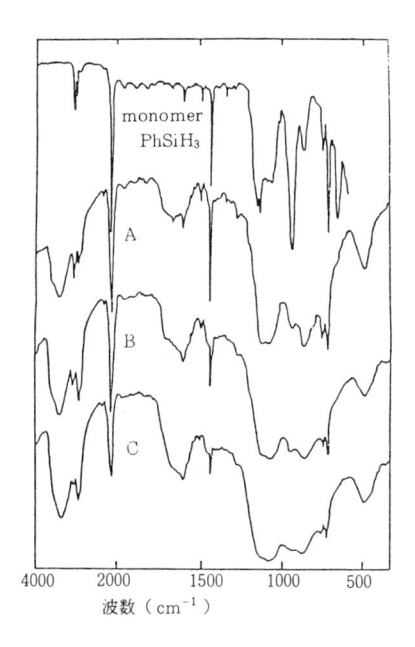

図 3.3.6(a) PhSiH$_3$ からのプラズマポリマーのIRスペクトル
A, W/F = 11 MJ/mol; B, 27; C, 103

図 3.3.6(b) PhCH$_3$ からのプラズマポリマーのIRスペクトル
A, W/F = 14; B, 23; C, 87

(2) フラグメンテーションの抑制

アクリル酸・メタクリル酸に代表されるカルボン酸化合物のプラズマ重合から，カルボン酸を有するポリマーの合成は難しい。これはプラズマ中でカルボキシル基がフラグメンテーションを受けやすく，脱CO，CO_2 が起こるためである。表 3.3.8 は表 3.3.2 に用いたプラズマ状態におけるモノマー圧 (P_g) とプラズマ状態前のモノマー圧 (P_m) との比 $\delta = (P_g / P_m)$ を比較したものである[5]。エチレン，プロピレンの δ 値はいずれも 1 以下となる。一

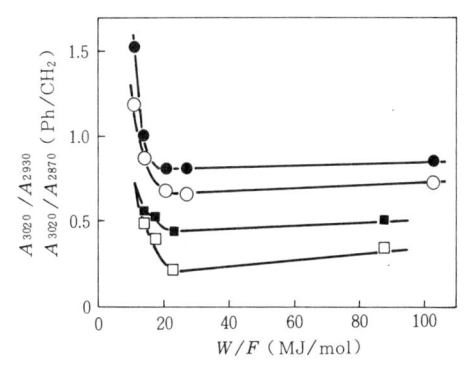

図 3.3.7 フェニル基の相対生成量 (A_{3020} (=C-H) / A_{2930} (CH_2) ○, □; A_{3020} / A_{2870} (CH), ●, ■)
○, ● ; PhSiH$_3$ からのプラズマポリマー
□, ■ ; PhCH$_3$ からのプラズマポリマー

方アクリル酸，メタクリル酸のδ値はいずれも1以上である。この表からCOOH基がつくとフラグメンテーションがはげしく起こることがわかる。このフラグメンテーションは二酸化炭素を共存させた状態でプラズマ重合を行うと，ある程度抑制することができる。図3.3.8は二酸化炭素共存下でのアクリル酸のプラズマ重合より得られたポリマー中のカルボニル基（1720 cm^{-1}），あるいはカルボキシレート基（1570 cm^{-1}）のメチレン基（2940 cm^{-1}）に対する相対吸収強度を比較したものである。二酸化炭素濃度が増加するにつれてプラズマポリマー中のカルボニル，カルボキシレート基含量が増加している。

このように第2のガスをプラズマ中に共存させることによって，フラグメンテーションを抑制することが可能である。

(3) モノマー混合物

プラズマ重合でのポリマー生成過程は図3.3.3に示したように，プラズマ中に吹きこまれた分子はフラグメンテーションされ，つづいて再配列を経てポリマーが生成する。この

表3.3.8 カルボキシル基を持つ化合物の圧力変化

モノマー	k	$\delta=P_g/P_m$	モノマー	k	$\delta=P_g/P_m$
$CH_2=CH$ | $COOH$	0.76	2.80	$CH_2=CH_2$	0.36	0.83
$CH_2=CH$ | $COOCH_3$	0.99	3.00			
$CH_2=CH(CH_3)$ | $COOH$	1.54	2.22	$CH_2=CH(CH_3)$	2.24	0.65
$CH_2=CH(CH_3)$ | $COOCH_3$	1.41	2.62			

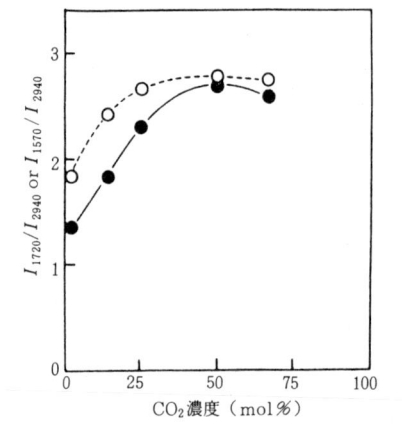

図3.3.8 カルボキシレートおよびカルボニル基の相対生成量
○：I_{1720}/I_{2940} ；● ：I_{1570}/I_{2940}

考え方によると，二種類のモノマーの混合物から，一種のコポリマーが生成するであろう。ここでは性質を異にする二種のモノマーの組み合わせから機能性に富むプラズマポリマー合成の事例を紹介する。

性質を異にするモノマーとして，パーフルオロメチルシクロヘキサン（PFMCH）・パーフルオロトルエン（PFT）とアンモニア（NH$_3$）との混合物のプラズマポリマーの表面エネルギーを図3.3.9に示した[16]。PFMCHおよびPFTからは疎水性表面を，NH$_3$からは親水性表面が予想される。図3.3.9より，これら混合物のプラズマポリマーの表面エネルギーはNH$_3$濃度の増加につれ

3 プラズマ重合による加工

表3.3.9 フルオロカーボン/アンモニア混合系からのプラズマポリマーの気体透過速度

モノマー	混合比（モル比）	透過係数比*		P_{O_2}/P_{N_2}
		P_{O_2}	P_{N_2}	
CF_4/NH_3	3/2	4.9	5.5	0.89
	1/1	17	20	0.85
$PFMCH/NH_3$	1/0	24	22	1.1
	3/1	27	29	0.93
	1/1	8.2	3.0	2.73
	1/3	0.47	0.49	0.96
PFT/NH_3	1/0	3.4	2.5	1.35
	3/1	1.3	0.62	2.10
	1/1	1.8	0.89	2.03
	1/3	8.4	9.1	0.92

*: in $\times 10^{10} cm^3 (STP) cm/cm^2 sec\ cmHg$

図3.3.9 表面エネルギー変化
△：$PFMCH/NH_3$
○：PFT/NH_3

て，直線的に増加する。NH_3混合によって，脱HFおよび橋かけが促進される。このポリマー鎖の変化に伴って，プラズマポリマーのガス透過性およびガス分離性にも変化があらわれてくる。表3.3.9は酸素および窒素ガスの透過係数・透過係数比をまとめたものである。NH_3混合によってガスの透過速度が遅くなるが，酸素と窒素の透過係数比(P_{O_2}/P_{N_2})は上昇する。$PFMCH/NH_3$系ではP_{O_2}/P_{N_2}比は2.7_3まで達する。この上昇はNH_3混合によってポリマーの凝集エネルギーの増加，ポリマー鎖の橋かけ度の増加によるものと推察される。ガス分離性の向上はその外に，ヘキサフルオロプロペン/メタン[17]，$PFMCH/CH_4$混合系[18]のプラズマポリマーにも認められる。

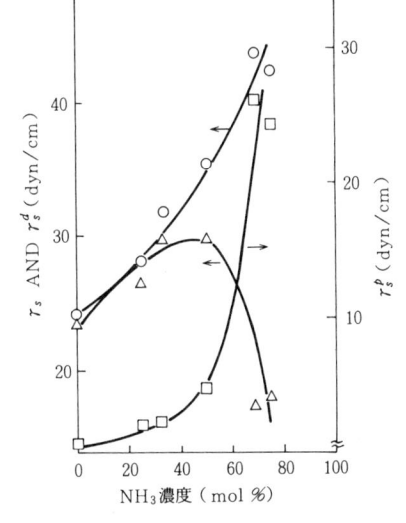

図3.3.10 TMS/NH_3混合系からのプラズマポリマーの表面エネルギー
○：r_s, △：r_s^d, □：r_s^p

フルオロカーボン化合物と同様に，シラン化合物とアンモニアとの混合系でも表面特性の変化

が認められる。テトラメチルシラン（TMS）とNH_3混合系から得られたプラズマポリマーの表面エネルギーは図3.3.10にみられるようにNH_3濃度の増加につれて上昇する。このNH_3混合によって得られる親水性プラズマ薄膜は感湿性があり，一種の湿度センサとして利用することができる[20],[21]。なおプラズマポリマーを利用した他の湿度センサについては文献22），23）にくわしい。

以上，モノマー混合系のプラズマ重合について2つの実例を示したが，この方法も機能性ポリマー合成の一方法であろう。

3.1.6 おわりに

プラズマ重合におけるポリマー生成過程は図3.3.3に示したように，モノマー分子のフラグメンテーションとそれに続く再配列・再結合が起こることが特徴であろう。この点で従来の重合法と様子を異にしている。したがって機能性プラズマポリマーを合成するには，プラズマ中でのフラグメンテーションをいかに制御するかにかかっている。プラズマ状態を制御することに加え，モノマーの選択も重要な鍵をにぎっている。プラズマ重合に関し文献24)〜26）の成書があげられる。

文　　献

1) B. Chapman, "Glow Discharge Process", John Wiley, New York (1980)
2) H. Yasuda, H. C. March, B. Brandt, C. N. Reilley, *J. Polym. Sci., Polym. Chem. Ed.*, **15**, 991 (1977)
3) N. Inagaki, T. Yagi, K. Katsuura, *Eur. Polym. J.*, **18**, 621 (1982)
4) N. Inagaki, Y. Hashimoto, *Polym. Bull.*, **12**, 437 (1984)
5) N. Inagaki, M. Mitsuuchi, *Polym. Bull.*, **9**, 390 (1983)
6) N. Inagaki, M. Mitsuuchi, *J. Polym. Sci., Polym. Chcm. Ed.*, **21**, 2887 (1983)
7) N. Inagaki, M. Mitsuuchi, *J. Polym. Sci., Polym. Lett. Ed.*, **22**, 301 (1984)
8) 日本化学会編，化学便覧基礎編II，p.1220，丸善
9) J. M. Tibbit, A. T. Bell, M. Shen, *J. Macromol. Sci., Chem.* **11**, 139 (1977)
10) H. Yasuda, C. E. Lamaze, *J. Appl. Polym. Sci.*, **17**, 1519 (1973)
11) H. Yasuda, C. E. Lamaze, *J. Appl. Polym. Sci.*, **17**, 1533 (1973)
12) N. Inagaki, T. Nakanishi, *Polym. Bull.*, **9**, 502 (1983)
13) N. Inagaki, *Thin Solid Films*, **118**, 225 (1984)
14) N. Inagaki, H. Hirao, *J. Polym. Sci., Polym. Chem. Ed.*, in press ; *Polym. Preprints, Jpn.*, **34**, 434 (1985)
15) N. inagaki, M. Matsunaga, *Polym. Bull.*, **13**, 349 (1985)

16) N. Inagaki, H. Kawai, *Sen-i Gakkaishi*, **40**, T-337 (1984)
17) N. Inagaki, Ohkubo, *J. Membr. Sci.*, in press ; 日本化学会第51秋季年会講演予稿集 I, p. 498 (1985)
18) N. Inagaki, H. Kawai, *J. Polym. Sci., Polym. Chem. Ed.*, in press ; 昭和60年度繊維学会秋季研究発表講演要旨集, p. 50 (1985)
19) N. Inagaki, K. Nejigaki, K. Suzuki, *J. Polym. Sci., Polym. Chem. Ed.*, **21**, 3181 (1983)
20) 稲垣, 鈴木, 高分子論文集, 41, 215 (1984)
21) N. Inagaki, K. Suzuki, *Polym. Bull.*, **11**, 541 (1984)
22) N. Inagaki, K. Suzuki, Oh-ishi, *Appld. Surface Sci.*, **24**, 163 (1985)
23) N. Inagaki, K. Suzuki, *J. Appl. Polym. Sci.*, in press
24) 近代編集社編, 無機コーティング (1984)
25) H. V. Beonig ed., "Advances in Low-Temperature Plasma Chemistry, Technology, Applications", Technonic Pub., Lancaster, 1984
26) H. Yasuda, "Plasma Polymerization" Academic Press, New York, 1985

3.2 分離膜への応用
3.2.1 はじめに

平井正名[*]

　膜による物質分離は，省エネルギー・省資源型の技術として注目を集め，現在では工業的規模で広く利用されるようになった。液体分離，気体分離を問わず，分離膜設計に共通した課題は，高い選択分離性を維持させたまま，透過量を増大させることにある。このためには，膜構成素材の分子設計による改良が重要であることは勿論であるが，膜形態の設計，とりわけ超薄膜化が技術上の大きな問題点となっている。

　現在の膜分離で最も多く用いられている非多孔膜の場合，この透過量は膜厚に反比例する。また，物質の選択分離性は，理論上膜厚に依存しない。したがって，膜素材を選定した後は，ピンホールフリーの状態で薄膜化し，これに機械的強度を持たせれば，実用上の高性能化に結びつく。

　現在採用されている分離膜の膜形態と超薄膜化技術を表3.3.10にまとめた[1), 2)]。非対称膜は，分離機能を有する表面緻密層と，この支持体となる多孔層が同一の素材で構成されているもので，複合膜では，これらが別々の素材で構成されている。超薄膜化技術は，1) ポリマーを用い膜形成するポリマー薄膜化法と，2) モノマーを用い重合と膜形成を同時に行う in situ 重合法に大別される。

表3.3.10　分離膜の膜形態と超薄膜化技術

膜形態	超薄膜化技術	
非対称膜	ポリマー薄膜化法	乾湿式製膜法
複合膜	ポリマー薄膜化法	水面上展開法
		溶液塗布法
	In Situ 重合法	モノマー塗布・重合法
		界面重合，反応法
		プラズマ重合法
		UV，電子線重合法

　プラズマ重合を利用した分離膜の基本形態は，多孔膜あるいは透過速度の大きい非多孔膜上に，in situ にプラズマ重合膜を積層した複合膜構造となっている。プラズマ重合は，1) 有機モノマーガスの種類を選択することによって，重合膜の化学組成を比較的容易に調節できる，2) ピンホールフリーの超薄膜が得られるなどの特徴を有しており，これらの特徴が，分離膜設計に巧みに応用されている。

　ここでは，プラズマ重合の分離膜への応用を，液体分離と気体分離に分け紹介する。

3.2.2 液体分離

　液体を対象とした分離で，プラズマ重合を利用した分離膜の研究が進んでいるのは，海水の淡水化を目的とした逆浸透膜の分野である。

　Buckら[3)]は，ミリポアフィルター上に，ビニレンカーボネートとアクリロニトリルの混合ガスのプラズマ重合膜を形成し，この複合膜が塩排除性を示すことを初めて明らかにした。彼らは，

---

[*] Masana Hirai　（株）豊田中央研究所

3 プラズマ重合による加工

内部電極方式のプラズマ重合装置を用い, ミリポアフィルターは, 多孔層側をおもてにした状態で電極上に設置している。装置内の真空排気を止めたあと, 一定量の混合ガスを導入した状態で, 40kHz の高周波電源より入力を与え, バッチ方式のプラズマ重合を繰り返している。プラズマ重合膜の膜厚が厚くなるに従って塩排除性が発現し, 膜厚 0.91 μm では, 塩排除率 94%, 透水量 3.8 ℓ/m^2・hr (1%食塩水, 103 kg/cm^2 加圧下) の膜を得ている。

Yasuda ら[4]は, 13.56 MHz の高周波電源を備えた外部電極方式のプラズマ重合装置を用い, 多孔質基体の材質や孔径, モノマーの種類, プラズマ重合条件などが, 複合膜の逆浸透特性に及ぼす影響を詳細に検討している。彼らは, 多孔質ガラス, ポリスルホン多孔膜, ミリポアフィルターを用い, プラズマ重合時の装置内圧力の変動から, 多孔質基体がプラズマによって変性を受けること, 基体へのモノマーの吸脱着挙動は基体材質によって異なり, これがモノマーの重合に影響を及ぼすことなどを示し, 逆浸透膜作製における基体選択の重要性を指摘した。また, 基体の孔径は, 300 Å 以下のものが好ましいと述べている。表 3.3.11 に, 種々の多孔質基体, モノマーを用いて作製された複合膜の逆浸透特性の一例を示した。塩排除率はいずれも 60〜99% を示し

表 3.3.11 プラズマ重合膜の逆浸透特性

多孔質基体	モノマー	塩排除率 (%)	透水量 (ℓ/m^2・hr)
多孔質ガラス			
16	4 - ビニルピリジン	87	0.87
23c	↑	96	1.4
ミリポアVSWフィルター			
Ro 11	4 - ビニルピリジン	90	67.9
Ro 14	↑	99	64.5
Ro 32	↑	74	6.6
ポリスルホン多孔膜			
ESP 1	4 - ビニルピリジン	86	44.8
ESP 17	↑	80	3.4
	↑	95	2.7
	N - ビニルピロリドン	91	18.0
	5 - ビニル - 2 - メチルピリジン	82	24.8
	4 - ピコリン	98	10.9
	↑	95	23.1
	2 - ビニルピリジン	88	5.4
	ピリジン	62	17.7
	1 - メチル - 2 - ピロリドン	60	44.1
	4 - エチルピリジン	98	16.3
	4 - メチルベンジルアミン	90	3.4
	n - ブチルアミン	93	3.9

1.2%食塩水, 84 kg/cm^2 加圧下

ている。含窒素化合物のプラズマ重合では,重合膜中に窒素原子が比較的容易に取り込まれ,適度な親水性を持った膜となるため透水性も高い。

続報[5]では,4-ピコリンや3,5-ルチジンにN_2やH_2Oを混在させた状態でプラズマ重合を行うと,透水性がさらに改善されることを報告している。また,アセチレンやベンゼンのように,分子中に窒素原子を含まない疎水性の化合物をモノマーとした場合でも,プラズマ重合時にN_2やH_2Oを混在させることによって透水性の高い逆浸透膜が得られることを示している。

窒素原子を含んだ逆浸透膜は,一般に耐塩素性に乏しいことが知られている。Yasudaら[6]は,この点に注目し,窒素原子をまったく含まないアセチレン/CO/H_2O混合系のプラズマ重合で,耐塩素性の高い逆浸透膜が得られることも報告している。

Yasudaらは,これら一連の報告において,モノマーの選択によって重合膜の化学組成の調節が比較的容易にできるという特徴を巧みに利用し,当時としては最高レベルの特性を示す逆浸透膜を得ている。また,プラズマ処理によって材料表面の化学修飾が可能であることを利用し,ポリスルホン多孔膜をN_2プラズマで前処理すると透水性が向上することなども報告している[7]。

Wydevenらのグループ[8]も,Yasudaらとほぼ同時期に,アリルアミンをモノマーとしたプラズマ重合で,1%食塩水および1%尿素水溶液に対する排除率がそれぞれ98%,46%の逆浸透膜が作製できることを見い出している。彼らは,プラズマ重合条件と逆浸透特性との関係や,プラズマ重合膜の化学組成についても解析を行っている[9~11]。

プラズマ重合を利用した逆浸透膜に共通した性質が,前記の3グループのいずれからも報告されている。複合膜の逆浸透特性が,使用とともに向上するというもので,Yasudaらの結果[4]を図3.3.11に示した。運転時間の経過にともなって,塩排除率,透水量がともに増加することがわかる。これは,一般の逆浸透膜が圧密化によって透水量低下を起こすことの逆現象である。プラズマ重合膜中に生成したラジカルなどの活性種が,時間とともに重合膜の化学組成を変化させることによって起こるものと考えられている。

以上述べてきたように,実験室レベルの研究では,相当に性能のよい逆浸透膜が得られている。しかし,いまだ工業化に成功した例はない。プラズマ重合が,プロセスの再現性に欠けること,操作の連続化や装置のスケールアップが困難であることなどが,この原因であると考えられる。

Yasudaら[12~14]は,これらの問題点を克服するための模索として,中空糸状のポリスルホン多孔膜を基体に用い,これに半連続的なプラズマ重合を行う方法を試みている。図3.3.12に示すようなタンデム型のプラズマ重合装置が考案されている。12~15mmの6本の中空系が,同時に反応容器の下方から上方へ一定速度で引き上げられる。容器内には内部電極が設置されていて,中空系はこの内部電極でつくりだされたプラズマ空間を横切るように設計されている。プラズマ入力は,10kHzの高周波電源より与えられ,モノマーにはアリルアミンが用いられている。こ

のような半連続的なプラズマ重合において，重合条件を一定にするには，電極のプレコンディショニングが特に重要であると述べている。これは，電極温度の上昇や，電極表面への重合物の堆積が，重合条件を変化させる要因となるためである。動的な平衡状態に達した後に，プラズマ重合膜の被膜を行うことが現実的な解決策となることを示している。また，逆浸透膜の特性や耐久性を均質化するには，重合時の（投入電力）/（モノマー供給速度）・（モノマー分子量）を一定に保つことが重要であると述べている。最適作製条件における複合膜の塩排除率と透水量，およびそれらのバラツキは，2％食塩水，91kg加圧下で，88.0±0.7％，2.19±0.44 ℓ / m^2・hr であったと報

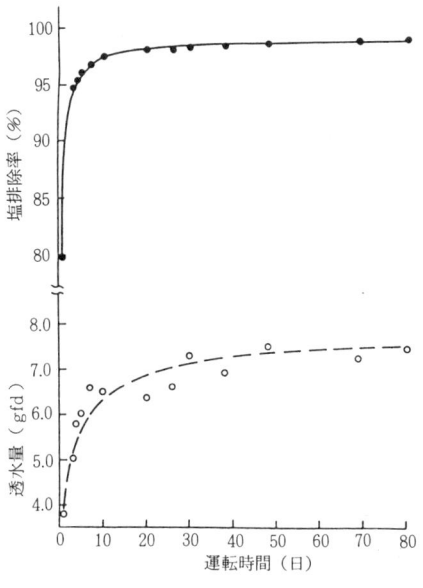

図3.3.11 4－ビニルピリジンプラズマ重合膜の逆浸透特性経時変化
（多孔質基体：ポリスルホン，運転条件：3.5％食塩水，105kg / cm^2，1 gfd = 1.70 ℓ / m^2・hr）

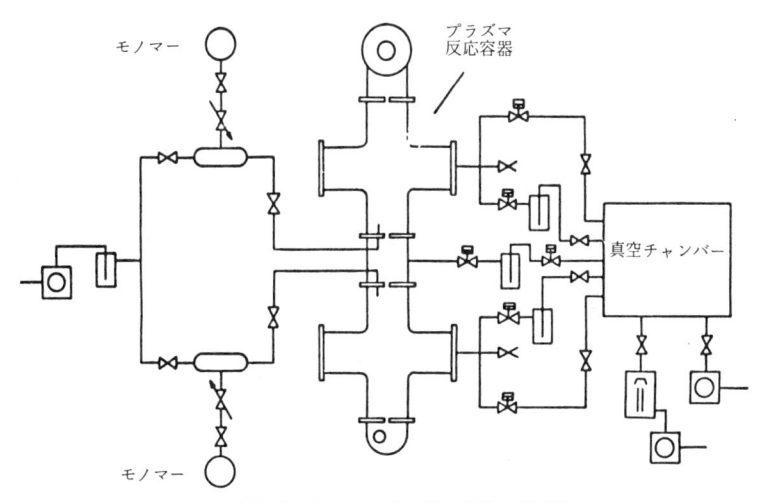

図3.3.12 プラズマ重合装置の模式図

第3章 プラズマによる高分子反応・加工

告している。

低温プラズマ技術を応用した逆浸透膜で,現在実用化されているものにソルロックス膜がある[15),16)]。これは,ポリアクリロニトリル溶液よりキャスト法で製膜された非対称膜の表面を,非重合性のガス(He, H_2, O_2)でプラズマ処理することによって作製されている。塩排除率40〜98.5%の範囲で,比較的シャープなカットオフ特性を持った各種の逆浸透膜が市販されている。塩排除率や透水量は,製造工程で制御可能である。この膜は,各種の低分子有機物の回収や除去にも利用できることが示されている。

逆浸透膜の分野以外で,プラズマ重合膜が液体分離に利用された例は比較的少ない。山田ら[17)]は,非重合性のガスでプラズマ処理したポリエチレン膜で,有機物混合系のパーベーパレーション分離について検討している。高瀬ら[18)]は,光学活性物質(d-カンファー,l-メントール)を,酢酸セルロース多孔膜上にプラズマ重合し,アミノ酸水溶液の透過特性を調べている。d-カンファー重合膜では,d-トリプトファン水溶液の透水量が,l-トリプトファン水溶液のそれより大きいことを報告している。

3.2.3 気体分離

膜による気体分離は,GE社の医療用酸素富化器や,モンサント社の水素分離用膜モジュールプリズムセパレーターの実用化が報じられ話題を呼んだ。気体分離では,透過速度の小さいことが実用上の最も大きな問題点となっており,水面上展開法や溶液塗布法といった超薄膜化技術が取り入れられ,前記の成果に結びついた。プラズマ重合を利用した方法も注目を集めており,研究例が増えている。

プラズマ重合を気体分離膜作製に初めて応用したのは,Stancellら[19)]である。彼らは,シリコーン-ポリカーボネート共重合体の非多孔膜上に,ベンゾニトリルのプラズマ重合膜を形成している。この処理によって,水素の透過速度(P_{H_2})は20%しか減少しないのに対し,水素とメタンの透過速度比(P_{H_2}/P_{CH_4})は,0.87から33に増大した。また,ポリフェニレンオキサイドの膜を,臭化シアンのプラズマで処理すると,P_{H_2}/P_{CH_4}が297の膜が得られている。これらの結果は,プラズマ重合で,分子径の小さい気体を選択的に透過させる,緻密で薄い膜が形成されているためと考えられている。

豊田中研では,種々の有機化合物のプラズマ重合膜を,ポリプロピレン製の多孔膜(ジュラガード)上に形成し,この複合膜が酸素と窒素の分離性を有していることを明らかにした[20)]。有機ケイ素系のモノマーでは,炭化水素系モノマーより,酸素透過速度(P_{O_2})の大きい膜が得られている。

図3.3.13に,テトラメチルシラン(TMS),ヘキサメチルジシロキサン(M_2),オクタメチルシクロテトラシロキサン(D_4)をそれぞれモノマーとして作製した複合膜の気体透過特性を示

した[21]。P_{O_2} の減少にともなって,酸素と窒素の分離性が現われている。これはジュラガードの孔部分がプラズマ重合膜によって塞がれてゆく過程に対応しているものと考えられる。孔を完全に塞ぐために必要なプラズマ重合膜の最少膜厚は1500Å前後で,この値はモノマーの種類が異なっても変化しない[22]。図3.3.13で,分離率(P_{O_2}/P_{N_2})が一定値に達した点が,この状態に対応している。この点における P_{O_2} と P_{O_2}/P_{N_2} は,モノマーの種類によって変わり,モノマーの選択が気体分離膜設計に重要な因子であることがわかる。M_2 や D_4 をモノマーとした場合には,P_{O_2} が 10^{-4} cm^3/cm^2・sec・cmHg で,P_{O_2}/P_{N_2} が2.5前後の分離膜が得られている。

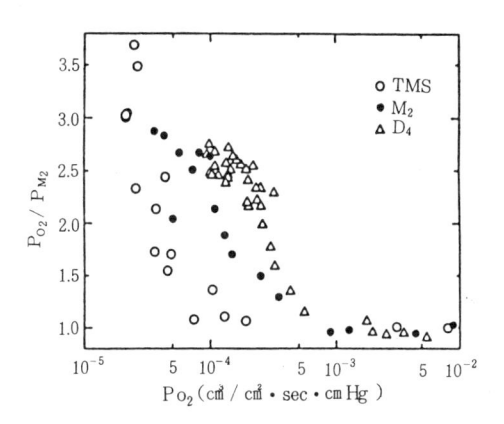

図3.3.13 有機ケイ素系プラズマ重合膜の酸素透過速度と分離率の関係
(TMS:テトラメチルシラン,M_2:ヘキサメチルジシロキサン,D_4:オクタメチルシクロテトラシロキサン)

有機ケイ素系モノマーを用いたプラズマ重合では,ポリジメチルシロキサン構造を含んだ重合膜を形成することができ,この割合が多いほど P_{O_2}/P_{N_2} は低いが P_{O_2} は大きいこと,Si-C や C-C 結合の割合が増加すると,P_{O_2}/P_{N_2} は高くなるが P_{O_2} は小さくなることなどが,化学組成分析の結果より明らかにされている[21]。

多孔質基体の選択も,気体分離膜設計では重要な因子となる[23]。各種の多孔膜を用いて検討が行われ,複合膜の気体透過速度は多孔膜の孔径に反比例し,開孔率に比例することが明らかにされた。また,孔部分の面積が小さく,プラズマ重合膜の膜厚が厚い場合には,プラズマ重合膜のみを透過する気体量が少なくなり,この結果多孔膜素材中の気体透過が無視できなくなることもわかった。したがって,多孔質基体の選択では,1)孔径が小さいこと(プラズマ重合膜の膜厚を薄くできる),2)開孔率が大きいこと(有効面積が大きくなる),3)気体透過速度の大きい材質であること(透過に関与させる)が重要な指標となる。

孔径が44Åと小さく,開孔率が12%と大きい中空糸状の多孔質ガラスを基体として,M_2 をプラズマ重合した複合膜では,P_{O_2}/P_{N_2} が2.5で,P_{O_2} は 1×10^{-3} cm^3/cm^2・sec・cmHg となり,ジュラガードを用いた場合より P_{O_2} を1桁向上させることができる。また,この結果から,M_2 のプラズマ重合膜の酸素透過係数は 2×10^{-8} cm^3・cm/cm^2・sec・cmHg と計算され,シリコーン樹脂のそれ($3 \sim 6 \times 10^{-8}$ cm^3・cm/cm^2・sec・cmHg)と同じオーダーであることがわかった。

プラズマ重合では,モノマーの種類が異なった膜を積層した多層構造膜,混合系のモノマーを

用いた均一共重合膜,混合系モノマーの組成を連続的に変えた異方性共重合膜の作製が容易にできる。ジュラガード上にM_2のプラズマ重合膜を形成し,この上にさらに各種の不飽和有機化合物をモノマーとしたプラズマ重合膜を積層すると,水素やヘリウムといった分子量の小さい気体に対する透過速度をあまり減少させることなく,選択透過性を顕著に向上させることができる[24]。また,高透過性のプラズマ重合膜を与えるモノマー(M_2)と,高分離性のモノマー(四フッ化エチレン)の混合系で,均一共重合膜や異方性共重合膜を作製すると,P_{O_2}/P_{N_2}の高い複合膜が得られている[25]。

これらの一連の研究では,P_{O_2}の大きい酸素富化膜を得る目的で,有機ケイ素系のモノマーが用いられている。一方で,酸素との親和性の高いフッ素系モノマーを用いた研究も行われている。

寺田ら[26]は,パーフルオロベンゼンをセルロース系限外沪過膜や多孔性セラミックス上にプラズマ重合し,この酸素分離性について検討している。多孔性セラミックスが用いられているのは,耐熱性の高い酸素富化膜を得ることが目的とされているためである。パーフルオロベンゼンを多孔性セラミックス上にプラズマ重合し,573Kで5時間熱処理した膜のP_{O_2}は,室温から550Kの温度範囲内では10^{-5} cm^3/cm^2・sec・cmHgのオーダーで,ほとんど変化しない。一方,酸素と窒素の分離率は,283Kにおいて最大値4.5となるが,温度上昇とともに減少することが示されている。

鮫島[27]は,パーフルオロ－3,6－ジオキサ(5－メチル)ノネン－1,パーフルオロヘプテン－1などのフッ素モノマーをポリスルホン多孔膜上にプラズマ重合し,気体透過特性を調べている。透過係数が高いプラズマ重合膜を与えるモノマーほど,分離係数も高くなっている。また,プラズマ重合膜の表面張力が低いほど,He, O_2, N_2に対する透過係数が高くなる傾向を認めている。

Nomuraら[28]は,図3.3.12と同様の装置を用い,中空糸状のポリスルホン多孔膜上に,パーフルオロ－2－ブチルテトラヒドロフラン,ヘキサフルオロプロピンなどのプラズマ重合膜を形成し,H_2-N_2,H_2-CO_2,O_2-N_2などの各種混合ガス系の分離を試みている。

Kawakamiら[29]は,酸素透過速度の大きいポリジメチルシロキサン,天然ゴムなどの非多孔膜上に,酸素親和性の高い含窒素化合物(ビニルピリジン,パーフルオロトリブチルアミンなど)をプラズマ重合すると,酸素と窒素の透過速度比を4～6に高めることができると報告している。

プラズマ重合を利用した気体分離膜の開発は,酸素富化への応用を中心として益々活発化している。特許件数も多く,最近のものを引用文献中に示した[30]。

3 プラズマ重合による加工

文　献

1) 栗原　優, 化学総説, No.45, 30 (1984)
2) 山田建孔, 日化第48秋季年会予稿集, 573 (1983)
3) K. R. Buck, V. K. Davar, *Br. Polym. J.*, **2**, 238 (1970)
4) H. Yasuda, C. E. Lamaze, *J. Appl. Polym. Sci.*, **17**, 201 (1973)
5) H. Yasuda et al., *J. Appl. Polym. Sci.*, **19**, 2157 (1975)
6) H. Yasuda, H. C. Marsh, *J. Appl. Polym. Sci.*, **19**, 2981 (1975)
7) H. Yasuda et al., *J. Appl. Polym. Sci.*, **20**, 543 (1976)
8) J. R. Hollahan, T. Wydeven, *Science*, **179**, 500 (1973)
9) A. T. Bell et al., *J. Appl. Polym. Sci.*, **19**, 1911 (1975)
10) J. R. Hollahan. T. Wydeven, *J. Appl. Polym. Sci.*, **21**, 923 (1977)
11) D. Peric et al., *J. Appl. Polym. Sci.*, **21**, 2661 (1977)
12) H. Yasuda, *NTIS Report*, No. PB 83-107995 (1982)
13) P. J. Heffernan et al., *Ind. Eng. Chem. Prod. Res. Dev.*, **23**, 153 (1984)
14) Y. Matsuzawa, H. Yasuda, *Ind. Eng. Chem. Prod. Res. Dev.*, **23**, 163 (1984)
15) 平川　学, ほか, 機能材料, **3**, No.10, 26 (1983)
16) T. Shimomura et al., *J. Appl. Polym. Sci.*: *Appl. Polym. Sympo.*, **38**, 173 (1984)
17) 山田純男, 浜谷健生, 膜, **7**, 41 (1982)
18) 高瀬三男, 長田義仁, 日化第49春季年会予稿集, 695 (1984)
19) A. F. Stancell, A. T. Spencer, *J. Appl. Polym. Sci.*, **16**, 1505 (1972)
20) 山本　豊 ほか, *Polym. Preprints, Japan*, **31**, 452 (1982)
    M. Yamamoto et al., *J. Appl. Polym. Sci.* **29**, 2981 (1984)
21) 平井正名 ほか, *Polym. Preprints, Japan*, **33**, 1787 (1984)
22) 平井正名 ほか, *Polym. Preprints, Japan*, **31**, 456 (1982)
23) 坂田二郎 ほか, *Polym. Preprints, Japan*, **33**, 1791 (1984)
24) 平井正名 ほか, 日化第49春季年会予稿集, 1238 (1984)
25) 坂田二郎 ほか, 日化第49春季年会予稿集, 1238 (1984)
26) 寺田一郎 ほか, *Polym. Preprints, Japan*, **33**, 1671 (1984)
27) 鮫島俊一, 第1回次世代産業基盤技術シンポジウム予稿集-高機能性高分子材料, 37 (1983)
28) H. Nomura et al., *Thin Solid Films*, **118**, 187 (1984)
29) M. Kawakami et al., *J. Membrane Sci.*, **19**, 249 (1984)
30) 特開昭57-30528, 81805, 91708, 94304, 94305, 150423；特開昭58-6207, 6208, 8503, 8517, 180205；特開昭59-6904, 55309, 69105, 127602, 127603, 162904, 169507, 183804, 183805, 222206, 225704；特開昭60-9004, 9005, 25506, 25507, 25508, 51505, 75320, 99324, 99325, 99326, 99327, 110304, 122026, 137417, 139316, 143815

3.3 生医学材料への応用

笹川 滋[*]，石川善英[**]

3.3.1 はじめに

生医学分野での高分子材料の利用はその重要性を急速に増している。それに伴い，要求される性質も"機能"と呼ばれるにふさわしい高度なものとなっている。しかも多くの場合，バルクおよび成形後の表面，両者の性質が問題となる。

バルクの性質としては安全性，耐久性，力学強度，弾性，加工性，また目的によっては気体あるいは物質の透過性，光学特性なども重要となる。表面層には生体適合性，すなわち組織親和性，抗凝血性などが必要となる。しかし，バルク，表面両方に満足のいく性質を兼ね備えた材料はきわめて少ない。そこでバルクの性質のすぐれた材料に，目的とする表面の性質を付与する表面改質の手法が重要となる。

プラズマ重合による表面改質は化学的手法と比較し，短時間で効率のよい改質ができるだけでなく，溶媒や未反応物質の残留の心配が少ないという特徴がある。これは生体と接触する材料の場合，安全性の点から大きな利点といえる。またプラズマ反応のもつ特異性は従来の高分子材料にはない全く新しい機能が得られる可能性も秘めている。

3.3.2 コンタクトレンズへの応用

プラズマ重合の医療用材料への応用例の代表的なものとしてコンタクトレンズが挙げられる。安田ら[1]はポリメチルメタクリレートのレンズにアセチレン，N_2およびH_2Oのグロー放電を行うことにより，涙液成分の付着による透明性の低下が抑えられることを報告している。シリコーンゴムは高い酸素透過性を有し，弾性，強度などの機械的性質もコンタクトレンズには適した材料である。しかし，表面が撥水性であるために脂質などが吸着しやすく，また摩擦により眼組織に傷害をおこすなどの欠点がある。栗秋ら[2]はこの欠点を改善するためにプラズマ重合を用いた。彼らはモノマーとしてビニルピロリドンを用い，1.0～2.0 Torr，40W，60秒の重合条件の選択により好成績を得た。

3.3.3 組織親和性の改善

表面の親水化はグロー放電を用いればきわめて容易に達成できると思われるが，これにより細胞接着性が向上する。細胞接着性は細胞培養容器に限らず，体内埋め込み用材料にも重要な性質である。グロー放電による親水化処理により，シリコーンやテフロンの繊維芽細胞の接着性[3]，外科や歯科で用いられる合金Vitalliumの組織親和性の向上[4]が図られている。

放電処理による接着性の改善は複合型医用材料にも応用されている。コラーゲンは組織適合性

---

* Shigeru Sasagawa 日赤中央血液センター
** Yoshihide Ishikawa 日赤中央血液センター

3 プラズマ重合による加工

が高く,生体に吸収されるため,手術糸や再生可能な組織の一定期間の代用材として適している。しかし,コラーゲンと合成高分子の複合材料とすれば長期間その形状と機能を保持する人工臓器用材料となる。宮田ら[5]はポリエチレン,シリコーンゴム表面に流通大気中でTesla coilを用いて高周波火花放電を行いコラーゲンの接着性を高めている。

3.3.4 血液バッグへの応用

筆者らは軟質ポリ塩化ビニル(PVC)を種々の気体存在下でグロー放電処理し,血液バッグ用材料としての適合性を調べた[6),7]。PVCはその加工性,経済性から血液バッグをはじめ,医療用材料として広く用いられている。PVCは血液との接触により可塑剤として含まれるDEHP (di-2-ethylhexyl phthalate)が溶出する。この溶出はグロー放電処理により抑えることができる[8]。また表3.3.12に示したように放電気体により表面の水ぬれ性は広範囲に変化する。これらの放電処理PVCシートから血液バッグを試作し,その中で濃縮血小板血漿を血液センターで行われている方法(室温振盪保存)で24時間まで保存した。血液バッグの保存適合性は血液の機能保持率で評価することができる。図3.3.14はDEHP溶出量に対して,24時間保存後の血小板凝集能をプロットしたものであるが,グロー放電処理による可塑剤溶出防止は血小板機能保持に有効であることが明らかとなった。しかし,放電処理バッグ内面にはその水ぬれ性の程度に関係なく未処理バッグに比べ明らかに多数の血小板粘着が観察された。

3.3.5 抗血栓性材料

血液バッグをはじめ,人工血管,人工心臓など血液と接触して用いられる材料には抗血栓性が必要となる。

ほとんどの高分子材料は血液と接触するとその表面に血栓が形成される。血栓は次のようなカスケード反応により形成される。まず血小板が材料表面に粘着する。粘着した血小板はその細胞内顆粒からADP, Ca^{2+},セロトニン,フィブリノーゲンなどを能動的に細胞外に放出する。これらのうちADPは血小板凝集惹起物質であり,付近の血小板を活性化して互いに凝集し,血小板血栓となる。一方,材料表面で高分子キニノーゲン,プレカリクレインの作用で第XII因子が活性化され,内因系凝固が開始される。これによりフィブリノーゲンは不溶性のフィブリン繊維となり,第X因子の作用により架橋されフィブリン網となる。in vivoでは組織トロンボプラスチンからはじまる外因系凝固も加わり,やはりフィブリン繊維が形成される。正常な血液凝固反応では血小板の活性化と凝固系の反応はほぼ同時に進行し,赤血球を包み込んだフィブリン網が血小板凝集塊に固定化され,強固な血栓が形成される。

したがって,血小板,凝固系両方の反応を抑制すればもちろん血栓は形成されなくなるが,凝固系の反応は活性化血小板により促進されるので,血小板活性化が抑制されることにより血栓形成は著しく阻害を受ける。そのため,抗血栓性,抗凝血性はしばしば血小板の粘着性,放出反応

第3章 プラズマによる高分子反応・加工

表 3.3.12 軟質ポリ塩化ビニルのグロー放電処理による変化

放電気体	DEHP溶出量* $\mu g/cm^2$	%	接触角 前進	接触角 後退	接着仕事 dyn/cm
（C） Control	3,921	100	87°	61°	91
（1） CO	471	12.0	55°	28°	124
（2） CO+Ar	525	13.4	47°	25°	129
（3） CO+N_2	1,125	28.7	52°	25°	127
（4） CO+NH_3	328	8.3	48°	18°	130
（5） CO+H_2O	314	8.0	55°	26°	129
（6） CO+N_2+CO_2	2,117	54.0	57°	25°	124
（7） CO+NH_3+CO_2	97	2.5	65°	25°	120
（8） SO_2	157	4.0	39°	19°	134
（9） CO+SO_2	297	7.5	35°	15°	136
（10） CF_4	176	4.5	102°	68°	78
（11） CO+CF_4	236	6.0	100°	80°	72
（12） CO→CF_4	463	11.8	94°	65°	85
（13） CO→(air)→CF_4	784	20.0	94°	60°	87
（14） FHA	62	1.6	124°	118°	35
（15） (DMA PEG)→CO	26	0.6	56°	26°	124
（16） (Silicone)→CO	2,231	57.0	91°	90°	71
（17） CO→(air)→(silicone)	627	16.0	88°	80°	80
（18） CO→(EO)	659	16.8	58°	32°	122
（19） EO+H_2O+CO	342	8.7	53°	27°	126
（20） (Silicone)	9,372	239	88°	80°	80
（21） (DMA PEG)	3,779	96.0	42°	42°	126

FHA=Fluolohexylmethacrylate; DMAPEG=poly(ethylene oxide)dimethacrylate;
EO=ethylene oxide.
*：n-ヘキサン抽出
→：逐次処理
( )：非放電処理

あるいは粘着血小板の形態変化の程度で評価される。

　材料の表面性状と抗血栓性との関係の詳細については他の成書[9]～[12]にゆずるが，一般的に次のような表面性状を有する材料が抗血栓性にすぐれている。

1）臨界表面張力が 25 dyn/cm 付近
2）表面電位が負または中性
3）非極性表面
4）含水ゲルのように表面自由エネルギーが低い。
5）水素結合性の官能基をもたない。
6）アルブミンを選択的に吸着し，フィブリノーゲンやγ-グロブリンなどが吸着しにくい。
7）ミクロ不均一構造を有する。

3.3.6 抗血栓性の改善

シリコーンはその臨界表面張力が 25 dyn/cm 付近であるが，シリコーンゴムでは強度を出すためにシリカなどが配合されており，これが抗血栓性を低下させる原因となっている[13]。プラズマ重合法は材料表面に配合物を含まない強固なシリコーン膜を形成させることができる。

筆者らはオルガノシロキサンプラズマ重合膜と洗浄血小板との相互作用を調べた[14]（表3.3.13）。MMS，MBSでは血小板反応性はガラスに比べ約40％低い値となった。この血小板反応性低下は表面張力の低下と弱いマイナス電位に起因すると考えられる。

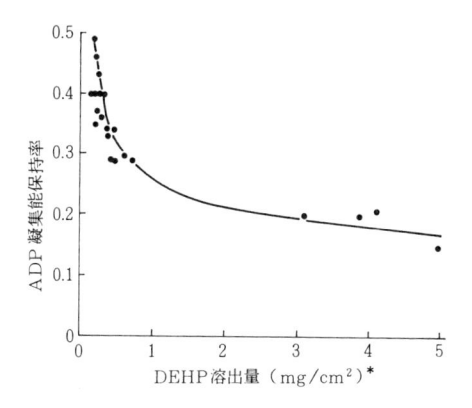

図 3.3.14 PVCバッグから溶出する DEHPの血小板凝集能への効果

濃縮血小板血漿を各グロー放電処理バッグ中で24時間室温振盪保存
＊ヘキサン抽出

シロキサンプラズマ重合膜と全血との相互作用はChawla[15]により検討された。ヘキサメチルシクロトリシロキサンをプラズマ重合した多孔性ポリプロピレン膜はシリコーンゴム (Silastic) よりも ex-vivo において血小板粘着が少ない。

テフロンも表面張力が低く，血小板粘着は少ないことが予想される。Gaarfinkelら[16]はダクロンチューブ（4〜5mmID）の内面にテトラフルオロエチレンをプラズマ重合することにより，血栓による閉塞が抑えられることを報告している（図3.3.15）。

安田ら[17]はパリレンC，ポリスルホン，ポリウレタンに種々の気体を用いてグロー放電処理を

表3.3.13 オルガノシロキサンプラズマ重合膜の血小板反応性

モノマー	照射時間 (分)	接触角 (°)	粘着数* (A)	ATP放出率* (R)	A×R
Tetramethylorthosilicate (TMS)(1)	30	65.2 ± 4.8°	0.83 ± 0.13	0.87 ± 0.11	0.72
Tetramethylorthosilicate (TMS)(2)	180	62.2 ± 5.0°	0.79 ± 0.05	1.00 ± 0.14	0.79
Methyltrimethoxysilane (MMS)(1)	30	57.2 ± 2.4°	0.88 ± 0.11	0.67 ± 0.07	0.59
Methyltrimethoxysilane (MMS)(2)	180	59.0 ± 2.6°	0.85 ± 0.05	0.69 ± 0.04	0.58
Methyltributoxysilane (MBS)	90	45.2 ± 4.6°	0.62 ± 0.16	0.88 ± 0.08	0.55
Hexamethylcyclotrisiloxane (HMS)	30	102.8 ± 2.2°	0.83 ± 0.09	0.89 ± 0.12	0.74
Glass	0	0	1.0	1.0	1.0

＊ガラスを1.0とした相対値

行い,その臨界表面張力と凝血時間を測定した。両者の間に相関はみられなかったが,N_2では抗凝血性が改善され,CO_2では逆に凝血しやすくなった。また山下ら[18]は1,2-ポリブタジエンをオクタメチルシクロテトラシロキサン,アクリルアミド,メタクリルアミドあるいはジアセトアクリルアミドの溶液に浸漬,乾燥後,アルゴンプラズマで5～10分間処理することにより凝血しにくくなるという。

抗血栓材料を得るために,表面物性をコントロールするだけでなく,より積極的に抗凝血活性を有する物質を材料表面に結合させる試みもなされている。そのような物質として,凝固系を阻害するヘパリン,血小板機能を抑制するプロスタグランジン(PGI_2,PGE_1),あるいはウロキナーゼのような血栓を溶解する物質が挙げられる。これらの結合にプラズマ重合も有力な手段となる。

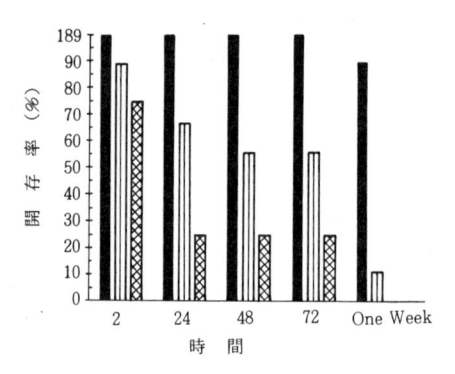

図3.3.15 アルゴン(⊠)またはTEFグロー放電処理(■)したダクロン(low porosity dacron weave:□)の開存率。ヒヒ大腿部A－Vシャントによる評価

イオン結合したヘパリンはしだいに溶出してしまうが比較的短期間ではすぐれた抗血栓性を示す[19]。Hollahanら[20]はアンモニアガスあるいはN_2とH_2の混合ガスでプラズマ照射を行うことにより材料表面にアミノ基を導入し,これを四級化してヘパリンをイオン結合させている。共有結合によるヘパリン固定化は,ヘパリンの構造変化のために活性が残らない場合もあるが,Goosenら[21]はスチレン-ブタジエン-スチレンエラストマー表面にヘパリンを共有結合することによりpartial thromboplastin timeが10倍に延長したことを報告している。この場合,プラズマ照射は補助的に用いられているだけであるが,方法は次の通りである。エラストマー表面に化学処理によりOH基を導入し,これをヘパリン,ビニルアルコール,アルデヒドの混合溶液に浸漬するとヘパリンが他の二者により表面OH基に結合される。しかし,エラストマーと反応溶液との接着性が悪いため,浸漬前にエラストマー表面にプラズマ照射を行っている。これにより表面に均一なヘパリン層が形成される。

高分子材料とコラーゲンとの接着性が放電処理により改善されることは先に述べた。類似の方法で児玉ら[22]は人工血管を修飾している。コラーゲンは血小板を激しく凝集させる繊維状タンパク質であるが,グルタルアルデヒド処理コラーゲンとコンドロイチン硫酸複合体は血小板凝集活性をもたない。この複合体をプラズマ処理ダクロンチューブに被覆した人工血管は血栓が形成さ

3 プラズマ重合による加工

れにくいだけではなく，組織親和性が高いため，偽内膜の形成状態も良好となった。

血漿中に最も多量に存在するタンパクであるアルブミン（Alb.）はフィブリノーゲンやγ-グロブリンと異なり，糖鎖をもたないため血小板に対して不活性である[23]。したがって高分子材料表面をAlb.で覆うことができれば抗血栓性が期待できる。

筆者らはAlb.の固定化にプラズマ重合を応用した[24]。各種モノマーをプラズマ重合したポリエチレンフィルムをAlb.溶液に浸漬することにより固定化した。固定化の形式はHCHOでは表面に植え付けられたアルデヒド基との共有結合，DMAEMA，AAではプラズマ開始重合によりグラフト層が形成されるので物理的にトラップされ，さらにカチオニックなDMAEMAでは負荷電のAlb.とイオン結合するものと予想される。図3.3.16には1％Alb.溶液中での吸着量と，吸着したAlb.の血漿浸漬後の残存率を示した。AA，DMAEMAで吸着量が多いのはグラフト層にAlb.が浸透するためであり，残存率からHCHOがAlb.の固定化に有効であるといえる。これらAlb.固定化膜の血漿浸漬後の血小板反応性（粘着数，放出率）はHCHO重合膜が最も低かった。しかし，この膜はAlb.のみの場合に比べ，γ-グロブリンやフィブリノーゲンも吸着した状態の方が低い血小板反応性を示した。この結果は予想には反したが，抗血栓性材料が血漿存在下で用いられることを考えると好都合である。そこでさらに重合条件を検討した。図3.3.17はAlb.を固定化せずに直接血漿に浸漬したHCHO重合膜の血小板反応性である。10W，50Wで最も反応

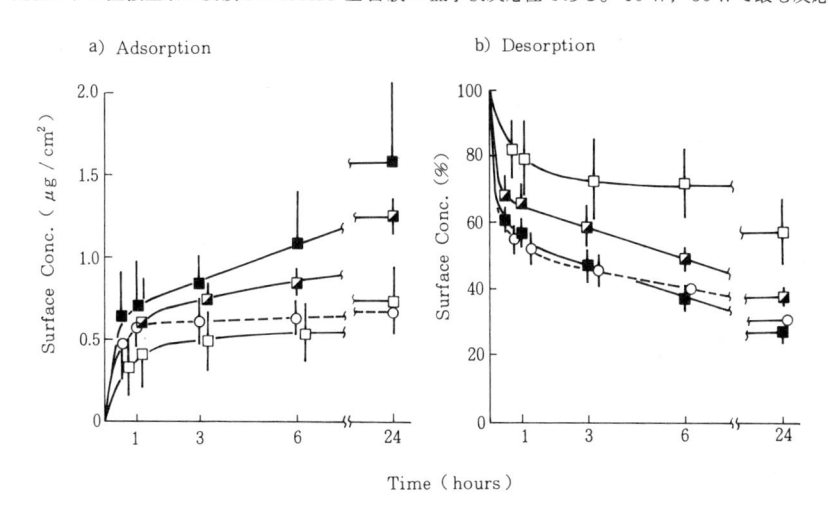

○：未処理PE，□：ホルムアルデヒド（HCHO），◪：ジメチルアミノエチルメタクリレート（DMAEMA），■：アクリル酸（AA）

図3.3.16　各モノマーを表面にプラズマ重合したポリエチレンフィルムのアルブミン吸脱着挙動

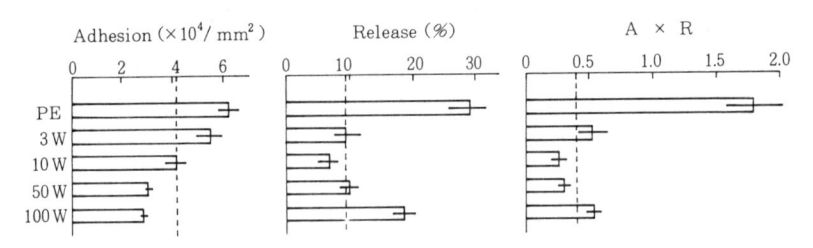

図3.3.17 ホルムアルデヒドプラズマ重合出力の血小板反応性への効果。
重合膜を血漿に6時間浸漬後血小板反応性(37℃,1時間)を測定。

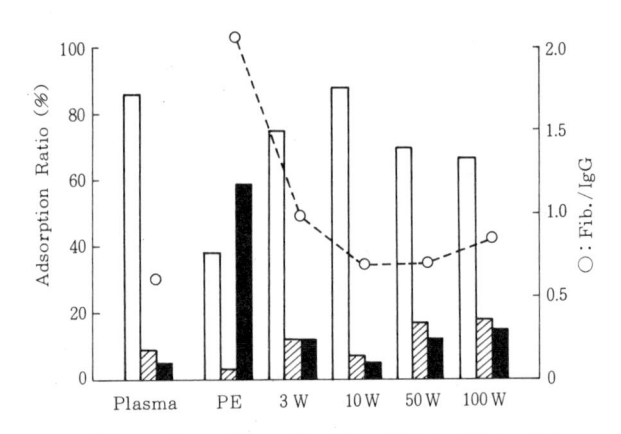

破線はアルブミンコートPE(血漿非存在下)

□:アルブミン,▨:γ-グロブリン,■:フィブリノーゲン
血漿(図中"Plasma")に室温で6時間浸漬
図3.3.18 ホルムアルデヒドプラズマ重合PEのタンパク吸着組成

性が低くなっている。この表面の吸着タンパク組成を図3.3.18に示したが,フィブリノーゲン/γ-グロブリン比が血小板反応性とよく対応しており,吸着タンパク組成が血漿の組成に近づくほど血小板反応性が低下するように思われる。この機構は明らかではないが,抗血栓性を有する含フッ素セグメント化ポリウレタン[25]でも吸着タンパク組成が血漿に近いことが確認された。この結果は複雑な化学合成を行わなくても短時間のプラズマ重合により類似の機能を有する抗血栓性材料を合成できることを示している。

3.3.7 おわりに

プラズマ重合法の有望な応用法として酵素,菌体などの固定化[26]が上げられる。これらの高い特異性を生かしつつ,取り扱いやすい形状に固定化する技術は,医学,農学,工学など広い分野

3 プラズマ重合による加工

での応用が考えられる。

プラズマ重合が表面反応であり,プラズマの活性種はモノマー溶液の表面から数ミクロン以上は透過せず,酵素などを直接失活させるおそれがないこと[27]は固定化において極めて有利な点といえる。

長田ら[26]はインベルターゼとアクリルアミドの溶液にプラズマを1分程度照射した後,室温で後重合させ,固定化している。固定化されたインベルターゼはほとんど溶出せず,室温で3カ月置いても失活はみられなかった。

以上,プラズマ重合法の生医学分野での応用について概説したが,まだ十分に応用されているとは言い難い。それは再現性,生産性に問題があるためと思われる。これらの点が改善されればプラズマ重合法はさらに有用なものとなろう。

文　献

1) H. Yasuda, M. O. Bumgarner, H. C. Marsh, B. S. Yamanashi, D. P. Devito, M. L. Wolbarsht, J. W. Reed, M. Bessler, M. B. Landers, D. M. Hercules, J. Carver, *J. Biomed. Mater. Res.*, **9**, 629 (1975)
2) 栗秋政光,長谷部誠,三輪克治,水谷豊,高分子論文集,**42**, 841 (1985)
3) L. Smith, D. Hill, J. Hibbs, S. W. Kim, J. Andrade, D. Lyman, *ACS. Polym. Prep.*, 186 (1975)
4) J. M. Carter, H. E. Flynn, M. A. Meenaghan, J. R. Natillay, C. K. Akers, R. E. Baier, *J. Biomed. Mater. Res.*, **15**, 843 (1981)
5) 宮田暉夫,日野常稔,表面,**10**, 82 (1972)
6) 石川善英,本田憲治,笹川滋,畑田研司,小林弘明,添田房美,吉村堅次,井垣浩侑,高分子論文集,**38**, 709 (1981)
7) Y. Ishikawa, K. Honda, S. Sasakawa, K. Hatada, H. Kobayashi, *Vox Sang.*, **45**, 68 (1983)
8) 浅井道彦,人工臓器,**8**, 389 (1979)
9) 今井幸男,桜井靖久,妹尾学,竹本喜一編,"医用高分子と生体"講談社 (1981)
10) 今西幸男,高倉孝一,丹沢宏編,"バイオメディカルポリマー:―生物医学領域における高分子の利用―",化学増刊84,化学同人 (1980)
11) S. L. Cooper, N. A. Peppas, "Biomaterials: Interfacial Phenomena and Applications", Advances in Chemistry Series 199, American Chemistry Society (1982)
12) S. W. Shalaby, A. B. Hoffman, B. D. Ratner, T. A. Horbett, "Polymers as Biomaterials" Plenum Press (1984)
13) P. W. Weatherby, T. Kolobow, E. W. Stool, *J. Biomed. Mater. Res.*, **9**, 561 (1975)

14) Y. Ishikawa, S. Sasakawa, M. Takase, Y. Iriyama, Y. Osada, *Makromol. Chem., Rapid Commun.*, **6**, 495 (1985)
15) A. S. Chawla, *Trans. Am. Soc. Artif. Intern. Organs*, **25**,287 (1979)
16) A. M. Garfinkle, A. S. Hoffman, B. D. Ratner, L. O. Reynolds, A. R. Hanson, *Trans. Am. Soc. Artif. Intern. Organs*, **30**, 432 (1984)
17) H. Yasuda, M. O. Bumgerner, N. C. Morosoff, Annual Report NIH-NHLI-73-2913, Research Triangle Institute, North Carolina (1973)
18) 山下岩男, 表面, **17**, 776 (1979)
19) Y. Mori, S. Nagaoka, Y. Masubuchi, M. Itoga, H. Tanzawa, T. Kikuchi, Y. Yamada, T. Yanaha, H. Watanabe, Y. Idezuki, *Trans. Am. Soc., Artif. Intern. Organs*, **24**, 736 (1978)
20) J. R. Hollahan, B. B. Stafford, R. D. Falb., S. T. Payne, *J. Applied Polym. Sci.*, **13**, 807 (1969)
21) M. F. A. Goosen, M. V. Sefton, *J. Biomed. Mater. Res.*, **13**, 347 (1979)
22) 児玉亮, 広津敏博, 井島宏, 前田肇, M. E. Nimni, 高分子論文集, **38**, 725 (1981)
23) S. W. Kim, R. G. Ree, D. Coleman, H. Oster, J. D. Andrade, D. B. Olsen, *Trans. Am. Soc. Artif. Intern. Organs*, **20**, 449 (1974)
24) Y. Ishikawa, S. Sasakawa, M. Takase, Y. Osada, *Thromb. Res.*, **35**, 193 (1984)
25) 高倉輝夫, 加藤正雄, 有機合成化学協会誌, **42**, 822 (1984)
26) 千畑一郎編, "固定化酵素", 講談社 (1975)
27) Y. Osada, Y. Iino, Y. Iriyama, *Chem. Lett.*, 171 (1982)

3.4 電子材料への応用
3.4.1 センサーへの応用

武田伸一*

(1) はじめに

未来のセンシング新素材として有機系高分子材料が注目されている。PVDF[1]，LB膜[2]のようにセンサー材料として多機能を付与するためには結晶構造，分子配列が容易に制御可能であることが望ましい。しかし，有機ガスを用いたプラズマ重合の成膜制御技術は，現状において未だ出発点にある。他方，プラズマ重合法は，およそ低圧下で気化可能な有機モノマーであれば，出発材料であるモノマーが飽和，不飽和にかかわらず成膜可能であり，生成膜は強く架橋しているため剛直で耐熱性，耐薬品性を具備し，ピンホールがなく，平滑であり，したがって〜100Å厚まで耐電界性に優れた薄膜を形成できる。以上のような膜性質は耐久性を与える。将来，成膜技術，表面改質などの発展とともに多方面にプラズマ重合膜を用いたセンサーが登場してくると考えられる。現状下で最も実現可能なセンサーは膜の吸湿を利用した pH センサー，湿度センサーなどがある。本節では，主として上記2種について詳述したい。

(2) 電位差型pHセンサー[4]

各種電極（金属，炭素，半導体）表面に他の物質を被覆し，全く新しい機能を持たせようとする修飾電極が発展してきた[3]。その一つとして電界効果 pH センサー[4]がある。従来のガラス電極と比較して，電界効果トランジスタ（FET）はモノシリックIC技術によって製作されるので極めて小型になる。pH 測定にはイオン選択（Ion-Selective）FETとイオンに不動な照合（Reference）FETの組み合わせとして構成される。ISFETはゲート電極材料としてTa_2O_5，他方REFET（図3.3.19参照）はISFETのゲート電極上に，さらにプラズマ重合ポリスチレン（PPS）薄膜（約0.4 μm厚）をコートした。

PPS 成膜後，残留スチレンガス圧133Pa 中に24 時間放置する。その後0.1 モル/ℓの塩化ポタシウム液に1週間浸漬した。試験液としてHCl 0.1 モル/ℓとNaOH 0.1 モル/ℓの混合液を用いたpHの測定結果を図3.3.20に示す。同図(a)はNernstの式から得られる値(c)とその傾斜はよく一致し，さらにPPS膜をコートしたREFETの測定(b)は安定した一定値を指示し，REFETとしての機能を十分満足している。この原因として，膜表面に塩化カリウム液が強く保持され，PPS膜背後のTa_2O_5層に接触しない，すなわち，このPPS膜上の液保存は塩橋の働きをしており，液の種類によらずREFETが一定電位に保たれる原因であると指摘[4]している。

半導体を用いた感イオン固体デバイスのpHセンサーへの提案は1970年P. Bergveld[5]によってMOS（Metal-oxide-Semiconductor）FETあるいはIG（Insulated-Gate）FETとして，そ

---

* Shinichi Takeda　青山学院大学　理工学部

のゲート電圧によってドレン電流が変化することの原理に基づいて，ゲート電圧として，溶液とゲート界面での電気二重層の発現による電位差を利用する。PPS膜はpHセンサーとしての安定性，長寿命を目的としており，両FETを同一基板上にモノシリックとし，ノイズの低下，さらに図3.3.19にみられるSi_3N_4上に直接PPSをコートし，Ta_2O_5なしでの動作も試案している。

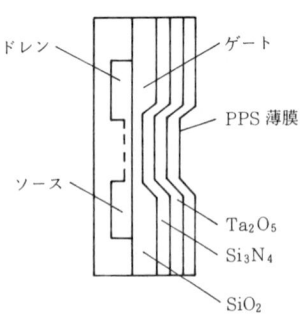

図3.3.19 照合(RE)FET

(3) 湿度センサー

①水晶式湿度センサー

水晶振動子の共振周波数は，その厚さに反比例する。この原理を利用して振動子表面に吸湿膜を生成し，周囲湿度に対応して吸湿し，その水分子の増加質量は振動子の周波数変化として検出される。1954年に提案されたSaurbrey[7]による水晶振動式膜厚計の原理に従えばATカットの場合，質量増加ΔWと周波数変化ΔFとの関係は

$$\Delta F = -2.3 \times 10^6 (F^2 \times \Delta W)/A \text{ (Hz)}$$

で与えられる。ここでFは吸湿前の共振周波数，Aは振動子の面積である。上式においてΔWは薄膜に吸湿された水分量の増加と見なすことができ，ΔWの増加と共にFは低下する。水晶面上の吸湿膜としてポリスチレンスルホン化物，ポリビニールアルコールなどをディップ法，スピナー法によって成膜可能であるが，耐薬品性，耐熱性に難があり，加えて膜の均一性が得難い。他方プラズマ重合膜は上記の難点をカバーでき，素子の微小化も可能である。プラズマ重合膜を用いた小林氏[8]の湿度計として図3.3.21に示すように，両面に直径8mmのAu電極上にポリスチレン膜厚0.1～1μmを成膜し，さらに膜表層に発煙硫酸浴を行い，親水性スルホネート基を導入した。9MHzにおける絶体湿度に対する周波数変化特性は直線となる。

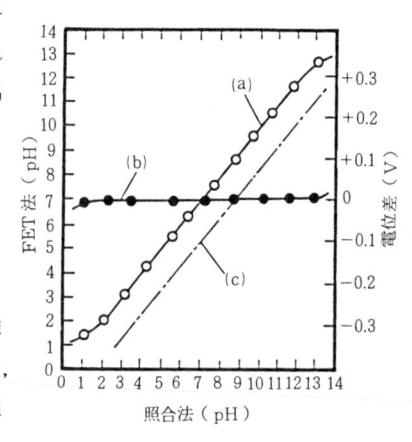

図3.3.20 FET法のpH応答(a)とREFET の安定性(b)[4]［ネルンストの理論値(c)］

②表面抵抗変化型湿度センサー

テトラメチルシラン($C_4H_{12}Si$)TMSとアンモニア(NH_3)の混合ガスをプラズマ重合

3 プラズマ重合による加工

の出発材料として成膜し,吸湿による表面抵抗の変化を利用した湿度センサー[9]を提案した。プラズマ重合法は,出発物質のかなりの部分がフラグメンテーションを受け反応槽内の総ての物質が膜中に含まれてくる。TMS/NH_3混合ガス膜はぬれ角による表面エネルギーの測定から,NH_3の混合濃度の増加とともに親水性が増加することを検証している。くし形電極をもつTMS/NH_3重合膜の相対湿度に対する表面抵抗変化は図3.3.22に示す。

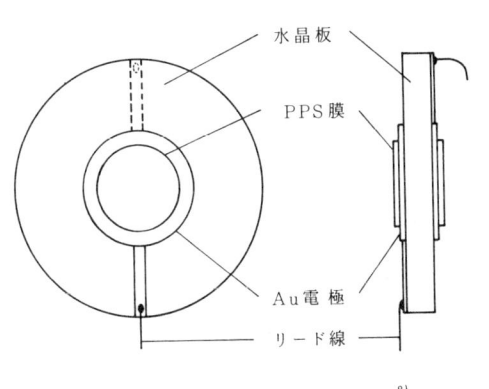

図3.3.21 水晶式湿度センサー[8]

さらに表面抵抗の降下とその測定範囲の拡大のためメチルブロマイド(CH_3Br)を添加し抵抗値を1桁低くし,さらに相対湿度を20〜90%まで,ほぼ直線的に変化できる。また応答速度では数十秒と短縮され,ヒステリシスでは膜厚を$0.8\mu m$と薄膜化することにより極端に小さく抑えられる。他にトリメチルシリールジメチルアミン($C_5H_{15}NSi$)とCH_3Br混合ガスのプラズマ重合膜[10]を生成し,吸湿の抵抗変化は相対湿度20%で$10^7\Omega$,60%まで直線的な抵抗降下を示し,90%では4桁の抵抗減少がみられた。

③容量変化型湿度センサー[11]

現在,分子配列,結晶化の見出せないプラズマ重合膜は,液状,ガス状物質の選択吸着,透過を直接,間接に利用したセンサーに限られる。湿度センサーもその一つである。著者のプラズマ重合ポリスチレン膜の成膜条件によると,スチレンガス圧0.4Torrより低圧では膜中に粉状物はみられないが0.8Torr程度では,かなり気中重合による粉状物がみられるようになる。これらの粉状物

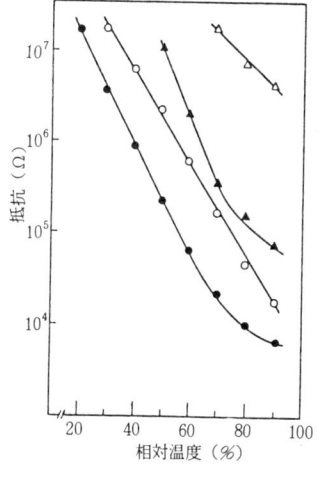

図3.3.22 TMS($\triangle$,$\blacktriangle$)および
TMS/NH_3(1/2)($\bigcirc$,$\bullet$)混
合系からのプラズマポリマーの表
面抵抗[9]
$\triangle$,$\bigcirc$:ドーピング処理なし
$\blacktriangle$,$\bullet$:CH_3Brドーピング処理

は吸湿性を増す。つぎに吸湿側電極について,容量型では十分な透湿性と導電性を具備することが必要条件であり,膜厚は100〜200Å程度に限定される。耐薬品性の観点からAuが適当であるが,付着強度に難がある。したがって最適電極材料として,Ni薄膜を使用し,長寿命でかつ信頼

第3章 プラズマによる高分子反応・加工

性のある結果が得られた。応答性は，ポリスチレン膜厚が 2,000 Å 以下で1～2秒と極めて早い。

成膜開始材料として，スチレンを選んだが成膜後の親水性付与ガス例えばオゾン浴によって未酸化膜よりも約5倍程度の吸湿量の増加は容易である。他に，表面改質，疎水性高分子のコートなどにより，その厚さから吸湿感度の調節もできる。

(4) 相対湿度センサーと絶対湿度センサー

同一相対湿度でも温度によって大気中の水分子密度は異なるわけで，吸湿を利用した相対湿度センサーでは温度に依存しない工夫が必要である。湿度センサーとして用いられている高分子膜の吸湿吸湿機構は，主として物理吸着であり，膜表面は疎水基と親水基で覆われているが相対湿度センサーとするためには疎水基と親水基が均一に分布し，水分子の会合を妨げること，さらに容量型では測定周波数を高くし（数MHz）[12]会合水の誘電率への寄与を低下させるなど必要である。

(4) その他のセンサー

軸延伸によるPVDFは大きなピエゾ係数をもつ。Okadaら[13]はグロー放電によりPVDF膜を生成した。その構造は非晶質であるが120℃，120kV/cmの分極処理したピエゾ係数は従来品よりもまだかなり小さい。通常センサーとして望ましいのは直線的に変換可能な素子が期待されるが，ある閾値で非直線的に変化するものもセンサーとすれば，その代表例としてヒューズがある。スイッチング材料として従来金属酸化物，非晶質半導体であるがCarchano[14]らはプラズマ重合ポリスチレン膜（500～5,000Å），Au電極厚（4,000Å）のサンドイッチ構造で，閾値は高分子膜厚に依存するがOn状態で1～20Ω，電流パルスを印加すれば100MΩの固有抵抗をもつOFF状態に移行する。膜厚2,000Å以下ではスイッチング回数2,000回以上が得られた。他にPendreら[15]も500～4,000Å厚のスチレン・アセチレンＰＰ膜でスイッチング現象を観測している。スイッチングの閾値は2領域あり，a) 膜厚1,000Å以上で低電圧（1～5V）スイッチング（LVSR），b) 膜厚，周囲の酸素の存在などに依存する高電圧（20～200V）スイッチング（HVSR）。LVSRのスイッチングモデルは2段階で行われ，最初ボイド周囲に発生したカーボンリッチな導電フィラメントの形成，その後高導電カーボンフィラメントが発現し短絡する（図3.3.23参照）。他方，HVSRでの閾値は 10^6 V/cm 以上で，ボイド端にみられる高導電の発生に関係するとしている。

分離膜の利用は直接的なセンサーではないが，他の測定装置との組み合わせによってセンサーとなり得る。例えば逆浸透膜[16]（ビニレンカーボネート・アクリルニトリル系プラズマ重合膜）は1μmの膜厚で95%のNaClを分離する。ガス分離膜[17]として種々のモノマーから成膜したプラズマ重合膜の H_2/CH_4 ガス透過比を調べ，出発モノマーによって透過率が著しく異なる。同様に酸素富化膜[9,18]も研究されており，透過率の差異を利用したガスセンサーが考えられている。

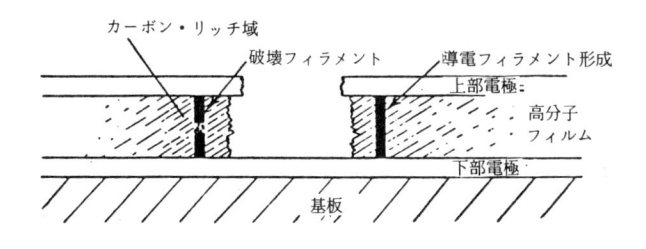

図 3.3.23　LVSRへの提案モデル[15]

(5) おわりに

　従来の高分子材料は電機材料に絞って考えると，主として電気絶縁特性にその利用がおかれていたが，最近の高機能化への変身ぶりは驚くばかりで，導電材料，センサー材料へと従来の概念の枠を超えている。将来，ある面では金属，無機材料のもつ機能を陵駕する多機能性をもつと考えられる。これら高分子のプラズマ重合膜においても，分子配向，結晶化，表面改質，複合化などに制御可能になれば，重合薄膜の寄与する分野は拡大する[19]。

3.4.2　光学材料への応用

(1) はじめに

　光学材料とは光学に用途をもつ材料であるが，直接プラズマ重合膜の，a) 光学的特性が利用される場合と，b) 光学系材料を補強あるいは保護膜的役割を担うものとに分けられよう。本項では主として前者a) について述べてみたい。

(2) カラーコート膜

　有機プラズマ重合膜はプラズマ中でのフラグメンテーションによって黄褐色を呈するが，最近金属微粒子と複合して種々の着色されたカラーコート膜の研究がなされている。Wielonskiら[20]はプラズマ重合と金属蒸発を同時に行うことによって金属微粒子を高分子膜中に均一に分散させ，可視光の選択吸収と分散に帰因するカラー高分子膜コートを現出した。金属の種類，粒径，分布状態によって着色制御でき，赤，ピンク，オレンジ，黄，緑，青などが得られている。

(3) 透湿防止膜

　アルカリハライドは遠赤外（8～12μm）範囲で光学的窓材として用いられる。ただし吸湿性が強く，大気中への放置によって変形する。透湿防止膜として，エタンのプラズマ重合膜（5.5～6μm厚）を塩素あるいはフッ素プラズマで水酸化物を除去したNaCl上に成膜する。その後水素プラ

ズマ処理を行った後大気中へ取出す。NaClと重合膜との密着性もよく,相対湿度98%中100h放置後も何ら損耗を与えない長寿命の窓材ができる[21]。

(4) 液晶配向膜

液晶の電気光学効果を利用したディスプレイへの応用は幅広い,液晶の分子配向について,外界の刺激がない状態で,電極面といかに一定な分子軸配向をするかが液晶の光学的性質を利用する上で重要である[22]。分子配向として界面(電極面)に対し垂直と平行とがある。Duboisら[23]は,内部平行平板電極を用いたヘキサメチルジシロキサンモノマーのグロー放電(13.56MHz)によって,導電性ガラス基板に500Å厚の薄膜を生成し,p -methoxybenzyliden, p, n -butyl-anilin 液晶分子の配向性を調べた。その結果,高分子膜をコートした基板面に対して垂直配向を示し,時間経過,温度上昇に対しても退化しない。同じような配向効果膜についてSponkelら[24]はO_2エッチング処理のインジウム酸化錫膜(ITO)基板上にC_2F_4によるrfプラズマ重合ポリフロロカーボン薄膜を生成し,その配向性は,スメチック,ネマチック液晶において強い垂直配向効果を示す。この効果は膜表面でF-リッチであることに帰因し,ITO,ガラス基板のみでもF-プラズマエッチングすれば垂直配向が得られる。

(5) 反射防止膜

反射防止膜としてHallahanら[25]はアルカリ金属塩NaCl, CsI 結晶上にrfプラズマ法で耐湿膜を形成した。出発材料としてテトラフロロエチレン($CF_2=CF_2$),クロロトリフロロエチレン($CF_2=CFCl$)を用い,1〜2μm厚に成膜した。フッ素化高分子膜は一般に"ぬれ"が悪く,低透湿膜として知られているが,相対湿度90%においてもみるべき変化はない。さらにこの重合膜は赤外領域において反射防止性であるが,1,200cm^{-1}に中心をもつ25,000〜250cm^{-1}領域で,1つの吸収をもつ光学的窓をもつ。NaClの赤外吸収をみると波長約15μm以上で結晶固有の吸収は存在するが,重合膜に帰因する強い1,194cm^{-1}と1,130cm^{-1}の吸収はフッ化ポリマー中のCF_2の伸縮による。波長15μmおよび光学窓以外の赤外領域における透過率は未コートNaClよりも増加する。透過率の増加はCsIにも認められ,赤外領域だけでなく可視域でもかなり強く現われる。図3.3.24にみられるように窓の吸収は蒸着時間の増加とともに増大する。一方,他の赤外領域では膜厚の増加とともによりよい反射防止膜となる。同様に反射防止効果膜としてWydvenら[26]は過フッ化ブテン-2(PFB-2,$CF_3-CF=CF-CF_3$)プラズマ重合膜をテレピン油,トリクロロトリフロロエタン(フレオンTF)で清浄処理されたポリメチルメタクリレート(PMMA)シート上にコートし,反射防止膜として有効であることを見出した。図3.3.25に示すように,PMMA製レンズの両面に成膜した場合,可視域の透過率は未コートレンズよりも約4%向上する。PFB-2の屈折率は波長$\lambda=589.2$nmで1.39,PMMAのそれは同一λで1.49と大きく,PFB-2のコートは反射防止膜となる理である。ただし,透過率最大とする成膜条件は蒸着

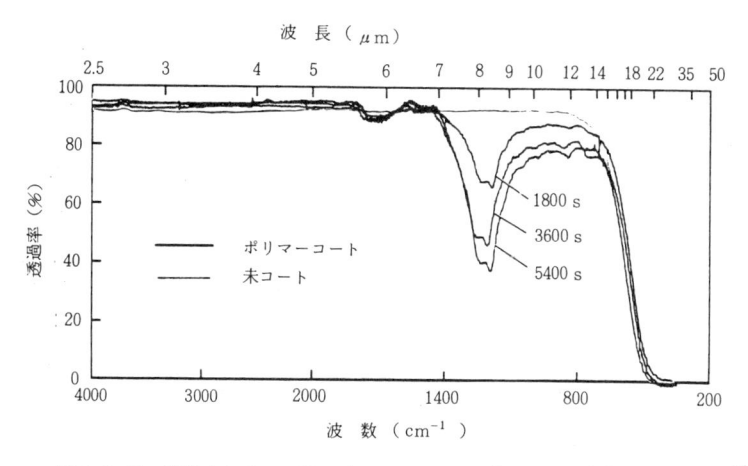

図3.3.24 塩化ナトリウム窓のポリマーコート,未コートの赤外線スペクトル[25]

時間,励起電力の調整など,またPMMA基板のモールド条件等吟味する必要がある。

(6) 光導波路

近年光ファイバー,光ICの研究が盛んになって来た。情報伝達のニューメディアとして,レーザー光によるプラズマ重合有機薄膜を用いた光学回路,デバイスが考えられている。Tienら[27]は光導波路用プラズマ重合膜の出発材料として,種々の有機モノマーの中からビニルトリメチルシラン(VTMS)とヘキサメチルジシラン(HMDS)が可視域($0.4～0.75\mu m$)で透明であり,低伝達損失(< 0.04 dB/cm)の膜が得られる。ガラスを基板として光導波路を形成する場合,膜の屈折率はガラスのそれよりも,わずかに大きいことが必要である。VTMSはHe-Neレーザーを用いた膜の屈折率は1.531で一般のガラス1.512よりも約1％大きい。他方HMDS膜は1.488で一般のガラスよりも小さいがコーニング744 Pyrexガラスの1.4704よりは大きい。したがってガラスの選択が必要である。マイクロスライドガラス上に膜厚1～4μmを成膜し,図3.3.26(a)にみられるようにレーザービームをプリズムカプラーを通して導入,膜中を伝播し,つぎのカプラーから取り出す。あるいは同図(b)のように傾斜端からの導入法もある。膜の屈折率は数カ月後でも変らない。成膜条件によってはSnowballが膜上に発現

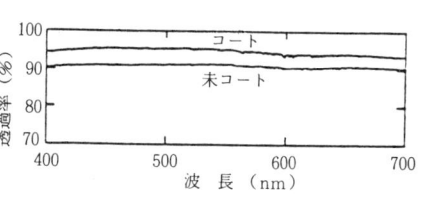

図3.3.25 PFB-2両面コートPMMAレンズの透過率[26]

し，著しい伝播損失を与える。波長0.6328 μmの正常膜に対する損失は＜0.04 dB/cm と非常に小さい。さらにVTMSとHMDSの混合ガスを用いた重合膜の屈折率は，その混合比に対応してそれぞれの固有値の中間を示す。また成膜後窒素酸化物，真空中，N_2，O_2，Cl_2中での熱処理によって屈折率を変えることができる。

(7) 光記憶スペーサー

半導体レーザー（Ga-Al-As）を用いた書き込み，読み取り可能のデジタル光記憶構成の研究が注目されている。書き込みエネルギーの効率化（低書き込みエネルギー）には記録法とか，構造の改良と並行して，各部構成材料の選択もさらに重要である。Mazzeoら[28]は光書き込み法として，Al（30μm厚），スペーサー100nm，と記憶金属薄膜の3層から構成される構造を採用した。スペーサーの条件として，低熱放散率であること，光学的に透明で約1/4波長厚であることを要する。このスペーサーとして過フッ素-2-ブタン（C_4F_8）のプラズマ重合膜を用いる。BellとSong[29]の基本的な3層構造は前表面型と埋め込み型とがある（3.3.27参照）。スペーサーとして従来ガラスを使用した

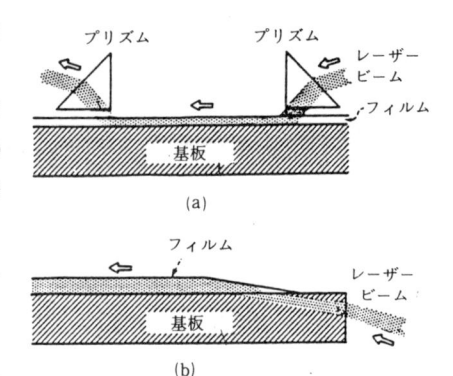

図3.3.26 レーザービームのVTMS膜への導入法[27]
(a) プリズムカプラー法
(b) 傾斜膜法

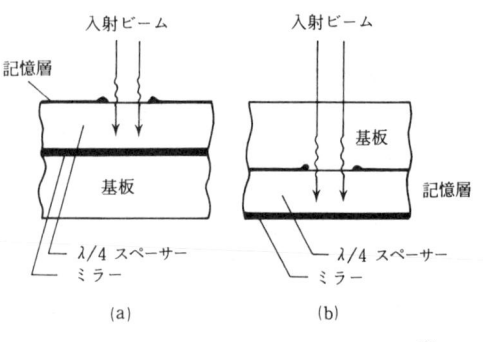

図3.3.27 三層構造(a)前表面型，(b)埋入型[28]

が，この重合膜はガラスより熱伝導率が小さい。成膜法としてスピン法があるが厚さとその均一性に難があり，プラズマ法がよく，モノマーC_4F_8は生成率も大きく非透湿性をもつ。記憶膜としてテルリウム，ロジウムを使用したがロジウムは融点が1,966℃と高く，書き込みの際下部のスペーサーの分解を生じS/N比を悪くする。他方，テルリウムは感度がよい。以上のように，書き込みの低エネルギー化に対して，3層を構成する材料とその構造などの関連において決定されなければならない。

(8) レーザー核融合用ペレットターゲット膜

3 プラズマ重合による加工

レーザー光照射によるペレット内核融合の研究が進められているが森田ら[30]はペレットターゲットの多層構造の一部をプラズマ重合法でコートする試みがなされた。ターゲットとして、ガラス製の球、細管、棒、板などに蒸着される場合、ペレット上高分子膜の厳しい平滑度、真球度、表面精度が要求されるのでモノマー材料、重合条件（ガス圧、ガス流量、放電周波数、および電力など）に制御が要求される。ペレットの高分子コート材としてヘキサフルオロブチルメタクリラートを用い、コーティング速度、表面精度など十分満足すべき結果が得られる。しかし球状ペレットの場合、気相中に浮揚してコーティングする重合法はより真球度を高めるのに望ましい。

(9) レジスト膜

VLSIにおけるドライリソグラフィープロセスはウエットプロセスよりも微細化限界、プロセスの簡易化などの点から期待されている。森田ら[31]は出発材料として、メタクリル酸メチル（MMA）モノマーを用いて、プラズマ重合PMMAを成膜し、ポジ型レジストとして、電子ビーム描画、その後プラズマエッチングによるリソグラフィーを提案した。電子ビームドライリソグラフィーの全行程を図3.3.28に示す。rfプラズマ重合法は使用する励起周波数によって膜性質が異なる。周波数を13.56 MHzと5 kHzに選び、架橋性に対する電子ビーム描画法の有効性とCCl_4によるプラズマエッチング率との影響を検討し、さらにスチレンとMMA、テトラメチル錫（TMT）およびヘキサフルオロブチルメタクリレート（6FBMA）の共重合膜について、真空リソグラフィーに対する課題を詳細に考察し、指針を与えている[32),33)]。

(10) その他の応用

容量型ビデオディスクに用いられる溝部に有機プラズマ重合膜を用い、安定な出力を得るのに役立つ[34]。また及川ら[35]はプラズマ重合法によってモノマーの種類とその混合比を調整することにより、屈折率を制御し、光部品を作る可能性を示した。ごく近年、モノマープラズマ中に金属を同時蒸発して得られる複合膜の研究が盛んであることは既述したが、Martinuら[36]はCF_4プラズマ中でAuを同時蒸着し、複合膜の抵抗変化、オージェ分析による膜中の金属粒分布および透過率の可視域特性を調べ、Wielonski[20)]らと同じように金属種、粒径、膜中の金属粒子分布に依存するカラー膜を生成している。

(11) おわりに

高分子材料は光学系の応用に限らず、センサー保護膜、層間絶縁、その他多用途の応用分野が開かれており、夢多き未来材料でもある。

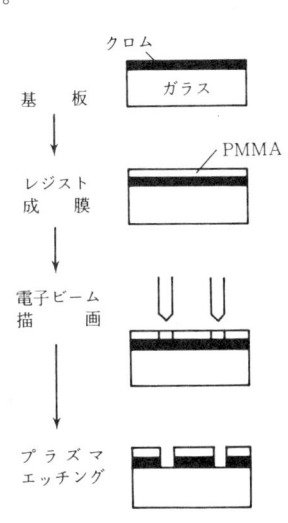

図3.3.28 電子ビームリソグラフィー行程[31]

第3章 プラズマによる高分子反応・加工

文　　献

1) 雀部博之, 工業材料, **32**, No.11, 29 (1984)
2) 西村正人, 表面, **23**, No.1, 8 (1985)
3) 藤島・昭, 岡野光俊, 表面, **23**, No.1, 1 (1985)
4) S. Tahara, M. Yoshii, S. Oka, *Chemistry Letts.*, 307 (1982)
5) P. Bergveld, *IEEE Trans.*, **BME-17**, Jan., 70 (1970)
6) 伊藤秀明, センサー技術, **4**, No.5, 37 (1984)
7) G. Saurbrey, 2. Phys., **155**, 206 (1959)
8) 公開特許公報, 昭59-24234 (島津)
9) 稲垣訓宏, 表面, **23**, No.1, 42 (1985)
10) N. Inagaki, *Thin Solid Films*, **118**, 225 (1984)
11) S. Takeda, *J. J. Appl. Phys.*, **20**, 7, 1219 (1981)
12) E. Salasmaa, P. Kostamo, VAISALA NEWS No.66 (1975)
13) Y. Okada, *Thin Solid Films*, **74**, 69 (1980)
14) A. Carchano, R. Lacoste, Y. Segui, *Appl. Phys. Letts.*, **19**, 414 (1971)
15) L. F. Pender, R. J. Fleming, *J. Appl. Phys*, **46**, 3426 (1975)
16) K. R. Buck, V. K. Davar, *Brit. Polm. J.*, **2**, 238 (1970)
17) A. F. Stanceli, A. T. Spencer, *J. Appl. Polym. Sci.*, **16**, 1505 (1972)
18) H. Yasuaa, T. Hirotsu, *J. Appl. Polm. Sci.*, **21**, 3167 (1977)
19) 西沢利夫, 現代化学, **1**, 40 (1985)
20) R. F. Wielonski, H. A. Beale, *Thin Solid Films*. **84**, 425 (1981)
21) F. G. Yamaguchi, D. Granger, A. Schmitz, L. Miller, *Thin Solid Films*, **84**, 427 (1981)
22) 立花太郎ほか, 液晶, 共立出版, p.140 (昭47)
23) J. C. Dubois, M. Gazard, A. Zann, *Appl. Phys. letts*, **24**, 297 (1974)
24) G. J. Sprokel, R. M. Gibson, *J. Electrochem, Soc.*, **124**, 557 (1977)
25) J. R. Hollahan, T. Wydeven, C. Johnson, *Appl. Opts.*, **13**, 1844 (1974)
26) T. Wydeven, R. Kubacki, *Appl. Opts.*, **15**, 132 (1976)
27) P. K. Tien, G. Smolinsky, R. J. Martinů, *Appl. Opts.*, **11**, 637 (1972)
28) N. J. Mazzeo, K. Y. Ahn, V. B. Jipson, H. N. Lynt, *Thin Solid Films*. **108**, 365 (1983)
29) A. E. Bell, F. W. Spong, *IEEE, J. Quantum Electron*, **14**, 497 (1978)
30) 森田慎三, 池田晋, 石橋新太郎, 家田正之, 乗松孝好, 山中千代衛, 高分子論文集, **38**, 641 (1981)
31) S. Morita, *J. Appl. Phys*., **51**, 3938 (1980)
32) 森田慎三, 服部秀三, 家田正之, 王野順次, 山田雅雄, 高分子論文集, **38**, 657 (1981)
33) S. Hattori, J. Tamano, M. Yamada, M. Ieda, *Thin Solid Films*, **83**, 189 (1981)
34) G. Kaganowicz, ISPC-4 (Aug /Sept. 1987)
35) 及川正尋, 伊賀健一, 信学技報, 81, No.199, **47**, (1981)
36) L. Martinů, H. Biederman, *Vacuum*, **35**, 171 (1985)

4 プラズマ処理による加工

4.1 プラズマ処理と反応

4.1.1 はじめに

広津敏博 *

　高分子をプラズマに当てるとエッチングを受けるとともに，きわめて薄い表面層に架橋や不飽和結合，あるいは極性構造が形成されて表面の性質が変化する。こうした改質により，高分子の高付加価値化を図るべくプラズマ処理の応用が広く展開されている。そして接着性，親水化，生体適合性，物質透過性の制御，表面硬化，吸着性の付与，可塑剤溶出の防止などに処理の有効性が認められて，一部は実用化に至っていることは周知のとおりである。

　プラズマ表面処理の効果やその程度は，プラズマとして用いるガスの種類，反応の処理条件，さらには処理の対象となる高分子そのものの状態にも依存する。

　プラズマの中には，活性種としてイオン，ラジカル，電子，種々の波長の光が存在しており，プラズマ処理ではこれらの活性種が複合化した形で反応に寄与している。プラズマ中の活性種のうち，イオンやラジカルのような径の大きいものは高分子のごく表層部で作用する。径の小さい電子はそれよりも深い層まで到達して反応に関与する。また，光の作用はさらに深いところまで達して連鎖的な反応を起こしている。プラズマ処理の，光や放射線による処理との違いは，これら活性種の多様さと反応の複雑さにあるとも言えよう。

　架橋に富んだ薄膜を与えるプラズマ重合と比較して，プラズマ表面処理はその機能こそ劣るものの，処理高分子基質が本来有しているバルクとしての特性を維持した上で表面特異的な改質を可能とするところに特長がある。また，反応操作上の問題を含めて実用により適したプラズマの利用法の一つと言うことができる。プラズマ表面処理においても，反応を制御することによってより特異的な改質が望めることは言うまでもない。

　ここではプラズマ処理に関連して，プラズマの中でどのような反応が起こっているのか，これが高分子の表面でいかなる作用を及ぼして改質に寄与しているか，などといったことを若干の例をもとに述べてみたい。

4.1.2 プラズマの状態と操作因子

　プラズマ発生と反応に影響する要因としては，　1) 処理操作上の制御が比較的容易なプラズマ出力やガス供給の速度，および　2) 装着を設定する際に既に決まってくる反応系の形状や容量，高周波数やその結合様式など，を挙げることができる。

　プラズマによる反応と処理は，基本的には放電の状態によって規制されてくる。これは2)のよ

---

　* Toshihiro Hirotsu　工業技術院　繊維高分子材料研究所

第3章 プラズマによる高分子反応・加工

うな反応の系に関する因子があらかじめ定まっている時は，プラズマとなる気体分子の数とこれに加えられるエネルギーとの相関で決まる．すなわち，プラズマとなるガスの供給速度とこれに加えられる出力とで決まってくる．

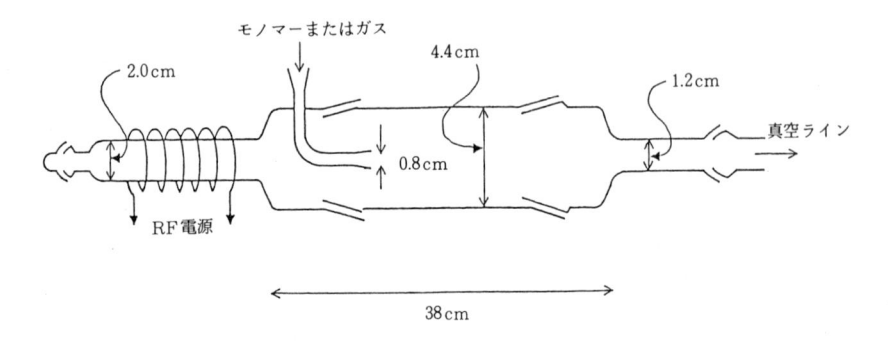

図3.4.1 誘導結合方式によるプラズマリアクター

いま図3.4.1で示すような誘導結合方式の管状リアクターを用いた場合，プラズマ放電の状態は出力モノマー供給速度への依存性として図3.4.2で示す相関が見られる[1]．ここで"グロー放電"とはリアクターの全面をほぼ放電が覆っている状態であり，"部分放電"とは管の中のコイルに近い一部で放電が見られる状態を指す．出力を高めていく（A→B）とプラズマの強度は増し，モノマーガスの供給速度を上げる（C→D）と逆に低下する．

このようなプラズマ状態をプラズマ発生の因子の相関として表わすことは，既に早い段階から考えられており，たとえば出力（W）に対してガスの圧力（P）や供

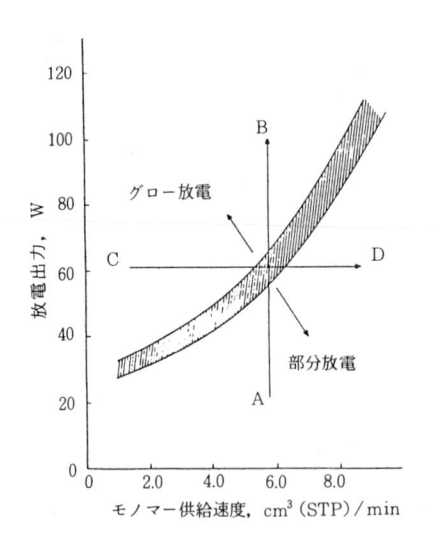

図3.4.2 アクリロニトリルを用いたときの放電状態の出力とモノマー供給速度の相関
A-B，供給速度一定（5.8 cm³(STP)/min）；C-D，出力一定（60 W）

給速度（F）を組み合わせ，W/P，W/Fをプラズマのエネルギー指標とする例などがある。

プラズマ重合の場合には，モノマーガスの分子量が大きくなるに従って，それだけ高い出力が必要となるが，われわれはこの分子量をエネルギー指標として組入れたW/FMを考えている[2]。FMという値は供給されるモノマーガスの質量速度に相当しており，W/FMはプラズマ反応の際の単位質量当りのエネルギーを示す。われわれはこうして規格化されたプラズマ出力条件下により広汎にプラズマ反応性を比較できることを認めている。

以上は主としてプラズマ重合に立脚したプラズマ状態であるが，無機ガスを用いるプラズマ表面処理の場合にも基本的には同じことが言える。

4.1.3 プラズマガスの反応性

プラズマとして活性化されたガスは，高分子の表面で架橋などのさまざまな反応を引き起こすことになる。プラズマ中で反応活性な部分のうち，イオンやラジカルなど分子としての原形を維持し，いわゆる化学的な反応性を有する活性種の作用の違いで反応性が異なってくる。プラズマ表面処理のためによく用いられるガスによる主な効果は以下のようになる。

O_2，空気 ……………………………酸化エッチング（灰化）
H_2，希ガス（Ar，He など）………架橋・不飽和結合の形式
N_2，アンモニア……………………アミノ基等の極性官能基の導入

いずれのガスプラズマ処理においても程度の差こそあれ，それぞれの反応が同時に起こってプラズマ処理の複雑さを特徴付けることになる。

ここで，それぞれプラズマとして酸素と窒素を用いることで，一般に前者ではエッチングが，また後者ではNを含む基の高分子表面への導入が優先して起こっていることについて，安田はその特徴を"iN-Out 則"なる言葉を使って表現している[3]。つまり，Nは入りOは出ていくということである。

なお，プラズマ表面処理したあとの高分子鎖上には多数のラジカルが形成されており，一般にかなり安定で長寿命である。また，一部のラジカルは空気中で酸素と反応してカルボニル基やカルボキシル基等を形成し，こうした酸化性極性基により高分子表面は親水化される。架橋・不飽和結合形成が主となる希ガスプラズマによる処理の場合にも親水化が図れるのは，このようなプラズマ処理の後効果によるところが大きい。

4.1.4 表面反応と処理効果

プラズマ処理によって起こる高分子表面での反応とその効果を，エッチング，架橋・不飽和結合の形成，極性基導入，表面形態の変化などの面から特徴を抽出して述べる。

(1) エッチング

プラズマの作用で大なり小なり高分子の表面から分解が起こって重量が減少してくる。その程

度は酸化能のある O_2 や空気をプラズマ源として用いたときに大きい。そして一部の高分子，たとえばセルロースやポリプロピレン等ではこの酸化性ガスプラズマ処理により連鎖分解が起こり，劣化する。逆にポリテトラフルオロエチレン等の高分子は極めて安定である。そこで表面の改質には酸化的なアブレーションを積極的に採用することもできる。

　高分子の化学構造から見れば，一般にここでも iN‐Out 則が当てはまる。すなわち，高分子の主鎖あるいは側鎖にカルボニル基等の形で酸素を含むか否かで分解性に差が認められる。例えばポリオキシメチレン，ポリアクリル酸，ポリメタクリル酸などは脱カルボニル，脱炭酸を伴って分解され易い。これに対してナイロンやポリアミド等窒素を含む高分子はプラズマに対して堅ろう性があり一般に安定である。

　ところで汎用の多くのプラスチックには，安定性や耐候(光)性を付与する目的で多様な添加剤が混合されている。添加剤の作用の一つは，まさにプラズマのような外部からの刺激に対して高分子を保護することにある。したがって，添加剤の有無やその種類によってもプラズマの作用の受けやすさや程度は違ってくる。そこで高分子材料へプラズマ処理を行う場合，単にプラズマを照射するときの条件のみならず，高分子基質そのものの状態をも考慮して，それと対応させた形で処理の選択を行うことが必要となる。

(2) 架橋・不飽和結合

　プラズマ処理によって高分子の表面にち密な構造の層が形成されることは " CASING (Cross‐linking by Activated Species of Inert Gases) " などとも呼ばれている[4]。これはプラズマ表面処理の効果を示すためによく用いられている言葉であるが，この Crosslinking の中身は本来の架橋の意味よりもかなり広く取られているようである。つまり，プラズマで高分子表面に剛直化した層を形成する反応を総称するものと理解できる。いずれにしても，プラズマ処理を施すことによって高分子の表面には不溶化架橋層が形成され，この結果熱不融性を高めたり物質透過性を制御することが可能となる。

　ところで表面架橋がどの程度の密度で，またどの位の層の深さにまで及んでいるかは改質の効果とも関連して興味が持たれる。Schonhorn らはポリエチレンを希ガスプラズマ等を用いて処理し，不溶化部分から架橋層の厚さを見積っている[5]。プラズマガスが水素，ヘリウム，ネオンで幾分異なるが，その厚さは数 1,000 Å 程度にまで達している。この架橋の厚さをプラズマ処理時間の平方根に対してプロットするとほぼ直線関係が得られ，このことから活性種の表面からの拡散が架橋反応と相関しているという推論もなされている[6]。

　架橋が生じるためには近接の高分子鎖上で同時に活性ラジカルが形成されていなければならない。固体状態における高分子の分子運動や反応の動力学的面からの架橋化の挙動の把握も検討の課題となろう。

(3) 極性基の導入

プラズマ表面処理による各種性質の改善には，表面に導入される極性基の効果が大きい役割を担っている。これら極性基の構造や導入の程度については ESCA などの表面分析手段によって一層詳細に調べられている。

Everhart と Reilly は，ポリエチレンを N_2 とアルゴンプラズマで処理して ESCA の C_{1s} ピークより表 3.4.1 のような基や結合の生成を認めている[7]。

表 3.4.1 N_2 - およびアルゴンガスプラズマ照射したポリエチレン表面の C_{1s} ピークからの構造の同定と定量

プラズマガス	ピーク	ピーク位[a], eV	ピーク幅, eV	面積	可能な同定	全炭素量,%
N_2	1	285.0	1.86	8817	CH_2 , $C=C$	74
	2	286.0	1.80	1010	$C-NH_2$	8
	3	286.9	2.06	935	$C-OH$	8
	4	288.1	1.74	605	$C=O$	5
	5	289.4	1.89	605	CO_2H	5
アルゴン	1	285.0	1.72	10757	CH_2 , $C=C$	68
	2	285.6	1.70	1950	$C-NH_2$[b]	12
	3	286.6	1.91	1073	$C-OH$	7
	4	287.0	2.02	789		5
	5	288.1	2.18	691	$C=O$	4
	6	289.3	1.98	455	CO_2H	3

[a] ポリエチレンの CH_2 を 285.0 eV としたときの値
[b] 共役した炭素によるものとも同定できる

N_2 ガスプラズマにより高分子の表面に N が導入されることは既に述べたが，この量はプラズマ処理の条件に顕著に依存する場合もある。図 3.4.3，図 3.4.4 は，ポリエステル布を N_2 および空気プラズマで処理し，その ESCA における N_{1s} ピークと C_{1s} ピークの比（N_{1s}/C_{1s}）をそれぞれ出力とプラズマガス供給圧への依存性として示している[8],[9]。N_{1s}/C_{1s} はプラズマ処理の条件に強く影響されていることが認められるが，その特徴は；1) N_2 ガスプラズマ処理で表面に導入される N の量は処理の条件にとりわけ依存し，N_{1s}/C_{1s} で 0.12 程度にまで達する。2) 酸化性の空気によるプラズマ処理でも出力を抑制し，反応性を制御した処理条件のもとでは N_2 プラズマ処理に匹敵する N の導入が見られる，などとなる。

N_2 等の反応性ガスプラズマ表面処理によって，従来言われているようにアミノ基やアミド基が主鎖に結合しているとすれば，高分子鎖上の炭素 8～9 個当り 1 個の割合で存在していること

になる。しかし，これはポリエステルがより安定な芳香環を持つことを考えると，きわめて高い確率である。

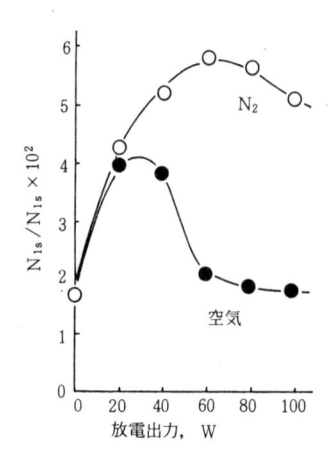

図 3.4.3 N_2 および空気プラズマ処理したポリエステル表面の ESCA におけるピーク強度比（N_{1s}/C_{1s}）の放電出力依存性

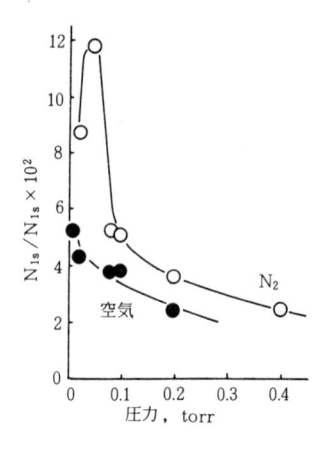

図 3.4.4 N_2 および空気プラズマ処理したポリエステル表面の ESCA におけるピーク強度比（N_{1s}/C_{1s}）の処理ガス圧依存性

(4) 重合層の形成

反応性の無機ガスプラズマ処理の際に活性種が高分子の表面で直接，結合を形成することのほかに，むしろ重合性の堆積物を生成している可能性も考えられる。実際に N_2 とともに一酸化炭素や二酸化炭素と H_2 を適当な割合で加えてプラズマ反応を行うと，カルボニル基やアミド基を含む高分子性の堆積物を形成することが報告されている[10]。ポリエステルを N_2 プラズマで処理した場合，エッチング反応によって CO，CO_2，H_2 が遊離していることが予想され，適量の N_2 ガスが加えられた条件下で重合物を形成している可能性もある。このことが上に示したポリエステル上への多量の窒素導入の事実と関係していることも考えられるが傍証を得るまでには至っていない。

しかしながら，無機系のガスプラズマ処理で重合層の形成を伴っていると思われる例は他にも見られる。例えば，浅井らは軟質ポリ塩化ビニルを CO_2 等のガスプラズマで処理したときに薄膜層の形成を認めている[11]。電顕の観察により 0.86 ミクロンにまで達しているものもあり，これは一種のプラズマ重合が起こっているのではないかとしている。

さらに，一部のフッ化炭素が H_2 ガスの共存下に重合物を与えることは良く知られるが，このフ

ッ化炭素をプラズマ源としてポリオレフィンを処理したときにも重合性の堆積物が得られることが示唆されている[12]。

以上に述べたいくつかの結果は，モノマーガスではなくて無機ガスプラズマを用いた処理が，単純にエッチングを伴った表面処理のみでは片づけられ得ないことを示している。プラズマ表面処理による改質の効果が条件によって特異的に出現することがあるが，これは上のような反応の挙動と関連するものであるかも知れない。

(5) 表面の形態変化

プラズマ処理でエッチングを受けた高分子の表面は通常は平滑化する。しかしながら高分子の種類と処理の条件によっては特異的な表面の形態を呈することがある。例えば，ポリテトラフルオロエチレンにアルゴンガスプラズマによる高周波スパッタを行うことにより，その表面に無数の紡錘状の突起物が形成される[13]。また，条件によっては繊維状のものも発生し，これらの長さは数百ミクロンにも達している。こうしたプラズマスパッタにより特異な表面が形成されることによって，ポリテトラフルオロエチレンの親水性や接着性が著しく改善される。そして，その効果は従来のナトリウムアミド等の強塩基による処理と比較しても遜色がなく，接着性等ではむしろ優れる場合もある[14]。

4.1.5 おわりに

プラズマ処理とそれに関連する反応といった広い範囲の中から，ここでは高分子加工への応用に際して参考になると思われる点のいくつかを拾い上げて述べてきた。よく知られる通りプラズマ反応は複雑である。そしてここで述べたことはその中の一部の側面に過ぎない。さらに，高分子加工へのプラズマの応用という見地からは，例えば処理表面の実用上の性能や性質の経時変化[15]の問題等についても述べるべきであったがここでは割愛した。

文　献

1) H. Yasuda, T. Hirotsu, *J. Appl. Polym. Sci.*, **21**, 3139 (1977)
2) H. Yasuda, T. Hirotsu, *J. Polym. Sci., Polym. Chem. Ed.*, **16**, 743 (1978)
3) 安田弘次, 高分子, **26**, 783 (1977)
4) R. H. Hansen, H. Schonhorn, *J. Polym. Sci., Polym. Letters*, **4**, 203 (1966)
5) H. Schonhorn, R. H. Hansen, *J. Appl. Polym. Sci.*, **11**, 1461 (1967)
6) M. Huids, "Techniques and Application of Plasma Chemistry" eds. by J. R. Hollahan, A. T. Bell, (1974) Wiley-Interscience, p. 113
7) D. S. Everhart, C. N. Reilley, *Anal, Chem.*, **53**, 665 (1981)

8) T. Hirotsu, *Text. Res. J.,* **55**, 323 (1985)
9) 広津敏博, 大久保愛二, 繊高研研究報告, No. 143, 39 (1984)
10) J. R. Hollahan, R. P. McKeever, *Adv. Chem. Ser.,* **80**, 272 (1969)
11) 浅井道彦, 津田圭四郎, 伊藤良幸, 繊高研研究報告, No. 131, 67 (1982)
12) C. A. Arnold, Jr., K. W. Bieg, R. E. Cuthrell, G. C. Nelson, *J. Appl. Polym. Sci.,* **27**, 821 (1982)
13) D. T. Morrison, T. Robertson, *Thin Solid Films,* **15**, 87 (1971)
14) 菅野卓雄編著 "半導体プロセス技術" (1980), 産業図書, p. 278
15) T. Hirotsu, S. Ohnishi, *J. Adhesion,* **11**, 57 (1980)

4.2 プラズマ処理による接着性の付与

中尾一宗[*]

4.2.1 はじめに

グロー放電プラズマ処理による難接着性ポリマーの接着性の改良に関する実験室の研究は古く1960年代に始まったが，最近ようやく接着，塗装，印刷などの分野で工業的に表面処理に使用されるようになった。プラズマ処理は真空系で行われるため，従来はバッチ式で大量の連続処理ができなかったが，最近では半連続式や連続式装置も開発されたので，フィルムの連続処理も可能になってきた。また，モノマーのプラズマ重合によるポリマーの接着性の改良や，金属やガラスなどの強接着性コーティングの研究も行われている。

ポリマーのプラズマ処理については，接触角や，ESCA（XPS）などによる表面分析，プラズマ重合などの研究は多数報告されているが，実用的な接着強度に関する報告は少ない。ここでは，紙数が限られているので，反応，表面分析，接触角など接着の基礎的問題については他の著者による項目があるので省略し，主として接着強度だけを取扱うことにする。

4.2.2 接着強度に関する基礎的事項

接着の分野では，実用的には接着強度が要求される。接着強度は界面の結合力（接着力）だけで決まるわけではない。表3.4.2に接着強度を支配する主な因子を挙げる。接着強度を大別すると，機械的強度と環境強度に分けることができる。機械的強度が大きいものは，環境強度も大きいとは限らない。たとえば，表面処理によって極性基が生成すれば，それらの親水性により耐水性，耐湿性が逆に低下する場合もある。

接着強度は測定法によって全く異なる。たとえば，規格の測定条件（温度，速度，寸法）では，

表3.4.2 接着強度の種類とそれらを支配する主な因子（中尾）

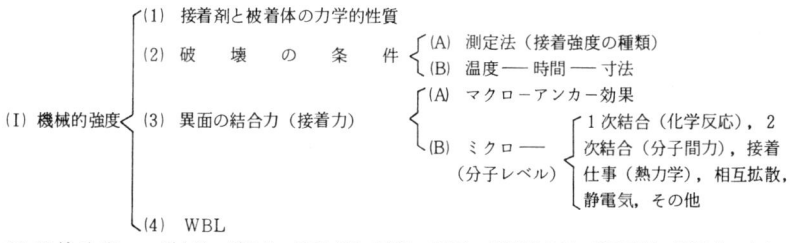

```
           ┌(1) 接着剤と被着体の力学的性質
           │                      ┌(A) 測定法（接着強度の種類）
           │(2) 破 壊 の 条 件 ┤
           │                      └(B) 温度 ── 時間 ── 寸法
(I) 機械的強度┤                      ┌(A) マクロ─アンカー効果
           │(3) 異面の結合力（接着力）┤           ┌1次結合（化学反応），2
           │                      └(B) ミクロ ──┤次結合（分子間力），接着
           │                         (分子レベル)│仕事（熱力学），相互拡散，
           │                                    └静電気，その他
           └(4) WBL
(II) 環境強度 ── 耐水性，耐油性，耐温度性（高温，低温），耐紫外線性，耐酸素性，耐候性，寿命，その他
```

---

[*] Kazumune Nakao （元）岐阜大学 工学部
　　　　　　　　　　　大阪大学非常勤講師

せん断強度（shear strength）とはくり強度（peel strength）とは逆の関係になる（図3.4.5）。したがって，プラズマ処理によって，せん断強度が増大しても，はくり強度も増大するとは限らない。

接着強度は測定の条件（温度，速度，寸法）によって著しく変わる（図3.4.6）。したがって，温度，速度，寸法が異なる場合には，接着強度に対するプラズマ処理の効果を比較議論することはできない。

破壊は最も弱い場所で起こる。必ず界面で起こるとは限っていない。接着強度を表面張力（表面自由エネルギー）やぬれだけで説明するためには，完全な界面破壊であるという証明が必要である。これはESCAやFT-IRのオーダーではきわめて困難である。破壊が接着剤や材料の表面で起こる場合には，接着強度と接触角（θ）や表面張力（γ）との間には直接的関係はない。一般に，ポリマー（被着体と接着剤）その他の材料表面には，weak boundary layer（WBL）が存在する。肉眼観察では接着しな

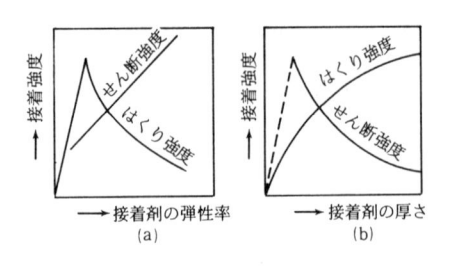

図3.4.5　接着強度の逆転の一例（中尾）

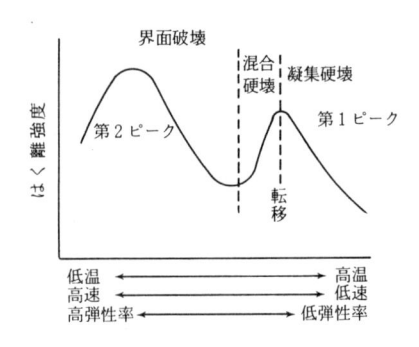

図3.4.6　はく離強度に対する温度，速度，弾性率の効果（中尾）

い（界面破壊）と思われても，実際にはWBLの破壊であることが多い。これらの点に関する詳細については筆者による解説[1,2]を参照されたい。

4.2.3　ポリマーの接着強度に対するプラズマ表面処理の効果

一般に，ポリマーの表面処理の進行（たとえば，処理時間の増大，温度の上昇など）とともに，接着強度は増大するが，ある点から低下する（図3.4.7）。接着強度の増大は主として次の理由による。1）ポリマー表面に最初から存在するWBLの除去，2）極性基の生成による接着性の増大，3）架橋による表面層の強化，4）微細な凹凸の生成による接着剤のアンカー効果の増大。また，接着強度の低下は主として次の理由による。1）ポリマー表面の分解，劣化による新しいWBLの発生。極性基の発生，増大はポリマー表面の分解，劣化反応による。プラズマ処理の場合にも，当然以上の現象が起こる。この現象は特にはくり強度について著しい。

グロー放電により，気体の励起されたイオン，ラジカル，イオンラジカル，原子，電子などの

粒子が発生する。これがプラズマである。また，この中には紫外線などの電磁波も含まれる。これらの粒子の攻撃により，最初にポリマー表面のWBLが分解する。次に，ポリマー自身の分解，劣化反応による官能基の生成，架橋，引抜き反応，ポリマー・ラジカルの発生など複雑な反応が起こる。不活性ガス中で処理を行っても，C＝O，CHO，COOH，OHなどの酸素を有する極性基が発生する。これは主として次の理由によるものと考えられる。1）処理ポリマーを真空系から外へ取出した時，空気中のO_2の攻撃に曝される。2）ポリマー表面層に最初から微量に吸着または含有された空気の反応。3）最初からプラズマ反応容器内面に吸着された空気の反応。

図 3.4.7 接着強度とポリマーの表面処理条件との関係（中尾）

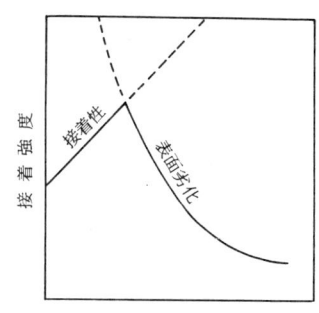

また，ポリマー表面の分解，劣化（エッチング作用）により表面に微細な凹凸が発生する。Wenzel[3]によれば真の接触角（完全平面の場合）をθ，見かけの接触角（表面が凹凸の場合）をθ'とすると，$\theta < 90°$の場合には，$\theta' < \theta$となり，$\theta > 90°$の時には，$\theta' > \theta$となる。したがって，プラズマ処理後の接触角の変化は表面の極性基の生成による表面自由エネルギーの変化だけではなく，凹凸の発生にも依存する。

また，プラズマ処理の効果は装置の種類，および次の処理条件によって著しく異なる。高周波出力，発振周波数，気体の種類，処理時間，圧力，気体の流速と導入法など。一般に，プラズマ処理容器内のプラズマの濃度は場所によって著しく異なる。外から見える装置ではプラズマの色の濃淡により大体はわかる。このため，処理の効果は場所によって著しく異なるので，再現性のある結果を得るためには，試料を置く場所を決めなくてはならない。試料を回転する装置も市販されている。

次に，2，3の研究例を紹介する。これらの研究結果は必ずしも一致しない。それは主として次の理由による。1）最初にのべたように，接着強度には多数の因子が関係しているため，研究者が異なる場合には，それらのデータを簡単に比較検討はできない。2）プラズマ処理の効果にも多数の因子が関係するため，再現性のある実験が困難である。3）それぞれの研究例では，使用した被着体ポリマー，接着剤も異なる以上，得られた結果が一致しないのは，むしろ当然である。

従来，ポリエチレン（PE）の接着強度が小さい点については，無極性で，結晶性のためであると説明されてきた。これに対して，Bikerman[4]〜[6]はPE表面のWBLが簡単に破壊するためであると主張した。Schonhorn[7]はC^{14}でラベルしたステアリン酸の単分子膜を吸着させたアルミ箔を溶融PEで接着し，WBLの破壊を確認した。そこで，彼はWBLの生成を防止するため

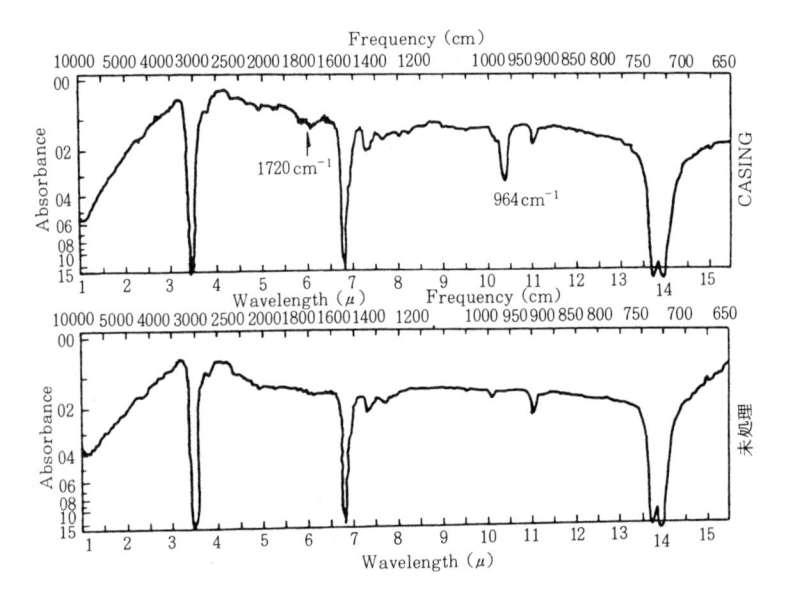

第3章 プラズマによる高分子反応・加工

図3.4.8 上）CASING処理（He, 1時間）後のPEのATRスペクトル
下）処理前のPEのATRスペクトル（同じサンプル, Marlex 5003）

に，トランスクリスタル法[8]（彼によればPE表面にトランスクリスタルを作ることにより，WBLの生成が防止される）と，CASING法を考えた。CASING（Crosslinking by Activated Species of Inert Gases）法とは，He, Ar, Kr, Ne, Xeなどの不活性ガスのグロー放電によるプラズマ処理法である。プラズマ処理の効果は不活性ガスとは限らない。空気や酸素のような活性ガスでも構わない。Schonhornと同じBell Telephone LaboratoryのHansenら[9]はすでに酸素プラズマを用いて表面処理と接着の研究を行っていたのである。また，Mantellら[10]も酸素プラズマ・ジェットによる表面処理を発表している。酸素を使用すれば当然PE表面が酸化され，酸素を含む各種の極性基が生成し，PEの臨界表面張力（γ_c）が増大するはずである。しかし，彼は不活性ガスを使用したので，極性基の生成とγ_cの増大はないものと考えた。せん断強度の増大はPEのきわめて薄い表面層の架橋によるWBLの形成の防止によるものと考えた。そこでCASING法と命名し，その後続けて多数の研究を発表した。これらのSchonhornの一連のCASING法については日本でも多くの人々によって紹介されている。しかし，この研究には重大な問題点がある。先にのべた理由により，たとえ不活性ガスを使用しても，プラズマ処理により，酸化による極性基の生成は関係者の間ではすでに知られていたのである。図3.4.8にSchonhorn[11]が発表

した CASING (He) 処理後の PE の ATR スペクトルを示す。波数と矢印とは，中尾が記入した。彼によれば，処理により，トランスエチレン型の $C=C$ ($946\,cm^{-1}$) が生成するだけで，$C=O$ ($1720\,cm^{-1}$) などの極性基は存在しない。赤外分光分析による $C=O$ の研究の経験のある人なら誰でもわかることであるが，処理後の ATR の $1720\,cm^{-1}$ 付近のブロードな吸収は大量の $C=O$，COOH，CHO などの極性基の生成を示している。また，彼は PE の r_c は $35\,dyn/cm$ で，処理後も変化しないとのべている[11),18)]。$1720\,cm^{-1}$ の吸収が大きいので，普通なら r_c は増大するはずである。彼の論文には CASING 処理 PE の r_c の測定法が記されていないので，接触角の測定にどんな液体が使用されたか不明である。無極性液体を使用すると，極性基が生成しても r_c は変らない可能性がある。最初にのべたように，一般的にはプラズマ処理による接着強度の増大は，WBL の分解，除去，および極性基の形成，表面の架橋強化などによるものと考えられている（当然，r_c は増大する）。この場合 ATR で明白なように極性基の生成が観察されているので，せん断強度の向上は表面の架橋の効果だけではない。図 3.4.9[12)] に Al/エポキシ接着剤/He 処理 PE/エポキシ接着剤/Al 系のせん断強度を示す。

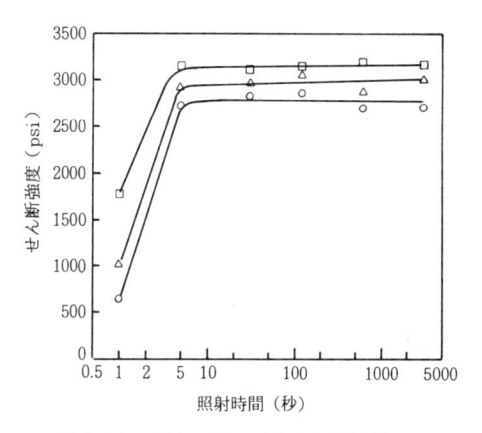

図 3.4.9　Al/エポキシ/CASING 処理 PE/エポキシ/Al 系のせん断強度
　　CASING-He, 1 mm 圧
　　接着温度-○：60 ℃，△：80 ℃，□：104 ℃

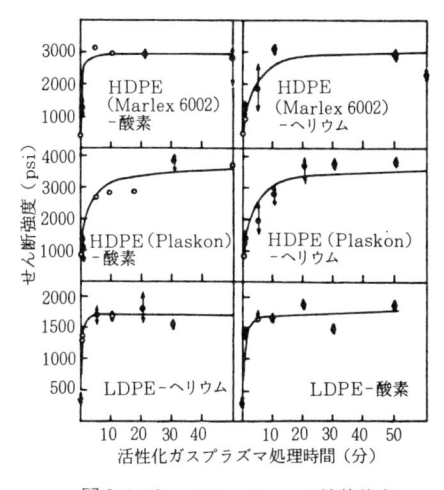

図 3.4.10　ポリエチレンの接着強度

次に，Hansen, Schonhorn ら，Bell Telephone Lab. の研究をまとめて紹介する。Hansen ら[9)] によれば，O_2 プラズマ処理により，ポリプロピレン（PP）の水に対する接触角は 0 にな

第3章 プラズマによる高分子反応・加工

り，せん断強度の測定ではPPが破断した。処理時間が長くなるか，高温で処理すると劣化が進行し，WBLが生成するため，せん断強度は著しく低下する[13]。ATRでも各種の酸化物が観察された。PPではHe，Arなどの不活性ガスは無効である。しかし，HeにN₂Oを混合することにより，ぬれとせん断強度が増大する。処理時間は1秒で十分で，長時間，高温の処理ではせん断強度は低下する[13]。ナイロン6（He）[14]，PTFE（He）[15]，FEPテフロン（He，Ne）[14] ポリフッ化ビニル（H_2：He＝1：1）[12]ではせん断強度は増大したが，ポリフッ化ビニリデン（He）[12]ではほとんど効果がなかった。また，接着剤としてエポキシの代りに溶融PEを用いた場合もせん断強度は増大した（ナイロン6，KelF81）[16],[17]。

Hallら[19],[20]は各種のポリマーをO_2とHeプラズマで処理し，処理時間とせん断強度（エポキシ接着剤）との関係を検討した。それらの結果を図3.4.10～図3.4.14に示す[20]。一般に，せん断強度はプラズマ処理により，短時間で急速に増大する。処理時間が長くなると，平衡になるか，低下する。図3.4.10～図3.4.14中の曲線は，どんなポリマーについても次式が成立すると仮定した場合の計算値である。

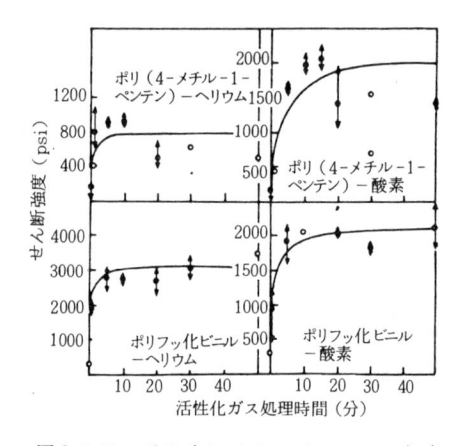

図3.4.11　ポリ（4-メチル-1-ペンテン）とポリフッ化ビニルの接着強度

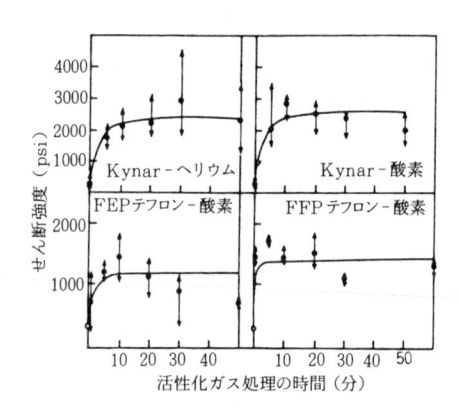

図3.4.12　KynarとFRPテフロンの接着強度
Kynar：ポリフッ化ビニリデン（Pennsalt Chem.）

$$R = \frac{1}{a + bt} \quad (1)$$

ここで，Rはプラズマ処理の単位時間当りのせん断強度の変化，tは処理時間，a，bは定数で

ある。PEの水に対する接触角は処理により低下した（表3.4.3）[20]。ポリフッ化ビニリデン（図3.4.12）はSchonhornら（He）によれば無効であったが、この場合には有効であった。PPではN$_2$とHeは普通の処理条件ではほとんど無効であるが、O$_2$ではせん断強度は未処理に比べ8倍も増大した（表3.4.4）[20]。Heでは高温、高圧で処理すると、O$_2$と同程度の効果が得られる。

DeLollisら[21]によれば、シリコーンRTVをエポキシ樹脂で接着する場合、O$_2$プラズマ処理により、エポキシに対する接触角が低下し、引張接着強度は約50倍になった。また、Arプラズマ処理により[22]、r_cはシリコーンRTVでは約3倍（22→61）、PEでは約2倍（32→60）に増大した。また、処理シリコーンRTVのr_cも引張接着強度も時間の経過と共に低下した。

Nowlinら[23]はpoly-p-xylyleneフィルムをO$_2$、Ar、He、空気プラズマ処理を行い、ポリウレタンで接着したが、接着強度は5～10倍増大した。O$_2$プラズマでは、水に対する接触角は約1/3に低下するが（90°→28°）、その後放置すると増大する（6時間後に43°、6日後：48°）。Sharmaら[24]はp-xylyleneの重合を行う前に、基材（PE、PP、PMMA、PET、ナイロン6、PTFE、グロー放電重合メタン、スライドガラス）のO$_2$、Ar、メタンプラズマ処理を行った。

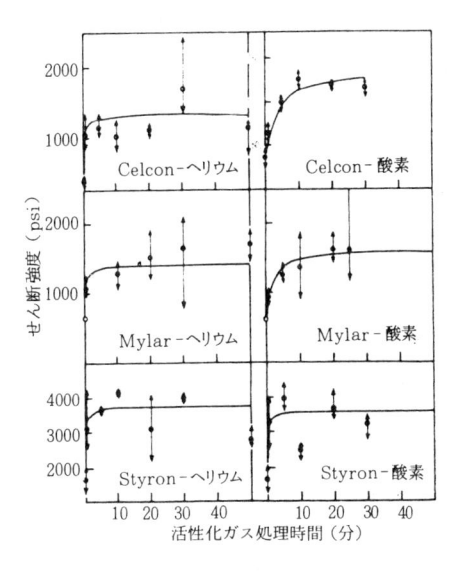

図3.4.13　Celcon, Mylar, Styronの接着強度
Celcon：ポリオキシメチレン共重合体（Celanese）
Mylar：ポリエチレンテレフタレート（PET）（Du Pont）
Styron：ゴム変性ポリスチレン（Dow Chemical）

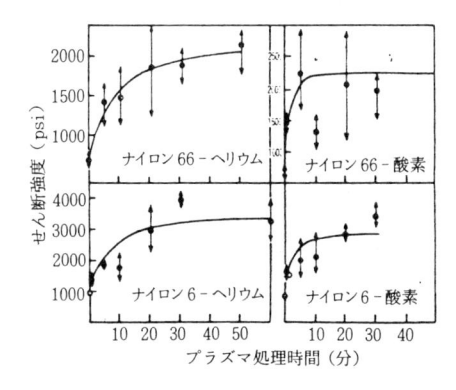

図3.4.14　ナイロン6と66の接着強度

基材が未処理の場合には，その上で重合した poly-p-xylylene フィルムとの接着は不良であるが，メタン・プラズマでははくり強度は dry でも wet でも増大した。Ar の場合には，はくり強度と耐水性は基材の表面自由エネルギーに依存する。O_2 の場合には，はくり強度は dry も wet も低下した。

その他，プラズマ表面処理については，次の報告がある。Lerner（プラズマ・ジェット，アセタール）[25]，清住ら（空気中，Ar プラズマ・ジェット，PE）[26]，Bersin（プラズマ，テフロン，PP，ナイロン）[27]，処理条件 — Malpass ら[28]，安田ら[29]，表面自由エネルギー — Andrews ら[30]，DeLollis ら[31]，Collins ら[32]。

4.2.4 プラズマ重合による接着性の改善

接着性の改善のために，2,3 のプラズマ重合が試みられている。この場合，たとえば次の目的でプラズマ重合が行われる。1) 難接着性ポリマーに接着性を与える。2) 異種ポリマー・フィルムを接着剤で接着してラミネートを作る代りに，ポリマーフィルム上に異種モノマーのプラズマ重合を行い，異種ポリマー・フィルム・ラミネートを作る。3) 金属，ガラスなどの材料表面をプラズマ重合ポリマーでコートする。

Moshonov ら[33]は難接着性ポリマー表面にアセチレンのグロー放電重合を行い，接着性の改良を試みた。アセチレンはグロー放電により重合する。生成ポリマーは二重結合を持ち，高度に架橋し，フリーラジカルがトラップ

表 3.4.3　ポリエチレンの接触角

	未処理（度）	He, 5 秒（度）
HDPE（Plaskon）	96.5	85
LDPE フィルム	97	76
Marlex × 5003	92.5	81

表 3.4.4　ポリプロピレン[a]のせん断強度

活性化ガス	処理条件 [b]	せん断強度（psi）		
		平均[c]	最低	最高
コントロール		370(6)	250	410
ヘリウム	0.30 mmHg[d], 10 min	300(5)	240	340
ヘリウム	6.0 mmHg[e], 5 min	2600(2)	2190	3010
酸　素	0.38 mmHg, 30 sec	1870(3)	1840	1900
酸　素	0.40 mmHg, 11.5 min	3080(2)[f]	2900	3260
酸　素	0.50 mmHg, 30 min	2630(3)	2320	3090

a) Dow 201 ポリプロピレンフィルム，4.8 mil
b) 出力：50 WRF
c) カッコ内の数字は試料の数
d) ポリマー表面の温度：約 50〜60 ℃
e) 出力：150 WRF，ガスの流速：50 ml/min
f) フィルムの酸化が著しい

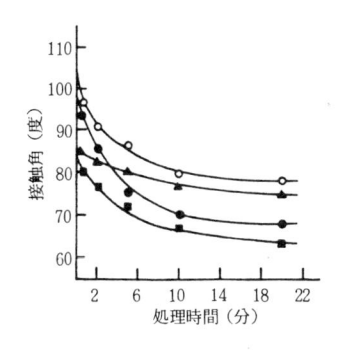

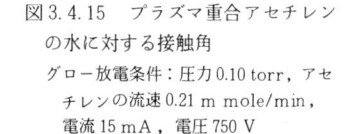

4　プラズマ処理による加工

図 3.4.15　プラズマ重合アセチレン
の水に対する接触角
　グロー放電条件：圧力 0.10 torr，アセ
　チレンの流速 0.21 m mole/min，
　電流 15 mA，電圧 750 V
　○ PTFE，▲ PVC，● PE，■ PVF

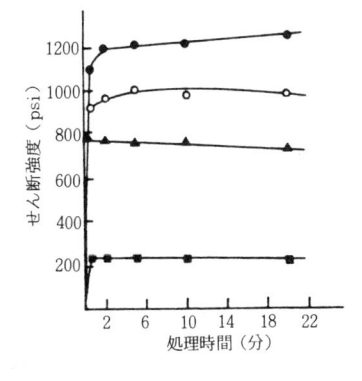

図 3.4.16　アセチレングロー放電処
理 PE のせん断強度
　（Al/エポキシ/PE/エポキシ/Al 接着系）
　グロー放電条件：電流 15 mA，電圧 750 V
　アセチレンの流速：
　● 0.21 m mole/min
　○ 0.46 m mole/min
　▲ 0.76 m mole/min
　■ 1.81 m mole/min

されている。これらのフリーラジカルは空気，酸素，水と反応して，OH や COOH などの極性基を生成する。PE，PVF，PTFE 上でアセチレンのグロー放電重合を行った後，エポキシ樹脂で接着し，せん断強度を求めた（試料は Al/エポキシ/処理フィルム/エポキシ/Al システム）。これらの結果を図 3.4.15 ～ 3.4.19 に示す。

　Crane ら[34]は，各種のポリマーの上で，スチレンとアクリロニトリル・モノマーのプラズマ重合を行い，90°はくりテストを行った。プラズマ重合したポリスチレンとポリアクリロニトリルとはポリオキシメチレン，PP，PMMA，ポリカーボネートから剥れたが，LDPE，ポリスチレン，PET，PTFE，ナイロン，PVF，ポリイミドからは剥れなかった。

　Sharma ら[35]は耐食コーティング，逆浸透膜，生体膜，封止フィルム，コンデンサー，反射止光学コーティングなどへの応用を目的として，スライドガラスとアルミ箔の上に，プロピレン・モノマーのグロー放電重合を行った。モノマーの流速の増大とともにプラズマ重合ポリマーの析出速度も増大するが，ある流速以上では析出速度は低下する。この析出速度が最大となる点付近でポリマーと基材との接着（耐沸騰水性）が最大となった。エチレン，プロパン，臭化アリル・モノマーでも同様の結果が得られた。ε-カプロラクタム重合ポリマーは接着不良であった。

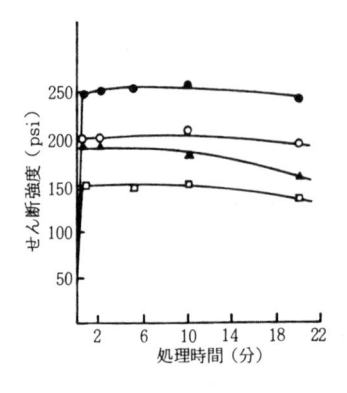

図 3.4.17　アセチレングロー放電処理 PTFE のせん断強度（Al/エポキシ / PTFE / エポキシ / Al 接着系）
グロー放電条件：電流 15 mA, 電圧 750 V
アセチレンの流速：
- ● 0.21 m mole/min
- ○ 0.46 m mole/min
- ▲ 0.76 m mole/min
- □ 1.89 m mole/min

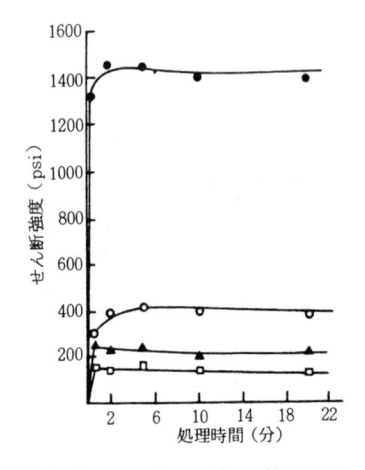

図 3.4.18　アセチレングロー放電処理 PVF のせん断強度
（Al/エポキシ/PVF/エポキシ/Al 接着系）
グロー放電条件：電流 17 mA, 電圧 750 V
アセチレンの流速：
- ● 0.21 m mole/min
- ○ 0.46 m mole/min
- ▲ 0.76 m mole/min
- □ 1.89 m mole/min

安田ら[36]は接着の耐水性を向上させるため，AIM（Atomic Interfacial Mixing）法を提案している。接着剤を用いて接着する場合には，界面が水により攻撃され剥れる場合が多い。AIM にはいろいろの方法があるが，基材の上でモノマーのプラズマ重合を行い，基材と重合ポリマーとの界面で，原子レベルの interlocking を作る方法である。このため，界面は水の攻撃に強い。1) Pt はポリマーと接着しないが，C^+ イオンを Pt に注入した上，メタンのプラズマ重合を行ったものは，塩水浸漬しても Pt からプラズマ重合メタン・ポリマーは剥れない。Pt 表面に注入された C^+ イオンにプラズマ・ポリマーが吸着する。Ar^+, Kr^+, Si^+ イオン注入は無効であった。2) Pt 箔の上でメタンのプラズマ重合を行い，薄い膜（〜200 Å）を作り，その上に Ar^+ イオンを注入し，その上からメタンのプラズマ重合を厚く行う。これは沸騰水中，4 時間も耐える，この方法により，下塗りのポリマー中の原子が界面を通って Pt 中に浸透，両者の間に活性な intermixing が起こり，接着が増大する。3) Pt 上でメタンとテトラフルオロエチレン（TFE）のプラズマ重合のパラメーターのコントロールにより，耐熱水性のある接着が得られた。4) アルミとステンレス・スチールの上で，tetra methyl tin（TMT）のプラズマ重合を行う。TMT

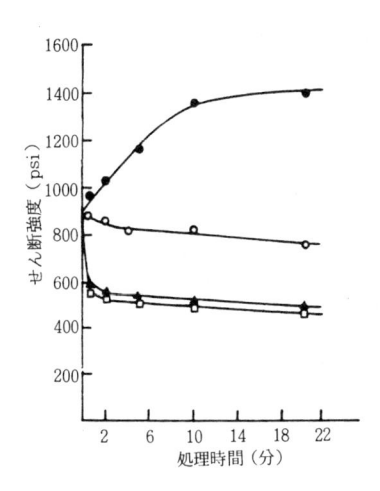

図3.4.19 アセチレングロー放電処理
PVCのせん断強度
（Al/エポキシ/PVC/エポキシ/Al接着系）
グロー放電条件：電流15 mA, 電圧 750 V
アセチレンの流速：
- ● 0.21 m mole/min
- ○ 0.46 m mole/min
- ▲ 0.76 m mole/min
- □ 1.89 m mole/min

にO_2を混合すると，OがTMTと優先的に反応し，COとCO_2が生成する。これらの非重合性ガスを系の外へ排出すると，重合ポリマー中のSn/Cの比が増大する。このようにして得られたTMT重合ポリマーはアルミとステンレス・スチールに強く接着する。

文　献

1) 中尾一宗,"接着ハンドブック", 第1版 (日本接着協会編), 日刊工業新聞社, pp. 129 - 170 (1971)
2) 同上, 第2版, pp. 50 - 87 (1980)
3) R.N.Wenzel, *Ind. Eng. Chem.*, **28**, 988 (1936)
4) J.J.Bikerman, *J. Appl. Chem.*, **11**, No. 3, 8 (1961)

5) J.J.Bikerman, *Adhesives Age*, **2**, No.2, 23 (1959)
6) J.J.Bikerman, D.W.Marshall, *J.Appl. Polymer Sci.*, **7**, 1031 (1963)
7) H.Schonhorn, *Polymer Letters*, **2**, 465-467 (1964)
8) H.Schonhorn, F.W.Ryan, *J.Polymer Sci.*, **A-2, 6**, 231 (1968)
9) R.H.Hansen, et al., *J.Polymer Sci.*, **A-3**, 2205-2214 (1965)
10) R.M.Mantell, W.L.Ormand, *Ind. Eng. Chem., Product Res. Dev.* **3**, No.4, 300 (1964)
11) R.H.Hansen, H.Schonhorn, *J.Polymer Sci.*, **4B**, 203 (1966)
12) H. Schonhorn, R.H.Hansen, "Adhesion -Fundamentals and Practice" (The Ministry of Technology), MacLaren and Sons, pp.22-28 (1969)
13) H. Schonhorn, F.W.Ryan, R.H.Hansen, *J.Adhesion*, **2**, 93-99 (1970)
14) H.Schonhorn, F.W.Ryan, *J.Polymer Sci.*, **A-2, 7**, 105 (1969)
15) H.Schonhorn, F.W.Ryan, *J. Adhesion*, **1**, 43 (1969)
16) H.Schonhorn, 原 勝之, 接着協会誌, **6**, 349 (1970)
17) K.Hara, H.Schonhorn, *J.Adhesion*, **2**, 100 (1970)
18) H.Schonhorn, R.H.Hansen, *J.Appl. Polymer Sci.*, **11**, 1461 (1967)
19) J.R.Hall, et al., *J.Appl. Polymer Sci.*, **13**, 2085~2096 (1969)
20) J.R.Hall, et al., *J.Appl. Polymer Sci.*, **16**, 1465~1477 (1972)
21) N.J.DeLollis, O.Montoya, *J. Adhesion*, **3**, 57-67 (1971)
22) R.R.Sowell, N.J.DeLollis, et al., *J. Adhesion*, **4**, 15-24 (1972)
23) T.E.Nowlin, D.F.Smith, Jr., *J.Appl. Polymer Sci.*, **25**, 1619-1632 (1980)
24) A.K.Sharma, H.Yasuda, *J.Adhesion*, **13**, 201-214 (1982)
25) R.M.Lerner, *Adhesives Age*, **12**, No.12, 35 (1969)
26) 清住謙太郎, 他, 接着協会誌, **6**, 265 (1970)
27) R.L.Bersin, *Adhesives Age*, **15**, No.3, 37 (1972)
28) B.W.Malpass, K.Bright, "Aspect of Adhesion-5", (Ed. D.J.Alner), Univ. of London Press, p.214 (1969)
29) H.Yasuda, C.E.Lamaze, K.Sakaoku, *J.Appl. Polymer Sci.*, **17**, 137 (1973)
30) E.H.Andrews, A.J.Kinloch, *Proc. Royal Soc. London*, **A 332**, 385 (1973)
31) N.J.DeLollis, *Rubber Chem. Technol.*, **46**, 549 (1973)
32) G.C.S.Collins, A.C.Lowe, D.Nicholas, *Eurp. Polymer J.*, **9**, 1173 (1973)
33) A.Moshonov, Y.Avny, *J.Appl. Polymer Sci.*, **25**, 771-781 (1980)
34) L.W.Crane, C.L.Hamermesh, "Adhesion Measurement of Thin Film, Thick Films, and Bulk Coatings" (Ed, K.L.Mittal), ASTM, pp.101-106 (1978)
35) S.K.Sharma, et al., *J. Appl. Polymer Sci.*, **26**, 2197-2204 (1981)
36) H.K.Yasuda, et al., *J.Adhesion*, **13**, 269-283 (1982)

4.3 電子顕微鏡への応用

甲本忠史*

4.3.1 はじめに

　高分子物質を材料として把えたとき，その表面あるいは，内部のモルホロジー（単に電子顕微鏡〔EM〕で見る形だけでなく，広義には微細構造を含む形態をいう）を調べると高分子材料の物性を一層詳細に解明することが可能となる。プラズマ処理とそのEMへの応用を論ずる前に，高分子の微細構造がEMでどのように見えるかを簡単に述べ，次に，種々の気体プラズマと高分子材料との反応性，プラズマ処理のEMへの応用を述べてみたい。

4.3.2 電子顕微鏡

(1) 透過電子顕微鏡（TEM：Transmission Electron Microscope）

　EMで物が見えるには直接観察であれ，レプリカのように鋳型の観察で数〜数百nmの厚さの試料を加速電子が透過し，しかも何らかのコントラストが付与されて，スクリーン上（または写真フィルム上）に結像されなければならない。

　このような薄い試料を調製する方法として，1) ポリエチレン単結晶のように10nm程度の微結晶の懸濁液をキャストする，2) 希薄溶液を水面上に滴下するなどの方法によって薄膜を得る，3) 超薄切片技術によって厚い試料から目的の箇所の試料（薄膜）を得る，4) 表面あるいは破断面のレプリカ膜を調製することなどが挙げられる。

　一方，コントラストとしては，高分子材料の場合，散乱コントラストにより像を見ている場合がほとんどである。すなわち，TEM試料表面に構造を反映する微細な凹凸が存在する場合（例えば上記1), 2), 4) の試料）にはPt-Pd, Pt-C, CなどによるシャドウイングによってSEM散乱コントラストを得ることができる。したがって，プラズマ処理によって高分子の微細構造を反映するモルホロジーが得られれば，TEMに応用できることになる。

(2) 走査電子顕微鏡（SEM：Scanning Electron Microscope）

　TEMは10〜20nm程度の厚さを持つラメラ（板状晶）の集積構造のように，微細な凹凸を有する試料観察に適しているが，深い孔や突起，亀裂，粒子，きわめて細い繊維のような場合，分解能において一般にTEMに劣るが，SEMはそれを補っても余りある有用性をもっており，近年，急速な普及をみせている。この陰には，分解能，観察技術，応用性のいずれも著しい向上があったからである。SEMの特徴を考えるとブレンド物や複合材料中の巨視的（50〜100nm以上）な成分の分布状態を調べるのに適していると言える。

4.3.3 低温プラズマ処理

(1) 種々の気体プラズマと高分子の反応

---

　* Tadashi Komoto　東京工業大学　工学部

第3章 プラズマによる高分子反応・加工

　表面コーティングなどを目的とするプラズマ処理については他に譲り，ここでは材料自体の表面または内部のモルホロジーをEMで観察するための低温プラズマ処理に主眼を置いて話を進めたい。プラズマ処理のEMへの応用を考えるとき，気体の種類，圧力，プラズマ発生方法等によって，高分子材料表面の反応性は影響を受けるであろう。そこで，種々の気体のプラズマによる高分子の表面処理（反応）について，これまでの主な研究例を表3.4.5に掲げる[1]~[32]。

　一般的特徴を述べると，水素，ヘリウム，アルゴン，窒素などの低温プラズマと高分子の反応は，架橋反応が主で，ゲルが高分子材料表面層で生成する。すなわち，水素プラズマによる処理の場合，圧力0.2～1torr，無極容量結合による低温プラズマの研究が多く，架橋反応が材料表面で起こっている。例えば，角張ったポリエチレン（PE）試料の場合，未処理物は融点以上において角が丸味を帯びるが，水素プラズマ処理試料は流動せず，原形を保っている。この種の気体プラズマによる表面処理物のTEM観察はKr を用いたBezrukら[22]の研究以外ほとんど行われていない。

　次に，高分子や繊維の表面に種々の官能基を導入する目的でフッ素系気体プラズマ処理が多く行われているが，これらは，表面の濡れに着目した研究である。

　EMに最も応用されている方法は酸素（または空気）による低温プラズマエッチングである。上で述べた気体と異なり，酸素を用いると明瞭に重量減少が起こる。モルホロジー研究に使われているプラズマ発生方法は，a）50～60Hz，700～6000Vグロー放電，b）500～1600V，DC放電，c）高周波無極放電（誘導結合，容量結合），d）高周波放電とDC放電の併用，e）正イオンビーム（3000～5000V），f）常圧下のコロナ放電（6000V，50～60Hz）などに大別される[33]。

　このうちa）のグロー放電はいわゆるイオンエッチングであり，現在はイオンスパッタ装置を用い，交流低電圧（300～500V）で行われている。イオンのエネルギーは低くても数十eV～1keV，あるいはそれ以上で，後述の高周波無極放電（いわゆるプラズマエッチング）の5～10eVよりはるかに高い。これを反映してSEM像[19],[20]には幾分artifactの発生が認められるようである。しかし，モルホロジー研究には有効で，約50nm以下の微細構造を問題にしなければイオンスパッタ装置[34]を使用できるという意味において，簡便なエッチング方法と言えよう。

(2) 複合材料への応用

　現在，モルホロジー研究に最も適していると思われる方法は，前述のc）の方法，5～27MHzの高周波無極放電（低温プラズマ）である。プラズマ発生には誘導結合と容量結合がある。両結合とも，0.5～1torr以上では試料表面の温度は上昇するので，形態が熱的に不安定な高分子物質に対しては，厳密には好ましいエッチング方法とは言えないようである。

　しかし，複合材料，ブレンド物に見られるように，0.1μm（＝100nm）以上の大きさの構造

表3.4.5 高分子材料の低温プラズマ処理

高分子[*1]	導入気体	圧 力(Torr)	プラズマ発生条件	内 容	研究者名(文献)
PE	N_2	1.9	放電, 1 kV, 39〜120 ℃		J.L. Weninger[1]
PE	He, Ar, Kr, Ne, Xe, H_2, N_2	1	低温灰化装置, 無極, 30 ℃以下	PE表面で架橋反応	R. H. Hansen ら[2]
PE, PTFE, PVF, PVdF, パラフィン	He, H_2, Ne	0.4〜1	低温灰化装置, 無極, 30 ℃以下	架橋の反応機構	H. Schonhorn ら[3]
PVC, PTFE, PC, Pu, PMMA	N_2/H_2 混合気体	0.3〜1.5	無極, 容量結合, 13.56 MHz 50〜500 W		J. R. Hollahan ら[4]
PE, PP, PVF, PS, ナイロン6, PET, PC, POM, 変性ポリスルホン	He, O_2, N_2	0.1以下, 0.35〜0.45	無極, 容量結合, 13.56 MHz, 50 W 同上, 0.1 W(He), 0.4 W(O_2)		J. R. Hall ら[5],[6]
LLDPE, HDPE	H_2	0.26	無極, 誘導結合, 15 MHz	架橋反応	M. Hudis[7]
PE	H_2	0.5	同上	ゲル化の研究	M. Hudis ら[8]
PE	H_2, O_2, H_2O	0.2	正角形電極, 容量結合, 13.56 MHz		R. G. Nuzz ら[9]
PC, PET	H_2, O_2	0.2	誘導結合, 0.4 W	ESCA	D. T. Clark ら[10]
PE	Ar, N_2, O_2, H_2O	0.2	誘導結合, 13.56 MHz, 400 ℃	真空蒸着により分解したPEを使用	M. Ashida ら[11]
PP	CF_4, CF_3H, CF_3Cl, CF_3Br	0.08〜0.53	内部電極, 交流, 60 Hz, 13.56 MHz, 100 kHz	ESCA	M. Strobel[12]
LDPE, PVF, PVdF	F_2 5%/空気95%	2	誘導結合, 13.56 MHz, 50 W	ESCA	G. A. Corbin[13]

(つづく)

第3章 プラズマによる高分子反応・加工

高分子[*1]	導入気体	圧力(Torr)	プラズマ発生条件	内容	研究者名(文献)
繊維(レイヨン, POM, 絹, 羊毛, PET, ナイロン, PAN, PVC, PP, PEなど)	He, N_2, 空気, CF_4	1〜2	容量結合, 13.56 MHz	反応時間とともに温度上昇, エッチング速度, 濡れ, SEM	安田武ら[14]
PE	NF_3, BF_3, SiF_4, CF_4, C_2F_4	0.5〜1	13.56 MHz, 10 W	ESCA	T. Yagi ら[15]
PPS, PU, PP フッ素ポリマーなどのブレンド物	O_2	1	低温プラズマ灰化装置, 13.56 MHz	SEM	Nishimura ら[16]
LDPE	O_2, N_2, H_2, Ar, He, CO_2		平板コロナ放電, 1.5 kV	IR, SEM	C. Y. Kim ら[17]
PE, PP, PVF, PET, PTFE	O_2		非平衡プラズマジェット, 容量結合, 棒状電極, オリフィス電極	接着強度, 濡れ, 重量減少	R. M. Mantell[18]
PE	空気	0.05〜0.1	イオンスパッタ装置, 60 Hz, 500 V, 1〜2 mA, 30〜120分	SEM	T. Tagawa ら[19]
PP, HDPE, プロピレン-エチレン共重合体	空気	0.2	イオンスパッタ装置, 50 Hz, 500 V, 3 mA, 30分	SEM	M. Kojima ら[20]
ポリ-L-ロイシン繊維	空気	0.01	無極, 容量結合, 5.8 MHz, 200 W	TEM	T. Komoto ら[21]
PE, PTFE	Kr, O_2	$0.5\sim5\times10^{-3}$	同上	TEM	L. I. Bezruk ら[22]
ナイロン6, PE, PP, PS	O_2	$10^{-3}\sim10^{-4}$	無極, 容量結合, 27.12 MHz, 50 W	TEM	J. J. Dietl[23]
延伸PE	O_2	10^{-4}	無極, 誘導結合, 27.8 MHz, 200 W	TEM	E. W. Fischer ら[24]
ナイロン6, PET	空気, Ar	5〜25	交流 4000 V, 30 mA, グロー放電, 棒状電極	TEM	F. R. Anderson ら[25]

(つづく)

4 プラズマ処理による加工

高分子[*1]	導入気体	圧力 (Torr)	プラズマ発生条件	内容	研究者名 (文献)
生物、る紙、イオン交換樹脂	O_2	0.4	誘導結合、13.56 MHz、150 W、≦100°C	残渣の RI 測定	C. E. Gleit[26]
ナイロン 68	O_2	0.01～0.5	無極、容量結合、5.8 MHz、200 W	TEM	L. I. Bezruk ら[27]
ナイロン 66、PE、PP、PET	Ar	0.025～0.4	交流 700 V、70～90 mA、グロー放電、15～60 分	TEM	N. V. Hien ら[28]
PAN	O_2			TEM	G. Hinrichsen ら[29]
延伸 PE、PET	O_2	10^{-4}	無極、誘導結合、27.8 MHz、200 W	TEM	E. W. Fischer ら[30]
ポリスルフィド、POM、PP、LDPE、PET、PS、PTFE、PC、ABS 樹脂、ナイロン 6 など	O_2	1	灰化装置、40～70 °C	エッチング速度	R. H. Hansen ら[31]
PE	N_2	0.01	無極、18 MHz、15 W	TEM	Z. Pelzbauer[32]

*1 PE：ポリエチレン、PTFE：ポリテトラフルオロエチレン、PVF：ポリフッ化ビニル、PVdF：ポリフッ化ビニリデン、PVC：ポリ塩化ビニル、PC：ポリカーボネート、PU：ポリウレタン、PMMA：ポリメタクリル酸メチル、PS：ポリスチレン、PET：ポリエチレンテレフタレート、POM：ポリオキシメチレン、LLDPE：linear low density PE、HDPE：high density PE、PAN：ポリアクリロニトリル、PPS：ポリフェニレンスルフィド、PP：ポリプロピレン

物の分布状態などを観察するためのエッチングとしては全く問題のないSEM像が低温灰化装置（1 torr）を使って得られている。すなわち，酸素プラズマの反応性が高分子の種類，材料の種類によって異なるため，エッチング速度の相違から成分の分散状態をSEMやTEMで観察できる。たとえば西村ら[16]は高周波コイルを巻いた反応器（ガラス）中に試料を置き，13.56 MHz，酸素下（1 torr），50〜100 Wで，ガラス繊維を充填したポリフェニレンスルフィドや，TiO_2を充填したポリウレタンのプラズマエッチングを行い，無機物の分布状態を明らかにしている。

また，Bezrukら[35]は相溶性の悪い低密度ポリエチレン（LDPE）とポリオキシメチレン（POM）の溶融押出によるブレンド物について，高周波無極放電（容量結合，0.1 torr，5.8 MHz，200W）によるプラズマエッチング（エッチング速度はPOMの方が大）を行った。POM中に分散したLDPEがはっきりとTEM像に現われている（写真3.4.1）。

(3) 微細構造研究への応用

高分子のモルホロジー解明の上から，プラズマの反応性が単に物質の相違にしか応用できないものであれば，その有用性は低い。しかし，1960年代の研究[24),30)]にみるように，PEの延伸物などにおいて，X線小角散乱などの結果を裏付ける試料内部のモルホロジー，すなわち，PEなどに典型的な10 nm前後のラメラ構造の発現がプラズマエッチングによって可能になった。

たとえば，Fischerら[30]は誘導結合により27.8 MHz，200W，1×10^{-4} torrという低圧で発生した酸素プラズマをエッチングに用いた。Dietl[23]は容量結合（外部電極）により27.12 MHz，50 W，$10^{-4} \sim 10^{-3}$ torrで発生した酸素プラズマを用いた。また，Bezruk[22]は容量結合（外部電極）により，5.8 MHz，200W，$5 \times 10^{-1} \sim 5 \times 10^{-3}$ torrで発生した酸素プラズマによるエッチングをTEMで調べ，10 nm前後（ラメラ厚さ）の微細構造を発現させるエッチング条件は圧力が$5 \times 10^{-2} \sim 5 \times 10^{-3}$ torrで，エッチング速度が0.5 nm/sec（重量損失で$8 \sim 9 \times 10^{-2}$ mg/cm^2・sec）という結論を得た。

写真3.4.1　ポリオキシメチレン（POM 99 %）/低密度ポリエチレン（LDPE 1 %）ブレンド物のTEM像（カーボンレプリカ），酸素プラズマエッチング：0.1 torr（Bezrukら）

Bezrukの私信によれば，上記のエッチング条件はプラズマ粒子濃度が約 10^6 個/cm^3 であるという。すなわち，この条件下では，PEの折りたたみ構造において，トランスジグザグ鎖から成る結晶部とゴーシュコンホメーションを含む折りたたみ面（非晶部）でプラズマに対する反応性が異なることを示唆している。さらに，プラズマ粒子濃度が 10^9 個/cm^3 程度に達するとエッチング速度は大きくなるが，結晶部と非晶部のエッチングの選択性が失われる。

プラズマ粒子濃度，すなわち，圧力を適当に選んでエッチングを行えば，物質の表面から内部へとどのようにモルホロジーが変化するかも調べることができる。一例として甲本ら[21]は湿式紡糸したポリ-L-アラニン繊維の表面および内部の配向状態の研究にプラズマエッチングを応用した（写真 3.4.2）。

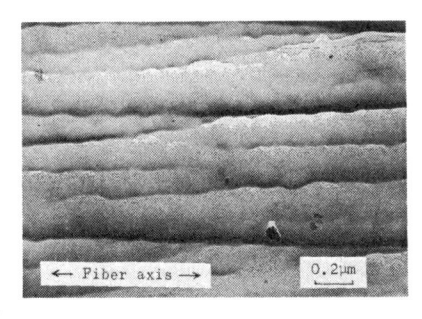

(a) $10^6 \sim 10^7$ 個プラズマ粒子/cm^3 で 15 分間エッチング

(b) $10^7 \sim 5 \times 10^8$ 個プラズマ粒子/cm^3 で 2 時間，$10^6 \sim 10^7$ 個/cm^3 で 40 分間エッチング

写真 3.4.2　ポリ-L-アラニン繊維のカーボンレプリカTEM像酸素プラズマエッチング

4.3.4　おわりに

高分子材料によって反応性の差異はあるものの，酸素プラズマを用いれば，すべての高分子材料に対してエッチングとEM観察ができる。そして，化学エッチングと較べるときわめて簡単で，クリーンなエッチング方法と言える。

また，ある試料の内部をEM観察する場合，液体窒素温度で破断し，プラズマ処理をするという必要はなく，モルホロジーが異なる試料最表面（数～数十 μm）をカミソリなどで削ぎ，プラズマエッチングを行えばよい。この場合，肉眼ではカミソリの痕が認められるが，EM像への影響は全くない。

プラズマエッチングした試料は，10^{-4} torr でカーボンをシャドウィングし，ポバールまたはゼラチンで裏打ちし，カーボン膜とそれに接する試料最表面層（数十 nm）を同時に剥ぎ取り，裏打

第3章 プラズマによる高分子反応・加工

ちポリマーを水に溶かし，TEM観察を行えば電子線回折像，TEM像ともに得ることができる。

以上述べたプラズマ処理の電子顕微鏡への応用は，EMのための試料調製法の一手段であることを忘れてはならない。高分子材料のモルホロジーを調べる時に，材料の成分，結晶性か否か，電子染色を利用する超薄切片法が最適か否か，TEMで見なければいけないか否か，SEMで充分か否か，等々予め検討すべき事が多い。

今まで，漠然としていた低温プラズマ処理，特にエッチングについて，まとめさせていただいた次第であるが，紙面の都合もあって説明不足な箇所が多々あるかと思う。興味のある方は表の文献などを参照していただければ幸いである。

文　献

1) J. L. Weininger, *J. Phys. Chem.*, **65**, 941 (1961)
2) R. H. Hansen et al., *J. Polymer Sci.* **B 4**, 203 (1966)
3) H. Schonhorn et al., *J. Appl. Polymer Sci.*, **11**, 1461 (1967)
4) J. R. Hollahan et al., *J. Appl. Polymer Sci.*, **13**, 807 (1969)
5) J. R. Hall et al., *J. Appl. Polymer Sci.*, **13**, 2085 (1969)
6) J. R. Hall et al., *J. Appl. Polymer Sci.*, **16**, 1465 (1972)
7) M. Hudis et al., *J. Polymer Sci., Polymer Lett.*, **10**, 179 (1972)
8) M. Hudis, *J. Appl. Polymer Sci.*, **16**, 2397 (1972)
9) R. G. Nuzzo, *Macromolecules*, **17**, 1013 (1984)
10) D. T. Clark et al., *J. Polymer Sci., Polymer Chem. Ed.*, **21**, 837 (1983)
11) M. Ashida et al., *J. Polymer Sci., Polymer Chem. Ed.*, **20**, 3107 (1982)
12) M. Strobel et al., *J. Polymer Sci., Polymer Chem. Ed.*, **23**, 1125 (1985)
13) G. A. Corbin et al., *Polymer*, **23**, 1546 (1982)
14) 安田武ら，高分子論文集，**38**, 701 (1981)
15) T. Yagi et al., *J. Appl. Polymer Sci., Appl. Polymer Symposium*, **38**, 215 (1984)
16) H. Nishimura et al., *Reports Res. Lab. Asahi Glass Co., Ltd.*, **33**, 151 (1983)
17) C. Y. Kim et al., *J. Appl. Polymer Sci.*, **15**, 1357 (1971)
18) R. M. Mantell et al., *I & EC Product Res. Develop.*, **3**, 300 (1964)
19) T. Tagawa et al., *J. Electron Microsc.*, **27**, 267 (1978)
20) M. Kojima et al., *J. Polymer Sci., Polymer Phys. Ed.*, **20**, 2153 (1982)
21) T. Komoto et al., *Makromol. Chem.*, **180**, 825 (1979)
22) L. I. Bezruk et al., *Vysokomol. soyed.*, **A 15**, 1674 (1973)
23) J. J. Dietl, *Kunststoffe*, **59**, 792 (1969)
24) E. W. Fischer et al., *J. Polymer Sci.*, Part C, **16**, 4405 (1969)

25) F. R. Anderson et al., *J. Appl. Phys.*, **31**, 1516 (1960)
26) C. E. Gleit et al., *Anal. Chem.*, **34**, 1454 (1962)
27) L. I. Bezruk et al., *Vysokomol. soyed.*, **A 10**, 1434 (1968)
28) N. V. Hien et al., *J. Macromol. Sci. -Phys.*, **B 6**, 343 (1972)
29) G. Hinrichsen et al., *J. Polymer Sci., Polymer Lett.*, **9**, 529 (1971)
30) E. W. Fischer et al., *Kolloid. Z. Z. Polymere*, **226**, 30 (1968)
31) R. H. Hansen et al., *J. Polymer Sci., Part A*, **3**, 2205 (1965)
32) Z. Pelzbauer, *Faserforsch. Textiltech.*, **29**, 71 (1978)
33) R. S. Thomas, "Techniques and Applications of Plasma Chemistry", J. R. Hollahan, A. T. Bell ed., John Wiley, New York, p. 300 (1974)
34) 日本電子顕微鏡学会関東支部編, 走査電子顕微鏡の基礎と応用, 共立出版, p. 523 (1983)
35) Yu. S. Lipatov et al., *Ukrainian Chem. J.*, **43**, 532 (1977)

4.4 繊維のプラズマ処理

4.4.1 はじめに

近藤義和＊, 山本俊博＊＊

　繊維工業や高分子工業へ適用されるプラズマは低温プラズマ（cold plasma）と呼ばれるものであり，プラズマ中の電子温度（T_e）は数十 eV まで広がるきわめて大きなエネルギー分布を持つ[1]のに対し，ガス温度（T_g）はたかだか数百 °K である。従って有機高分子を溶融または分解させることなく表面の改質が可能となる。

　低温プラズマの利用に関する総説[2〜6]はこれまで数多く出ており，全般的な理解はこれらを参照されたい。本節では繊維加工への低温プラズマの利用について最近のデータも含めて紹介する。

4.4.2 繊維加工への応用

　繊維加工への低温プラズマの応用は，1960年代より米国を中心に研究が行われ，親水性の付与[7]，染色性の改善[8]，難燃性の向上[9]，羊毛の防縮加工[10]，耐熱性の改良[11]，深（濃）色加工[12]，制電加工[13]，撥水加工[14],[15]，等の検討がなされている。しかし実用化されたものは少ない。これはプラズマ装置の大型化が困難でコスト高となること，処理の均一性，耐久性が十分でないことも実用化の障害の一つであった。

　一方，プラズマ加工の大きな特長は水を使用しないドライプロセスで各種の処理や機能の付与が可能であること，処理効果が表面のみにとどまりバルクの性質を変えないこと，従来の化学的方法では使用し得ない物質が使え，かつ処理が一段で済むこと，等であり最も魅力ある方法と言える。

　現在，プラズマ加工の欠点の改善，コストダウンおよび高性能，新機能の付与等に対して実用化研究が非常に活発化している。特に工業技術院の主導による地域プロジェクト[16]や（財）日本産業技術振興協会のアセスメント[17]等に見られるように革新的加工技術としてプラズマ加工を積極的に取り上げる動きが産官学より上っていることはきわめて注目すべきことである。表3.4.6に後者[17]にまとめられたニーズ分析を示す。また，企業の研究開発の目安となる公開特許のコンピューター検索結果[18]を表3.4.7，表3.4.8に示す。昭和49年（6月）〜60年（10月）まで約160件あり，57年以後急増していることがわかる。プラズマ処理装置の特許は57年より見られ，繊維のプラズマ加工が開発，実用化研究段階に入ったことを示す。出願人別では繊維メーカーが圧倒的に多いが，装置メーカーとの共願も多い。

　＊　Yoshikazu Kondo　カネボウ合繊（株）　繊維高分子研究所
　＊＊　Toshihiro Yamamoto　カネボウ合繊（株）　繊維高分子研究所

4 プラズマ処理による加工

表3.4.6 電子線・プラズマによる繊維加工のニーズ分析

ニーズ		重要度		
		重要である	重要でない	どちらともいえない
①	親水性の付与	71	3	9
②	易染性の付与	67	3	13
③	耐熱性の付与	66	4	13
④	発色性の改善	52	10	21
⑤	撥水・撥油性の付与	57	4	21
⑥	難燃性の付与	71	5	7
⑦	風合の改善	52	7	23
⑧	分散染料の移行防止	58	6	19
⑨	無溶剤の樹脂コーティング技術の開発	56	1	25
⑩	ドライプロセスへの転換	65	1	16

表3.4.7 繊維のプラズマ加工に関する特許（公開特許）

年次 \ 分類	物，方法	処理装置	合計
49年	8件	0件	8件
50	2	0	2
51	6	0	6
52	4	0	4
53	5	0	5
54	2	0	2
55	2	0	2
56	2	0	2
57	0	19	19
58	13	14	27
59	30	0	30
60	30	8	38

表3.4.8 目的別

目的	特許件数
親水，吸水，吸湿	34件
深（濃）色，発色	24
染色性	19
洗濯性，染色堅牢度	15
制電性	13
捺染，模様出し	12
接着性	12
防汚性	11
表面凹凸，エッチング	11
風合	8
撥水	8
精練，抜糊	6
撥油	4
耐熱性，架橋被膜	3
その他	9

但し，同一特許に複数個の目的を記入している例が多い。

(1) 親水化加工

表3.4.6に示すように合成繊維の親水化には大きなニーズがあるが，親水化の内容はきわめて多岐にわたり単一の改質処理では解決されない。プラズマによる表面親水化（水に対する濡れ性の付与）は次の方法で可能である。

①酸素プラズマによる水酸基，カルボキシル基の導入

②表面へのラジカル形成と親水性モノマーのグラフト重合

③親水性モノマーのプラズマ重合皮膜の形成

図3.4.20にポリエステル織物の親水化の例[19]を示すがこの場合,親水基の分子運動による拡散,もぐり込みによる親水性の経時変化が問題であった。合成繊維のプラズマ加工による親水化の実用例としては,かつてSAC(米)の"Refresca"®[20]があったが問題があったようである。

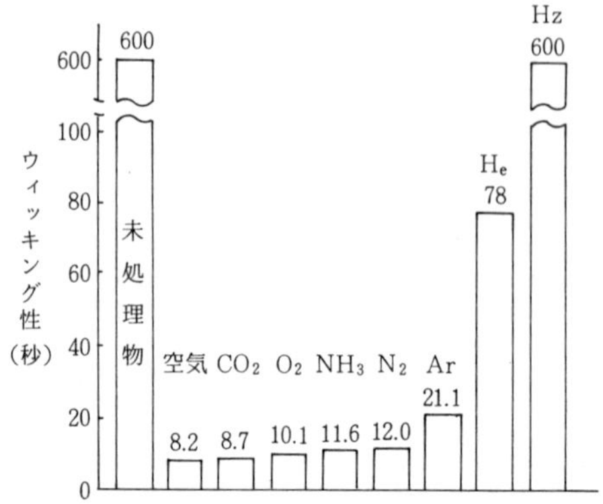

(2) 染色性の改良

染色性の改良には染色性基あるいは構造の導入と染色物の深(濃)色化という技術内容を含む。

図3.4.20 ポリエステル織物を各種ガスで処理した時のウィッキング性

①染色基の導入

繊維の染色は,反応性染料または分散染料で行われ,染色性基あるいは分散染料と親和性を有する高次構造が必要である。染色性基の導入は例えば酸素プラズマではOH, COOH, CO[21]等が窒素,アンモニアおよびアミンのプラズマではアミノ基の導入が可能である。しかし,プラズマ処理により改質されるのは繊維のごく表面部分(たかだか1000 Åの厚さ)にとどまり[22),23)],導入される染色基の量も十分でない[24]。したがって,繊維表面に大量の染色基を導入するためにはプラズマ重合,あるいはプラズマグラフト重合により行う必要がある。プラズマ重合では一般に重合モノマーの構造破壊が進行し所定の染色基の導入効率が悪く,しかも重合膜の架橋構造のために染料の進入を疎外する。プラズマグラフト重合ではグラフト効率,ホモポリマーの生成等に問題があるが条件設定によりきわめて高度のグラフトも可能であり[25),26)]今後の検討が期待される。

②深(濃)色化加工

繊維の染色物の深(濃)色化は,用途,ファッションによりニーズが生まれ,また,極細繊維等新しい素材の開発により必要となる。深(濃)色化とは若干ニュアンスが異なるが色の鮮やかさ(鮮色性)は常に求められている[17]。繊維の深色化については総説[27]も出ている。表3.4.9に簡単にまとめる。

染着量の増加については,物性,製造条件,等より自ら限界があり,最近では表面反射の防止が主流となっている。低屈折率皮膜を与える加工剤は皮膜形成性,透明性のよいことおよび低屈折率であることが必要であり,シリコーン系,フッ素系が主である。表面に凹凸を形成させる方法はこれまでポリエステルのアルカリ減量に代表される化学処理がほとんどであったが,エッチング状態のコントロールが完全でなく,また素材に限定される。

低温プラズマを用いドライプロセスでエッチングを行う方法が近年数多く提案[28]されている。

4 プラズマ処理による加工

表3.4.9 深色化加工方法

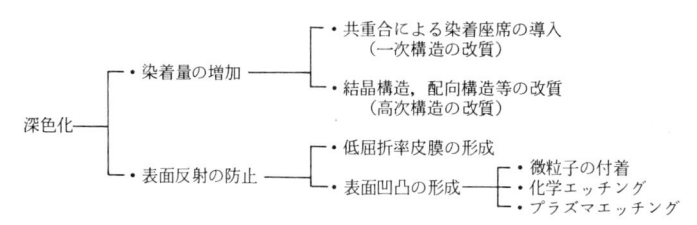

```
                    ・共重合による染着座席の導入
           ・染着量の増加    (一次構造の改質)
                    ・結晶構造,配向構造等の改質
深色化─┤              (高次構造の改質)
                    ・低屈折率皮膜の形成
           ・表面反射の防止              ・微粒子の付着
                    ・表面凹凸の形成─┤・化学エッチング
                                ・プラズマエッチング
```

現時点において,シリコーン系の加工剤をコーティングし,さらにプラズマエッチングしたものが最も効果的であり,ポリエステルのブラックフォーマルではL値6〜7(未処理13〜15)を達成している。この値は加工剤の改良やプラズマ条件の最適化によりさらに改良されていくと思われる。

プラズマ処理による深色加工の問題点は,装置,運転法,コスト以外にも処理効果の均一性,耐久性およびプラズマ中のオゾン,紫外線による繊維,染料の劣化,変質等まだ解決すべき問題は多い。プラズマによるエッチングの速度[29],状態は図3.4.21,写真3.4.3に示すように繊維素材,プラズマ処理条件により大きく異なる。このことを利用すれば従来の化学エッチング加工では得られない全く新しい機能を持つ繊維や新しい加工分野も今後開発されていくものと思う。

(3) 撥水加工

撥水加工は親水加工とともに最も一般的な加工法であるが,処理の均一性,風合いの変化および洗濯やドライクリーニングに対する耐久性において十分とは言えない。

プラズマ処理による撥水処理方法としては,撥水剤コート後,プラズマ処理し架橋皮膜を形成させる方法およびフッ素やシリコーン系等の撥水性の高い化合物のグラフト重合皮膜やプラズマ重合皮膜を形成させる方法がある。プラズマ処理においても処理の均一性,耐洗濯性,等品質に欠点がありプラズマ条件,使用モノマーの検討が必要である。

(4) 綿の精練

綿は繊維表面にワックスを有し,繊維自身の保護と共に繊維製品の柔らかさを発現する。このワックス層は撥水性でありそのままでは染色ができず,染色前に精練が必要である。精練工程では,ワックスが選択性なく脱落し風合いの低下がある。したがって,綿独得の風合いを生み出すワックスを残し染色するために酸素プラズマで綿を処理することが提案されている[30],[31]。プラズマ処理により,精練時の加工剤使用量の減少,処理時間の短縮,等コストダウンおよび品質向上も期待できる[19],[24]。

(5) その他の加工

プラズマの繊維加工への応用において,ウールの防縮加工は比較的早期に検討され[32],[33],それ

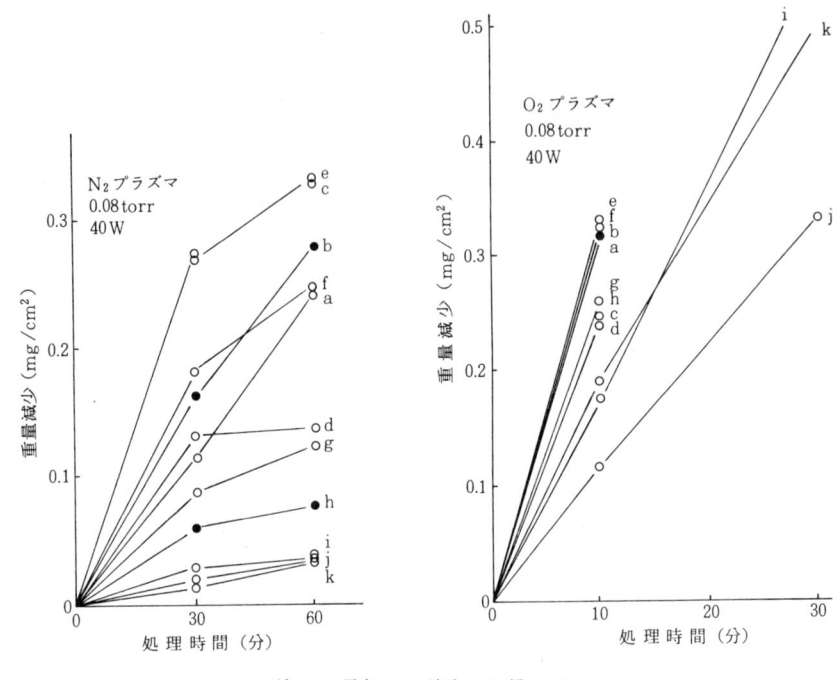

第3章 プラズマによる高分子反応・加工

a：綿, b：亜麻, c：羊毛, d：絹, e：レーヨン,
f：キュプラ, g：アセテート, h：ビニロン,
i：アクリル, j：ナイロン, k：ポリエステル

図3.4.21 酸素および窒素プラズマによる各種織物の重量変化

なりの効果を示した。合成繊維への制電性の付与も重要である。制電加工剤コート後にプラズマ照射しコート皮膜を強固にする方法や親水性モノマーのプラズマ重合皮膜の形成や親水性表面を付与するプラズマ処理等があるがいずれも耐久性に問題がある。SR性の付与はすべての用途で必要であり，ポリエチレングリコール基含有モノマーのプラズマ重合およびグラフト重合が考えられる。ナイロン，ポリエステルのスポーツ用衣料においては耐熱性，耐熱溶融性が必要でありシリコーン，フッ素あるいはメラミン等のプラズマ処理がある。難燃性はインテリア，寝具および産業用資材には必要である。力学物性，耐熱性の低下を抑え難燃性を付与するためには従来の共重合やブレンドよりプラズマ重合による難燃性表面の形成が好ましい。

　前述したアセスメント報告書には低温プラズマによる繊維加工分野での技術課題が明確に示されており，おおいに参考となる。

4 プラズマ処理による加工

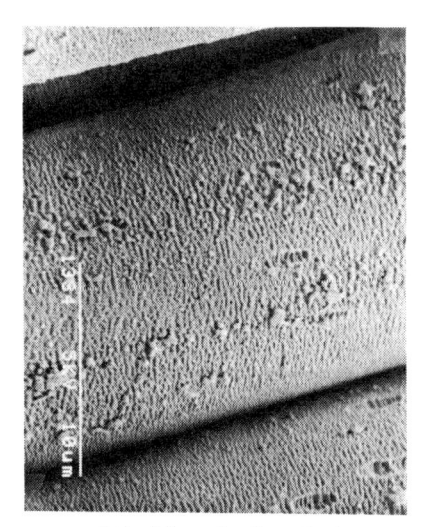

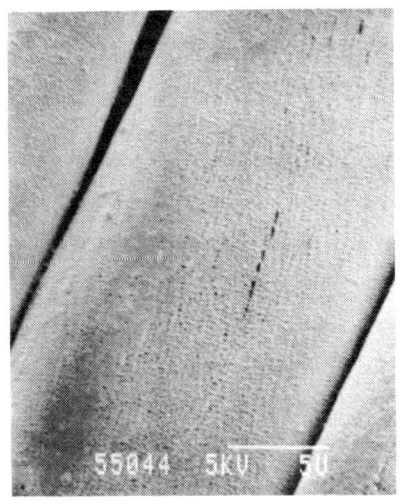

(A) ポリエステルジョーゼット
　　（Arプラズマ処理物）

(B) 綿
　　（O_2プラズマ処理物）

写真 3.4.3　繊維表面のプラズマエッチング状態の電顕写真

4.4.3　プラズマ処理装置

近年，特許，実用新案等に繊維や布帛のプラズマ処理装置の提案が多くなっており[4),34),35)]，実用化研究が進んだことを示す。処理装置の構成は，表 3.4.10 に示すようにきわめて多様である。装置の形状およびプラズマパラメーターと呼ばれる操作圧力，印加電力，処理温度，時間等によりプラズマ状態および処理効果が大きく変化する。したがって，素材，目的に応じた装置，条件

表 3.4.10　プラズマ処理装置の構成

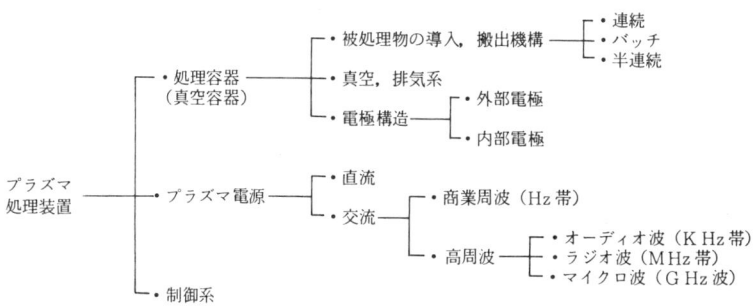

```
                                              ┌─ 連続
                  ┌─ 被処理物の導入，搬出機構 ─┼─ バッチ
                  │                           └─ 半連続
       ┌─ 処理容器 ─┼─ 真空，排気系
       │ （真空容器） │                ┌─ 外部電極
       │           └─ 電極構造 ───────┤
       │                              └─ 内部電極
プラズマ │           ┌─ 直流
処理装置 ┼─ プラズマ電源 ┤           ┌─ 商業周波（Hz帯）
       │           └─ 交流 ─────────┤                ┌─ オーディオ波（KHz帯）
       │                            └─ 高周波 ──────┼─ ラジオ波（MHz帯）
       │                                            └─ マイクロ波（GHz波）
       └─ 制御系
```

の設定がきわめて重要となる。図3.4.22にプラズマ処理装置の一例を示す。

プラズマ加工においては、コスト（装置、加工費）、生産性（処理幅、速度、操作性）、処理条件（真空度、出力、処理温度）および効果の均一性、耐久性が重要であり、これらを念頭に置いて処理装置を設計しなければならない。

4.4.4 おわりに

プラズマの繊維加工への適用は、これまで多くの研究報告、提案がなされてきたがいまだ広く実用化されるに至っていない。一方、レンズ、半導体、太陽電池等の製造プロセスへの低温プラズマの応用は著しく、製造プロセスにおけるキーテクノロジーとなっている。この好対照は、繊維業界の研究開発がポリマーや原繊の改質、生産性の向上やコストダウンへ向けられたという背景もあるが大きな原因はプラズマ技術の困難さやプラズマ加工による独自品の開発を怠ったという点によるものであろう。プラズマによる繊維加工が広く普及するためには次の点が必要と考える。

1) 独自技術、独自品の開発
2) 処理品質の均一化、安定化および耐久性の向上
3) コストダウン（設備費、処理コスト）
4) 装置の保守、管理を含めた運転ノウハウの確立

低温プラズマによる繊維の加工は上述したようにいろいろの問題点を残している。しかし、水を使わないドライプロセスであること、バルクの性質を損なわず表面の物性、構造のみを改質できること等、従来の方法にないメリットを有した全く新しい加工技術であり、その可能性、有用性はきわめて大きく今後繊維加工の分野でも低温プラズマ技術を用いた新機能、高性能繊維の開発および革新的加工プロセスの実用化が達成されると確信する。

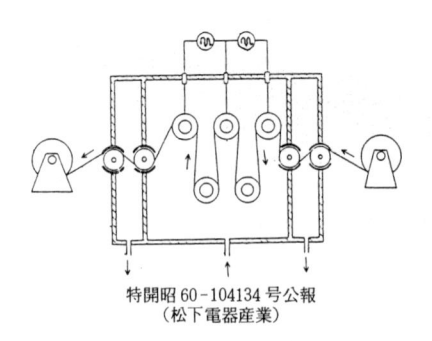

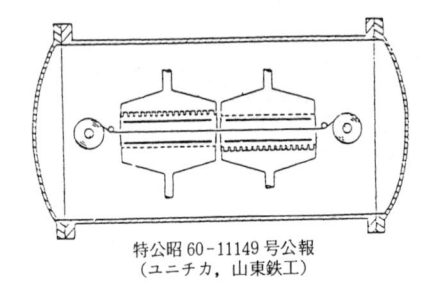

特開昭60-104134号公報
（松下電器産業）

特公昭60-11149号公報
（ユニチカ、山東鉄工）

図3.4.22 プラズマ処理装置

4 プラズマ処理による加工

文　献

1) M. Sheu, A. T. Bell 編, *A. C. S. Symp. Ser.* No.108, 95 (1979)
2) 穂積　編, 化学の領域増刊「低温プラズマ化学」(1976 南江堂)
3) J. R. Hollahan, A. T. Bell編, " Techniques and Applications of Plasma Chemistry " (1974, Willey-Interscience)
4) 檜垣　編, 「低温プラズマ応用技術」(1983, CMC)
5) 岩月, 長田編, 高分子論文集, 「プラズマ重合」特集号, **38** (10) 1981
6) 広津, 須田, 繊維機械学会誌, **38** (3), 135 (1985)
7) R. M. Mantell, W. L. Ormand, *I & E. C. Prod. Res,* Dev., **3**, 300 (1964)
8) G. A. Byrne, K. C. Brown, *J. Soc, Dye. Col.*, **88**, 113 (1972)
9) R. H. Hansen, H. Schonhorn, *J. Poly. Sci.*, B-**4**, 203 (1966)
10) W. J. Thorsen, *Text. Res. J.*, **38**, 644 (1968), **41**, 331 (1971) など
11) J. P. Whiteman, N. J. Johson, *Adv. Chem. Ser.*, **80**, 322 (1969)
12) 畑田ら, 高分子論文集, **38** (10), 615 (1981)
13) R. E. Belin, *J. Text. Inst.*, **62**, 113 (1971)
14) T. L. Ward, H. Z. Jung et al, *J. Appl. Poly. Sci.*, **23**, 1987 (1979)
15) A. E. Pavlath et al, *Text. Res. J.*, May, 307 (1972)
16) 工業技術院「快適性の評価特性に基づく高度多機能合成繊維の加工技術」プロジェクト(昭和59年発足)
17) (財)日本産業技術振興協会「繊維工業の川中段階における技術開発課題とその対応に関するテクノロジーアセスメント報告書」(1984年3月)
18) PATOLIS により特許公開公報 (昭46年7月～昭60年10月) を「プラズマ」をキーワードとして検索した結果をまとめた。
19) W. Rakowski, *Melliand Textilber.*, **63**, 307 (1982)
20) Northern Piedmont Sections Research Commitee, *Textile Chemist & Colorist*, **9** (1), 38 (1977)
21) P. T. Clark et al, *J. Polym. Sci.*, **21**, 837 (1983)
22) J. R. Hollahan et al, *J. Appl. Poly. Sci.*, **13**, 807 (1969)
23) 広津, 須田, 繊維機械学会誌, **38**(3), 135 (1985)
24) 後藤, 田中, 繊維機械学会誌, **38**(4), 192 (1985)
25) Y. Osada et al, *Thin Solid Films*, **118**, 197 (1984)
26) 広津, 繊維学会誌, **41**(10), 20 (1985)
27) 善田, 加工技術, **19**(6), 32 (1984)
28) 特開昭 52-99400, 58-81610, 59-11709, 59-163471, 60-17190 等
29) 広津, 大久保, 繊維高分子材料研究所研究報告143号, 31 (1984)
30) R. R. Benerito et al, *J. Appl. Polym. Sci.*, **23**, 1987 (1979)
31) R. R. Benerito et al, *Text. Res. J., May.* 217 (1977)
32) P. Kassenbeck, *Bull. Inst. Text. France*, **18**, 7 (1963)
33) A. F. Pavlath et al, *Appl. Polym. Symp.*, Part-II **18**, 1371 (1971)
34) 堀田ら, 染色工学, **32**, 322 (1984)
35) 浅井, 第9回プラスチックフィルム研究会要旨集(1984, 高分子学会)

5 グラフト重合による加工

5.1 はじめに

筏 義人*

印刷性とか接着性の向上のための表面処理からもわかるように、高分子表面改質の中でも高分子表面の親水化は非常に重要である。ポリエチレン、ポリプロピレン、ポリエステルのような疎水性フィルムの表面親水化は、現在、主としてプラズマ処理、それもコロナ処理によって大規模に行われている。確かにこれらのフィルムは大気中におけるコロナ処理によって水濡れ性は向上する。しかし、向上した水濡れ性は放置時間とともに低下し、そのうち、再び水をはじくようになる。この現象は、コロナ処理によって高分子表面に生成したカルボニル基のような極性酸化基が高分子材料の内部にもぐってしまうためと思われる[1]。極性基は表面自由エネルギーを高めて表面を不安定にするため、より安定な状態に移ろうとして最外表面層は再び疎水性になるのであろう。

水濡れ性を長期間にわたって維持するためには、極性基の内部への移動を抑制する必要がある。そのためには、高分子表面層を架橋して分子鎖の運動性を低下させるとか[2]、極性基の分子サイズを大きくして極性基が容易に移動できないようにするなどの方法がある。ここでは後者の方法、すなわち極性基を高分子化する方法について述べる。

5.2 プラズマによるグラフト重合の一般法

極性基を高分子化する最も単純な方法は、極性基をもつモノマーをグラフト重合することである。高分子材料表面へのグラフト重合は、すでに放射線法、光化学法、プラズマ法などによって実施可能なことが知られている。いずれもモノマーのラジカル重合を利用するもので、まず始めに高分子材料に重合開始種となるペルオキシドとか遊離ラジカルをつくりだす。放射線法は照射装置が手許にあれば単純で実施しやすいが、むしろ照射装置が身近にない場合のほうが多い。光化学法はエネルギーも低くてより安全で簡便であるが、一般的には光増感剤を必要とし[3]、放射線法のようにどのような高分子材料に対してもグラフト重合できるというわけにはいかない。

それに反してプラズマ法は、発生装置がすでに広く用いられているために比較的容易に実施できる。特にコロナ放電は大気中で特別な装置を必要とせずに行えるので、コロナ法によるグラフト重合は有利な方法といえる。なおここでは、大気圧下における通常の放電によって発生するプラズマを利用するのをコロナ放電法、減圧下の放電によるプラズマを利用するのをグロー放電法とよぶ。

---

* Yoshito Ikada 京都大学 医用高分子研究センター

プラズマ法によるグラフト重合は次の二つに大別できる。一つは，高分子材料をプラズマに暴露することによって生成した遊離ラジカルを直接的にモノマーの重合開始に利用する遊離ラジカル法である。他の一つは，プラズマ処理によってあらかじめペルオキシドをつくっておき，そのペルオキシドをモノマーの存在下で開裂してラジカルを発生させてグラフト重合を開始するペルオキシド法である。ペルオキシドの生成は，空気とか酸素のような酸化性気体中でのプラズマに高分子材料を暴露させてもよく，あるいはアルゴンとか窒素のような非酸化性気体によるプラズマで材料を処理してから大気にふれさせてもよい。いずれにしても，このプラズマ法によるグラフト重合は，いわゆるプラズマ重合とは全く異なり，重合性の気体中で高分子材料をプラズマ処理することはない。

　プラズマを利用したグラフト重合で従来からよく知られているのは，グロー放電による遊離ラジカル法である。この方法ではグロー放電を非酸化性気体中で行い，引続いてプラズマ処理材料を空気にふれさせることなくグラフト重合用モノマーに接触させる。モノマーが気体状ならば，プラズマ処理もグラフト重合も減圧下で行うことになる。したがってこの二つの反応を連続して行う場合には，プラズマ処理室とグラフト重合室とをいかに分離するかが問題となる[4]。

　この遊離ラジカル法はすでによく知られているので，ここでは比較的最近に研究の始まったペルオキシド法によるグラフト重合のみを紹介する。

5.3　プラズマ前処理グラフト重合

　上述したように，プラズマによるペルオキシドの生成にはコロナ放電とグロー放電のいずれの方法も利用できる。当然ながら，高分子加工法という点から眺めると，減圧の必要のないコロナ放電が有利である。しかし，基礎的研究という点からは，プラズマ処理条件を広く選ぶことができるうえに，より温和な条件下で処理できるグロー放電のほうに興味がある。

　高分子プラズマ化学のいずれの教科書にも，高分子材料を低温プラズマに暴露すると材料表面近傍に次のように高分子ラジカルの生成することが記載されている。

$$P \longrightarrow P\cdot \quad (\text{高分子ラジカル生成}) \tag{1}$$

この高分子ラジカルの運動性が高ければ，他の高分子ラジカルと結合して架橋点を生成する。

$$P\cdot + P\cdot \longrightarrow PP \quad (\text{架橋点生成}) \tag{2}$$

もしも系中に O_2 が存在すれば，高分子ラジカルに O_2 が付加する。

$$P\cdot + O_2 \longrightarrow POO\cdot \quad (\text{過酸化ラジカル生成}) \tag{3}$$

第3章 プラズマによる高分子反応・加工

この過酸化ラジカルはカルボニル基とか他の安定な酸化基へと変換していくが，他の高分子から水素原子をうばって次のように高分子ヒドロペルオキシドも生成する。

$$POO\cdot + PH \longrightarrow POOH + P\cdot \quad (ヒドロペルオキシド生成) \qquad (4)$$

高分子材料を酸化性気体プラズマに曝露する，あるいは非酸化性気体プラプラズマによって高分子ラジカルを作っておいてから空気に接触させると式（1）〜式（4）によってヒドロペルオキシドの生成することは，一般的に指摘されている。ところが，その測定値の発表された報告は，寡聞にして以下の例しか知らない。

その一つは佐々木らの報告であり，その結果を図3.5.1に示す[5]。かれらは，ヘリウムおよび酸素気体中にてポリプロピレンフィルムを90秒間グロー放電後空気中に放置し，そのときに生成したヒドロペルオキシドの量を測定した。図にみられるように，放置時間が約1時間のところで生成ヒドロペルオキシド量は最大になっている。かれらはフリッケ線量計を利用してペルオキシドを定量した。われわれは，プラズマ処理フィルムをDPPHを含有するベンゼンに浸漬してから70℃にて24時間加熱してペルオキシドを分解し，そのときに生成したラジカルをDPPHで捕捉することによってペルオキシドを定量している。その結果の一例として，ポリエチレンフィルムをコロナ処理したときに生成したペルオキシド量をコロナ処理時間に対してプロットした結果を図3.5.2に示す[6]。この場合も，ある処理時間のところでペルオキシド生成量が極大となっていることがわかる。なぜこのような極大

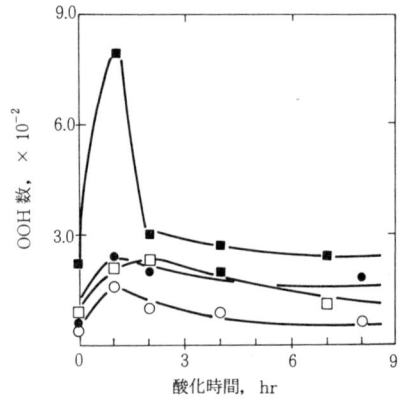

図3.5.1　ヒドロペルオキシド数の酸化時間変化
○，● — He，O_2プラズマ処理
□，■ — 真空下，空気中γ線照射

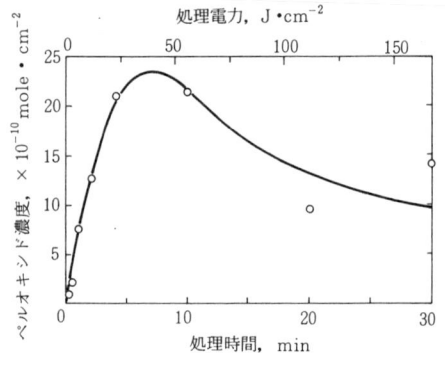

図3.5.2　コロナ放電処理時間による表面ペルオキシド濃度の変化

が生じるのかという原因は，現在のところ不明である。

　図3.5.1と図3.5.2の結果からもわかるように，グロー放電によってもコロナ放電によってもペルオキシドの生成することは明らかである。ペルオキシドが生成しているならば，通常のラジカル重合の進行することが十分に期待できる。実際にプラズマ処理高分子をモノマー液に浸漬してから十分に脱気して加熱すると，そのモノマーのグラフト重合が進行する。図3.5.3は，図3.5.2に示したコロナ処理フィルムにアクリルアミドをグラフト重合した結果である。モノマー濃度は10 wt％で，重合は50 ℃にて1時間行った。図にみられるように，グラフト重合が予想通り進行している。グラフト量もあるコロナ処理時間のところで極大値を示す。ペルオキシド量はコロナ処理時間が約8分のところで極大値がみられたのに対し，グラフト量は約3分間のコロナ処理時間において極大値をもつ。このように極大値を示す放電時間は両者で異なるが，グラフト量の放電時間依存性に極大値が認められるのは，ペルオキシドの生成量に極大値の存在することと密接に関係していると思われる。グラフト量はグラフト鎖数のみならずグラフト鎖長にも依存しているので，必ずしも重合開始種量とグラフト量とが一次的な関係にあるとはかぎらない。

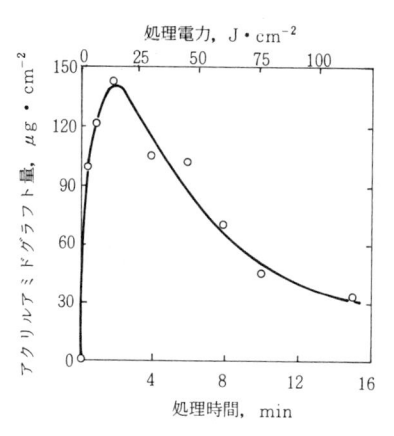

図3.5.3　ポリエチレンフィルムへのコロナ処理時間とアクリルアミドグラフト量との関係

　プラズマ処理高分子へのグラフト重合は，ポリエチレンとかポリプロピレンのようなポリオレフィンフィルムのみでなく，フッ素系高分子とかシリコン系高分子に対しても進行することが認められた。また，加熱重合でなく，常温下におけるレドックス開始によってもグラフト重合した[7]。

5.4　グラフト化表面の一つの性質

　プラズマ前処理を利用してグラフト重合した高分子材料は，他の方法でグラフト重合した材料と本質的には同一の性質を示すはずである。実際にも，例えばアクリルアミドをポリプロピレンフィルムにグラフト重合すると，プラズマ前処理法でも放射線法でも水濡れ性は大きく向上した。しかし，高分子の表面加工法としてはコロナ前処理法が最も単純であり，高分子基材に対する選択性もプラズマ法が最も低いようであった。

第3章 プラズマによる高分子反応・加工

一つの興味ある結果は，アクリルアミドのような水溶性モノマーを表面グラフト重合した場合，その湿潤表面のぬるぬる性は，プラズマ前処理法によってグラフト重合した場合が比較的高いということである。ぬるぬる性は，水中での摩擦係数 μ によって定量的に表わすことができ，われわれは図3.5.4に示した方法によって μ を測定している[8]。グラフト重合する前の疎水性表面では，図3.5.5に示すように，材料上のガラス板を引張るのに要する力は大きくて不均一であるが，グラフト重合することによって力も低く，また引張りも滑らかになっている。これらの摩擦実験から求めた μ の測定例を表3.5.1に示す。グラフト量が $100~\mu\mathrm{g\cdot cm^{-2}}$ 程度となると，μ はほとんどゼロとなることがわかる。この程度のグラフト量では，写真3.5.1に示すように，表面の数 $\mu\mathrm{m}$ ほどの厚さがグラフト層となっている。

μ がゼロに近い表面は，乾燥しても水濡れ性が低下するということもなく，また水中潤滑性もきわめて高い。単なるプラズマ処理によって親水化を高めた表面とは大きく異なっており，プラズマ前処理グラフト化材料は新しい応用面をもつと思われる。

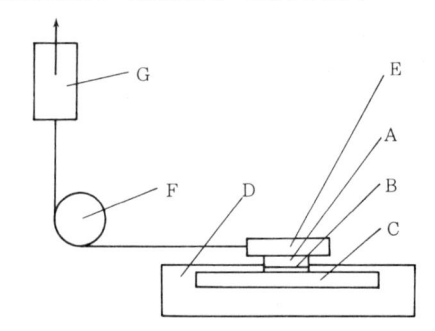

図3.5.4 濡れたガラス面に対する摩擦係数の測定原理
A：スライダー B：試料フィルム C：ガラス板
D：水 E：荷重 F：プーリー G：ロードセル

表3.5.1 水中摩擦係数（μ）に及ぼすアクリルアミドグラフト量の影響

高分子材料	グラフト重合法	グラフト量($\mu\mathrm{g/cm^2}$)	μ
ポリプロピレン	光化学法	0	0.26
〃	〃	17.4	0.063
〃	〃	45.0	0.02
〃	〃	131.6	0.006
シリコーン	コロナ前処理法	0	0.39
〃	〃	11	0.06
〃	〃	18	0.07
〃	〃	75	0.04
〃	〃	400	0.02

5 グラフト重合による加工

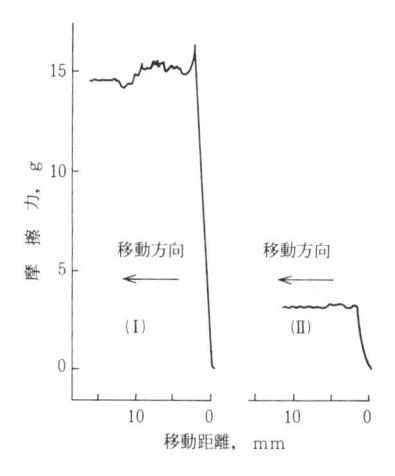

図3.5.5 40g荷重時のガラス面上での摩擦力
 I) 未処理PPフィルム
 II) AAmグラフト化PPフィルム（移動速度=10mm cm^{-1}）

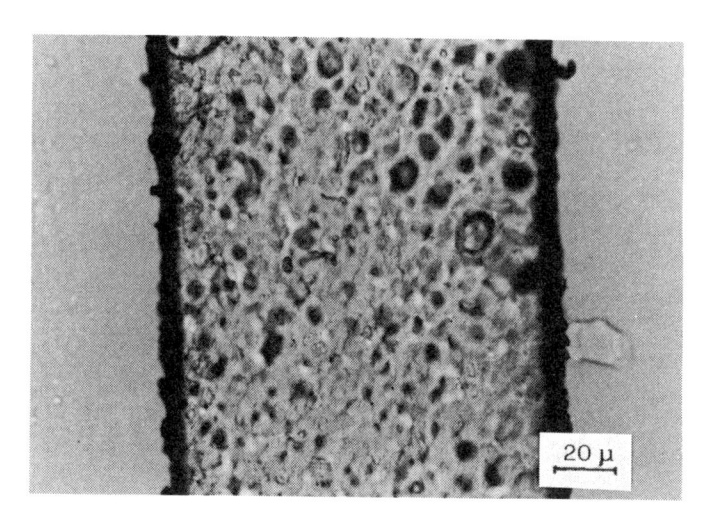

写真3.5.1 コロナ前処理後アクリル酸をグラフト重合した
 シリコーンシートの断面染色写真

第3章 プラズマによる高分子反応・加工

文　献

1) 筏　義人, 松永忠与, 鈴木昌和, 日化, **1985**, 1079 (1985)
2) H. Yasuda, A. K. Sharma, *J. Polym. Sci., Polym. Phys. Ed.*, **19**, 1285 (1981)
3) Y. Ogiwara, H. Kubota, Y. Hata, *J. Polym. Sci., Polym. Letters Ed.*, **23**, 365 (1985)
4) C. I. Simionescu, F. Dénes, M. M. Macoveanu, I. Negnlescu, *Makromol. Chem.*, Suppl. 8, 17 (1984)
5) 佐々木裕介, 今井正彦, 田中　潤, 斉藤正明, 清水治通, *Polym. Prep. Japan,* **33**, 1155 (1984)
6) 岩田博夫, 岸田晶夫, 鈴木昌和, 筏　義人, 第34回高分子討論会 (札幌, 1985年9月26 - 28日)
7) H. Iwata, M. Suzuki, Y. Ikada, *Vysokomol. Soedim.,* **27B**, 313 (1985)
8) Y. Uyama, Y. Ikada, Prep. China-Japan Symp. on the Synth. *Mater. Sci. Polym.,* p.287 (Beijing 1984)

第4章 放射線による高分子反応・加工

1 放射線による反応加工の現状 [1~5]

嘉悦 勲*

　放射線による反応加工の研究は1960年代に始まっているが，その特徴が明確にクローズアップされ，いくつかの実用的分野が完全に定着したのは，それほど古いことではなく，ここ数年ないし十年以内のことと考えられる。反応加工手段としての放射線は，鋭利な刃物ではなくて鈍刀のごときものであり，その有利な使い方を見出すには時間を要する。しかしながら一度歳月をかけて見出された利点は他法に代え難いメリットがあり，そのまま定着する場合が多い。このようにして定着し，または定着しつつある分野を挙げると，ポリエチレンの橋かけ，表面硬化（キュアリング）があり，範囲を生物学的な照射効果や物理的な加工の分野にまでひろげると，育種，癌治療，食品照射，医療器具の滅菌，半導体のドーピングなどがすでに定着した分野に入るであろう。一つの一般的な分野として定着するに至っていないが，特徴やメリットが証明されており，部分的に実用化された実績をもつ分野には，グラフト共重合製品，光学レンズの注形重合，放射線分解の応用製品などがあり，さらに新しい分野として現在特徴やメリットが検討されつつあり，将来実用化の可能性があるものに，廃ガス・廃水・汚泥・原水などの処理を含めた環境保全への応用，生物活性体の固定化や医用材料の合成など生医学・生化学材料への応用，バイオマス原料の変換・加工への応用，レジストおよびリソグラフィへの応用，などの分野がある。表4.1.1に現在実用化されているか実用化に近い開発試験の行われている反応加工プロセスの実例を示した。

　電子加速器を用いた工業化例が多く，特に米国や日本では加速器の普及が著しいが，コバルト60などのガンマ線のもつすぐれた透過力や温和な反応性も，対象物や反応系によってはメリットを失わない。

　個々の開発あるいは実用化分野の内容については，それぞれ専門の立場から各論で紹介がなされると思うので，ここでは，筆者なりのやや独断的な状況分析と展望を述べてイントロダクションとしたい。

　放射線化学の研究初期には放射線特有の反応を求めて，多くの探索や基礎研究がなされ，高分

＊ Isao Kaetsu　日本原子力研究所　高崎研究所

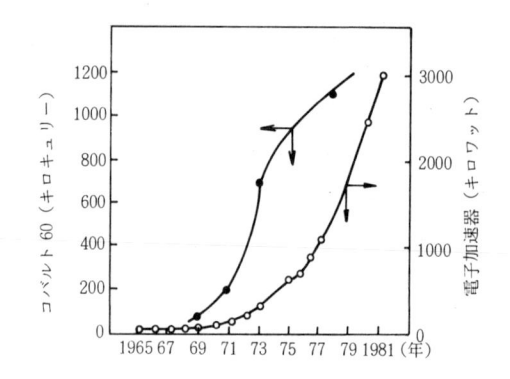

第4章 放射線による高分子反応・加工

表 4.1.1 放射線反応加工プロセスの実用化例

製　　品		企　　業
橋かけ製品	熱収縮チューブ	Grace, Raychem, 日東電工, 住友電工, 積水
	電線, ケーブル絶縁体	米国, 日本, ヨーロッパ, ソ連など多数
	発　泡　体	積水, 東レ, 住友電工, BASF, Johnson Wax,
	(ポリエチレン, ポリプロピレン)	Expanded Rubber & Plastics
	架　橋　ゴ　ム	Firestone, Goodyear, 日本3社
分解製品	ポリマーの分解(フッ素ポリマー, ポリエチレンオキシドなど)	Colombia Research, Union Carbide など
キュアリング	キュアリング	King Seely Thermos, Bixy International, Brooks Wiilamette, Universal Wood (以上米国), Bruynzeel, Letron, WKP, Volks Wagen (以上西ドイツ), 大日本印刷, 中里工業など多数
	WPC	Permagrain など米国3社
重　合	光学レンズ	日本光学
グラフト製品	ボトルキャップ	Parisot
	電池隔膜	湯浅電池
	IUD	フランス

子の橋かけと分解, グラフト重合, 固相重合, 低温重合等々が見出され, それらの反応を開始するラジカル, イオン, イオンラジカルなどの化学種が解明された。その後, 放射線化学の研究は基礎過程・初期過程の機構や化学種を追求する基礎研究の分野と, いわゆる放射線プロセシングと呼ばれる応用開発分野とにほぼ完全に分極した。この間, 20〜30年の歳月が経過しているが, 応用開発の立場からみれば, 放射線化学内部の状況は初期の頃とあまり根本的に変

図 4.1.1 日本における放射線反応加工プロセス用電子加速器およびコバルト60線源の設備容量の推移

わっておらず, ある程度大きな変化は放射線化学の外部から訪れることが多いようにも感じられる。我々が研究や応用の持札として持っているのは, 依然としてラジカルやイオンであり, グラフトや橋かけや固相重合である。放射線化学の内部から状況を根本的に変革するような画期的な反応は見つかっていない。ここ十〜十数年の間に現れた大きな変化は, 電子加速器の進歩と普及で

1　放射線による反応加工の現状

あり，それを用いた表面キュアリングの復活と新展開であり，すでにテーマとしては古い橋かけ製品や食品照射や滅菌の定着である。また，応用物理の世界から現れたリソグラフィのニーズや，種々の電子ビーム利用法であり，これも物理の世界に先導されたイオン加速器の登場とイオンビームの利用であり，それを用いた半導体加工の普及である。さらにはまた，社会的ニーズや科学技術全体の志向に促された環境保全への放射線利用や，バイオマテリアル・バイオエンジニアリングへの放射線利用のアプローチである。このように，放射線プロセシングへのインパクトやニーズは，むしろハードの進歩や，他分野や境界領域での発展や，社会的要請や科学技術の時代的変貌などからもたらされているのである。それは，ある意味で当然で自然なことと筆者は考えている。また，そこに放射線というものの独自の性格がある。放射線プロセシングが化学や物理や生物学のような基本的な科学分野であるならば，そこから新しい画期的な反応が生まれてこなければ，その分野の終りを意味するであろう。しかし，放射線は手段の学であり，応用の分野である。それは，既知の手段や方法を巧妙に活用して，新しい応用対象，社会や時代が要求するものの中に汲入するのである。ハードの進歩や境界領域の発展は，この手段をより洗練された高能率，高精度なもの，よりパワフルで大規模なものにするが，反応そのものを新しくするのではない。同様のことが，材料の学であり，やはり手段の学といってよい高分子という分野にも当てはまるのではなかろうか。現在では，高分子に関する新しい画期的な反応よりも，高分子が時代や社会のニーズに応じた材料としての様々の機能性に対してどのように寄与できるかという問題に主要な関心が集まっている（表4.1.2）。本書はエネルギービームの高分子の反応加工への利用を主としているので，結局，放射線という手段をその特長を活かして高分子材料の機能性発現のための構造の構築，付与にどのように結びつけてゆくかという問題が，今後の大きな課題になるであろう。

　既に述べたように，放射線の反応加工手段としての特徴は，約20年の歳月をかけて，見出され，暖められ，淘汰され，コンセンサスを経ていくつかの分野を定着させてきた。固体や積層物に照射して，橋かけや殺菌や硬化やドーピングができること，生体に丸ごと照射して，変異や不妊化や弱毒化や細胞破壊を起こさせうることなどは，放射線の透過力を活用して尊重されてきた。さらにブレークダウンしていえば，ポリエチレンに橋かけすることにより，熱軟化性を調節して発泡適性を与えたり，メモリィ効果を利用して熱収縮性を与えたり，天然高分子（たとえばセルロース）を分解して，任意の分子量のポリマーを作ったり，熱対流や応力発生の少ないバルク重合で光学的性質のすぐれたレンズを作ったり，グラフトによって，汎用ポリマーの表面を細かく修飾，変性させて特殊な表面を作ったり，触媒残渣を含まず，光学的あるいは生物学的に不純物の少ないポリマーを作ったり，その特徴は，様々に生成物の機能性や構造と結びつけられてきた。しかし，まだまだその結びつき方は，スタートしてなお日浅く，深く広くキメ細かく十分に展開されて

第4章　放射線による高分子反応・加工

表 4.1.2　放射線反応加工で作られる構造と機能の可能性

構　　造	機　　能	手　　段
注形・成形体 (光学歪・精度誤差・残留応力 ・不純物，などを含まぬ製品)	光学およびオプトエレクトロニクス機能（屈折，反射，分散，完全透過，フィルトレーション，光伝送，集光，ホトクロミズム，ホログラム，など）	○ガンマ線重合
ハイドロゲル・疎水ゲル (内部に各種の機能性物質を含 有するコンポジット)	生体触媒機能（酵素活性，タンパク活性，発酵活性，など），生理・薬理活性機能，刺激（信号），応答機能（ホトクロミズム，液晶機能，可逆的伸縮機能，ホトケミカルバーニング機能，など）	○ガンマ線重合，キュアリング橋かけ
微粒子・エマルション (超微粒子・反応性マイクロゲル ・芯一皮2層構造マイクロゲル・ 複合エマルション，など)	生体触媒機能，免疫反応機能，薬理機能，ターゲッティング機能，選択吸着機能，分子識別機能，情報機能	○ガンマ線・電子線によるエマルション重合，サスペンション重合，沈澱系の重合
薄膜・多層膜・ラミネート (表面に各種機能性物質を含有 する材料を含む)	生体触媒機能，免疫反応機能，選択分離機能，分子識別機能，電子電気機能，磁気記録機能，エネルギー変換機能	○ガンマ線・電子線による重合，キュアリング ○イオンビームによる蒸着，ミキシング
微　孔　体 (表面に各種機能性物質を含有 する材料を含む)	生体触媒機能，選択分離機能（選択吸着，選択透過，など），細胞培養機能，情報機能（高密度記録記憶，など）	○ガンマ線による低温凍結重合 ○電子線・イオンビームによるリソグラフィ，エッチング
ヘテロ表面構造体 (海・島ミクロ凹凸構造，親・ 疎水ミクロ相分離構造，正・負 荷電ミクロモザイク構造など)	選択分離機能，分子識別機能，細胞培養機能，生体親和機能，電子電気機能，情報機能	○ガンマ線・電子線による重合，グラフト重合 ○イオンビームによる蒸着，ミキシング ○電子線・イオンビームによるリソグラフィ，エッチング ○電子ビーム，イオンビームによるエレクトロン・イオンの注入，トラッピング

いないと感じられる。我々は分離機能，認識機能，電子電気機能，オプトエレクトロニクス機能，情報機能，エネルギー変換機能，生物医学機能等々について，境界領域にふみこんで，機能へのニーズをキャッチするとともに，機能とそれを発現する構造との関係について得られる限りの情報を吸収し，その上で放射線の様々な特徴をキメ細かく活かして所望の構造を作るアイデアと努力を集中せねばならないであろう。放射線リソグラフィや放射線ドーピングの開発が，応用物理のニーズからもちこまれ，放射線加工の内部から発生したものでないことを考えても，他分野・境界領域におけるニーズを積極的にキャッチし，先取りして放射線の世界に持込むことの必要性が痛感される。

1 放射線による反応加工の現状

 特に,進歩やニーズの変化が速い情報工学や生物医学工学の分野において,他の分野の人達が困っていることや,将来必要とするであろうことに敏感でありたいものである。最近,ポリマーの放射線分解反応の基礎的な研究をリソグラフィへの応用と結びつけたり,核酸塩基化合物の放射線化学反応の研究を癌の放射線治療と結びつけたりして[6],基礎と応用の間を埋めようとするアプローチも行われ始めている。現在,放射線化学の基礎研究と応用研究があまりにも分極しすぎていることへのアンチテーゼとも考えられる。また,"機能と反応"との間の関係をうづめる努力とも考えられる。"機能と構造"の関係については,トポタクティクなあるいは複合状態の固相重合,様々のミクロ表面構造を作り出すためのグラフト重合,リソグラフィ,イオンビーム加工,などの技術が,益々重要視されるであろう。これらの加工手段は,構造の設計,付与に有力な方法となりうるであろう。そういう意味で,放射線反応加工の生命は,"機能"へのニーズとともに,息長く,先行長く,春秋に富むといわねばならない。

文　　献

1) 嘉悦　勲,放射線と産業,No. 26,p. 4;同,No. 27,p. 4,
2) 嘉悦　勲,放射線化学,p. 35 (198);同,p. 22 (198)
3) 放射線プロセスシンポジウム,講演要旨集,東京,1985年11月
4) 難波　進,応用物理,**51**(**2**),166 (1982);高木俊宜,日経エレクトロニクス,No. 279,p. 188 (1981)
5) 鍵谷　勤,生命工学研究レポート,**2**(**8**),1 (1983)

第4章　放射線による高分子反応・加工

2　放射線照射装置・関連機器の現状

2.1　はじめに

坂本　勇*

　放射線照射装置として，RI線源と電子線照射装置があるが，ここでは電子線照射装置および関連機器の現状について述べることにする。

　電子線照射装置は高真空中で電子を加速し，薄い金属窓を通し，大気または不活性ガス中で物質を照射するもので，以下に記述するように，主として高分子，ゴムの架橋反応や，塗膜，バインダーの重合反応に使用されている。

2.2　利用状況

　わが国における電子線照射装置の利用状況を図4.2.1に示す。

2.2.1　電子線架橋電子（電子ワイヤー）

　通常のポリエチレン，塩化ビニル電線の耐熱温度は60〜70℃であるが，安価なポリエチレン，塩化ビニルをベースにしたエチレン共重合体の絶縁被覆に電子線照射することにより耐熱温度を105〜150℃にすることができる。

　耐熱温度向上による電線の電流容量の増大，機械的強度向上による絶縁厚さの低減により，電子機器のコンパクト化が図れるばかりか，はんだの溶融温度にも短時間耐えるので，はんだ付け作業をする必要のある，TV，VTRをはじめとするエレクトロニクス製品の製作に電子線架橋電線（電子ワイヤー）が広範囲に使用されている。

2.2.2　発泡ポリオレフィン分野

　化学架橋発泡は架橋と発泡が同時プロセスであるため，発泡核が2〜3個連結したり，形も不揃いになりやすい。電子線照射法は架橋と発泡が別プロセスになるため，発泡核が独立気泡で，かつ均一な形状，大きさになるため，クッション性と耐水性がきわめて優れる。

　これらの特長をいかし，自動車の内装クッション材，ガスケット材，風呂場をはじめとする断熱材，スポーツ用具の各種パット材，ライフジャケット等に広く使用されている。

2.2.3　熱収縮チューブ，シート

　ポリオレフィンに電子線照射して架橋反応を行った後，加熱して温度を軟化点以上にし，外力を加えて変形させ，変形させた状態で冷却させると外力を取り除いても変形は維持される。これを再度軟化点まで加熱すると，外力を加えない前の状態に復帰する。この特性は記憶効果または熱収縮特性と呼ばれている。この特性をチューブまたはシート状のものに持たせた場合，被覆性

---

　*　Isamu Sakamoto　日新ハイボルテージ（株）

2 放射線照射装置・関連機器の現状

A．年度別・用途別累計設置台数

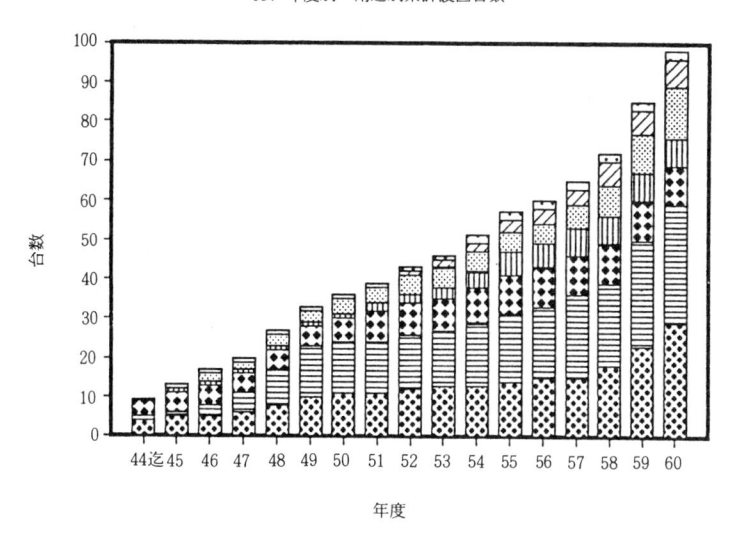

B．年度別・用途別累計設置容量

凡例：その他／ゴムタイヤ／塗膜のキュアリング／熱収縮チューブ／発泡ポリオレフィン／架橋電線／開発研究

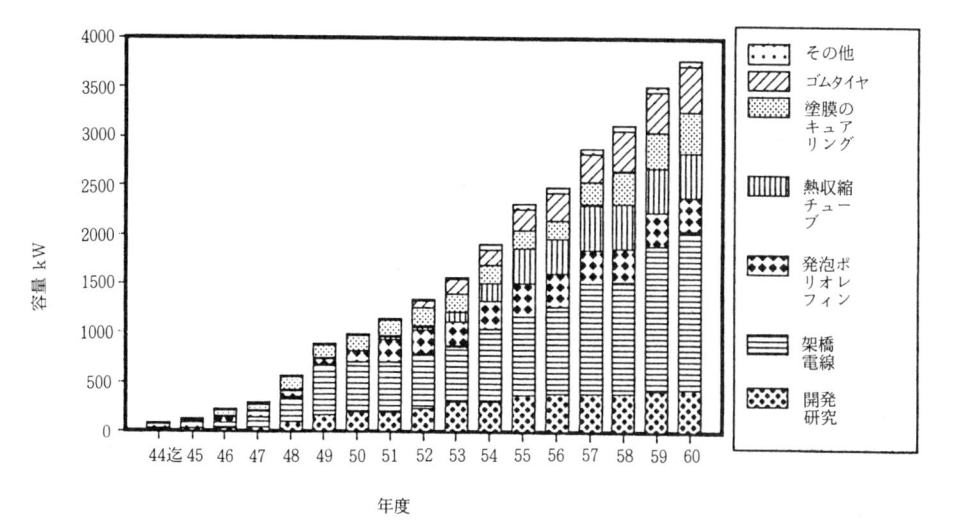

図 4.2.1 電子線照射装置の利用状況

の非常によいチューブまたはシートができる。

在来の化学法と違って電子線法は架橋の均一性が良いこと，未反応架橋助剤の残留の心配もなく，耐油性，耐溶剤性がよいこと，耐応力亀裂の改良（例えば－40℃でも亀裂が発生しない）大きな収縮性が得られる等の特長を持ち，石油，ガスのパイプラインの防食継手，電線の耐末被覆材として使用されている。

2.2.4 ゴム・タイヤ

タイヤを製造するプロセスでは各種生ゴムシート貼り合わせた後，蒸気加硫して完成させるが，機械的強度の弱い生ゴムのシートをあらかじめ電子線照射により架橋させ，生ゴムの機械的強度を向上させることにより，製造プロセスに必要なゴム厚みを，最終製品に必要なゴム厚みに低減できるといわれており，省資源とタイヤの軽量化に役立っている。

2.2.5 塗膜の硬化

この分野は，昭和42～43年頃にセンセーショナルにとりあげられたが，その後，自動車部品，セメント瓦の表面塗装の硬化に電子線の使用例がある程度で，長らく伸び悩みの感があった。

ところが，関係者の努力により，在来の熱硬化法では得られなかった塗膜性能を電子線法で得る方式が見出され，例えば，大日本エリオ（株）でみられるような表面硬度の高い（鉛筆硬度8H），かつ耐薬品性に富んだ高級化粧鋼板の製造や，アキレス（株）では熱に弱い石膏タイルに塗装し，電子線硬化により芸術品ともいうべき室内装飾材を経済的に製造するというような新しい試みがなされ，高い評価が得られている。

これらはいずれも，次に述べる電子線硬化法の特徴を生かしたものである。

1) 室温での硬化が可能であり，熱変形が少ない。

電子線法では塗膜に電子が衝突することで重合反応がおこり硬化するもので，熱化学法のように塗装する基材も高温にさらす必要はないので，基材の熱変形もなく，特に熱に弱い基材の塗装の硬化に適している。

2) 硬化設備の床面積が少なくてすむ。

電子線法は硬化に要する時間は通常1秒以下であり，そのため在来の熱オーブンと比較してライン長は1/3またはそれ以下にすることができる。

3) 始動，停止が容易である。

電子線法は1～2分で始動，停止ができる。熱法のように予熱の必要もなく，ラインの一時停止の際のオーバーキュアーによるロスの発生もない。

4) 塗料のポット，ライフが長い。

電子線硬化塗料には触媒や硬化促進剤が含まれていないので，長時間放置しても塗料が変質す

ることが少ない。

5) 低公害，省資源，省エネルギー型である。

電子線法は，100％不揮発性，100％硬化性を志向している。そのため，低公害，省資源形である。さらに，硬化に要するエネルギーはコスト的に1/2またはそれ以下といわれている。

このように電子線法は多くのメリットがあるが，反面，反応がラジカル重合反応を主としているため，照射雰囲気中に酸素があると，塗膜表面の硬化が完全に行われないという問題がある。そのため，窒素のような不活性ガスで照射雰囲気の酸素濃度を低減する必要があるが，不活性ガスのコストがシステム全体のランニング・コストに大きく影響するファクターとなっている。さらに電子線硬化塗料も一般に高価なこともあって，当面は電子線法は付加価値の高い製品に限定し，使用されるものと考える。

2.2.6 磁気メディアの製造

在来の熱乾燥法では，ラインスピード150m/分のシステムで，所要床面積が4m×40m必要としたものが，電子線法ではラインスピード300m/分のシステムでも所要床面積は2m×16mですむ，即ち，クリーンルームの所要床面積が少なくて生産性が向上すること，配向が容易になることから，磁気密度の向上と，さらに耐摩耗性が向上するといわれ，実用化のため，パイロットプラントがスタートしているが，バインダーに決定的なものが現在開発中ということもあって，フロピィデスクのバックコート，アンカーの硬化に電子線法が限定されて使用されはじめているにとどまっているが，さらに今夏には，磁気カードの製造ラインにも電子線照射装置が設置されるなどの動きもあり，対象製品が付価価値の高い分野だけに各社で本格的実用化のための研究が意欲的に行われているので，今後，最も電子線法が期待される分野の1つであると考える。

2.2.7 印　　刷

世界的に名高いT社にて5コート・1ベーク用に電子線照射装置を使用し，美麗な果汁容器の印刷用インキのキュアーが行われているとのことであり，さらにM社でグラビア印刷用に装置が設置されるなど，印刷インキの開発と相まって，印刷分野でも，UVの一部にとってかわって電子線照射装置が使用されるものと考える。

2.2.8 排煙の脱硫脱硝

荏原製作所で考案され，日本原子力研究所が協力して開発された，排ガスにアンモニヤを添加し電子線照射することで脱硫脱硝し，硫硝安の複塩を製造するプロセスは，10,000Nm³/時間までの規模まで新日本製鉄株式会社八幡製鉄所で検証されたが，その後，公害対策の立ち遅れている西ドイツ，アメリカで見直され，特に硫黄分の多い石炭火力発電所の排ガス処理の1手段として注目を集めている。

電子線法の特長は乾式で脱硫，脱硝が同時に出来ること，さらに負荷変動に容易に対応しうると

第4章 放射線による高分子反応・加工

いう制御性の容易さが評価されている。副次的に肥料が製造されるが，所要の電子線量として1.5 Mrad 程度といわれており，対象となるガス量が，数十万 Nm³/時間となるだけに1プラント当りの電子線照射装置も従来にない規模になることが予想されるので，線源単価の低減と，より高い信頼性のある，装置の開発が要望されている。

2.2.9 その他

上記以外に，プラスチックス製医療品の耐熱性の向上や，イオン交換膜の製造，研究段階ではあるが食品包装材の殺菌，滅菌，さらに上水，下水汚泥の滅菌，滅菌等に電子線照射装置が使用されている。

2.3 電子線照射装置

電子線照射装置は加速電源，ビーム形状によって分類されるが，電源については後述するとして，まず，ビーム形状，即ち，走査形と非走査形について説明する。

2.3.1 走査形電子線照射装置

現在，わが国で実験用は別にして放射線化学工業用として実際のプロセスに使用されている大部分は走査形電子線照射装置である。

数mmφのスポットビームを加速管部で所定のエネルギー（300〜3,000 keV）まで加速し，走査管部で走査し，帯状のビームを照射窓を通して大気または不活性ガス中に電子をとり出すようにしたものである。

即ち，図4.2.2に示すように，加速管の頂部で発生した電子を加速管部で高エネルギーに加速する。

加速管部は円筒状の耐熱ガラスと電極とを交互に積み重ねたものである。電極には抵抗分圧された電位が与えられ，電子を加速および収束させる作用をする（写真4.2.1）。

加速管の上部は直流電源に接続され，下部は走査管部につながる。

加速管部の周辺は通常，絶縁のため六フッ化硫黄ガス（6 kg/cm²）が充気されている。

走査管部では先記のように，加速管部にて加速されたスポット状電子を，走査管部に設けられた走査コイルにて発生する交番磁界にて走査し，金属窓を通し大気または不活性ガス中に放出する。

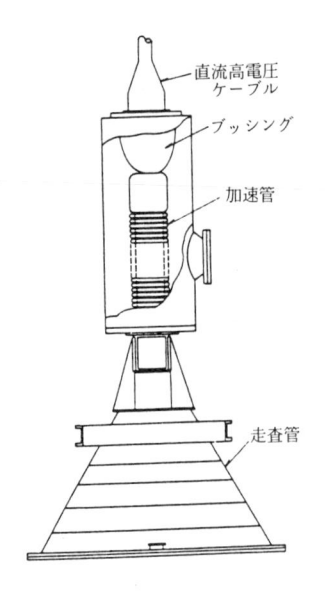

図4.2.2 電子線照射装置本体図

2 放射線照射装置・関連機器の現状

写真 4.2.1　1 MV 100 mA 電子線照射装置外観

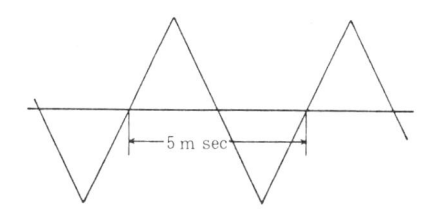

図 4.2.3　走査電流波形

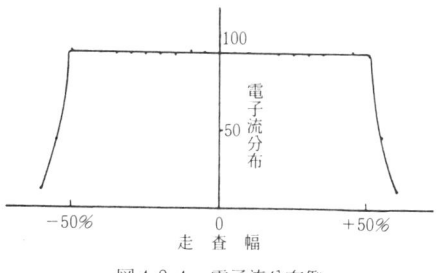

図 4.2.4　電子流分布例

交番磁界は走査コイルに三角波電流を流すことにより発生させる。走査コイルに流れる電流は図 4.2.3 に示すような三角波電流が基本であるが，加速電圧が異なれば，電子流の窓箔での減衰率が変化して走査方向にわたる電子流の分布が均一とならないので，三角波波形を調整することにより図 4.2.4 に示すような均一な電子流の分布としている。

走査周波数は通常 200 Hz であるが，フィルム，ウェブ等高速処理するものには 1～3 kHz の周波数で走査することにより，高速時の線量均一性を維持するように配慮されている。

なお，電子銃，加速管および走査管内部は耐電圧維持，電子の散乱防止およびフィラメントの長寿命化のため通常イオンポンプで 10^{-6}～10^{-8} Torr の真空に維持されている。

走査形電子線照射装置は 300 keV 以下の低エネルギーにて同一定格のものでも，次に述べる非走査形のものと比較し，大形になるきらいがあるが，電圧，線量の均一性に優れており，今後とも，少なくとも，300 keV 以上のプロセス用には，走査形が採用されると考える。

さらに，500 keV 級まで，X 線シールドとして，従来のコンクリート方式にとってかわって，鉄，鉛で遮蔽する方式を採用することで，通常の工場設備としても違和感なく受け入れられる素地をつくるのに役立ち，放射線化学の普及に寄与するものと考える（写真 4.2.2）。

第4章 放射線による高分子反応・加工

写真4.2.2　500 keV級自己しや蔽形電子線照射装置

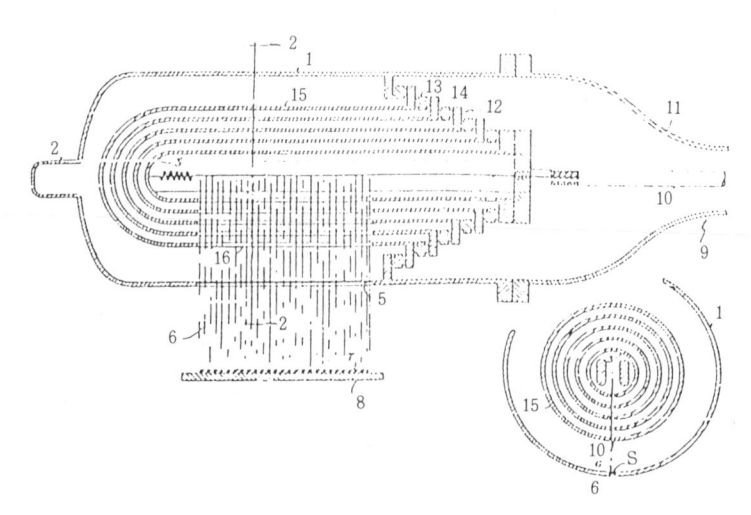

図4.2.5　非走査形電子線照射装置の基本アイディア

2.3.2　非走査形電子線照射装置

棒状のフィラメントから電子を発生するアイディアは，図4.2.5にみられるように，約30年前

198

2 放射線照射装置・関連機器の現状

にHVECの創立者であり，MITの名誉教授であった，故J.M.TRUMP博士のElectron Acceleration Tubeにみられる。

商品化は英国のTube Investmentがその先駆者であったが，その後，米国のESI社，RPC社が続いた，わが国ではNHV社が国産を手がけている。

いずれも構造上の制約から1段加速方式をとっているため加速エネルギーの上限は300keVである。加速エネルギーに上限があることは走査形と比較し，電圧安定性に劣ることを意味するが，小形コンパクトに製作できることから，今後低エネルギーで，紙，フィルムの加工，いわゆるコンバーティング分野で普及するものと考える。

構造的には各社それぞれ独自の方式をとっているが，棒状のフィラメントから電子を走査することなく，帯状に照射窓を通して大気または不活性ガス中にとり出すようにしたものである。

電子放出面積が走査形に比し大きいために，真空排気系としては，排気容量の大きい油拡散ポンプ，クライオポンプ，分子ポンプ等が用いられている。

写真4.2.3に200keV級非走査形電子線照射装置を示す。

2.3.3 加速電源

過去，電子線照射装置はその加速電源の種類によって分類されていた。基本的には図4.2.6に示すごとき変圧器整流形と，図4.2.7に示すようなコッククロフト形が一般に使用されており，1,000keV以下のものは変圧器整流形が，1,000keV以上はコッククロフト形が採用されるケースが多かったが，電力変換効率を犠牲にしても小形コンパクトさを要求されるときにはコッククロフト形を使用するというようにある程度，選択できることと，前記ビーム形状で電子線照射装置を分類するケースが多くなってきたためか，工業用としては加速電源の昇圧原理について分類することは二義的な意味しかもたなくなってきている。

写真4.2.3　200keV級非走査形電子線照射装置

(1) 変圧器整流形

通常の電力回路に用いると同様な接地された鉄心のまわりに，1個の1次コイルと複数個の2次コイルがまかれており，2次コイルにはそれぞれグライナッヘル直流回路がつながっており，それらの直流回路を直列に接続することで必要な直流出力が得られるようになっている。

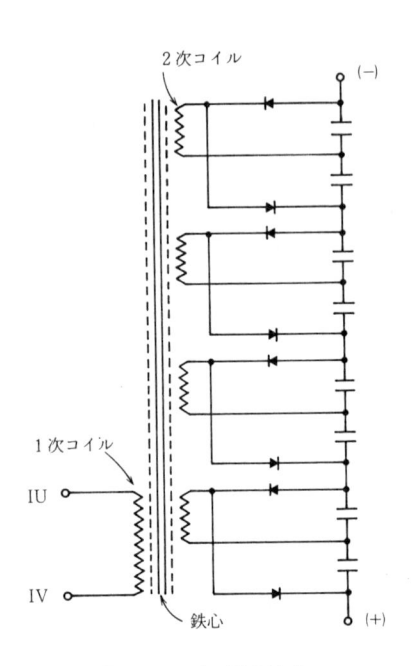

図4.2.6　変圧器整流形

C_{1f} …… C　Smoothing column
C_{2f} …… C　Supporting column
R 1 …… R　Rectifier
C：Shunt capacitor
R：Rectifier

a) 直列充電方式　　b) 並列充電方式
図4.2.7　コッククロフト形

一般に商用周波をそのまま直流に変換するので電力変換効率が85％以上得られ，省エネルギー形である。

(2) コッククロフト形

コッククロフト形には入力電源周波数として1～10kHzの高周波を使用する直列充電方式（図4.2.7(a)）と百kHzの電源を必要とする並列充電方式（図4.2.7(b)）がある。

直列充電方式は電源周波数が低いのでコンデンサ容量を大きくする必要があるので外形寸法が，いきおい大きくなるが，電波放射，表皮効果による局部発熱等がないため効率がよく，1kHzの高周波入力のもので75％以上，3kHzの高周波入力で60％以上の効率を有する。

一方，並列充電方式のものは，電源周波数が高いため，外形寸法は小形コンパクトにまとめることができるが，電力変換効率は一般に直列充電方式のものよりも劣る。

2.4　関連機器の現状

電子線照射装置の関連機器としては，オゾン処理，不活性ガス置換，線量測定等がある。

2 放射線照射装置・関連機器の現状

2.4.1 オゾン処理

電子が空気中を通過する際,酸素分子を励起し多量にオゾンを発生する。オゾンは搬走設備等の金属を酸化するばかりか,人体にも有害であり,オゾンを排気処理する必要がある,処理剤としては通常 20 %の活性炭と 80 %のアルミナ,シリカゲルとブレンドしたうえ,顆粒状にしたものに,オゾンを含んだ空気を通過させることにより活性炭とオゾンとの酸化反応で無害化することができるが,酸化反応が急激に起こらないよう活性炭と,アルミナ・シリカゲルとの混合割合に注意を払う必要がある。

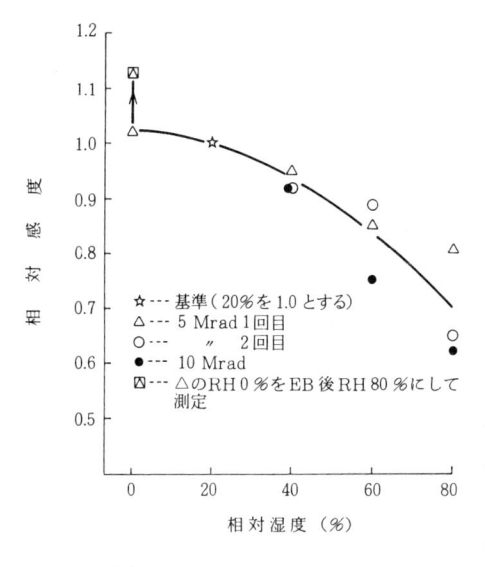

図4.2.8 RCDの湿度変化

グラフ凡例:
☆ --- 基準(20%を1.0とする)
△ --- 5 Mrad 1 回目
○ --- 〃 2 回目
● --- 10 Mrad
▲ --- △のRH 0 %をEB後 RH 80 %にして測定

横軸: 相対湿度(%)
縦軸: 相対感度

2.4.2 不活性ガス置換

不活性ガスとしてプロパン,ケロシンの燃焼ガスの使用例がみられるが,操作,安全の面から液体窒素を気化使用する方が好ましい。さらに照射雰囲気の酸素濃度は,不活性ガスボックスの形状,被照射物の形状,搬送速度および不活性ガスの供給量により異なるが,フィルム,ウエブ等を対象とする場合,少ない不活性ガス量で所望の酸素濃度が得られたとしても,不活性ガスが滞留するようなことがあると,不活性ガスが過大な照射をうけ,雰囲気ガス温度が思わぬ高温になることもあるので注意する必要がある。

2.4.3 線量測定

一般には,フィルム線量計が用いられるが特にRCDは図4.2.8にみられるように,フィルムの吸湿に対する配慮をしないと正確な線量が測定できないので注意する必要がある。

2.5 おわりに

紙面の都合で,割愛したが将来,医療品の殺菌滅菌のため,5 MeVのX線照射装置や 10 MeVのライナック等が使用されることが予想されるが,かかる加速器が出現すれば,高分子加工の分野でも,成形品の形で処理が可能になり,各種複合材の製造にも使用されるものと考える。われわれメーカーも常にユーザーと協力しあって新しい用途開発をめざして新しいタイプの電子線照射装置を開発,商品化したいことを念願している。

3 放射線による表面硬化

佐々木 隆[*]

前節で記述されているように，近年，特に加速電圧 300 kV 以下のいわゆる低エネルギー電子線照射装置が発達し，表面加工技術への利用も著しく進展しつつある。塗料としても用いられる不飽和ポリエステル樹脂が放射線照射によって硬化することは既に 30 年程以前から見出されており，また，電子線硬化法が実用的に注目されるようになってからも 20 年近くが経過している。1970 年代まではヨーロッパにおける木材製品の塗装，フォード社，後には鈴木自動車での自動車・オートバイ用プラスチック部品の塗装，あるいはフロック加工などの実用化例が散見された[1]。その後の数年間に応用分野が次々に拡大され，実用化例は枚挙できないほどになっている[2]。現在では，溶剤を用い加熱乾燥（硬化）する従来方式との比較検討をするだけでなく，ユニークな製品を生産する技術として成長してきた感がある。

3.1 硬化反応
3.1.1 開始・成長の機構

従来の熱硬化性樹脂は官能基の付加・縮合により，三次元網目構造になるのが一般的である。不飽ポリエステル樹脂はむしろ例外的で，ポリエステル中の二重結合（通常，フマル酸エステル型）とスチレンなどのビニルモノマーとのラジカル共重合によって硬化する。

電離性放射線によって樹脂が硬化するのは，不飽和ポリエステル樹脂の硬化の例から明らかなように，ラジカル重合によるものである。したがって，電子線硬化性樹脂として開発された系は，ラジカル重合性のすぐれたアクリル基またはメタクリル基を種々のプレポリマーに導入し，ラジカル重合性のモノマーと混合しているものが多い。

紫外線硬化法も一般的には同じラジカル重合性のプレポリマー/モノマー混合物を用いるが，紫外線のエネルギーを選択的に吸収し，ラジカルを生成する増感剤を添加する必要がある。これは重合の開始段階におけるわずかな相違にしか思われないが，実際には生成物（硬化膜）の物性に大きな違いをもたらすことが多い（実例については後述する）。なお，電離性放射線の照射によっても二重結合が直接開裂して重合が開始されるのではないことを付記しておく。

3.1.2 プレポリマー，モノマーの実例[3]

電子線硬化性のプレポリマーとして用いられるものの典型的なものを表 4.3.1 に示す。これらのプレポリマーは多くの樹脂メーカーから市販されているが，分子量，二重結合量，二重結合の

---

[*] Takashi Sasaki　日本原子力研究所　高崎研究所

3 放射線による表面硬化

位置（末端，側鎖），官能基（例えば，水酸基，カルボキシル基）など種種の変化があり，詳細が公表されているものは少ない。

　反応性プレポリマーを用いるのが放射線硬化型樹脂の基本的な考え方であるが，感圧性接着剤のように相反する要求特性（凝集性と流動性）をバランスさせる樹脂設計が

表4.3.1　ラジカル重合性オリゴマー

名　　称	構　　造
不飽和ポリエステル	$-(-\diagup\!\!\!\!\diagdown C=C-\overset{O}{\overset{\|}{C}}-O-\diagup\!\!\!\!\diagdown C=C)_n-$
エポキシアクリレート	$C=C\diagup\!\!\!\!\diagdown(O)\diagup\!\!\!\!\diagdown(O)_n CH_2-\overset{OH}{\overset{\|}{C}}-CH_2-C=C$
ウレタンアクリレート	$C=C\diagup\!\!\!\!\diagdown-N-\overset{O}{\overset{\|}{C}}-\diagup\!\!\!\!\diagdown_n C=C$
ポリエステルアクリレート	$C=C-\diagup\!\!\!\!\diagdown-\overset{O}{\overset{\|}{C}}-O-\diagup\!\!\!\!\diagdown_n C=C$
ポリエーテルアクリレート	$C=C\diagup\!\!\!\!\diagdown-O-\diagup\!\!\!\!\diagdown_n C=C$
不飽和アクリル樹脂	$\begin{array}{c} C=C \\ \| \\ \diagup\!\!\!\!\!\!\diagdown\!\!\!\!\!\!\diagdown\!\!\!\!\!\!\diagdown \\ \| \quad\quad\quad \| \\ C=C \quad\quad C=C \end{array}$

困難なことから，従来から用いていた飽和ポリマーをベースとして用いる例も多い。これらについては実際の応用例で紹介する。

　ポリエン/ポリチオール系は[4]，ラジカル機構の二重結合とチオールの反応，

$$RSH \xrightarrow{\text{\tiny{MMM}}} RS\cdot + H\cdot$$
$$RS\cdot + CH_2=CH-CH_2R' \longrightarrow RS-CH_2-\overset{\bullet}{C}H-CH_2R'$$
$$RS-CH_2-\overset{\bullet}{C}H-CH_2R' + RSH \longrightarrow RS-CH_2-CH_2-CH_2R + RS\cdot$$

を利用したもので，ジエン系ゴムの加硫反応，あるいは（反応性）オリゴマーの分子量調節に類似している。この反応系では，炭素－炭素二重結合間のラジカル重合反応と異なり，酸素が存在しても新たな活性種が生じ，硬化反応が継続するという特徴がある。欠点としては，チオール化合物特有の臭気であろう。

　一方，反応性希釈剤と称されるモノマー成分においても，プレポリマーとの親和性が大きく，蒸発性，臭気，皮ふ刺激性などの小さなものが開発されつつある。それらの例を表4.3.2に示す。プレポリマーと同様に，構造式を明らかにしないで市販しているものもあるが，表4.3.2からも推察できるように，オリゴマー化される方向にある。

3.1.3　硬化条件の影響

　ラジカル重合では，ラジカル濃度が定常状態であるという前提と，二分子停止反応によってラジカルが消滅することから，下式が導かれる。

$$Rp \propto [M\cdot][M] \propto [I]^{1/2}[M]$$

ここで，Rp：全重合速度，$[M\cdot]$：ラジカル濃度，$[M]$：モノマー濃度，$[I]$：触媒濃度また

表4.3.2 モノマーの例

a. 単官能性モノマー

化合物名	構造式	沸点	備考
スチレン	$CH_2=CH-\text{C}_6H_5$	145	
ビニルトルエン	$CH_2=CH-C_6H_4-CH_3$	o, 52/9 m, 5/3 p, 66/18	
ブチルアクリレート	$CH_2=CHCOOC_4H_9$	n, 147 i, 138	
2-エチルヘキシルアクリレート	$CH_2=CHCOOCH_2CH(C_2H_5)C_4C_9$	130/50	
イソ-デシルアクリレート	$CH_2=CHCOO(CH_2)_7CH(CH_3)_2$		
2-ヒドロキシエチルアクリレート	$CH_2=CHCOO(CH_2)_2OH$	75/5	粘度低下性大
2-ヒドロキシプロピルアクリレート	$CH_2=CHCOOCH_2CH(OH)CH_3$	193	粘度低下性大
シクロヘキシルアクリレート	$CH_2=CHCOO-\text{C}_6H_{11}$		
N,N-ジメチルアミノエチルアクリレート	$CH_2CHCOOCH_2CH_2N(CH_3)_2$	60/10	
N-ビニルピロリドン	$CH_2=CH-N\underset{}{\overset{=O}{\diagdown}}$	123/50	粘度低下性大 毒性が少ない
カルビトールアクリレート	$CH_2=CHCOO(CH_2)_2O(CH_2)_2OC_2H_5$		
フェノキシエチルアクリレート	$CH_2=CHCOOC_2H_4-O-\text{C}_6H_5$		粘度低下性大
テトラヒドロフルフリルアクリレート	$CH_2=CHCOOCH_2-\text{THF}$		粘度低下性大
イソ-ボルニルアクリレート	$CH_2=CH\cdots$(イソボルニル基)		毒性少, 重合物の収縮が小
2-(N-メチルカルバモイル)アクリレート	$CH_2=CHCOOCH_2CH_2OCONHCH_3$		
3-ブトキシ-2-ヒドロキシプロピルアクリレート	$CH_2=CHCOOCH_2CH(OH)-CH_2OC_4H_9$		

沸点, a/b, bmmHgにおける沸点a°C, 沸点の記載がないのは一般に高沸点, 揮発性が小さい。
アクリレートの場合はそれぞれ対応するメタクリレートが用いられることもある。

b. 多官能性モノマー

重合性官能基数	化合物名	構造式
2	1,4-ブタンジオールジアクリレート	$CH_2=CHCOO(CH_2)_4OCOCH=CH_2$
	1,6-ヘキサンジオールジアクリレート	$CH_2=CHCOO(CH_2)_6OCOCH=CH_2$
	ネオペンチルグリコールジアクリレート	$CH_2=CHCOOCH_2C(CH_3)_2CH_2OCOCH=CH_2$
	ジエチレングリコールジアクリレート	$CH_2=CHCOO(CH_2CH_2O)_2COCH=CH_2$
	ポリエチレングリコールジアクリレート	$CH_2=CHCOO(CH_2CH_2O)nCOCH=CH_2$
	ペンタエリスリトールジアクリレート	$(CH_2=CHCOOCH_2)_2C(CH_2OH)_2$
3	トリメチロールプロパントリアクリレート	$(CH_2=CHCOOCH_2)_3CC_2H_5$
	ペンタエリスリトールトリアクリレート	$(CH_2=CHCOOCH_2)_3CCH_2OH$

つづく

3 放射線による表面硬化

重合性官能基数	化 合 物 名	構 造 式
3	トリアリルシアヌレート	$\text{CH}_2=\text{CHCH}_2\text{O}-\underset{\underset{N}{\|}}{\overset{N}{\overset{\|}{C}}}\overset{N}{\underset{\|}{\overset{OCH_2CH=CH_2}{C}}}-\text{OCH}_2\text{CH}=\text{CH}_2$
3	トリメチロルプロパントリアリルエーテル	$\text{CH}_3\text{CH}_2-\overset{\text{CH}_2\text{OCH}_2\text{CH}=\text{CH}_2}{\underset{\text{CH}_2\text{OCH}_2\text{CH}=\text{CH}_2}{\text{C}}}-\text{CH}_2\text{OCH}_2\text{CH}=\text{CH}_2$
4	ペンタエリスリトールテトラアクリレート	$\text{CH}_2=\text{CHCOOCH}_2\text{C}(\text{CH}_2\text{OCOCH}=\text{CH}_2)_3$
5	ジペンタエリスリトール (モノ-ヒドロキシ) ペンタアクリレート	$\text{CH}_2=\text{CHCOOCH}_2-\overset{\text{O}-\text{COCH}=\text{CH}_2}{\underset{\text{CH}_2}{\underset{\|}{\overset{\|}{\text{C}}}}}-\text{CH}_2\text{OCH}_2\overset{\text{CH}_2\text{OCOCH}=\text{CH}_2}{\underset{\text{CH}_2\text{OCOCH}=\text{CH}_2}{\underset{\|}{\overset{\|}{\text{C}}}}}-\text{CH}_2\text{OH}$
6	ジペンタエリスリトールヘキサアクリレート	$(\text{CH}_2=\text{CHCOOCH}_2)_3\text{CC}_2\text{OCH}_2\text{C}(\text{CH}_2=\text{CHCOOCH}_2)_3$

それぞれ対応するメタアクリレートが用いられることもある。

は線量率である。

この式は，線量率あるいは電流密度の増大にともない，硬化所要線量が増大することを意味している。実際，図4.3.1に示すように，線量率の増大とともに硬化度は低下する[5]が，その程度は樹脂組成で異なる。また，上式は特定条件で導かれたものであるから，ある線量率からの硬化データから単純に外挿して所要線量を求めることはできない。まして，照射が連続的（リニアフィラメント型）か，非連続的（スキャン型）であるかで，硬化速度の相違を推定することは意味がないといえる。

ラジカル重合系では，連鎖反応の活性種が酸素と反応して不活性化しやすく，空気存在下で電子線照射すると，特に表面部の硬化阻害が起こる。電子線硬化で不活性ガス（液体窒素または燃焼ガス）を用いるのは，このような硬化阻害を防ぐためであるが，同時にオゾン生成を防ぐ意味がある。

ポリエン／ポリチオール系では酸素による

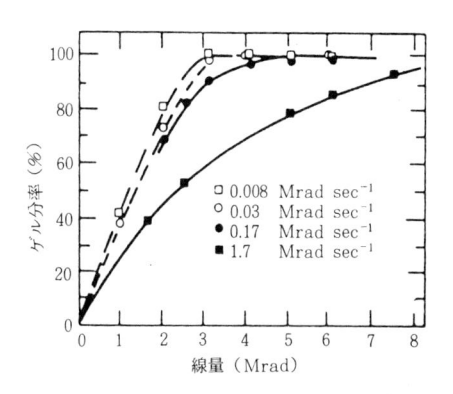

図4.3.1 不飽和ポリエステル樹脂の硬化における線量率の影響
（スチレン濃度20%）

硬化阻害がほとんどないとされている。酸素とラジカルとの反応で生じたパーオキシラジカルが下式のように新たな活性種を生成するためと考えられる。

$$\mathrm{RSCH_2CHCH_2R'} + \mathrm{RSH} \rightarrow \mathrm{RS\cdot} + \mathrm{RSCH_2CHCH_2R'}$$
$$\qquad\quad |\qquad\qquad\qquad\qquad\qquad\qquad\qquad |$$
$$\qquad\quad \mathrm{O}\qquad\qquad\qquad\qquad\qquad\qquad\qquad\mathrm{O}$$
$$\qquad\quad |\qquad\qquad\qquad\qquad\qquad\qquad\qquad |$$
$$\qquad\quad \cdot\qquad\qquad\qquad\qquad\qquad\qquad\qquad\mathrm{H}$$

3.1.4 カチオン重合系

カチオン重合では酸素による重合阻害がないこと，一分子停止反応であるため線量率効果がないことから，ラジカル重合系よりも有利であると考えられる。放射線重合においても，水分をほぼ完全に除けばカチオン重合が起ることが知られている[6]。しかし，実際の加工プロセス，特に表面加工ではこのような条件で照射することは困難である。したがって，二次的なカチオン重合開始をせざるを得ない。

カチオン重合の触媒であるルイス酸を芳香族オニウム塩にすると，熱的にも安定な化合物が得られる。紫外線照射によって，例えばジアゾニウム塩は，次のようにエポキシ樹脂を硬化することが明らかにされた[7]。

$$\mathrm{\langle O \rangle - N \equiv NBF_4^{\ominus} \xrightarrow{UV} \langle O \rangle - F + N_2 + BF_3, \ BF_3 + H_2O \rightarrow H^{\oplus} + BF_3OH^{\ominus}}$$

$$\mathrm{H^{\oplus} + CH_2 - CH - R \longrightarrow CH_2 - CH - R}$$
$$\qquad\qquad\quad \diagdown \mathrm{O} \diagup \qquad\qquad\qquad \diagdown \mathrm{O}^{\oplus} \diagup$$
$$\qquad\qquad\qquad\qquad\qquad\qquad\qquad\quad |$$
$$\qquad\qquad\qquad\qquad\qquad\qquad\qquad\quad \mathrm{H}$$

$$\mathrm{CH_2-CH-R + \mathit{n}\,CH_2-CH-R \longrightarrow H\!-\!\!\left[\!O\!-\!\!\underset{R}{H\!-\!CH_2}\!\right]_{\mathit{n}}\!\!\!-\!\underset{R}{\overset{CH_2}{O\!\!<_{CH}}}}$$

同様の硬化反応は放射線照射によっても起こる。しかし，オニウム塩は照射によって直接分解するのではなく，媒体（溶媒，モノマー，オリゴマー）の活性化を経てエネルギー移動によって間接的にルイス酸を生成するものと考えられる[8]。

開環反応による硬化では，ビニル重合による場合に比較して収縮が小さいため，すぐれた接着力が得られることが期待できる。

3.2 照射加工技術

3.2.1 電子の散乱性

表4.3.3に電子のエネルギーと多重散乱角の平均値を示す。エネルギーが低くなるにつれて散乱性が大きくなっており，被照射物に斜めに入射する電子の寄与が大きくなることがわかる。表

面加工に適している低エネルギー電子では，照射物の裏面にまで散乱電子が回り込む現象も認められる[9]。

このような事実は低エネルギー電子ではかなり複雑な形状の照射物の表面加工が可能であることを意味している。

表4.3.3　電子の多重散乱角（$\sqrt{\overline{\theta}^2}$, 度）

エネルギー (MeV)	厚さ（cm）					
	（空気）			（水）		（アルミニウム）
	1	10	100	0.01	0.1	0.01　0.1
0.1	8	—	—	—	—	—　　—
0.3	6.0	25	—	21	—	50　　—
1	2.0	8.8	33	7.3	28	18　　67
3	0.8	3.4	13	2.8	11	6.8　26

西独で実用化されたタイヤホイールリブの電子線塗装は典型的な具体例である[10]。この他にも，自動車用のプラスチック部品や凹凸の模様のある石膏タイルの塗装においても，電子の散乱が硬化に寄与している。

加速器の窓から照射物までの距離が遠ざかると電子の平均エネルギー（透過力）は小さくなるが，散乱電子の効果がより強くなることは表4.3.3からも明らかである。

3.2.2　熱除去

放射線重合は常温（またはそれ以下）で起こることが大きな特徴の一つである。電子線による表面加工も熱に弱い物質（プラスチック，紙など）を取り扱えることが利点とされている。しかし，加速電子のエネルギーの多くは熱に変換されるので，被照射物，雰囲気ガスなどの温度上昇をもたらす。その温度上昇率 ΔT（℃/Mrad）は断熱状態では，

$$\Delta T \cong \frac{2.2 \times f}{\rho \cdot \kappa \cdot d} \quad (f:電子線吸収の割合, \rho:密度, \kappa:比熱, d:厚さ)$$

で表わされる。ここで，定数2.2は単位重量当りに吸収された電子がそのまま熱に変換するとしたときの換算定数（cal/cm^2・Mrad）である。

したがって，ウェブ加工で照射線量が比較的多い場合にはウェブを氷冷した冷却ドラム上に接触した状態で照射する方式が考えられている[11]。また，フィルム状に液状樹脂が塗布されている関係上，照射を斜め上方からすることも行われる[12]。

不活性ガスを流すのは，酸素濃度を低く保つと同時に，雰囲気の温度上昇を防ぐ役割を果たしている。

3.2.3　その他の加工方式

電子線硬化と組み合わせた塗工・加工方式が種々提案されている。

上に述べた冷却ドラムと同じように照射部分に設置しドラムでの転写方式を用いるときわめて平滑な表面が得られるので，磁性テープなどの製造でカレンダー加工をする必要がない[11]。

織布の表面加工でも，樹脂液を織布に直接塗布して照射し織布自体の外観を得ることも，転写紙紙上で樹脂を半硬化してから織物に転写して完全に硬化・固着させて平滑なレザー様の布とすることもできる[13]。

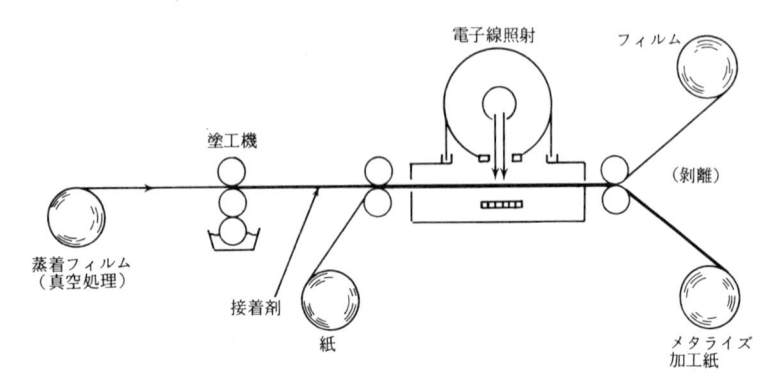

図4.3.2 紙のメタライズ加工プロセス

転写方式はメタライズ加工にも利用されつつある。図4.3.2には紙処理のラインの概略図[11]を示す。

電子線硬化では一般に光沢度のよい硬化膜を得るのが特徴の一つである。光沢度を調節するために，紫外線照射と組み合わせたデュワル方式[14]がありUniversal Woods社によるパーティクルボードの化粧板製造にも採用されている。

3.3 応用分野

ここでは応用の進展状況，使用樹脂の実例を紹介する。

3.3.1 磁性情報材料の製造

磁気テープ，フロッピーディスクなどの製造に電子線硬化法を採用することについては，企業間の開発競争が秘かに行われていたが，最近，樹脂などについての開発内容が公表されるようになった。電子線硬化型バインダーは一般的に，高分子量のアクリロウレタン，飽和樹脂，アクリル系モノマーからなり，シクロヘキサノン，テトラヒドロフランなどの溶剤で希釈しているのが現況である。ブレンド用の飽和樹脂としては塩化ビニル-ビニルアルコール共重合体[15),16)]，線状ポリウレタン[15),17)]，フェノキシ樹脂[16)]などが用いられている。

表4.3.4にはソニーから発表された電子線硬化による磁気テープの性能を示す。

現在までに，数台の実用機が納入されているようであるが，実稼動に入っているかどうか不明である。

3.3.2 感圧性接着剤[18)]

感圧性接着剤（粘着剤）の製造に対する放射線利用の試みは架橋によって耐熱性，凝集性を向

3 放射線による表面硬化

表4.3.4 電子線硬化磁気テープの特性

配合			厚さ μm	磁気特性		粉体摩耗度 (mg)	粉体接着力 g	フィルム弾性率 (E) dyn/cm²	T_g °C
オリゴマー	VAGH	ポリウレタン		磁束密度 (Grass)	距形比 (%)				
UA-300 7	0	3	8.5	1740	83.0	1.7	10	2.79×10^{10}	61
UA-300 10	0	0	8.5	1860	81.63	4.4	10	4.40×10	98
UA-700 9	0	1	8.5	1720	83.3	2.4	75	2.84×10^{10}	60
UA-700 10	0	0	9.0	1780	82.1	4.3	25	3.24×10^{10}	62
UA-1500 3	7	0	8.5	1710 2	83.3	1.5	110	3.05×10^{10}	54
(イソシアネート架橋)			5.5 a) (4.5)	1240 (1490)	79.7 (80.0)	(2.6)	(100)	2.53×10^{10}	60

a) ( ) 内カレンダー加工

上させる目的で溶剤法による製品に対してもなされている。無溶剤化を目的とする場合も，従来から粘着剤のベースポリマーとして用いられている飽和ポリマーをモノマーと混合したものが多い。

アクリル酸2-エチルヘキシル/アクリル酸(95/5)共重合体($\bar{M}_w$ 2.2×10⁵，$\bar{M}_n$ 2.5×10⁴，T_g -45℃)を用いた例では，紫外線法で配合検討をして優れた粘着力(2.75 lb/in)を得ているが，電子線照射ではわずかに0.3 lb/inしかなかった。紫外線と電子線では架橋密度，構造が異なるので配合設計上注意すべきである。

この他，用いられている飽和ポリマーとしては，長鎖アルキル($C_4 \sim C_{12}$)アクリレートポリマー，ポリビニルエーテルなどがある。これらの例ではいずれも粘着付与剤を添加しているが，最近，ポリアクリル酸ブチルをジエチレングリコール-4-ノニルフェニルエーテルアクリレート，あるいは2-ヒドロキシ-3-フェノキシプロピルアクリレートのようなモノマーと混合しただけの系も発表されている[19]。

反応性プレポリマーを用いた例としては，アクリル変性1,2-ポリブタジエン[18]，脂肪族不飽和ポリエステル[18]，不飽和アクリルなどがある。不飽和ポリエステルでは骨格に分岐構造を持たすこと，アルキルアミノ基をもつアクリル酸エステルを用いることにより強粘着性を得ることができる。不飽和アクリルでは，三官能のチオール化合物を添加することにより架橋構造の調節を図り，粘着力を増大させている[20]。

ヨーロッパではすでにマスキング用の粘着シート製造が電子線法で開始されている。米国にお

いても実用化されていると推定される。

3.3.3 剥離処理フィルム

シリコーンのような剥離処理剤の硬化にも電子線法が検討されている。従来のシリコーン樹脂も照射によって架橋するが，大線量を要するので，各種のアクリロイル基含有シロキサン，メルカプト基とビニル基を含むシロキサンの混合系が開発されている[21]。

電子線硬化で剥離処理をすると，基材の収縮，変形がないため，少ない塗布量で安定した剥離性能が得られる[22]。表4.3.5には各種基材にアクリル化シリコンを塗布，硬化させたときの剥離性能を示す。紙を基材とする場合にはセルロースの放射線分解による紙の強度劣化が懸念されるが，電子線処理用の紙も開発されているようである[23]。

なお，剥離処理フィルムの製造もSchoeller Release Productsなどによってすでに実用化されている[24]。

表4.3.5 各種基材の剥離抵抗（テープ幅：1 in）

基　材	重量または厚さ	剥離力 g/in	残留接着力 g/in
PEコートクラフト紙（Ⅰ）	139 g/m²	52～64	2000
PEコートクラフト紙（Ⅱ）	98 g/m²	46～58	2000
ポリエステルフィルム	38 μm	42～54	2000
ポリプロピレンフィルム	31 μm	40～44	2000
高密度PEフィルム	64 μm	46～52	2000
低密度PEフィルム	76 μm	48～60	2000
ポリスチレンフィルム	127 μm	76～130	2000
クラフトペーパー	68 g/m²	150～210	1700

3.3.4 接着加工

この分野では，米国のBixby International Corp.で実用化されたフロック加工がよく知られている[1]。基材としてABS，PVC含浸ネルを接着剤としてアクリロウレタン，アクリルポリエステルが使用されている。

最近，ラミネート加工に電子線照射の実用例が増加している。すでに述べた化粧板製造（3.2.3）の場合には，化粧紙のラミネートとトップコートの硬化が同時に行われている。

この他，実用化されているものとして，金属蒸着フィルムの加工，熱遮断材としてのフィルム／織布加工（Hunter Douglas Corp.），トランプなどの紙／紙のラミネート，反射材としてのアルミニウムホイル／ペーパーボードのラミネート，研磨紙製造などがある[24]。なお，これらの実用化例では1社で単品を製造するのではなく，各種の製品に対応できるラインとなっているようである。

3.3.5 塗装・印刷

電子線照射で硬化し得る不飽和ポリエステル樹脂は化粧板製造に適しているので，木材製品の電子線塗装は早くから実用化された。ただ，この樹脂は硬化線量がやや大きいこと，スチレンが揮散しやすいなどの欠点があり，最近の実用化例ではポリエステルアクリレートを使用する傾向になっている[25]。

わが国では木材加工業界の構造的不況のため，木材製品の塗装に電子線硬化法が実用化される

3 放射線による表面硬化

のはかなり困難である。しかし、金属パネル塗装[26]、スレート瓦、石膏タイルなどの無機材の塗装[3]が実用化され、注目を浴びている。

印刷の分野では紫外線硬化法が浸透しているが、電子線法も次第に採用されつつある。米国AGI社が包装紙、レコードジャケットの印刷および表面コートに電子線法を採用し[27]、最近テトラパック社がジュース・牛乳用カートンの印刷用に世界各国の工場に電子加速器を設置した。

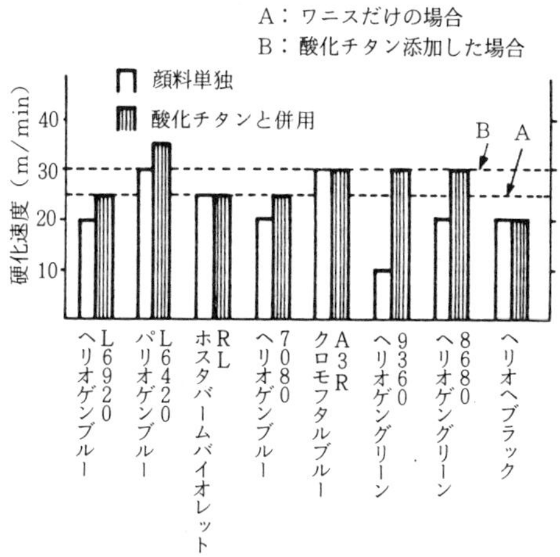

塗装・印刷の分野では顔料が樹脂の硬化性に及ぼす影響、あるいは色そのものの変化などを考慮する必要がある。一般的に無機顔料は硬化には悪影響を及ぼさないが、有機顔料では硬化を遅らす傾向がある。具体的データとして図4.3.3のような結果が公表されている[3]。

図 4.3.3 顔料が硬化性に及ぼす影響

文　献

1) 佐々木 隆,丸山 孜,石渡淳介,原子力工業,**25**(1),84(1979)
2) J. Weismann, E. P. Tripp, Papar presented at Radcure '85, May 1985, Basel, Switzerland
3) 丸山 孜,色材協会誌,**58**,467(1985);岡田紀夫,放射線化学,**18**(36),22(1983)
4) C. R. Morgan, F. Magnotta, and A. D. Ketley, *J. Polymer Sci. Polymer Chem.*, Ed., **15**, 627 (1977)
5) M.-F. Blin, G. Gaussens, Proc. Symp Large Radiation Sources for Industrial Process, München, 499 (1969)
6) P. H. Plesh, "The Chemistry of Cationic Polymerization", Chap. 17, p. 611, Pergamon Press (1963)
7) A. D. Ketley and J-H. Tsao, *J. Radiat. Curing*, **6**(2), 22 (1979)
8) 佐々木 隆,未発表データ
9) 石渡淳介,丸山 孜,荒木邦夫,色材研究発表会,1970.11,東京;佐々木 隆,第10回

原子力総合シンポジウム予稿集, p. 122 (1972)
10) P. Holl, *Radiat. Phys. Chem.*, **18**, 1317 (1981); 金子秀昭, ポリマーの友, **20**, 569 (1983)
11) S. V. Nabro, *J. Ind. Irradiat. Tech.*, **3**, 41 (1985)
12) A. F. Klein, Paper present at Radcure '83, May 1983, Lausanne, Switzerland
13) W. K. Walsh, et al., Proc. SME 3rd Radiat. Conf. Paper No. FC 76-520 (1976)
14) J. R. Freid, *Radiat. Curing*, **9** (1), 19 (1982)
15) J. Seto, et al., *Radiat. Phys. Chem.*, **25**, 557 (1985)
16) T. M. Santosusso, *ibid.*, 587 (1985)
17) I. Jurek and D. J. Keller, *J. Radiat. Curing*, **12** (1), 20 (1985)
18) 佐々木 隆, 日本接着協会誌, **18**, 26 (1982)
19) R. Taniguchi, T. Uryu, *Radiat. Phys. Chem.*, **25**, 475 (1985)
20) T. Ohta et al., *ibid.*, 465 (1985)
21) D. R. Thomas, J. D. Jones, Paper presented at Radcure '83, May 1983, Lausanne, Switzerland
22) 能代篤三, 青木 寿, 放射線プロセスシンポジウム講演予稿集, 67 (1985.11, 東京)
23) A. R. Hurst, Paper presented at Radcure '83, May 1983, Lausanne, Switzerland
24) J. Weisman, E. P. Tripp, Paper presented at Radcure '85, May 1985, Basel, Switzerland
25) A. Piukus, *J. Ind. Irradiat. Tech.*, **2**, 49 (1984)
26) S. Fujioka et al., *Radiat. Phys. Chem.*, **18**, 865 (1981)
27) 井上和裕, ポリマーの友, **20** (9), 578 (1983)

4 放射線橋かけ・分解製品

4.1 放射線架橋電線，熱収縮チューブ

上野桂二＊，宇田郁二郎＊＊

4.1.1 はじめに

放射線によるポリマー改質の始まりは，英国のCharlesby教授が放射線によるポリエチレンの架橋を見出したことにあると言われている。わが国における放射線によるポリマー改質の工業利用は，1957年に電線，熱収縮チューブ用に電子線加速器を用いたことに始まる。現在，多くの分野で放射線の応用が検討されているが，工業化の成功例としては，電線，熱収縮チューブ，フィルム，発泡体であると言われている。

照射用線源としては，Co^{60} 等のγ線および電子線が主に用いられており，工業利用という面から見て，その取扱いの容易さから電子線加速器を使用することが多い。わが国の電子線加速器の保有台数は[1]，1984年で，電線分野27台（13社），熱収縮チューブ，フィルム7台（5社），発泡体10台（3社）であり，特に電線分野では，米国の28台（1983年）とほぼ肩を並べる水準になっている。これらの分野で応用されている放射線効果は，ポリマーの架橋（分子同士の橋かけ）による耐熱性，熱変形性の改良が主である。また，放射線架橋に用いられるポリマーも，ポリエチレン，ポリ塩化ビニル，フッ素樹脂等と多種多様であり，本章では，電線および熱収縮チューブ分野におけるこれらの応用例を紹介してゆく。

4.1.2 放射線架橋電線への応用

(1) ポリエチレン（ポリオレフィン樹脂）

ポリエチレン（PE）は，電気的特性が優れていることから，電線の絶縁材料として用いられており，放射線架橋ポリマーとして最も多く利用されている樹脂である。PEは，放射線架橋型の代表的なポリマーであり，その架橋効率は種類により異なる。図4.4.1[2]に示したように，低密度PEほど放射線架橋しやすいことがわかる（ゲル分率とは，ポリマー中の良溶媒不溶解分率のことで，架橋度をあらわす）。また，照射によりPEの結晶性は減少するが，化学架橋における低下より少なく，架橋は主にアモルファス部で起こると言われている[3]。

分子量による架橋効率への影響は，図4.4.2[2]からわかるように，高分子量のポリマー程架橋されやすくなっている。これは，高分子量ポリマー程一分子当りに架橋点のできる確率および分子同士のからみあいの確率が高くなるためである。また，架橋効率を高めるために，多官能性モノマーをPEと併用することも効果がある。図4.4.3[2]に示したように，特に高密度PEに対して

＊ Keiji Ueno 住友電気工業(株) 大阪研究所
＊＊ Ikujiro Uda 住友電気工業(株) 電子ワイヤー事業部

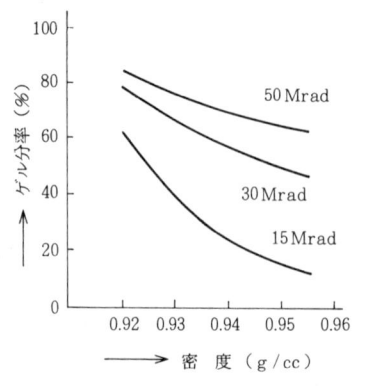

図 4.4.1　各種密度の PE の架橋

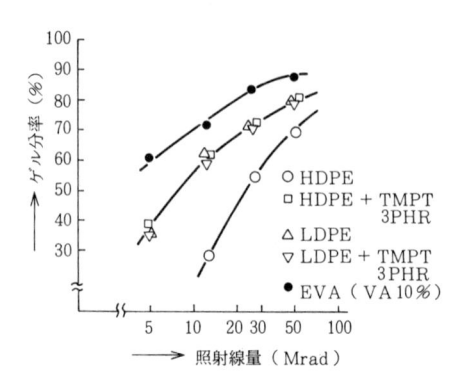

図 4.4.3　PE の照射架橋への助剤の効果

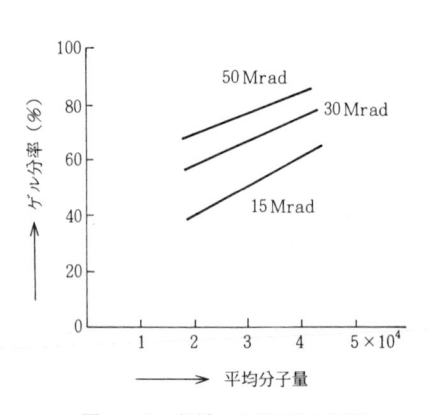

図 4.4.2　架橋への分子量の影響

効果が著しい。ただし，多量の多官能性モノマーの添加は，PEとの相溶性，溶解度に限界があり，ブリードするという問題がある。

PE の照射架橋による物性面への効果は，特に融点以上での高温物性に顕著にあらわれる。メルトインデックス 1.0 の低密度 PE の場合の 150℃ での諸物性を，図 4.4.4 [2]〜図 4.4.7 [2] に示した。照射架橋により，耐熱変形性，モジュラス，抗張力はいずれも大きくなるが，伸長率は低下するので，むやみに照射することは好ましくない。

① 高圧電力ケーブルへの応用

　PE の照射架橋では，数十 Mrad の吸収線量でないと物性への顕著な効果が現われない。このため，照射線源としては，高線量率が得られる電子線加速器を用いることが多い。電子線照射架橋は，高エネルギー放射線による架橋という化学反応と，電子の強制的注入という物理的な側面をもっている。この電子の注入という過程で，内部蓄積電荷による絶縁耐電圧の低下と，自己放電によるツリー状放電痕が発生する。この現象をいかに解決するかが，高圧ケーブルにおける放射線架橋の最大の課題となっている。

4 放射線橋かけ・分解製品

図4.4.8[4]に，1mm厚のPEシートを用いて，電子線照射による絶縁抵抗 – 温度依存性を測定した結果を示した。電子線照射により，絶縁抵抗値が異常に低下し，融点以上の加熱により，この絶縁抵抗低下ピークは消滅する。また，図4.4.9[2]には，絶縁厚の異なる照射PE電線の交流（AC）破壊電圧を示した。この結果では，絶縁厚の厚いPEに高線量率で照射すると，破壊電圧が低下するが，照射後加圧加熱するか，低線量率で照射すれば破壊電圧の低下を防ぐことができる。電子線架橋高圧ケーブルの特性を，表4.4.1[5]に示した。

② 低圧機器内配線への応用

放射線（電子線）照射架橋が，最も利用されているのがこの分野である。その理由は，絶縁厚が0.5～1mmと薄く，これまで述べてきた破壊電圧の低下等があまり問題にならないこと（使用電圧が600V以下と低いこともある），電線が細いため，化学架橋が困難で，製造効率も放射線架橋の方が高いといったことがあげられる。

一方，機器内配線は，防火防災といった観点から，高い難燃性（例えば，UL758の垂直燃焼試験に合格しなければならない）や，機器のコンパクト化に伴い電線の使用環境温度も高くなり，厳しい耐熱性等も要求される。このため，高圧電力ケーブルとは違った材料上の課題を解決する必要がある。

難燃化の場合，難燃剤（主としてハロゲン化合物）による架橋阻害の問題である。図4.4.10[6]は，難燃剤を添加したポリマーの照射量 – ゲル分率の関係を示したものである。難燃剤によっては，同一吸収線量でも，ゲル分率に大差が見られる。そこで難燃剤の選定にあたっては，できるだけ架橋阻害を起こさないものを選らばなければならない。

一方，耐熱化であるが，これは酸化防止剤を添加することで，高寿命化を図ることができる。

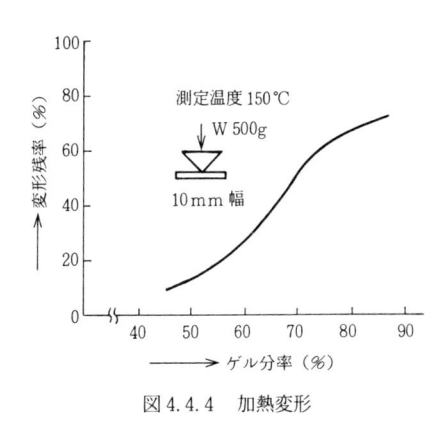

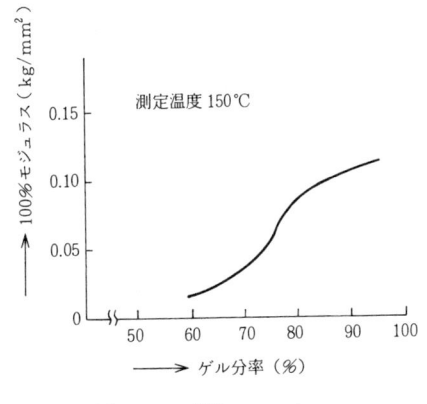

図4.4.4 加熱変形

図4.4.5 高温でのモジュラス

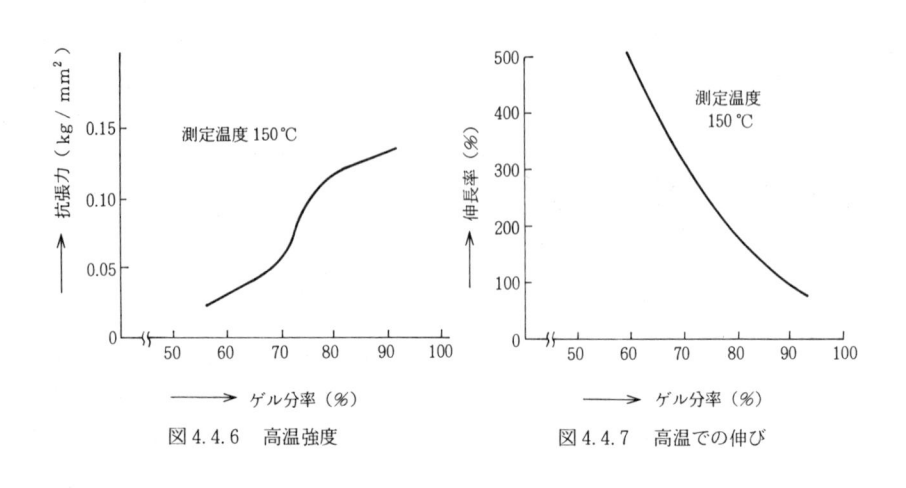

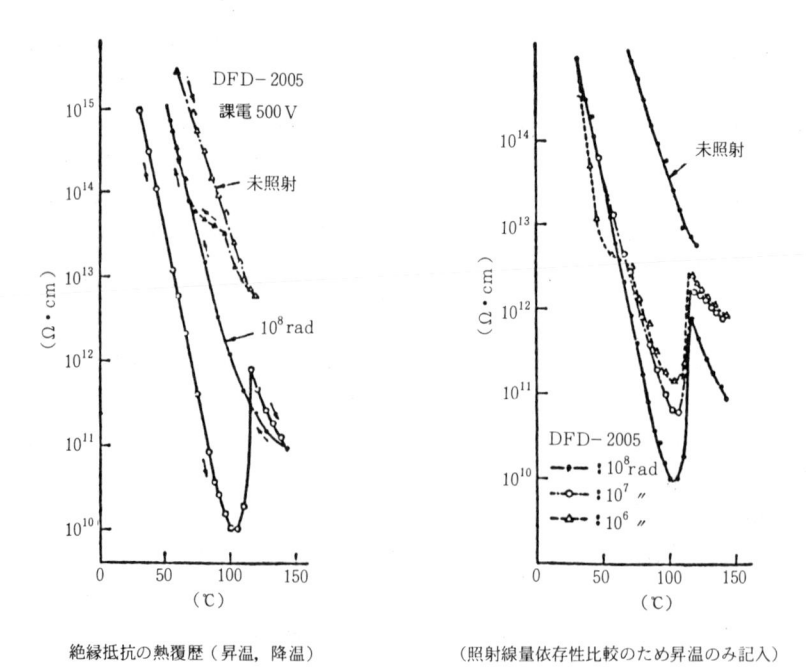

第4章 放射線による高分子反応・加工

図4.4.6 高温強度

図4.4.7 高温での伸び

絶縁抵抗の熱履歴（昇温, 降温）　　（照射線量依存性比較のため昇温のみ記入）
　　　　　　　　　　　　　　　　　　絶縁抵抗の熱履歴

図4.4.8 電子線照射架橋ポリエチレン1mmシートの見かけの固有抵抗異常

4 放射線橋かけ・分解製品

表 4.4.1 電子線架橋高圧電力ケーブルの特性
ケーブル仕様　6.6 kV　22 mm²
内径　5.5 mm　外径　13.5 mm
内部導電層押出し型 0.8 mm 厚さ

項目 \ 照射条件 \ ケーブル	電子線架橋 ケーブルA 1.5 MeV 15 Mrad	電子線架橋 ケーブルB 1.5 MeV 27 Mrad	(比較) 水蒸気架橋ケーブル
A・C破壊電圧 (kV)	90	60	80 - 100
Imp破壊電圧 (kV)	340	287	300 - 400
体積固有抵抗 (Ω-cm)	5.0×10^{17}	1.8×10^{17}	2×10^{17}
誘電率	2.47	2.32	2.3
誘電正接 (%)	0.23	0.02	0.02
ゲル分率 (%)	74 - 80	71 - 81	78
加熱変形率 (%)	22	14	20
引張強さ (kg/mm²)	1.96	1.81	2.1
伸び (%)	385	350	510
熱老化残率引張り (150°C 4日) 伸び	83 / 91	97 / 86	96 / 98
ミクロボイド (個/g) (5 - 15 μ)	0.3	—	11.5

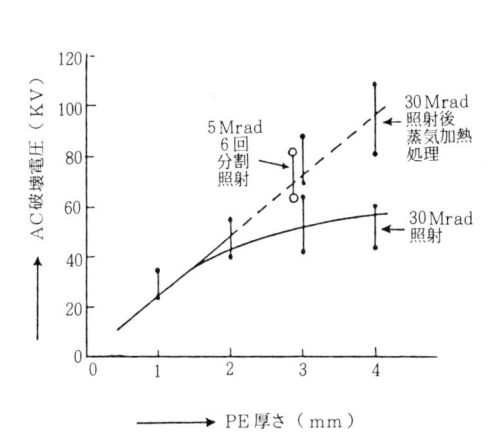

図 4.4.9　照射PEの破壊電圧

この際にもやはり架橋阻害が問題となる。図 4.4.11[6]に各種の酸化防止剤について，吸収線量－ゲル分率の関係を示した。アミン系の酸化防止剤は，酸化防止効果はフェノール系のものより優れているが，架橋阻害はフェノール系のものより著しい，これをうまく組合せることにより，架橋による効果と耐熱性の向上を計らなければならない。
表 4.4.2[6]に，UL 150°Cグレードの垂直燃焼試験に合格した 300V用（絶縁厚 0.4 mm）の電線の諸特性を示した。この電線は，薄肉耐熱，高難燃ということで，モーターの口出線や自動車用電線として，高い信頼性の要求される分野に使用されている。

(2) PVCの放射線架橋

ポリ塩化ビニル（PVC）は，以前には放射線崩壊型ポリマーとして扱われていた。PVCは，放射線照射により，脱塩酸が連鎖的に起こり，共役二重結合が生成し着色する。しかも，実用的な架橋度を得るには，30～100 Mrad（300 kGy～1 MGy）の照射が必要である。このため，PVCをそのまま照射しても，実用に耐えないものである。

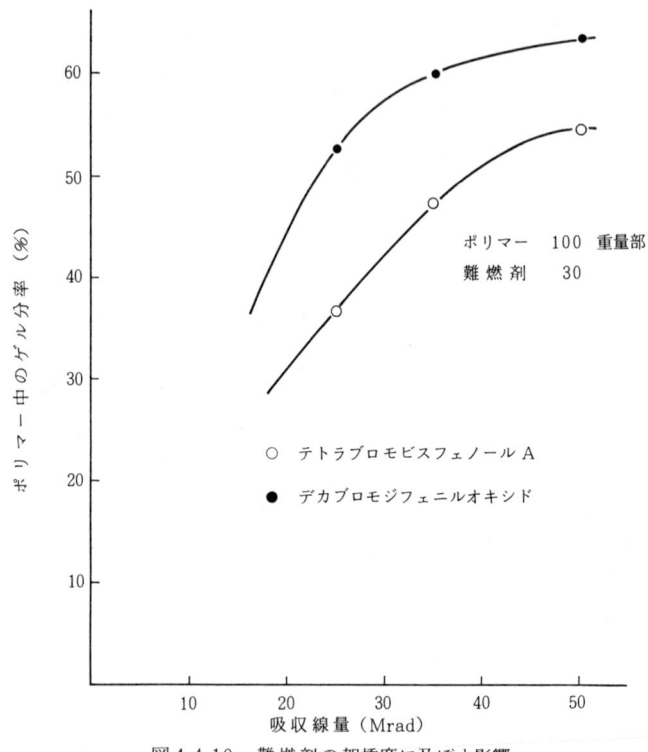

図4.4.10 難燃剤の架橋度に及ぼす影響

縦軸: ポリマー中のゲル分率 (%)
横軸: 吸収線量 (Mrad)

ポリマー 100 重量部
難燃剤 30

○ テトラブロモビスフェノール A
● デカブロモジフェニルオキシド

<照射PVCの着色機構>

```
    H H H H          H H H H
    | | | |          | | | |
  -C-C-C-C-   →    -C-C-C-C-
    | | | |          | ↓ | |
    H Cl H Cl        H Cl H Cl   (alkylラジカル)
                       Cl
```

```
    H H H H          H   H H
    | | | |          |   | |
  -C-C-C=C-   →    -C──(C=C)ₙ
    | ↓             |
    H  HCl          Cl

  (allylラジカル)      (polyene)
```

そこで検討されたのが, 多官能性モノマー (架橋助剤) との併用である. 図4.4.12[7]に, 各種

4 放射線橋かけ・分解製品

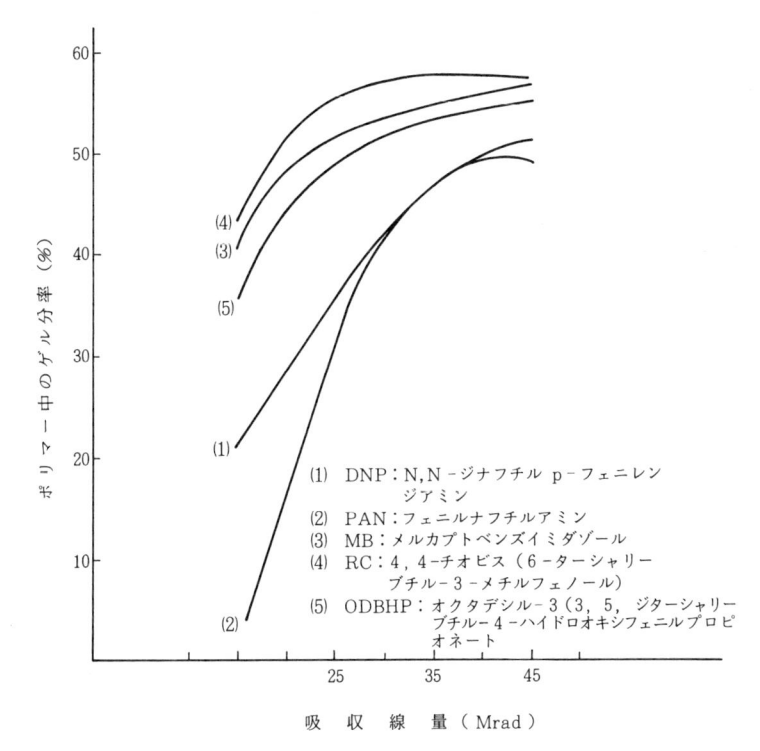

(1) DNP：N,N-ジナフチル p-フェニレン
ジアミン
(2) PAN：フェニルナフチルアミン
(3) MB：メルカプトベンズイミダゾール
(4) RC：4,4-チオビス（6-ターシャリー
ブチル-3-メチルフェノール）
(5) ODBHP：オクタデシル-3（3,5,ジターシャリー
ブチル-4-ハイドロオキシフェニルプロピ
オネート

図4.4.11　各種酸化防止剤と架橋度

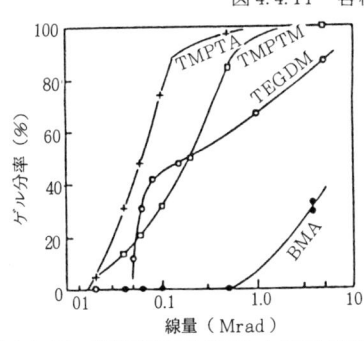

図4.4.12　各種架橋剤を添加したPVCの電子
線架橋特性（80°C，窒素中）
TMPTA：トリメチロールプロパントリアクリレート
TMPTM：トリメチロールプロパントリメタクリレート
TEGDM：テトラエチレングリコールジメチルアクリレート
BMA　　：n-ブチルメタクリレート

多官能性モノマーとゲル分について示した。モノマー中の官能基の多い方が架橋効率はよく，三官能のTMPTAでは，0.1 Mradの照射でゲル分率が80％にも達している。

図4.4.13[8)]には，PVCの重合度による照射量とゲル分率の関係を示した。配合は，PVC：100部，可塑剤（DOP）：50部，安定剤（三塩基性鉛）：5部，架橋助剤（TMPTA）：5部である。この図から，レジン重合度が高くなるにつれゲ

表4.4.2 高難燃照射ポリエチレン電線材料諸特性

試 験 項 目		規格値	測定値
初 期	抗 張 力 (kg/mm^2)	1.05	1.57
	伸 (%)	200	410
老 化 180°C-7日	抗張力(残%)	70	113
	伸 (残%)	65	102
老 化 158°C-30日	抗張力(残%)	－－	102
	伸 (残%)	－－	86
老 化 158°C-60日	抗張力(残%)	70	116
	伸 (残%)	65	83
老 化 158°C-90日	抗張力(残%)	50	114
	伸 (残%)	50	71
耐 油 100°C-96H	抗張力(残%)	50	75
	伸 (残%)	65	108
老化耐圧	初期耐圧 (kV/mm)	－－	21
	180°C-7日 残 率 (%)	50	124
	158°C-30 残 率 (%)	－－	116
	158°C-60 残 率 (%)	50	120
	158°C-90 残 率 (%)	50	128
絶縁抵抗	(MΩ/km)	－－	33
加熱変形 (荷重500g) 残率(%)	158°C	50	70
	180°C	50	63
低温巻付 (-10°C-1H)		クラック無	良 好
燃焼試験 (VW-1)			良 好

ル分率も大きくなっており，高重合度PVC程架橋効率の高いことがわかる。レジン重合度を一定 ($\bar{P} = 1050$)にし，可塑剤（DOP）を25部から100部まで変量した時の照射量とゲル分率の関係を，図4.4.14[8]に示した。ゲル分率は，可塑剤の増量とともに増加している。これは，可塑剤が多くなるにつれ，PVCの分子間隔が大きくなり，架橋助剤も十分な広がりを持つようになり，PVCの分子間で架橋する確率が高くなり架橋効率が上がると考えられる。

こうした架橋の効果が最も顕著にあらわれるのは，加熱変形性についてである。図4.4.15[2]は，105°Cの雰囲気中で，V字のエッジで試料をおさえ，試料の下に置いた導体との間で短絡するまでの時間を測定したものである。架橋の効果がはっきり現われており，ゲル分率が75%以上であれば10分以上短絡しないことがわかる。表4.4.3[9]に，過通電試験によるPVCと架橋

表4.4.3 PVCおよびXLPVC電線の過通電試験結果

試 料	単 位	試 験 結 果					
		40A	45A	50A	55A	60A	70A
PVC 電線（AV）	°C	62	62	80	105	158	187
(0.85mm²)	結 果	◎	◎	×	×	×	×
XLPVC電線（AVX）	°C	54	68	83	103	143	180
(0.85mm²)	結 果	◎	◎	◎	◎	×	×

◎ 絶縁破壊せず
× 絶縁破壊

4 放射線橋かけ・分解製品

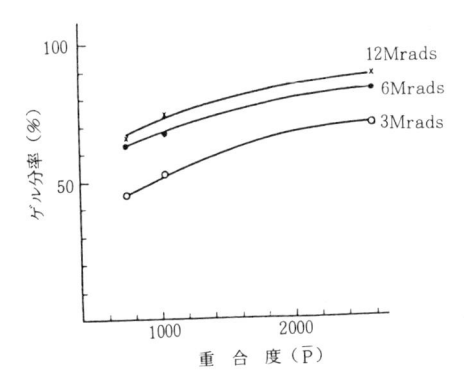

図4.4.13 レジン重合度とゲル分率の関係

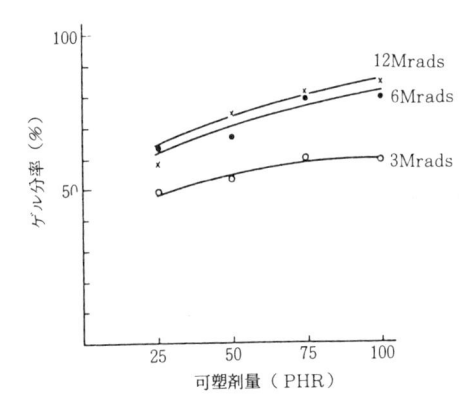

図4.4.14 可塑剤量とゲル分率の関係

PVC (XLPVC) 電線の特性比較を示した。非架橋PVCでは，45Aまでしか通電できないが，XLPVCでは55Aまで通電しても電線は破壊されず，高い信頼性を示している。機器内配線の場合，高温のハンダに浸漬してもとけないこと，シャープエッジにふれても短絡しないといった架橋電線の特性が，ユーザーに喜ばれている。

(3) ポリプロピレン (PP)

PPは，機械的特性と耐熱性に優れた樹脂であり，原料コストも安く，今後も広い分野に使用されてゆくと考えられる。しかし，低温脆性，耐衝撃性，無機フィラー等の充塡性，化学的劣化等に問題があり，電線分野への応用はあまり検討されていないのが現状である。

PPは，空気中で放射線を照射すると，劣化が優先することは，図4.4.16[10]から明らかである。そこで，多官能性モノマーを用いて，放射線架橋が試みられている（図4.4.17[10]）。ところが，照射により伸びが低下するため，より低線量で架橋させることが必要となり，架橋型ポリマーとのブレンドも検討されている。図4.4.18[11]に，スチレン-エチレン-ブチレン-スチレンブロックコポリマー (SEBS) とのブレンド物の照射線量と伸びの関係を示した。

PPは，耐熱性，強度等には優れてはいるものの，このように架橋をコントロールするのが困難であり，ポリエチレン程放射線架橋には使用されていない。

(4) フッ素樹脂

フッ素樹脂は，機械的特性，電気的特性，耐熱性，耐薬品性等に優れ，高性能電線用材料として用いられている。フッ素樹脂としては，ポリテトラフルオロエチレン (PTFE)，テトラフルオロエチレン-パーフルオロアルキルビニルエーテル共重合体 (PFA)，テトラフルオロエチレン-

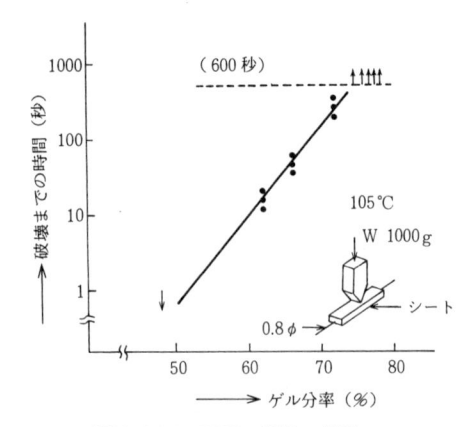

第4章 放射線による高分子反応・加工

図4.4.15 PVCの架橋の効果

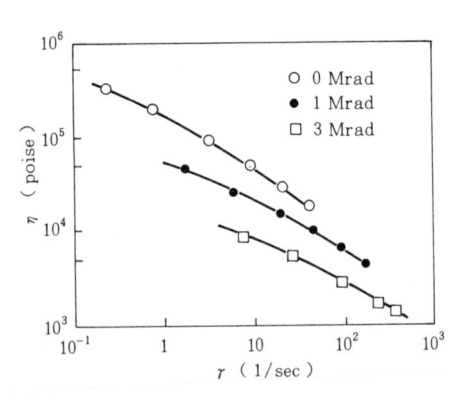

図4.4.16 電子線照射PPの流動曲線（200°C）

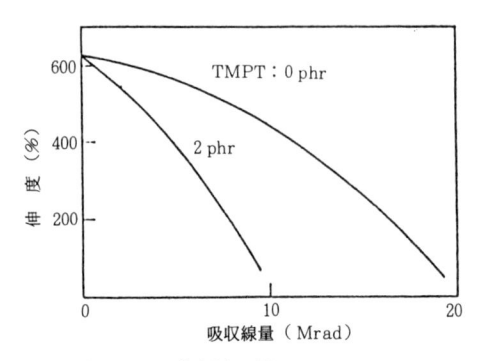

図4.4.17 放射線照射したPPの伸度

ヘキサフルオロプロピレン共重合体（FEP），エチレン-テトラフルオロエチレン共重合体（ETFE），ポリフッ化ビニリデン（PVdF）等の多くの種類がある。これらのフッ素樹脂の中で放射線架橋が検討されているのは，ETFEとPVdFであり，主としてETFEは航空機用電線として，PVdFは熱収縮チューブ等に用いられている。

ETFEは，単独でも放射線により架橋できるが，架橋助剤と併用することでより効率のよい架橋が可能となる。図4.4.19[12]は，架橋助剤としてトリアジン系モノマーを添加した場合の架橋促進を，ポリマー融点（260℃）以上での加熱変形率により確認したものである。この架橋ETFEを用いた電線の航空機用電線としての特性を表4.4.4[12]に示した。

4.1.3 熱収縮チューブへの応用

熱収縮チューブとは，ホットガン等で加熱することによりチューブの内径が，1/2〜1/3に収縮するチューブのことである。用途としては，電子機器内配線端子保護用，通信ケーブル用ジョイント，カバー，パイプライン用保護チューブ等がある。

チューブに用いられる材料は，電線用絶縁材料とほとんど同じ樹脂が用いられ，非架橋品50％，放射線架橋40％，化学架橋10％となっている。非架橋樹脂でも収縮チューブはできるが，架橋することにより，1) 高収縮率が得られ，

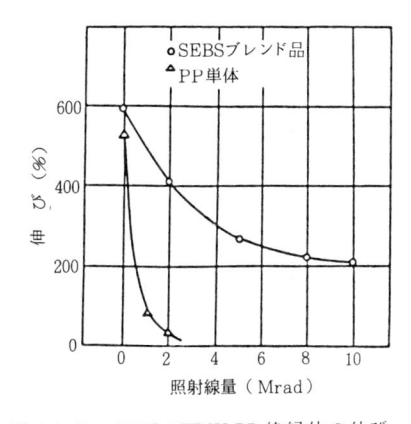

図4.4.18 SEBSのFRXLPP絶縁体の伸び
に対する添加効果

図4.4.19 トリアジン系モノマ添加ETFEの
照射架橋性と押し出性

表4.4.4 航空機用電線としての評価

項　　目	試　験　方　法	規　　格 (MIL-W-22759/41A)	XL- ETFE *	カプトン
絶縁抵抗(MΩ-km) 絶縁破壊電圧(kV)	水　中 マンドレル	－	1.0×10^5 31.1	2.6×10^4 27.8
引張強さ(kg/mm²) 伸　び(％)	引張りスピード 50 mm/分	$3.52 \leq$ $50 \leq$	5.32 94	18.4 53
ラップ試験	313℃×2 h	クラックなし	合　格	合　格
促進老化試験	←マンドレル (0.5インチ) ←荷重(1.5ポンド) 300℃×7 h	巻き戻し：クラックなし 2.5KV耐圧：絶縁破壊せず	合　格	合　格
低温巻付試験	－65℃で1インチのマン ドレルに巻付ける	クラックなし	合　格	合　格
浸せき試験	酸,溶剤,油,ジェット燃料 20℃～118℃, 1分～118 h	外径増加率：5％≧ 0.5インチのマンドレルに巻付 け後 2.5KV/5分耐圧：絶縁破壊 せず	合　格	合　格

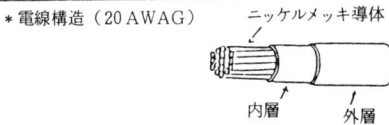

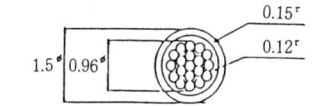

＊電線構造（20AWAG）

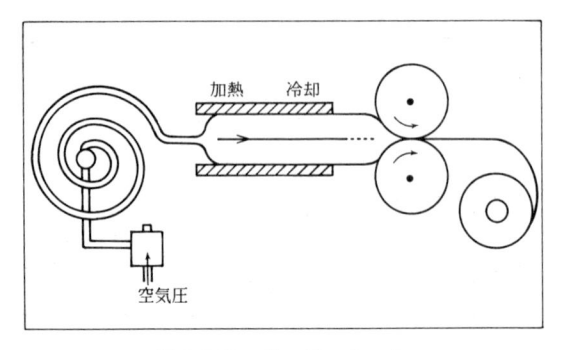

第4章　放射線による高分子反応・加工

図4.4.20　差圧方式

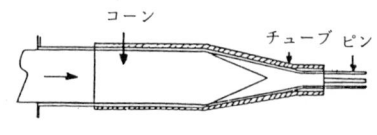

図4.4.21　パラソル方式

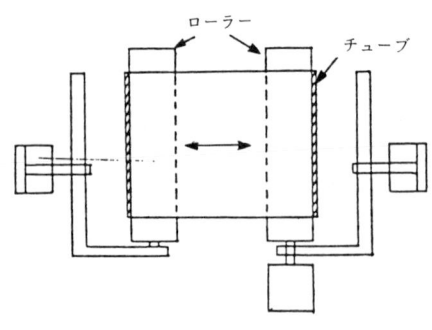

図4.4.22　回転ロール方式

2)収縮力が大きい（フィットしやすい），3)収縮前後の寸法安定性が良いといった利点がある。国内で収縮チューブを製造しているメーカーは5社あり，すべて電子線加速器を保有している。

(1) 熱収縮チューブの原理

熱収縮チューブの原理は，架橋ポリエチレン（XLPE）のような結晶性ポリマーでは，融点以上に加熱すると結晶部が溶融し，ゴム状のエラストマーとなる。これを延伸し，そのままの形状で融点以下に冷却すると，結晶が生成しこれにより形状が保持される。これを再び融点以上に加熱してやれば，XLPEはゴム状となり，延伸する前の形状に復帰する。この特性のことを，一般に記憶効果と呼んでいる。

現在，熱収縮チューブに用いられる樹脂は，PVC, PE, 各種ポリオレフィン共重合体（EVA, EEA等），塩素化ポリエチレン，EPDM-PEブレンド，ポリフッ化ビニリデン，ポリエステル樹脂等である。これらの樹脂の放射線架橋は，前項で述べたので，熱収縮チューブの製造方法について説明する。

(2) 熱収縮チューブの製造方法[13]

熱収縮チューブを作る場合，元のチューブ径の2倍以上に膨張させる必要があり，この膨張方式として以下のものがある。

1) 差圧膨張方式（図4.4.20）

ダイス部での減圧およびチューブ内加圧による差圧によって膨張する。

2) 機械的膨張方式
   a. パラソル方式（図4.4.21）
      加熱したチューブにガイドピンを入れ，その後，クサビ形コーンをガイドピンにそわせて挿入して膨張する。
   b. 回転ロール膨張方式（図4.4.22）
      加熱したチューブを二本のロールにかけ，ロール軸の間を開いて膨張する。

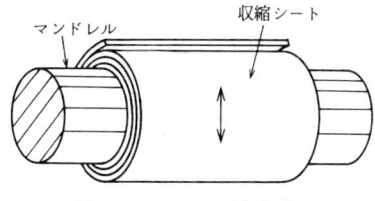

図4.4.23 テープ巻方式

マンドレル　収縮シート

3) テープ巻方式（図4.4.23）
   あらかじめ延伸したテープをマンドレルに多層ラップし，加熱して各シート間を融着させ，冷却後マンドレルを取りはずす。

文　献

1) 柏木正之，第17回日本アイソトープ放射線総合会議（1985）
2) 上野桂二，ほか，絶縁材料研究会資料（電気学会）EIM-77-66（1977）
3) 団野晧文，ほか訳，チャールスビー，放射線と高分子，朝倉書店，p.192（1962）
4) 多田昭太郎，ほか，電気学会誌，**89**，406（1967）
5) 萩原幸，ほか，昭52電気学会全国大会予稿，308（1977）
6) 上野桂二，ほか，絶縁材料研究会資料（電気学会）EIM-82-122（1982）
7) W.A.Salmon et al., *J. Appl. Polym. Sci*, **16**, 671（1972）
8) 上野桂二，ほか，住友電気，118号（1981）
9) I.Uda et al., SAE Passenger Car Meeting Dearborn（1983）
10) 野尻昭夫，ほか，プラスチックス，**31** 3, 51（1980）
11) 片平忠夫，ほか，藤倉電線技報，9月（1983）
12) 関育雄，ほか，放射線プロセスシンポジウム予稿（1985）
13) S. Ota, *Radiat. Phys. Chem.*, **18**, 81（1981）

第4章 放射線による高分子反応・加工

4.2 発泡体

原山　寛*

4.2.1 はじめに

放射線橋かけを利用した発泡体としては，発泡ポリエチレン，ポリプロピレンがある。ポリエチレンは放射線照射によって，最も容易に橋かけ（以下架橋という）させうるプラスチックであり，早くからその架橋体の物性が研究され，その応用として架橋発泡ポリエチレンが生みだされた。この架橋発泡ポリエチレンにおける架橋の程度は，耐熱電線，絶縁テープなどの電気絶縁材料程高くなく，発泡加工性を向上させるに足る軽度なものである。ここでは，軽度に放射線架橋した発泡ポリエチレンの基本原理，放射線架橋ポリエチレンの構造と物性，発泡ポリエチレンの製造プロセス，特性，用途などについて述べる。

4.2.2 架橋発泡ポリエチレンの基本原理

ポリエチレンはその重合法により程度の差こそあれ，典型的な結晶性ポリマーであり，融点以上の高温になると，図4.2.1[1]に模式的に示すように急激に溶融粘度が低下する。このため発泡に好適な粘弾性を示す温度範囲がきわめて狭く，常圧発泡法においては，2〜3倍程度の発泡倍率のものしか得られない。しかしながら，ポリエチレンを適度に架橋することにより，図4.2.1に示されるように粘弾性挙動を変化させることができ，高発泡に適した粘弾性を示す温度範囲を拡げることができる。ポリエチレンから架橋発泡ポリエチレンができるまでの過程においては，図4.2.2に示すような種々の要因，因子が複雑に絡み合っており，材料の選定から製造条件を確立するまでに解決しなければならない問題点は多い。すなわち，架橋ポリエチレンの構造，物性の究明が非常に重要である。

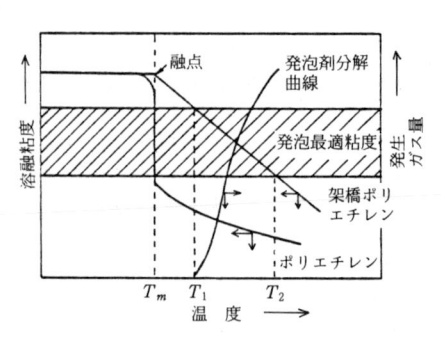

図4.2.1　架橋ポリエチレンフォームの発泡原理

4.2.3 放射線架橋ポリエチレンの構造と物性

架橋ポリエチレンの構造は，使用するポリエチレンの分子構造と放射線の照射線量に支配される。ポリエチレンは各種のポリマーの中でも，最も簡単なモノマー単位をもちながら，ポリマーとしてはその重合法により，単純なものからかなり複雑な構造まで，分子構造的には多岐にわたる。

---

* Hiroshi Harayama　積水化学工業（株）

4 放射線橋かけ・分解製品

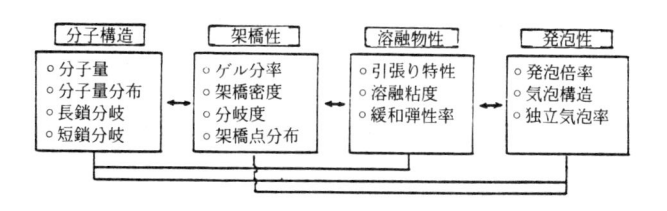

図4.2.2 ポリエチレンの架橋，発泡に絡む因子群

したがって，多くのポリエチレンの中から放射線架橋発泡に適した樹脂を，押出し性，架橋性，発泡性の面から種々の検討を加えたうえ選定する必要がある。ポリエチレンを放射線照射して得られる架橋体の構造は，次のような因子で表現できる。

1) ゲル分率，ゾル分率
2) 架橋密度（架橋点間分子量）とその分布状態
3) ゲルの網目鎖中の分岐
4) ゾルの平均分子量とその分布
5) ゾル分子の分岐

発泡に利用される軽度の架橋体の場合，三次元網目構造からなる不溶不融のゲルの他に，ゲルに組みこまれないゾルの分子が多量に存在し，これらの混合物としての物性を利用するものであるため，ゲルの網目構造はもちろんのこと，ゾル分のミクロ構造も考慮する必要がある。

ポリエチレンに放射線を照射すると，図4.2.3のように，ある線量（r_{gel}）から急にゲルが生成しはじめ，照射線量の増加とともにゲル分率は増加する。このようなゲル分率－照射線量曲線の挙動は，ポリマーのミクロ構造を反映しているものであり，Charlesby[2]が定式化している。すなわち，ゲル化線量（r_{gel}）は，ポリマーの重量平均分子量（M_w）と架橋のG値によって決定される。

$$r_{gel} \times M_w = 0.48 \times 10^6 / G$$

また，その後のゲルの生成量はポリ

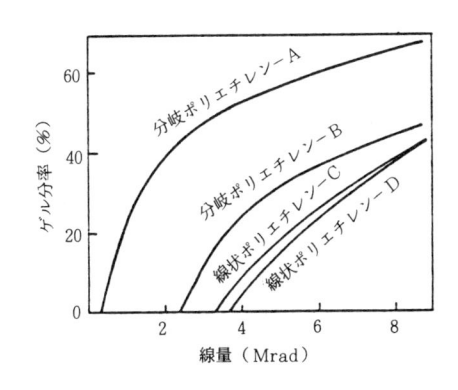

図4.2.3 ポリエチレンの放射線架橋特性

マーの分子量分布によって決まる[2]。軽度な架橋体の架橋密度は，ポリマーの分子量分布，特にその高分子量側の分率に影響され，種々の線量における架橋密度の変化は，その膨潤比の測定によって間接的に知ることができる。図4.2.4にその様子を示すが，ゲル分率の増加とともに膨潤比（架橋密度と反比例する）が急激に減少し，その挙動はポリマーのグレードによって異なる。

ゾル分子のミクロ構造は，放射線の照射により，ポリマーの中で高分子量側の分子からゲルに組み込まれる確率が大きいため，線量の増加とともに，残るゾル分子の分子量は急激に減少し，かつ分子量分布は狭くなる[3]。図4.2.5は放射線照射によって生じた分子量の変化をメルトインデックス（MI）で示したもので，線量の増加とともにMIは減少し，ゲル化線量を越えると，ゲルの生成がはじまるので，ゾル分のMIは増加する。

このように，放射線照射によってポリマーの構造は変化するが，ポリエチレンの軽度の架橋体の構造は，概念的には比較的架橋点間分子量の大きい，ルーズな三次元網目構造を有し，その構造とゾル分子のかねあいが，ポリエチレンを高倍率に発泡せしめるための重要なファクターとなる。

架橋ポリエチレンの物性の最も大きな特徴は，融点以上の高温時においてゴム状性質を示し，1,000～2,000％以上におよぶ非常に大きな伸びを示すことである。高温における一軸伸長の応力－歪曲線は，図4.2.6のように，加硫ゴムにみられるような典型的な逆S字曲線を描き，照射線量が増し，架橋密度が高くなるにつれて，同一歪量に対応する応力は大きくなる。しかもこのとき，架橋密度に応

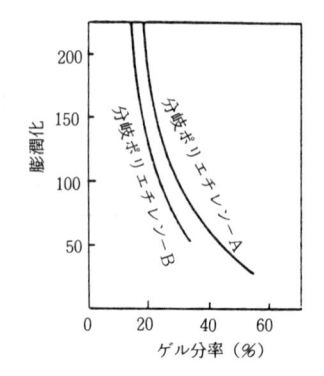

図4.2.4 架橋ポリエチレンの膨潤比とゲル分率との関係

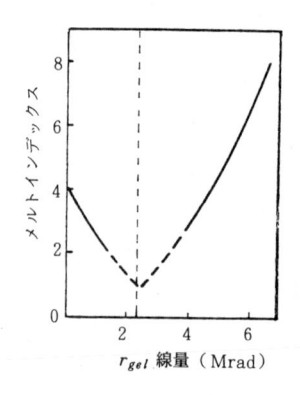

図4.2.5 架橋ポリエチレンのメルトインデックスと線量との関係

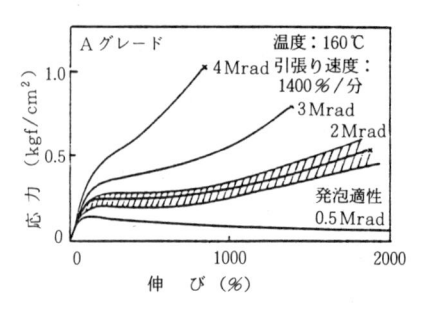

図4.2.6 架橋ポリエチレンの一軸引張り特性

じたかなり大きな平衡弾性率を示すので，高温時に大きな変形を伴なう発泡のような加工を容易に行なうことができるのである。

4.2.4 架橋発泡ポリエチレンの製造プロセス

ポリエチレンは，前述のようにその融点近傍での溶融粘度の変化が急激なため，発泡可能範囲が極端に狭く，架橋せずに常圧で発泡させることは非常に困難である。しかし，これまで述べて来たように，適度の架橋を施すことにより，常圧下においても連続的に発泡させることが容易になり，従来の汎用のフォームとは異なった特徴を有する架橋発泡ポリエチレンが得られるようになったのである。

放射線架橋発泡ポリエチレンの製造プロセスを図4.2.7に示す。シート成形の押出工程においては，発泡剤とポリエチレンとを発泡剤が分解しない温度条件下で均一に押出し混練する必要があり，押出設備，押出条件に工夫を要する。図4.2.8に押出温度と発泡剤の分解挙動の関係を示す。

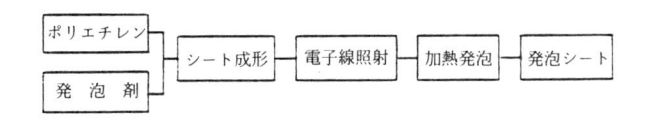

図4.2.7　放射線架橋法による高発泡ポリエチレンフォームの製造プロセス

照射工程において使用される電子線加速器は，加速電圧が500〜2,000 kV，電子線出力が5〜50 kW，電子線ビームの幅が30 cm以上の連続照射が可能で信頼性の高いものが使用されている。電子線の透過能力は図4.2.9に示すようにあまり大きくなく，数mm厚の発泡性シートでも厚み方向に線量の差が生じるので，架橋度をより均一にするために，発泡性シートの両面から照射する工夫がなされている[4]。良質の発泡体を得るためには，幅方向，厚み方向ともに均一な照射を行う必要があり，そのための照射技術が重要である。

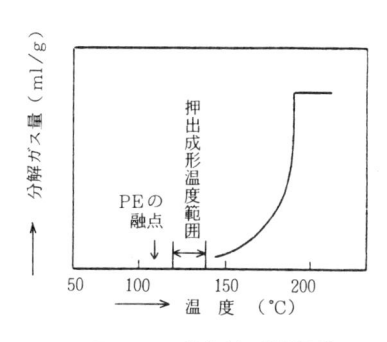

図4.2.8　発泡剤の分解特性

発泡工程においては，樹脂の融点をはるかに越える200℃以上の高温で発泡するため，発泡したシートは非常に弱く，かつ極めて粘着しやすい性質を有している。このような発泡を連続的に安定して行うために，メーカーそれぞれが工夫をこらした発泡機，例えば，懸垂降下式[5]，液

浴浮上式[6]，などを開発して生産を行っている。

架橋ポリエチレンの発泡特性の一例を図4.2.10に示すが，一般に安定に発泡可能なゲル分率の範囲は，発泡剤量の少ない低発泡倍率領域では広く，高発泡倍率になる程極端に狭くなり，さらに気泡径の均一な良好なフォームの得られるゲル分率の範囲は限定される。しかしながら，近年，一連の技術の進歩にともない，良質発泡体の得られる条件範囲はかなり広がって来ているとともに，使用原料も多彩となり，LLDPE[7)~9)]，HDPE，PP[10),11)]などの原料を駆使し特徴ある架橋発泡体が種々市場に導入され，用途が広がって来ている。

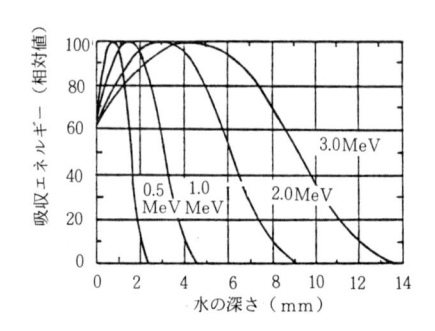

図4.2.9 電子線の透過能力

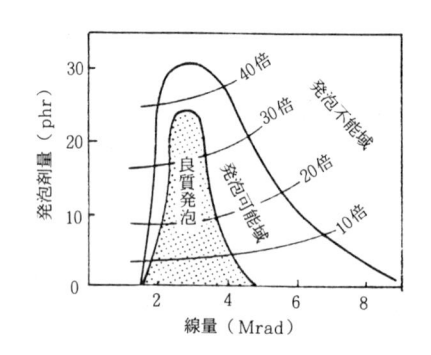

図4.2.10 架橋ポリエチレンの発泡特性

4.2.5 架橋発泡ポリエチレンの用途

架橋発泡ポリエチレンは，架橋されていることで，耐熱性，二次加工性が向上しており，熱加工時の溶融による気泡の破壊がないので，フォームの真空成形，エンボス加工，熱融着などの加工温度範囲を充分広くとることができ，均一な気泡，外観を保つことができるという大きな特徴がある。一般的な特徴を列挙すると，

1) 半硬質の独立気泡フォームである。
2) 力学的性質がすぐれ，可とう性がある。
3) 衝撃吸収性がすぐれている。
4) 熱伝導率が小さく，断熱性がよい。
5) 耐水性，耐薬品性がすぐれている。
6) 耐候性がすぐれている。
7) 低温特性がすぐれている。
8) 電気絶縁性がすぐれている。
9) 無毒，無臭である。

10) 二次加工性がきわめてすぐれている。

電子線架橋ポリエチレンフォームと，他種フォームとの物性の比較を表4.2.1に示す。

表4.2.1 電子線架橋ポリエチレンフォームと他種フォームとの物性比較

測定項目		単位	電子線架橋ポリエチレンフォーム	ウレタンフォーム（エーテル型）	軟質ＰＶＣフォーム	スチレンフォーム
気泡構造			独立	連続	独立	独立
厚さ		mm	3.00	9.84	4.82	5.20
見掛け密度		g/cm²	0.033	0.017	0.14	0.032
引張り強さ	タテ	kg/cm²	4.3	0.94	10.0	−
	ヨコ	〃	3.0	1.04		−
伸び	タテ	％	204	179	111.5	−
	ヨコ	〃	165	212		−
圧縮強さ	25％	kg/cm²	0.35	0.026	0.65	2.46
	50％	〃	1.00	0.033	1.48	3.13
	75％	〃	3.25	0.058	−	5.53
圧縮永久歪		％	6.5	1.5	3.0	21.55
耐老化性			◎	×	○	△
耐薬品性			△	○	○	×
耐水性			◎	×	○	○
燃焼性			可燃	可燃	自己消火性	可燃
吸音性			△	◎	△	×
耐熱温度（℃）			80	100（短時120）	60	70
耐候性			◎	×	△	△
熱加工性			◎	×	○	○
可塑剤移行性			なし	なし	あり	なし
浮力性			◎	×	○	◎
衝撃吸収特性			◎	△	○	×

このように，数々のすぐれた特徴をもつ架橋発泡ポリエチレンは，非常に広い用途に使われており，その例を表4.2.2に示すが，前述のように機能がさらに付加された製品が開発されるに伴なって，この用途はなお一層広がって来ている。特に，表4.2.2の中の1)～3)の工業用の用途が増えており，断熱性，軽量性，加工性に富む省エネルギー材料として，今後一層の用途拡大が期待される。

4.2.6 おわりに

放射線による軽度の架橋を利用した特徴ある発泡体につき概説したが，放射線照射という手段

表 4.2.2　架橋発泡ポリエチレンの用途

1) 建築・土木分野＜断熱性，緩衝性，防水性＞
   - 長尺屋根（折版）の断熱，防露材
   - 屋上断熱緩衝材
   - 不陸調整材
   - 防水層保護材
   - 土木建築用各種目地材
   - 屋根下地材
   - 壁材・壁紙下地材
   - 床，畳下地材
   - 養生シート
   - 道路，線路の凍結防止，噴泥防止材
2) 断熱工業分野＜断熱性＞
   - 冷暖房機器，冷蔵庫断熱材
   - 水道配管凍結防止用保温材
   - 給湯配管保温材
   - 化学プラント配管保温材
   - 浴槽断熱材
   - シンク防露材
   - テープ紙管緩衝材
   - 粘着テープ基材
   - 各種ガスケット
   - ソーラシステム断熱材
   - 太陽熱温水器断熱材
   - 省エネルギー機器用断熱材
3) 車輛分野＜軽量性，断熱性，熱加工性＞
   - 自動車内装材 -
   - 天井材
   - トランクマット
   - レザートップ
   - リアーコーターパネル
   - ラッゲージハウス
   - トランクサイド
   - リヤーベントダクト
   - フロントシートバック
   - ホイルカバー
   - シートサイドトリム
   - フロアーシート
   - カウルサイドトリム
   - コンパートメントシェルフ
   - カークーラー断熱材
   - インスツルメントパネル
   - サンバイザー
   - 配線プロテクター

4) 包装・梱包分野＜クッション性＞
   - びん口パッキン
   - 合板梱包用緩衝材
   - 家庭電気製品保護カバー
   - ライター，時計，万年筆ケース
   - 医療器材輸送用緩衝材
   - 家具輸送用保護カバー
   - 各種ガラス器具，食品保護緩衝材
   - 各種コンテナー内張り
   - コーナーパット
5) スポーツ・雑貨分野＜緩衝性，断熱性，熱加工性，外観，風合い＞
   - 風呂スノコ
   - 台所マット
   - 湯上りマット
   - 風呂浮ぶた
   - 流しスノコ
   - 健康マット
   - 水泳用ビートボード
   - プールカバー
   - サーフィンボード
   - ライフジャケット
   - 体育マット
   - キャンピングマット
   - スリッパ
   - カバンの芯材
   - デスクマット
   - 各種教材，玩具
   - 各種敷物裏打ち材
   - 打抜き帽子
6) 農林，水産分野＜断熱性，緩衝性＞
   - 健苗，育苗シート
   - 保温マット
   - 温室保温材
   - 畜舎屋根壁材
   - 保冷倉庫断熱材
   - 果物包装

を高次加工に結びつけた技術としてユニークなものであると言えよう。得られる製品の生産性，品質共にすぐれており，この技術が高く評価された結果として，多くの海外先進諸国でも実用化され，用途，生産量ともに益々増大している。

　今後の一層の発展には，他の新規素材との組み合わせ，そのための複合化技術の向上が重要であるが，さらに，基本技術として，放射線の利用を単に架橋に用いるだけでなく，グラフト重合等の反応を伴った系での応用を図るなど　技術の幅を拡げることができ，より一層特徴をもった製品が開発されることも重要であると考える。

文　献

1) 小坂田篤，高橋寿正，玉井勇，若村宜雄，プラスチックエージ　エンサイクロペディア，289 (1971)
2) 団野皓文ら (共訳)，"チャールスビー放射線と高分子"，朝倉書店，(1960)
3) 雨宮綾夫編，"放射線化学入門 (下)"，丸善 (1962)
4) 相根典男，中田晋作，工業材料，**21**, No.9, (1973)
5) 特公　昭42-18832
6) 特公　昭42-10749
7) 特開　昭57-202325
8) 特開　昭57-202326
9) 特開　昭57-202327
10) U.S.P. 4510031
11) 特公　昭46-38716

5 放射線グラフト重合による合成繊維の加工

岡田紀夫[*]

5.1 はじめに

　放射線グラフト重合は繊維，プラスチック，ゴムあるいは膜などの高分子材料に新しい性質を付与する加工法として重要である。ここでは合成繊維の放射線グラフト重合による筆者らの研究を中心に述べる。

5.2 ポリエステル繊維の改質

　ポリエステル繊維はすぐれた機械的性質，熱セット性をもち，その織物はWash'n Wearであるが，反面疎水性で吸湿性が小さく染色が困難であり，静電気がおこりやすいなどの欠点がある。その長所を損うことなくこのような欠点を改善するために親水性のモノマーのグラフト重合が放射線を用いて行われた。

　放射線を用いるグラフト重合法には繊維をモノマー液に浸漬するかあるいは含浸させて放射線を照射する同時照射法と，前もって繊維を照射して活性点（過酸化物または捕捉ラジカル）を形成させ，その後にモノマーと接触させる前照射法がある。放射線はCo 60のγ線あるいは加速器よりの電子線が用いられる。ポリエステル繊維へのグラフト重合の発表されている研究は大部分Co 60のγ線を用いる同時照射法であり，ここでも主として同時照射法による研究結果を述べる。アクリル酸，メタクリル酸，ビニルピロリドン，アクリルアミドなどのモノマー，ポリエチレングリコール-ジメタリリレート，-ジアクリレート，オリゴビニルフォスホネートのオリゴマーのグラフト重合の研究が行われた。

5.2.1 アクリル酸のグラフト重合[1),2)]

　アクリル酸は放射線重合速度が高く，親水性ポリマーを与えるのでポリエステル繊維に対するグラフト重合が詳細に研究された。アクリル酸のグラフト重合には次の二つの問題があった。その一は，グラフト重合と同時にアクリル酸ホモポリマーを多量に生成し，モノマーを無益に消費するのみならず，繊維間に膠着をおこし，布へのグラフト重合の場合は布が硬くなり，品質を損うことである。その二は，グラフト重合を有効におこさせるためにまずアクリル酸モノマーを繊維内部へ円滑に拡散させることである。これは結晶性のポリエステル繊維の場合とくに問題である。我々は以下述べるようにこの問題を解決することができた。

　高分子の改質加工を目的とするグラフト重合において，いわゆるグラフト物はもとの幹ポリマーと化学的に結合している真のグラフトポリマーと幹ポリマー中で重合し，幹ポリマーやグラフ

---

　* Toshio Okada　大分大学　工学部

トポリマーとからみ合いにより，抽出できない枝のホモポリマーを含んでいる。改質を目的とする場合は必ずしも真のグラフトポリマーである必要はなく，抽出できないホモポリマーを含んでいてもよいわけで，以下のグラフトとはこのような意味の〝みかけのグラフト〟である。

$$\text{グラフト, \%} = \frac{W - W_0}{W_0} \times 100$$

W_0 はグラフト前の繊維重量，W はグラフト後の繊維重量である。

(1) グラフト重合における金属塩の添加効果

表 4.5.1 種々の金属塩のアクリル酸^{a}のホモ重合に及ぼす影響[1]

金 属 塩	照射後モノマー液の外観
な　し	ゲル化
Fe(SO$_4$)(NH$_4$)$_2$SO$_4$・6H$_2$O^b	透明溶液
FeCl$_2$	透明溶液
Fe$_2$(SO$_4$)$_3$(NH$_4$)$_2$SO$_4^b$	C
FeCl$_3$	ゲル化
CuCl	透明溶液
Cu(NO$_3$)$_2$	透明溶液
CuSO$_4$	透明溶液
CuCl$_2$	透明溶液
Ni(NO$_3$)$_2$	ゲル化
Co(NO$_3$)$_2$	ゲル化
Cr(NO$_3$)$_2$	C
Pb(NO$_3$)$_2$	C
LiCl	C

a. 60%(V/V)水溶液，金属塩を 4×10^{-3} mol/ℓ 含む，線量率 3.5×10^5 rad/h，照射温度 24℃，照射時間 0.5h。　　b. モール塩
c. N$_2$ガスをフラシュして0.5h放置すると照射なしに重合がおこり，水に難溶または不溶のポリマーが形成した。

アクリル酸のグラフト重合におけるホモポリマーの生成を抑制するために重合抑制剤を添加する。この添加剤は二つの条件が満足されねばならない。すなわち，アクリル酸のホモ重合の抑制作用があること，繊維内部でおこるグラフト重合はできるだけ妨げないために繊維の内部への浸入がおこりにくいことである。我々はまずアクリル酸の放射線重合における金属塩の添加効果を検討した（表4.5.1）[1]。表から見られるように第1鉄イオン，第1銅イオン，第2銅イオンがアクリル酸の重合を抑制する。これらの金属塩を少量アクリル酸水溶液を添加することによりグラフト重合を妨げずにホモポリマーの生成をおさえることができる。図4.5.1に示すように抑制効果はFe^{2+}＜Cu$^+$＜Cu^{2+}であり，10^{-3}mol/ℓ 前後の濃度が適当であることがわかった[1]。これらの金属イオンは放射線照射によって生成したHラジカルを捕捉して液相におけるアクリル酸ホモポリマーの生成を妨げるのである[3]。これはOH・(ヒドロキシルラジカル)の捕捉剤であるBr$^-$, I$^-$, Fe(CN)$_6^{4-}$ を添加してもホモポリマー形成を抑制できないことからも明らかである。なお，メタクリル酸のグラフト重合においてはCu^{2+}はホモポリマーの生成抑制に有効であるが，Fe^{2+}は不満足であった[4]。

アクリル酸水溶液の濃度を適当に選ぶこともまたグラフト重合を円滑におこさせるために重要

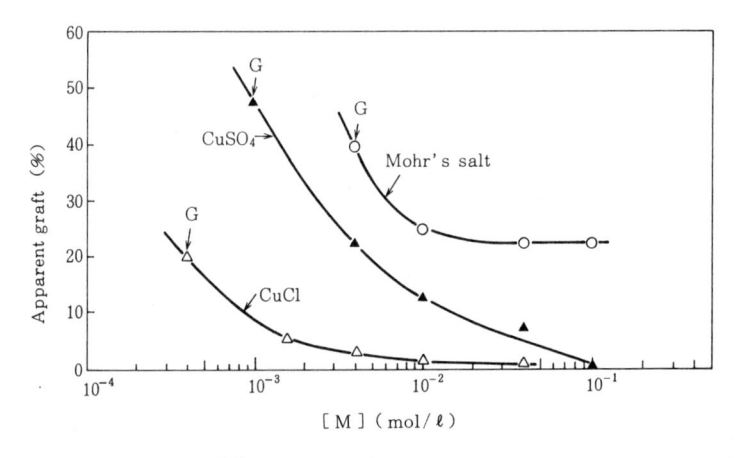

図 4.5.1 ポリエステル繊維へのアクリル酸のグラフト重合に及ぼす鉄塩, 銅塩の影響[1]
60％ (V/V) アクリル酸水溶液, 線量率 3.2×10^{5} rad/h, 照射温度 24℃, 照射時間 3 h。
G：ゲル化がおこることを示す。

である。アクリル酸が80％をこえる水溶液ではFe^{2+}を添加してもホモ重合が容易におこり、アクリル酸濃度が低くなるとグラフト重合がおこりにくくなる。60％前後が最も適当な濃度であった。

(2) **温度の影響**

図 4.5.2 に照射温度の影響を示す[1]。40℃以下では誘導期がみられる。50℃では誘導期がなくなり、またある照射時間になるとグラフト重合速度が低下する。グラフト繊維の断面顕微鏡観察によればグラフト領域は繊維の周辺部から内部へ次第に進行することが明らかになった。グラフト重合速度の低下はグラフト領域が繊維の中心部に達したことを示すものと考えられる。ポリエチレン繊維へのアクリル酸のグラフト重合の研究によれば温度を高くするとグラフト部分のアクリル酸濃度が低下し、同一グラフト率でも温度が低いほど未グラフト部分が多く残されていることが示された[5]。

(3) **膨潤剤の効果**

室温におけるグラフト重合においては、かなり長い誘導期がみられる（図 4.5.2）。ポリエステル繊維を膨潤させモノマーの拡散を容易にできれば、グラフト重合速度を向上させることが期待できる。表 4.5.2 は種々の溶媒に対するポリエステル繊維の膨潤度ならびにその溶剤を含むモノマー混合液によるグラフト重合の結果を示す[6]。これらの溶媒は溶解度パラメーター δ を考慮して

5 放射線グラフト重合による合成繊維の加工

表4.5.2 溶媒によるポリエステル繊維の膨潤度とその溶媒を含むアクリル酸水溶液[a]を用いるアクリル酸のポリエステル繊維へのグラフト重合[b]

溶媒	b.p °C	δ $(cal/cm^3)^{1/2}$	膨潤度, % 温度, 時間 20℃, 24h	膨潤度, % 30℃, 24h	グラフト率, % 照射時間 20 min	グラフト率, % 60 min
なし	142	12.0			0.5	2.8
塩化メチレン	40.2	9.7	13.3	12.3	29.1	36.4
クロロホルム	61.2	9.3	11.9	9.9	29.5	32.3
四塩化炭素	76.7	8.5	1.1	0.6	5.7	3.2
塩化エチリデン	57.3	8.9	13.9	10.6	29.2	33.1
二塩化エチレン	83.5	9.8	12.6	12.5	27.6	34.1
1,1,1-トリクロロエタン	74.0	8.8	1.2	1.1	0.6	4.1[b]
1,1,2-トリクロロエタン	113.5	9.6	12.2	14.9	28.5	41.8[b]
1,1,1,2-テトラクロロエタン	129.5		2.0	2.0	11.2	20.8[b]
1,1,2,2-テトラクロロエタン	146.0	9.7	0.6	9.8	23.0	33.8[b]
ペンタクロロエタン	162.0	9.4	3.3	1.9	12.8	29.3[b]
cis-1,2-ジクロロエチレン	60.8	9.1	12.4	14.8	27.3	31.3
trans-1,2-ジクロロエチレン	48.4	9.0	13.3	13.6	21.6	32.0
トリクロロエチレン	87.0	9.2	5.5	12.6	18.0	29.3
1,1,2,2-テトラクロロエチレン	121.2	9.3	0.5	2.2	3.6	38.5[b]
n-塩化プロピル	46.7	8.5	0.2	4.2	2.1	19.4
イソ-塩化プロピル	34.8		2.0	2.6	1.9	33.1
n-塩化ブチル	68.3		0.6	1.9	10.6	32.2[b]
モノクロロベンゼン	132.0	9.5	1.9	3.0	26.3[b]	41.4[b]
o-ジクロロベンゼン	180.4	10.0	4.1	3.0	28.6[b]	37.8
ベンジルアルコール	205.4	12.1	6.3	6.5	0	2.0
ジメチルホルムアミド	153	12.1	14.3	16.3	0	1.1
ジメチルスルホキシド	189	12.1	7.5	8.7	0.5	0.7
ニトロベンゼン	210.9	10.0	10.9	15.5	0.2	1.2
ギ酸	100.8	12.1	0	11.9	0.3	4.3
アクリル酸	142	12.0	3.1	4.6		

a. モノマー混合液,4×10^{-3} mol/ℓのモール塩を含む水溶液:溶媒=10:1(容積比)線量率 3.2×10^5 rad/h, 照射温度 22°C
b. グラフト溶液の液相に多量のアクリル酸ホモポリマー生成

選んだ。なおポリエステルのδは$10.7(cal/cm^3)^{1/2}$である。表からわかるようにペンタクロロエタン,1,1,2,2-テトラクロロエタンを除いて,$\delta = 9 \sim 10 \ (cal/cm^3)^{1/2}$の炭化水素は良膨潤剤であり,$\delta < 9 \ (cal/cm^3)^{1/2}$のそれは貧膨潤剤である。ジメチルホルムアミドは$\delta = 12.1 (cal/cm^3)^{1/2}$であるが良膨潤剤である。これらの溶媒を含むモノマー溶液によるグラフト重合の結果は膨潤剤のグラフト重合促進効果を示している。ハロゲン化炭化水素の効果が大きいのは放射線分解で生成したラジカルが反応を加速しているからであろう。しかしラジカル生成速度が大きす

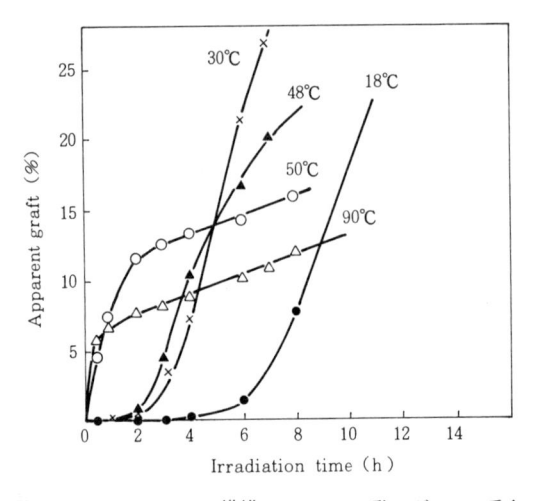

図4.5.2 ポリエステル繊維へのアクリル酸のグラフト重合に及ぼす照射温度の影響[1]
4×10^{-3} mol/ℓのモール塩を含む60%(V/V)アクリル酸水溶液，線量率 3.8×10^4 rad/h

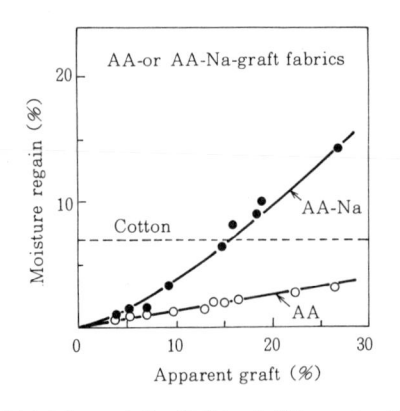

図4.5.3 アクリル酸グラフトポリエステル布の吸湿性[8]（25°C，65%R.H.）

ぎてもホモポリマーの生成が多くなるので好ましくない。沸点が低すぎる溶媒は取り扱いが不便なので好ましくない。二塩化エチレンが最も好適な膨潤剤であるといえる。

Raoらはポリエステル繊維，ナイロン6繊維，ポリプロピレン繊維へのアクリル酸のグラフト重合の挙動を比較した[7]。これらのポリマーのラジカル生成のG_R値はそれぞれ～0.1，～5.5，～5.5であるがグラフト重合速度の順序はナイロン6＞ポリエステル≈ポリプロピレンであった。これはグラフト重合が主にポリアクリル酸生長鎖の幹ポリマーへの連鎖移動によっておこるからであると考えている。

(4) アクリル酸グラフト繊維の性質

図4.5.3にアクリル酸およびそのNa塩グラフトポリエステル布の吸湿性を示す[8]。Na塩グラフト布はグラフト率15%で木綿なみの吸湿性が得られる。図4.5.4には摩擦帯電を示す[9]。Na塩グラフト布はグラフト率5%で木綿と同様の帯電性となる。アクリル酸グラフトにより，グラフト率10%程度でカチオン染料，分散染料に鮮明に染色可能となった。しかしカチオン染料の場合は耐光堅牢度は1～2級で不満足であった[8]。耐光堅牢度はアクリル酸とアクリロニトリルを共グラフトすることにより改善できる[9]。

グラフト布の強度的性質はグラフト率30%まで原布とほとんど変らなかった。グラフト後，

Na 塩に転換した場合は強度的性質に幾分低下がみられた。強度的性質についてもグラフト布は，光照射によりいくらかの劣化がおこることが認められた[8]。アクリル酸グラフトにより熱軟化温度が向上し，その程度は Na 塩あるいは Ca 塩の場合により顕著であり 500℃以上になった。

5.2.2 アクリルオリゴマーのグラフト重合

ポリエステル繊維にアクリル酸をグラフト重合すると親水化できるが好ましくない効果もある。それはアクリル酸グラフト布は耐アルカリ性が原布に比べて低下していることである[10]。このような効果はメタクリル酸，ビニルピロリドンなどのグラフトポリエステル布にもみられる[10]。これはポリエステル組織が親水化されるとアルカリが繊維内部に侵入しやすくなり加水分解が容易になるからである。アクリル酸の代りに分子量の大きいポリエチレングリコールジーメクリル酸エステル，ージアクリル酸エステルなどの二官能性オリゴマーを繊維の表面で重合させれば耐アルカリ性の親水化が期待できる。二官能以上の多官能性オリゴマーであれば重合の進行にともなって架橋化がおこり不溶性の表面重合物が形成される。繊維加工の場合は繊維を硬くするオリゴマーであってはならない。上記のオリゴマー，ポリエステルウレタンオリゴマーなどが繊維を硬くすることなく表面加工できる高分子として用いられる。

(1) ポリエチレングリコールジエステルオリゴマー

我々はポリエチレングリコールジメタクリレート（PEGMA），ポリエチレングリコールジアクリレート（PEGMA-A）の電子線照射によるグラフト重合を試みた[11]。

$$CH_2=C(CH_3)-COO-(CH_2CH_2O)_n-COC(CH_3)=CH_2 \quad PEGMA$$
$$CH_2=CH-COO-(CH_2CH_2O)_n-COCH=CH_2 \quad\quad PEGMA-A$$
$$n=1, 2, 3, 4, 9, 14, 23$$

これらのオリゴマーの重合物は n が大きくなるほど吸湿性，柔軟性が増加する。グラフト重合は次のように行う。オリゴマー水溶液をポリエステル布に含浸させ，窒素雰囲気下に加速器よりの電子線を照射する。この場合ポリエステル布に対する膨潤剤を使用せず，表面グラフトを行うことを目的とした。電子線照射後乾燥した場合の重量増加率（C），沸とう水抽出後のグラフ率（D），D/Cを表4.5.3に示す。ジメタクリレートの代りにモノメタクリレートを用いると沸とう水処理により80％以上が抽出除去された。ジエステルポリマーは繊維間で不溶性の架橋ポリマーを形成し固定されている。親水化の目安として布に水滴を落し，水滴の吸収される時間を測定した。この場合電子線の照射を23℃および-65℃の凍結状態で行っている（図4.5.5）。23℃の液相照射物ではグラフト率1％で吸水時間は50秒以内に低下するが，5％をこえると吸水時間は増加する。-65℃の凍結状態照射ではグラフト率15％まで吸水時間は50秒以下であった。室温照射ではグラフト率が高くなると織物の目がつまり，水の吸水がわるくなる。PEGMAフィルムの吸水速度は180秒以上であった。凍結状態で照射した場合は，布の表面に多

表 4.5.3 ポリエステル布へのポリエチレングリコールジメタクリレート ($n = 14$) のグラフト重合[11]
(V.d.G.電子線 1.5 MeV, 50 μA, 0.24 M rad/s)

オリゴマー濃度 %	総線量 Mrad	重量増加率 %(C)	グラフト率 %(D)	$D/C \times 100$
10	1	3.6	3.2	94.1
	3	3.5	3.4	97.1
	6	3.6	3.5	97.2
15	1	3.4	3.35	98.5
	3	4.1	4.0	97.6
	6	4.8	4.6	95.7

孔性構造のポリマーを形成し水滴吸収が容易になるのであろう。帯電性についてはグラフト率 2～5 %で木綿なみの値が得られる。この場合照射温度の影響はみられなかった。図 4.5.6 に PEGMA ($n = 14$) グラフト布の吸湿性をビニルピロリドン (VPO)[12], アクリル酸 (AA)[11], メタクリル酸 (MAA)[4] グラフト布のそれと比較して示した。PEGMA グラフト布の吸湿性は VPO, AA, MAA グラフト布に比べてやや小さい。PEGMA グラフト布は硬くならず、耐アルカリ性も低下していないことが確かめられた。

(2) ポリエステルアクリロウレタンオリゴマー

加工処理によってもポリエステル布を硬くしないオリゴマーとしてポリエステルウレタンオリゴマーの電子線硬化が Walsh ら[13)～15)] により詳細に検討された

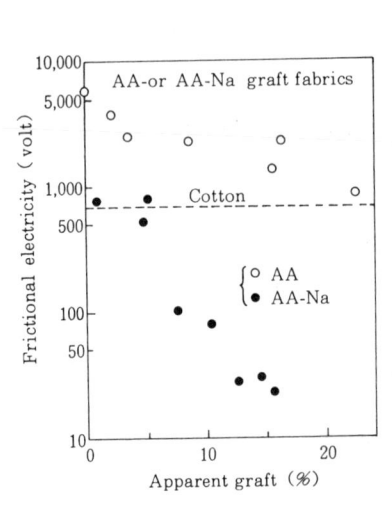

図 4.5.4 アクリル酸グラフトポリエステル布の摩擦帯電[8] (23 °C, 65 % R.H.)

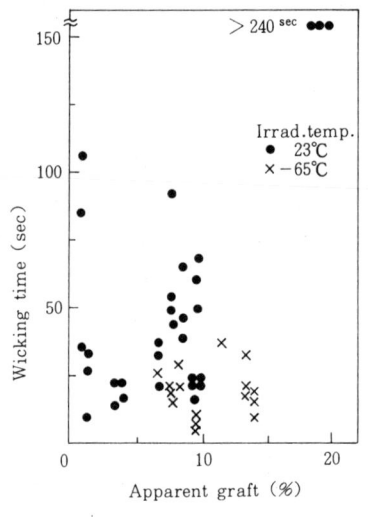

図 4.5.5 ポリエチレングリコールジメタクリレート (14G) グラフトポリエステル布の吸水性[11]

5 放射線グラフト重合による合成繊維の加工

$$CH_2=CHCOOCH_2CH_2OCO-NH-\underset{CH_3}{\underset{|}{C_6H_3}}-NH-COO(EG-ADA)_n EG$$

$$-TDI-OCOCH_2CH_2OCOCH=CH_2$$

EG:エチレングリコール,ADA:アジピン酸,TDI:トルエンジイソシアネート

EG-ADAからなるポリエステル部分の重合度 n を変えることにより分子量を1,000から6,000まで変えることができる。このオリゴマーを電子線照射すると,オリゴマー分子量にほとんど依存せず約1Mradで硬化反応が終りゲル分率90～100%に達する。オリゴマー分子量を増大すると切断伸度は増大するが切断伸度,ヤング率が低下し柔らかくなることが示された。このオリゴマーは織物の顔料捺染におけるバインダー,難燃剤のバインダー,不織布のボンディング樹脂として電子線加工に適している。織物を硬くせずに加工するには高分子量のオリゴマーが好ましい。しかし分子量が5,000になると粘度が高くなり取り扱いが困難になるのでモノマーで希釈して用いる。繊維加工樹脂として適しているかどうかはオリゴマーフィルムの硬化物の切断伸度を測定して目安とすることができる。

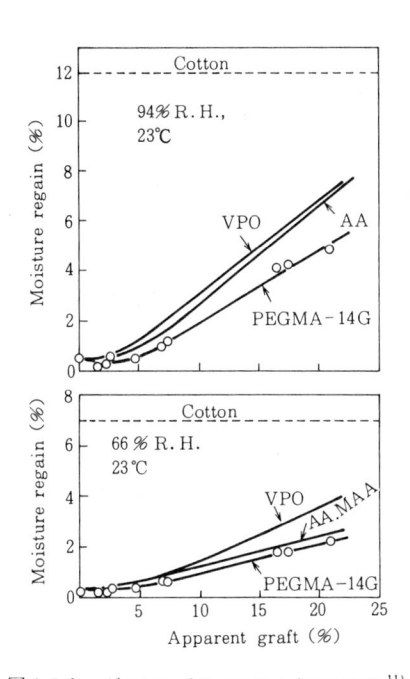

図 4.5.6 グラフトポリエステル布の吸湿性[11]

伸度が500%以上あることが好ましいことがわかった。イソボルニルアクリレート,テトラヒドロフルフリルアクリレート,N-ビニルピロリドン,ジエチルアミノエチルメタクリレートなど十数種のモノマーとの配合物の電子線硬化物の機械的性質が調べられた[15]。例えば分子量4,600のオリゴマーとその1/3量のビニルピロリドンとの混合物の硬化物は未配合物に比べ強度は2倍,ヤング率は5倍に増大する。伸度は240%でオリゴマーのみの硬化物とほとんど変わらない。ジエチルアミノエチルメタクリレートの配合硬化物は伸度は400%であるが強度は著しく低下した。ジエチルアミノエチルメタクリレート成長鎖のモノマーへの連鎖移動がおこりやすく,架橋密度が高くならず緩い架橋構造をとるためである。しかし強度が低下し,ゲル分率も下がり好ましくない。このような問題はオリゴマーに連鎖移動剤としてポリオール例えばトリメチロールプロパントリス(β-メルカプトプロピオネ

ート)

(HSCH$_2$CH$_2$COOCH$_2$)$_3$CC$_2$H$_5$

を添加することにより解決された。純オリゴマー(分子量4,600)の強度,ヤング率,伸度は1,040 psi, 338 psi, 218％であるが,このオリゴマーに上記ポリオールを5.6％を添加した配合物の硬化物ではそれぞれ1740 psi, 125 psi, 710％となり,強度はむしろ増大し,ヤング率は低下して柔らかくなり伸度は3倍以上に大きくなった。

5.2.3 その他のモノマー,オリゴマーのグラフト重合

ポリエステル繊維の親水化の目的でメタクリル酸[4],イタコン酸[16],ビニルピロリドン[12],酢酸ビニル[17],[18]などのグラフト重合の研究が発表されている。酢酸ビニルはグラフト重合後けん化しポリビニルアルコールに転換する[19]。アクリロニトリルをグラフトして染色性や表面電導度を測定した研究もある[17]。またポリエステル布に難燃性を付与する目的で含リンオリゴマー,ビニルフォスフォネートオリゴマー(VOP)の電子線照射グラフト重合の研究が発表されている[20]。ポリエステル布のLOIは18.5であるが,グラフト率23％で実用的に満足な難燃化LOI = 25に達することができる。VOPグラフトにより同時に親水化できることがわかった。

5.3 ポリ塩化ビニル,ポリプロピレン,ポリエチレン繊維のグラフト重合

ポリ塩化ビニル(PVC)繊維は耐炎性で,安価である。しかし熱軟化温度が低く70℃付近より収縮し始め200℃に達しないうちに溶断する。このような欠点はアクリル酸をグラフト重合し,その後にカルシウムなど二価金属の塩に転換するか,直接アクリル酸カルシウムをグラフトすることにより改善できる。PVCへのグラフト重合速度は非常に高く含浸法電子線照射により1～2秒の照射でグラフト率20～30％が得られる[21],[22]。これにより耐炎性を損うことなく200℃までの加熱に対して熱収縮率数％以内におさえることができる。同時に吸湿性,染色性を付与できる。アクリルアミド(AAm)のグラフト重合も耐熱収縮性付与に有効であった[23]。PVC繊維の場合はアルカリ処理による劣化はみられなかった。

ポリプロピレン繊維へアクリル酸,メタクリル酸,ビニルピロリドン,アクリルアミド,アクリロニトリルなどのグラフト重合により耐熱性,染色性,吸湿性,帯電防止性の改善を目的とする研究は多数あり,1982年までの研究はMukherjeeらの綜説にまとめられている。また彼等はメタクリル酸のグラフト重合,グラフトポリプロピレン繊維について詳細な研究を発表している[25]。

ポリエチレン繊維は強度的性質,耐薬品性にすぐれ価格も比較的低廉なので産業資材として使用されている。しかし120～130℃で溶断し熱的安定性が劣るので用途が限られていた。ポリエチレン繊維へもPVC繊維と同様な方法でアクリル酸を15～20％程度放射線グラフト重合し,Ca,

Mg, Sr, Zn, Baなど二価金属塩に転換することにより, 300°Cに加熱しても熔融切断しない熱安定性が得られることが確かめられた[26]。

最近テトラフルオロエチレン・エチレン共重合体繊維にアクリル酸, アクリルアミドなど親水基をもつモノマとアクリロニトリルを共グラフト重合し, ついでグラフト鎖中のシアノ基 (-C≡N) をヒドロキシルアミンでアミドオキシム基 ($-\overset{-C\,=\,NOH}{\underset{NH_2}{|}}$) に変換し, 適度の親水化をもつので効率のよいウラン捕集材として利用できる材料が合成された[27]。機能的用途をもつグラフト繊維を放射線法で合成するのは有望な分野となろう。

文　献

1) T. Okada, K. Kaji, I. Sakurada, Annual Report of osaka Laboratry, Japan Atomic Energy Research Institute, *JAERI*- 5027, 50 (1971)
2) K. Kaji, *Ind. Eng. Chem. Prod. Res. Dev.*, **24**, 95 (1985)
3) K. N. Rao, M. H. Rao, P. N. Moorthy, and A. Charlesby, *J. Polym. Sci.*, **B 10**, 893 (1972)
4) K. Kaji, T. Okada, I. Sakurada, *JAERI*- 5028, 52 (1973)
5) K. Kaji, *J. Appl. Polym. Sci.*, **28**, 3767 (1983)
6) T. Okada, Y. Shimano, I. Sakurada, *JAERI*- 5028, 35 (1973)
7) M. H. Rao, K. N. Rao, *Radiat. Phys. Chem.*, **26**, 669 (1985)
8) T. Okada, Y. Shimano, K. Kaji, I. Sakurada, *JAERI*- 5030, 60 (1975)
9) Y. Shimano, T. Okada, I. Sakurada, *JAERI*- 5029, 43 (1974)
10) I. Sakurada, T. Okada, K. Kaji, A. Tsuchiya, *JAERI*- 5030, 69 (1975)
11) K. Kaji, T. Okada, I. Sakurada, *JAERI*- 5030, 48 (1975)
12) K. Kaji, T. Okada, I. Sakurada, *JAERI*- 5029, 50 (1974)
13) W. K. Waish, W. Oraby, *Radiat. Phys. Chem.*, **14**, 893 (1979)
14) W. K. Walsh, W. Oraby, J. Rucker, T. Giuon, A. Hildebrando, A. Makati, *Radiat. Phys. Chem.*, **18**, 253 (1981)
15) W. Oraby, W. K. Walsh, *J. Appl. Polym. Sci.*, **23**, 3227, 3243 (1979)
16) E. Schamberg, J. Hoigne, *J. Polym. Sci.*, **A-1**, 8, 693 (1970)
17) K. N. Rao, M. H. Rao, *J. Appl. Polym. Sci.*, **23**, 2133, 2139 (1979)
18) P. D. Kale H. T. Lockhande, K. N. Rao, M. H. Rao, *J. Appl. Polym. Sci.*, **19**, 461 (1975)
19) S. A. Faterpeker, S. P. Polynis, *Angew. Chem.*, **90**, 69 (1980); *ibid.*, **93**, 111 (1981)
20) 梶, 大倉, 岡田, 繊学誌, **35**, T-80 (1979)
21) 梶, 岡田, 桜田, 繊学誌, **33**, T-12 (1977)
22) 梶, 岡田, 桜田, 繊学誌, **33**, T-494 (1977)

23) 梶, 岡田, 桜田, 繊学誌, **33**, T-488 (1977)
24) A. K. Mukherjee, B. D. Gupta, J. Makromol, *Sci.-Chem.*, A **19**(7), 1069 (1983)
25) A. K. Mukherjee, B. D. Gupta, *J. Appl. Polym. Sci.*, **29**, 3365, 3479, 4455 (1985)
26) K. Kaji, T. Okada, I. Sakurada, *Radiat. Phys. Chem.*, **18**, 503 (1981)
27) 須郷, 岡本, "放射線の利用のために" **8**, 5 (1985)

6 放射線グラフトによる機能性膜の合成と応用

大道英樹 *

6.1 はじめに

グラフトとは"接ぎ木"のことを意味する。基材(通常はポリマーフィルムや繊維)に,別種のポリマーを化学結合させたとき,この操作をグラフト重合といい,得られた物質をグラフトポリマーという。

放射線グラフトでは,放射線のエネルギーを利用して,基材に生じた活性種(主としてラジカル)によってモノマーを重合させ,グラフトポリマーを得る。通常行われている触媒反応と比較した場合の放射線グラフトの特徴は,1)反応温度の範囲が広い,2)基材中の反応場の分布をコントロールしやすい,3)生成物に触媒を含まない,などである。このような特徴を活かして,まず汎用ポリマーの改質に放射線グラフトが用いられてきた。例えば,繊維の染色性の改良やプラスチックの機械的強度の向上,などである。

最近では,ファインケミカルの進展に歩調をあわせ,ポリマーに新たな機能をもたせる手段として用いられている。なかでも,フィルムにグラフトして機能性膜を合成する試みが盛んである。

では,機能性膜とはどんなものをいうのであろうか。一般に,機能性膜のモデルとして取り上げられるのが,生体膜である。生体には,細胞をとりまく細胞膜や,細胞が結合してできた細胞性膜が存在する。これらの膜構造は非常に複雑であるが,巧妙な手段で栄養素などの有機物質やイオンを選択的に透過させたり,濃度勾配に逆らってこれらの物質を輸送すること(能動輸送)が可能である。また,光合成に代表されるエネルギー変換や物質(栄養素,忌避物質など)に対する検知作用なども,生体膜の重要な機能である。

このような種々の機能を兼ね備えた膜を人工的に合成することは,容易ではない。そこで,人工膜においては,選択透過機能をもつ膜が主として研究されてきた。ここでは,イオン交換膜,逆浸透膜,パーベーパレーション膜,医用人工膜など選択透過膜を中心に,これまでに放射線グラフトによって合成された機能性膜の開発状況について触れる。

6.2 イオン交換膜

生物の体内では,生体膜によってイオンの選択透過を行っている。これは,生体膜が多数の正または負の荷電をもつ微細孔からなっているためである。すなわち,静電効果と"ふるい"効果によってイオンの選択透過という現象が生じている。そこで,人工的なイオン交換膜においては,種々の方法でフィルムにイオン性の官能基を導入することにより,イオンの選択透過性を得よう

---

* Hideki Omichi 日本原子力研究所 高崎研究所

とした。例えば、既存のイオン交換樹脂を熱可塑性樹脂と混合したり、イオン交換基をもったモノマーを重合させたのち、成膜する。また、イオン交換基をもたないフィルムにイオン交換基をあとから導入する方法もある。放射線グラフトによるイオン交換膜の合成は、この方法の一例である。

放射線グラフトでは、ポリマーフィルムとモノマーの組み合わせにより、種々のイオン交換膜を合成することができる。したがって、ポリエチレンやポリテトラフルオルエチレン（テフロンなど）のフィルムのように、耐薬品性や機械的強度のすぐれたフィルムが基材として用いられる。これらのフィルムへのアクリル酸、スチレンなどの放射線グラフトは、20年以上も研究されている代表的な組み合わせである。アクリル酸の場合は、グラフトによって直ちに陽イオン交換膜が得られるが、スチレンの場合は、グラフト後にスルホン化することによって陰イオン交換膜となる。

イオン交換膜の性能としては、イオンの透過速度が大きく、透過イオンの選択性の高いことが重要である。グラフト膜の場合、グラフト率が高いほどイオンの透過速度が大きくなる。一方、透過イオンの選択性はグラフト率が高くなるほど低下することが多い[1]。これは、グラフト率が高くなると膜が水を吸って膨潤状態となり、膜を構成するポリマー構造がゆるむためである。

さて、イオン交換膜は表4.6.1に示すように、実に多岐にわたって実用化されている。特に、イオン交換膜法による海水濃縮で、国内消費の食塩の全量を生産している点が注目される。

食塩水からカセイソーダと塩素を製造する電解工業では、主として水銀法が採用されてきたが、水銀による環境汚染が問題化してきたため、隔膜法への転換が要請されている。しかし、隔膜法では製品のカセイソーダの純度が低く、またエネルギー消費量が水銀法より多いことから、これらの方法に比べて、高効率、省エネルギーが可能なイオン交換膜法が採用され始めている。ところで、食塩電解槽においては、高温で高濃度のカセイソーダや腐食性の強い塩素を生成するため、従来の炭化水素系のイオン交換膜では使用に耐えない。そこで、耐熱性、耐薬品性にすぐれた含フッ素ポリマー製のイオン交換膜が開発されている。放射線グラフトによる含フッ素イオン交換膜の合成も試みられている。例えば、ポリテトラフルオルエチレンのような含フッ素ポリマーのフィルムに、パーフルオルビニルカルボン酸、パーフルオルビニルスルホン酸、パーフルオルスチレンのような分子中に炭素－水素結合を含まないモノマーのグラフトによって、良好な耐熱性、耐薬品性を備えたイオン交換膜が得られている[2]。

近年のエレクトロニクスの発展によって、電子機器の小型化、軽量化が進んでいる。それに伴って、電子機器用の酸化銀電池、アルカリ・マンガン電池など、1次電池の需要が急速に伸びている。

電池には隔膜が必要である。隔膜は、正極と負極の短絡を防止するほか、電池内の電解液中の

6 放射線グラフトによる機能性膜の合成と応用

イオンの混合を防止する。1次電池のなかで,特に膜が重要な働きをするのは,時計,カメラなどに使われる酸化銀電池である。この電池では,酸化銀の酸化力がきわめて大きく,また電解液中に溶出した銀イオンの拡散を抑制しなければならない。こうした要求に応えられるのがイオン交換膜である。

アメリカのRAI社は,パーミオンという名のイオン交換膜を放射線グラフトによって製造し,電池用隔膜などとして販売している。これは,ポリエチレンフィルムにアクリル酸やメタクリル酸をグラフトして得た膜である。しかし,RAIのプロセスでは,ポリマーとモノマーを共存させた状態で^{60}Coのガンマ線を照射するので,モノマーの単独重合もグラフト重合とともに進む。そのため,モノマーの利用効率が低い。また,反応完結までに1週間程度と長時間を要し,得られる膜の性能が一定していないという欠点がある。

表4.6.1 イオン交換膜の応用例*

原理	応用例	状況
濃縮	海水濃縮による製塩 メッキ廃水からの有用物質の回収 工業廃水からの有用物質の回収 ラジオアイソトープの濃縮 無機薬品の製造 有機酸の濃縮	実用化 試験
脱塩	塩水から飲料水,工業用水の製造 都市下水,工業廃水からの用水の製造 放射性廃水液の処理 メッキ廃水の処理 パルプ廃液の処理 酵素タンパク溶液の精製 血清,ワクチンの精製 ビタミン類の精製 アミノ酸溶液の精製 糖類溶液の精製 乳製品の脱塩 減塩しょう油の製造 ジュースの脱塩,脱酸 有機薬品の精製,ラテックスの処理	実用化 試験 実用化 試験 実用化 実用化 実用化 実用化 実用化 実用化
電解隔膜	隔膜法食塩電解 アクリロニトリルの電解によるアジポニトリルの製造 塩化ウラニルの電解還元 クロメート廃液の処理 写真乳剤の製造 電池の隔膜,固体電解質としての利用	実用化 実用化 実用化 実用化
透析	硫酸と硫酸ニッケルの分離 工業用硫酸,廃硫酸の精製 ピクリング廃酸より硫酸の回収 アルミエッチング廃酸より酸の回収 希土類と塩酸の分離 木材糖化液からの硫酸の除去 クロロメタン製造の際の副生塩酸の精製	試験

*北条舒正,"キレート樹脂・イオン交換樹脂"講談社サイエンティフィク(1976)。

原研高崎研では,あらかじめポリエチレンフィルムを電子加速器で照射しておき,次いでモノマーを導入してグラフトさせる方法で,モノマーの利用効率を高め,反応時間を大幅に短縮した。また表4.6.2に示すように,電池用隔膜としての性能もパーミオンよりすぐれていることが確認された。

この製造プロセスを図4.6.1に示す。まず,照射装置で,窒素雰囲気下,電子加速器によって

第4章 放射線による高分子反応・加工

表 4.6.2 電池用隔膜の性能比較

項目 \ 製品	原研開発品	RAI 社 パーミオン
材　　質	ポリエチレン－アクリル酸	ポリエチレン－アクリル酸 （またはメタクリル酸）
グラフト方法	電子線前照射法	Co-60 ガンマ線同時照射法
乾燥時膜厚 （μm）	26	31
電気抵抗[1] （比抵抗） （mΩ・cm²） （Ω・cm）	60 (23.1)	130 (41.9)
耐酸化性[2] （mg・g⁻¹）	30	30
機械的強度 （kg・cm⁻²） たて よこ	143.6〜202.6 217.9〜259.0	86 96.8〜122.6
アルカリ液[3]に対する膨潤伸び率 （%）	＜2	4.5〜6.7

1) 40 % 水酸化カリウム水溶液中, 25 ℃
2) 40 % 水酸化カリウム水溶液中, 60 ℃で48時間浸漬後の銀の還元量
3) 40 % 水酸化カリウム水溶液

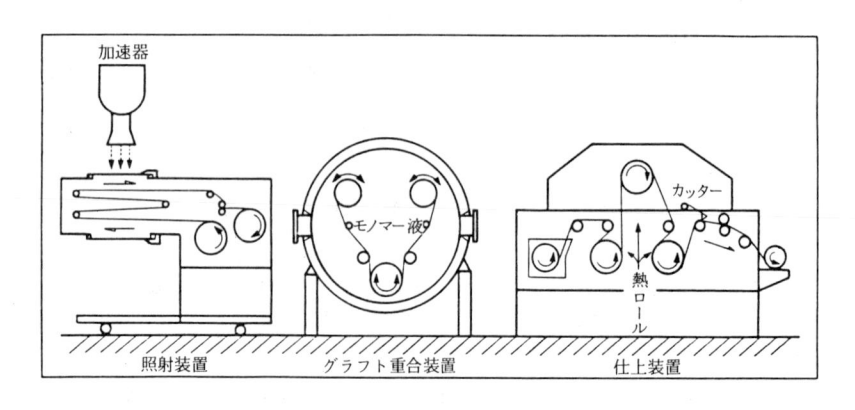

図 4.6.1　電池用隔膜の製造プロセス（原研法）

ポリエチレンフィルムを照射したのち，グラフト重合装置のドラムに照射フィルムを巻きつけ，アクリル酸モノマー水溶液中を往復させる。反応が完了したのち，仕上装置で，水洗，乾燥を行って膜が得られる。このプロセスでは，厚さ 25〜150 μm，幅 30 cm のポリエチレンフィルム 100〜300 m を処理することができる。新技術開発事業団では，この成果を受けて民間企業に

実用化を検討させ,湯浅電池(株)で昭和57年より生産が開始されている。

放射線グラフトによるポリエチレン-アクリル酸系のイオン交換膜は,1次電池用隔膜として開発されたが,2次電池用隔膜としても検討されている。現在,2次電池としてよく使われている鉛蓄電池やニッケル・カドミウム電池では,隔膜に対してそれほど厳しい要求がなく,イオン交換膜を使う試みは少ない。しかし,電気自動車用として開発中のニッケル・亜鉛電池では,亜鉛電極が放電とともに電解液に溶解し始め,充電時には樹脂状に析出して電極間の短絡がおこることから,放射線グラフトで得たイオン交換膜を用いて短絡防止することが検討されている。

陽イオン交換基と陰イオン交換基をモザイク状にならべた膜を,濃度の異なる電解質溶液中に浸漬すると,電解質の陽イオンおよび陰イオンの双方とも膜を透過できる。すなわち,高濃度側から低濃度側へと電解質全体が透過する。これは,浸透圧の高い側から浸透圧の低い側への流れであるので,"負浸透"とよばれている。負浸透の現象を利用すれば,海水の脱塩などが可能になる。

このようなモザイク膜を合成するには,陽イオン交換樹脂と陰イオン交換樹脂とを高分子膜中に交互に埋め込むとか,陽イオン交換樹脂と陰イオン交換樹脂を張り合わせ,膜内に垂直に切断するなどの方法がとられている。また,ブロック共重合体を利用する方法もある。

Chapiro[3]は,放射線グラフトによりモザイク膜を合成した。方法は次の通りである。まず,ポリテトラフルオルエチレンフィルムを厚さ5mmの真鍮製の格子状遮蔽体(格子の幅0.5 mm,格子間隔0.5 mm)で覆ってX線を照射し,第1のモノマーをグラフトさせる。次いで,格子状遮蔽体を0.5 mmずらせ,前回の未照射部分を照射したのち,性質の異なる第2のモノマーをグラフトさせる。第1のモノマーとしてはアクリル酸,第2のモノマーとしては4-ビニルピリジンが用いられた。このようにして,0.5 mmおきに陽イオン交換基の部分と陰イオン交換基の部分とがならぶモザイク膜が得られた。この膜を使って塩化カリウム水溶液の圧透析を行ったところ,モザイク膜の電気伝導性は,アクリル酸や4-ビニルピリジンを単独にグラフトして得た膜の電気伝導性よりも高くなり,また電解質の透過速度がアクリル酸を単独にグラフトした膜の,少なくとも100倍以上になった。

6.3 逆浸透膜

微細な孔のあいた膜で容器を2分して,一方に水を入れ,他方に食塩水を入れると,水が膜を透過して食塩水を薄める。これは浸透圧に基づいておこるので,浸透現象とよばれる。ここで,食塩水側に浸透圧以上の圧力をかけると,今度は食塩水側から水が浸透し,食塩水が濃縮される。この現象は逆浸透とよばれる。

逆浸透は海水の淡水化に応用されている。すでにアメリカでは1950年代から海水の淡水化を

第 4 章 放射線による高分子反応・加工

国家プロジェクトとして取り上げ,実用プラントを建設している。サウジアラビアなど中東諸国でも,1万 m³/日規模のプラントが稼動している。日本では茅ヶ崎に造水促進センターの 800 m³/日の実証プラントが昭和 54 年から運転を継続中である。

海水淡水化用逆浸透膜として開発されたのが,非対称セルロース膜である。これは,0.1〜0.3 μm ぐらいの厚さの緻密な構造の層と,100〜200 μm ぐらいの厚さの多孔質支持層とからなっている。この緻密層が薄いほど水の透過速度が大きい。しかし,逆浸透は加圧状態で行うため,次第に緻密層の厚さが増し(圧密化),水の透過速度が低下してくる。そこで,緻密層に橋かけ構造をもたせて圧密化を防ぐことが試みられている。

放射線グラフトを圧密化の防止に用いた例がある。これは,酢酸セルロース膜にスチレンをグラフトしたものであり,ポリスチレンの剛性によって膜の機械的強度を高め,圧密化を防ごうという考え方である。グラフトによって,グラフトしない場合より水の透過速度が上昇し,しかも塩の排除率がほとんど低下しないという結果が得られている[4]。その他,親水性モノマーのグラフトにより,酢酸セルロース膜の親水性を高めて流速低下を防ごうとする試みもある。

次に,ポリエチレンのような汎用ポリマーのフィルムにグラフトして逆浸透膜を合成することも試みられている。例えば,ポリエチレンやポリテトラフルオルエチレンのフィルムにスチレンをグラフトしたのち,スルホン化するとか,ポリエチレン,ポリ塩化ビニル,ポリオキセタンフィルムに 4-ビニルピリジンをグラフトして 4 級化するなど,もともと孔をもたない疎水性フィルムに親水性モノマーをグラフトして親水性を付与することにより,水のみを透過させようとするものである。しかし,前述の酢酸セルロース膜と同様に,実際には塩の透過も多少おこり,流速を上げるほど塩の排除率が低下している。

逆浸透膜は,海水淡水化の他にも,工業用水の脱塩,廃水の処理,IC,LSI の製造に必要な超純水の製造に用いられている。そこで,アクリル酸や N-ビニルピロリドンを放射線グラフトして得た逆浸透膜により,廃水中のアルキルベンゼンスルホン酸塩の除去などが試みられている。

一方,前述の非対称セルロース膜のような緻密なスキン層と多孔質支持層とを組み合わせた膜の方が逆浸透膜として適当である,との考え方がある。放射線グラフトを応用した試みとしては,多孔質膜を素材としてプラズマ照射でグラフト膜をつくった例がある。この方法によれば,きわめて薄いポリマー層が膜の表面に形成される。素材として酢酸硝酸セルロース膜,モノマーとしてアリルアミンを用い,グラフトポリマー層の厚さが約 0.4 μm になるように照射して得た膜は,洗浄廃水中の無機塩類,尿素,グルコース類に対し,高い排除率をもつと報告されている[5]。

6.4 パーベーパレーション膜

パーベーパレーション Pervaporation とは,液体混合物を透過 Permeation と蒸発 Evaporation

によって分離する方法である。したがって,単に透過性の差を利用する場合より高い分離係数が期待される。また,常温,常圧で操作できるため,逆浸透膜のような圧密化による膜性能の低下はない。さらに,透過した物質が単体として得られるため,単離工程が不要になる。

この方法は,沸点の近い液体混合物や共沸混合物(水とアルコールなど)の分離,食品,医薬品のように加熱をきらう物質の分離,濃縮に応用できる。

放射線グラフトによるパーベーパレーション膜の合成は,10年ほど前から研究されている。基材としては,ポリテトラフルオルエチレン,ポリ酢酸ビニルのフィルムが用いられ,モノマーとしては,N-ビニルピロリドンや4-ビニルピリジンが用いられた。この膜を用いて,水/アルコール,シクロヘキサン/シクロヘキセン,メタノール/エタノール系など,多くの液体混合物の分離が検討され,良好な分離結果が得られている[6]。また,グラフト方法を工夫して非対称膜を合成すると,対称膜(この場合,均一グラフト膜)に比べて流速を大幅に向上させることができる。

6.5 気体分離膜

膜を利用した気体の分離に関して,現在,実用化している例としては,天然ガスからのヘリウムの濃縮,超高純度水素の製造,アンモニア合成における排ガスからの水素の回収,ポリプロピレン合成における排ガスからのプロピレンの回収,などである。

最近注目されているものに,酸素富化膜がある。これは,酸素の透過性にすぐれた膜を用いて空気中の酸素と窒素を分離し,酸素を濃縮しようとするものである。用途としては,医療用の酸素ボンベの代替や,酸素富化燃焼システムがある。医療用酸素濃縮器としては,シリコン系共重合体膜を用いた移動可能なものが実用化されている。これにより,酸素ボンベを利用しなくてすむので,病室内の火災の危険性が軽減できる。酸素富化燃焼システムでは,省エネルギーが期待される。その理由は,酸素濃度を高くするほど,多量の熱量をもつ排ガス量を減少できること,および火炎温度の上昇によって熱伝達量が増加すること,などである。膜としては,前述のシリコン系共重合体膜が用いられる。

放射線グラフトによる気体分離膜の合成例としては,メタクリル酸メチルをグラフトしたポリイソプレン膜がある。この膜を用いてヘリウム,アルゴン,窒素の混合ガスを分離したところ,グラフト率の高い膜ほどヘリウムと他のガスとの分離がよくなった[7]。

6.6 医用人工膜

現在,腎不全のために血液透析を受けている患者数は,5万人に達するといわれている。血液透析とは,血液と透析液とを膜を隔てて接触させ,血液中の有害物(尿素,尿酸,クレアチニン

など)を透析液中へ取り出したり,必要物を補給したりする操作である。血液透析で除去の困難な物質(分子量が約300以上のもの)に対しては,膜による血液濾過が行われる。また,がん患者などには,血漿交換療法が膜分離技術を応用して行われている。

このように,膜による血液の浄化は,ますます重要度を増している。しかし,それに用いられる膜材料については,未だ完全なものが出現していない。例えば,血液透析を行うと,多くの場合,いわゆる透析関連症状(悪感,吐き気,かゆみなど)を生じる。この原因のひとつに,膜材料と生体(特に血液)との適合性の問題がある。

血液を膜に接触させて付着がおこると,血液が凝固(血栓形成)して,膜の透過性能が低下する。そこで,放射線グラフトにより,抗血栓性の良好な膜を合成することが試みられている[8]。例えば,酢酸ビニルをグラフトしたのち,加水分解してグラフト鎖をポリビニルアルコールに変換するとか,N-ビニルピロリドンや2-ヒドロキシエチルメタクリレートなどをグラフトすることにより,抗血栓性のよい膜が合成されている。これらのグラフト膜は,いずれも親水性にすぐれているが,親水性が高いことと抗血栓性のよいこととは必ずしも一致していないということが,次第に明らかになってきた。例えば,親水性モノマーと疎水性モノマーの共グラフトにより,親水性の部分と疎水性の部分の割合を変えたところ,抗血栓性が最良になるのは,適度に親水性と疎水性が混ざった場合であった[9]。これは,血栓形成の引き金となるフィブリノーゲン(血漿中のタンパク質の1種)の吸着を最小にするような,親水性と疎水性の比が存在するためである。

抗凝血剤として血液透析の際に用いられるヘパリンを,放射線グラフトによって膜に固定する方法も検討されている[10]。この場合,ヘパリンを長時間にわたって徐放させることが有効であると報告されている。

6.7 おわりに

最後に,これまで放射線グラフトによってはほとんど試みられていない機能性膜について多少触れる。

前述のように,人工膜は生体膜をモデルとして出発したが,まだ機能の上では生体膜に及ばない。生体膜の高機能の一因は,キャリヤーとよばれる特殊なタンパク質が,特定物質と結合して膜内を運搬することにある。グラフトによって,自由に動き回るようなキャリヤーを含む膜を合成することは難しいかも知れないが,キャリヤーを膜に固定化することは可能であろう。例えば,生体内でのカリウムイオンのキャリヤーは,バリノマイシンとよばれる環状ペプチド化合物であるが,クラウン化合物とよばれる人工の環状化合物も金属イオンを選択的に取り込むことが知られている。そこで,グラフトの手法によってクラウン化合物を膜に導入すれば,金属イオン水溶液から特定の金属イオンだけを選択的に取り込み,しかも連続的に回収できるような膜が得られるで

あろう。

異なった性質の機能性膜の複合化によって,生体膜のような高機能を発揮させようとする試みがある。例えば,複数の機能性膜をブレンドしたり,接合したりして,酸素富化膜や高効率の透析膜が得られている。また,固定化酵素膜の複合化により,グルコースの分離や能動輸送が可能になっている。ブレンドの代りに,放射線グラフトによる複合化が可能であろう。

電気化学の分野では,電極に機能性膜を固定化した化学修飾電極が,燃料電池用の電極触媒や光電池として有望と考えられている[11]。これまでは,カーボン電極の表面を化学処理して官能基を導入するとか,機能性膜をコーティングするなどの方法がとられてきたが,放射線グラフトを適用することも可能であろう。

化学反応を膜内でおこし,膜から生成物を選択透過させれば,化学反応と分離操作を一度に行うことができる。このような働きをもつ膜を"反応性膜"とよんでいる。反応性膜として,現在もっとも期待されているのが,固定化酵素膜である。膜に酵素をグラフト法で直接固定化するのは難しいかも知れないが,固定化の補助手段としてグラフト法を用いることはできよう[12]。

以上述べたもの以外にも,種々の機能性膜の合成が放射線グラフト法で試みられるであろう。しかし,これまでに放射線グラフトを用いて実用化した機能性膜として電池用隔膜しかない点を考えれば,このような裾野を広げる研究とともに,実用化のための地道な取り組みも,いっそう必要になってきているといえよう。

文 献

1) G. Ellinghorst, A. Niemoller and D. Vierkotten, *Radiat. Phys. Chem.*, **22**, 635 (1983)
2) H. Omichi and J. Okamoto, *J. Polym. Sci., Polym. Chem. Ed.*, **20**, 521, 1559 (1982)
3) A. Chapiro, A. M. Jendrychowska-Bonamour and S. Mizrahi, *Eur. Polym. J.*, **12**, 773 (1976)
4) H. B. Hopfenberg, F. Kimura, P. T. Rigney and V. T. Stannett, *J. Polym. Sci., Part C*, **28**, 243 (1969)
5) P. V. Hinman, A. T. Bell and M. Shen, *J. Appl. Polym. Sci.*, **23**, 3651 (1979)
6) G. Morel, J. Jozefonvicz and P. Aptel, *ibid.*, **23**, 2397 (1979)
7) C. E. Rogers, S. Yamada and M. I. Ostler, "Permeability of Plastic Films and Coatings to Gases, Vapors, and Liguids," Ed. H. B. Hopfenberg, Plenum Press (1974)
8) M. Suzuki, Y. Tamada, H. Iwata and Y. Ikada, "Polymer Surface Modification to Attain Blood Compatibility of Hydrophobic Polymer," Ed. K. L. Mittal, Plenum Press (1983)

9) A. S. Hoffman, D. Cohn, S. R. Hanson, L. A. Harker, T. A. Horbett, B. D. Ratner and L. O. Reynolds, *Radiat. Chem.*, **22**, 267 (1983)
10) J. W. Wilson, *J. Macromol. Sci. - Chem.*, **A 16**, 769 (1981)
11) 小山, 高分子, **32**, 96 (1983)
12) 嘉悦, 熊倉, 山田, 桜井, 人工臓器, **8**, 226 (1979)

7 イオンビーム照射と応用

佐藤　守*

　励起粒子であるイオンビームを物質に照射すると，物質には新たな物質を付加したり，熱や電荷・運動量などの物理的および化学的効果を総合的に利用する先端的基盤技術として注目を集めている。特に，電子工業界においてはこのイオンビームが半導体デバイス製造プロセスとして薄膜形成・表面加工・表面改質等に応用されており，今日ではなくてはならない技術となっている。

　イオンビーム照射の応用技術をイオンが持つ運動エネルギーの観点から分類すると薄膜形成技術，表面加工技術，表面改質技術，飛跡エッチング技術それに評価技術になる。これらの技術はイオンの持つ運動エネルギーに依存した現象を利用したもので，ここではイオンが持つ運動エネルギーの小さい順からイオンによるプロセス技術を示してある。またこれらのプロセス技術が期待される応用分野を表4.7.1にまとめてみた。特に新しい高分子物質に対する加工技術の例として今回は飛跡エッチング技術について述べる。

　飛跡エッチング技術とは高エネルギー（$\geqq$ MeV）に加速したイオンが物質中を通過する時，イオンが通ったあとに残る物質中の損傷を化学溶液でエッチングすると膜中に細い穴をあける技術である。この技術を高分子薄膜に応用すると穴の大きさや単位面積当たりの個数を制御できる多孔質高分子膜[1]をつくることができる。

　一般に高分子にイオンビーム照射すると高分子の内部では，高分子の分子結合の切断・原子の再配列・分子の架橋などの放射線の化学的反応や高分子中の高密度電子励起による反応性に富む活性種（電子，正孔，正負のイオン・ラジカル・励起一重項状態，励起三重項状態・エキシマー等）による反応が起こり，高分子の電気的や光学的性質の変化および表面構造・組成状態の変化が生まれる。これらの現象を有効に応用したのが高分子膜に穴をあける飛跡エッチング技術である。

表4.7.1　イオン技術の応用分野

プロセス技術	応　　用　　分　　野
薄膜形成技術	超電導体膜，超機能素子，機能性高分子膜，極限表面特性膜，超硬質膜，超格子，複合機能膜，生体膜，強磁性膜
表面加工技術	超微細加工，表面加工，リソグラフィー，ガン治療，エッチング
表面改質技術	超硬質化，超強靱化，耐摩耗化，超微粒子化，生体適合性化，イオンビーム重合，非晶質化，セラミックス，合金化，ハードコーティング，表面物性制御
飛跡エッチング技術	物質分離膜，逆浸透膜，生体センサ，医療材料
評価技術	表面構造分析，不純物分析，形態分析，状態分析，組成分析，電子状態分析

＊　Mamoru Satoh　大阪工業技術試験所

第4章 放射線による高分子反応・加工

荷電粒子による物質中に生じる飛跡を観測したのは1959年 Silk と R.S.Barnes[2]である。彼らはウラン-235 が核分裂によって生まれる核分裂片が雲母中を通過したあとに沿って損傷が残っている飛跡をフッ化水素溶液で処理すると，飛跡に沿ってエッチングされた跡が光学顕微鏡で観測されることを発見した。それ以後は雲母のほかにも鉱物，ガラス等の絶縁性物質にも観測されている。この方法は今では隕石中の核分裂片の飛跡の研究に応用へと発展している。

1963 年には Fleischer と Price[3] が高分子でも荷電粒子の飛跡が形成されることを見出している。この発見が，宇宙線の固体飛跡検出器[4]の研究を飛躍的に発展するきっかけとなり，数多くの応用が行われている。核分裂片や宇宙線のかわりに加速器によって発生するイオンを利用して，物質に穴をあける技術を発展させると多孔質高分子膜の加工法の研究が生まれるのも自然である。

高エネルギーのイオンが無機物質中を通過するとき生じる放射損傷は主に1次のイオン化によるものと考えられているが，高分子の場合も同様イオン化と励起およびそれに伴う主鎖の切断が起こる。飛跡に沿って残される損傷[5]の大きさは，照射イオンの電離損失に比例して発生することを意味する。イオンの電荷をzイオンの速度と光速度の比β (v/c)とすると，イオンの電離損失は$(z/\beta)^2$に比例する。イオンの加速エネルギーが非常に高ければ($\beta \fallingdotseq 1$)イオンの電荷だけの効果となる。イオンが高分子の主鎖を切断した様子を模型的に示したものが図4.7.1である。イオンによって切断した分子はお互いに解決せずに活性の状態になったまま残っている。この試料を試料自体をも溶かすようなエッチング溶液で処理すると，損傷を受けていないところと損傷を受けているところとは溶液との反応の速度が大きく違う。特に損傷を受けたところの腐食速度は早く，飛跡に沿って約100Å程度の径をした細い線の穴がすぐに現われてくる。それ以後は高分子自体の腐食速度に比例して穴の径が大きくなってくる。したがって穴の径はエッチング時間で決定される。

高分子膜材料としてはポリカーボネート，ポリエステル，硝酸セルロース，酢酸セルロース，CR-39[6],[7] (Diethylenglycol bisallylcarbonate)[6]等が考えられているが，試料として，厚さ20μmのポリカーボネート膜を使用した。

バン・デ・グラフ型加速器によってダブルチャージ($z=2$)のヘリウムイオンを4 MeV

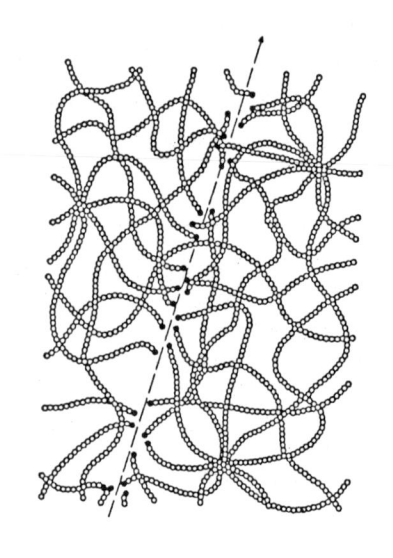

図4.7.1　高分子内における粒子の飛跡

に加速し、このイオンをポリカーボネート膜に照射した。この時のイオン電流は1nA以下で照射面積は10φにし、瞬間的にイオンを照射した試料を70℃の温度に保たれた1規定のカ性ソーダ液に約1時間も浸した。この高分子膜を走査電子顕微鏡で観測したのが写真4.7.1である。0.6μmの径をした穴が多数あいている。薄膜表面は溶液の腐食によって少し粗くなっている。これはエッチング溶液によって高分子物質自体も溶けていることを示している。イオンビーム照射によって高分子の穴があけられることが分か

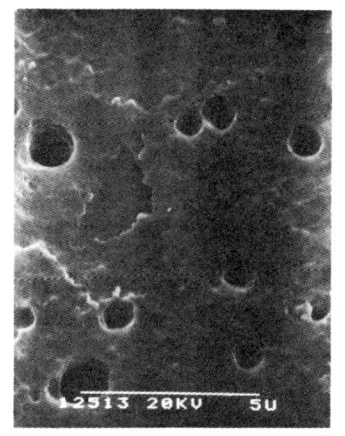

写真4.7.1 イオンビーム照射によって穴があいた高分子膜の走査顕微鏡像

る。穴の径やきれいな穴をあけるにはイオンの質量、電荷、加速エネルギー、高分子薄膜の厚さの関係を検討しなければならない。また加速器によるイオンビーム照射は、イオンビームの照射電流やイオンビームによる照射面積でのビームの均質性が穴の単位面積当りの個数の制御、穴の径の均質化および品質が向上する。また、イオン照射する際に紫外線を同時に照射すると塩素化合物を含む高分子は損傷の効率が高まるので、イオン照射による損傷感度が上がる可能性があり、精密な穴あけ加工法の確立[8]が期待される。またヘリウムイオンの加速エネルギーを1MeVにするとイオン電離損失 (z/β) は70となり、ヘリウムイオン照射でも超重核を照射した時と同様な効果が得られる。したがって1MeV程度の加速エネルギーの軽イオンを用いても、新しいマイクロフィルター製作の研究が可能である。

核分裂片を応用した製品としてはアメリカのニュクリアポア社の多孔質膜が製品として販売されている。しかし、自然現象によって起こる核分裂片を利用しているため、穴の密度、入射方向の制御がむずかしい。加速器を利用したイオンビーム照射法の穴あけは電流やビームの均一性は電気的に制御ができる。また穴の径を数百Åから10μmまでの広い範囲を自由に制御できれば飛躍的性能を持つマイクロフィルタとして期待され、気体および液体中の微粒子、細菌、汚物等の除去が可能となり、環境条件のきびしい半導体工業をはじめとし、医療、食品、醸造等の産業にはなくてはない技術となるのである。

第4章 放射線による高分子反応・加工

文　献

1) 町　未男, 工業材料, **25**, No.2, 43 (1977)
2) E.C.H.Silk, R.S.Barnes, *Phil. Mog.*, **4**, 970 (1959)
3) R.L.Fleischer, P.B.Price, *Science*, **140**, 1221 (1963)
4) 藤井正美, 西村純, 固体物理, **20**, No.9, 754 (1985)
5) M.Fuji, *Nacl. Instrum. Meth.*, **A 236**, 183 (1985)
6) B.G.Cartwright, E.K.Shirk, *Nucl. Instrum. Meth.*, **153**, 457 (1978)
7) T.Hayashi, T.Doke, *Nucl. Instrum. Meth.*, **174**, 349 (1980)
8) 阪上正信,「粒子トラックとその応用」, 南江堂 (1973)

8 放射線による極限材料の合成加工

8.1 超薄膜, 超微粒子, 超微孔体

嘉悦　勲 *

　科学技術の著しい動向として，機能材料への志向は近年ますます強まっているが，材料の構造と機能の関係についての知見が深まるにつれて，特殊な機能を発現する原子・分子集合体の重要性が認識されつつある。こうした集合体を原子・分子レベルの素材から合成あるいは構築していこうとする研究は今後ますます活発になるであろう。近年材料としての構造要素のサイズ・ジメンジョンにおいて極限的なリミットを示す種々の集合体が注目されている。それらは，超微粒子，超薄膜，超微孔体，あるいはそれらの多層複合体などであり，こうした極限材料（構成ユニット・成分による相乗的機能効果を期待する意味でハイブリッド材料と呼ばれることもある）は，光学的・電子的・電磁気的・生物学的性質等々において特異な性質を示す場合が多いので，今後の高度の機能材料やそのシステムのための素子・素材としてきわめて重要な役割を果たすことが期待されている。

　このような極限的集合体の合成や構築のためには，あらゆる化学的物理的な反応加工手段が駆使されねばならないが，放射線もまたそうした手段の一つとして，ユニークな寄与をなしうるものと考えられる。

　まず，超薄膜であるが，その定義はほぼサブミクロンの膜厚をもった材料と考えてよいであろう。有機超薄膜の製法を大別すると，蒸着法とLB膜法に分けられる。蒸着法は，モノマーまたはポリマーを一定基板上に蒸着して薄膜を形成させ，光・プラズマ・放射線などを照射してモノマーを重合させるものである。ポリマーの蒸着は，ポリビニレンサルファイド・ポリエチレンなどのわずかの例を除いて，まだあまり研究されていない[1]。モノマーの蒸着重合法は，プラズマ重合を中心に，多くの研究例がある。電子線を用いた蒸着重合は，ブタジエン，スチレンなど[2]について研究されている。減圧下ではほとんどのモノマーが基板に蒸着しうるので，圧力のコントロールによって基板表面に適当な厚みに吸着させ，吸着後低温あるいは常温で照射して，重合膜を形成させることができる。蒸着重合は，基材の表面を疎水性・撥水性にしたり，逆に親水化して濡れや導電性をよくしたり，あるいは表面に官能基をもたせて反応活性にするためにも用いられる。普通のコーティングに比べ，多種類の薄膜を作れること，超薄膜にできることが特徴である。LB膜法では，ラングミュア装置を用いて水面上にモノマーの単分子膜や累積膜を作り，これに光や放射線を照射して重合することが行われている。図 4.8.1 に，単分子膜・累積膜の

---

* Isao Kaetsu　日本原子力研究所　高崎研究所

第4章　放射線による高分子反応・加工

製作装置を示した[3],[4]。累積膜を利用して異なったモノマー薄膜層から成る複合膜やモノマー薄膜と非重合性化合物薄膜から成る多層複合膜を作ることもできる。LB膜法で得られる薄膜は，長鎖化合物から成っているので，生体膜模擬の薄膜を作り，人工細胞をはじめ，生体膜類似機能へのアプローチを行うためにも興味がもたれている。また液晶機能をもった薄膜の合成法としても注目される。低エネルギー電子線重合によれば，液層のごく表面のみを反応させられるので1回の照射ごとにモノマー液からポリマー薄膜を生成させることができる[5]。この外の有機薄膜合成法としては，グラフト共重合を利用する方法もある。すなわち，十分に反応をコントロールしてグラフト率を小さくし，表面のみで比較的均一にグラフトを行わせることにより，基材上に薄膜を形成させることができる。基材をマスキングして，照射し，照射されたドメインのみにグラフトを行わせるようにすると，たとえば正荷電のミクロドメインと負荷電のミクロドメインをモザ

図4.8.1(a)　LB膜（単分子膜，累積膜）形成装置と単分子膜モノマーの放射線重合例[3]

(A) teflon coated trough ($15 \times 60 \times 2$ cm); (B) teflon barrier; (C) linear variable differential transformer (Schaevitz, 050 HR type); (D) torsion wire (1 mm diameter, steel); (E) monolayer; (F) waxed mica float; (G) area poteniometer; (H) drive screw; (I) servo motor (Japan Servo Co., Ltd., ESAT-5-P-V5 type); (J) synchronous motor (Oriental Motor Co., Ltd., 4H×5D2A (GA)-BA type); (K) bellows coupler; (L) carrier frequency amplifier (Tokyo Sokki Co., Ltd., DT 1H type); (M) servo amplifier (Kawakita Denko Co., Ltd); (N) selection switch for constant surface pressure operation (AT) and constant area operation (IIA), (P) calibration arm; (X) X axis input and (Y) Y axis input of XY recorder (Rika Denki)

8 放射線による極限材料の合成加工

図 4.8.1(b) 単分子膜状あるいは累積膜状モノマーの重合反応の研究

モノマー	膜の種類	重合開始方法	反応追跡法および膜物質の分析方法
ODVE	M	BF$_3$, peroxide	ΠA
VST	M	S$_2$O$_8^=$	ΠA, η_2
ODMA	M	UV	ΠA
ODMA, ODAA	M	UV, peroxide	ΠA, MS
VST + EST	B	γ	ATR-IR, X
ODMA, ODVE, VST	M	電子線	ΠA
ODA	M	電子線	ΠA
ODA	M	電子線	A-t, TLC, IR
ODA	M	電子線	At, TLC, IR
VST	M	電子線	At, GLC, IR
ODA	B	電子線	IR, X, θ
VST	B	電子線	IR, X, θ
ODMA	M, B	電子線	IR, X,
ODA + VST	B	電子線	IR, X,
ODA + EA	B	電子線	IR, X,
ODMA, ODDA	M	UV	ΠA, η_2
VST	B	γ	Pol, IR, X
ODU	M, B	HCHO	IR, ΠA
VST	M	UV	ΠA, ΔV-t, ΔV-A, η_2-A, IR

M, 単分子膜; B, 累積膜; ΠA, 表面積-面積曲線; A-t, 表面積-照射時間; η_2, 表面粘度; ATR-IR, 全反射赤外スペクトル; θ, 接触角; TLC, 薄層クロマトグラフ法; MS, 質量分析法; GLC, ガスクロマトグラフ; X, X線回折法; ΔV, 表面電位

図 4.8.1(c) 本表および本文中で使用した膜物質の略号

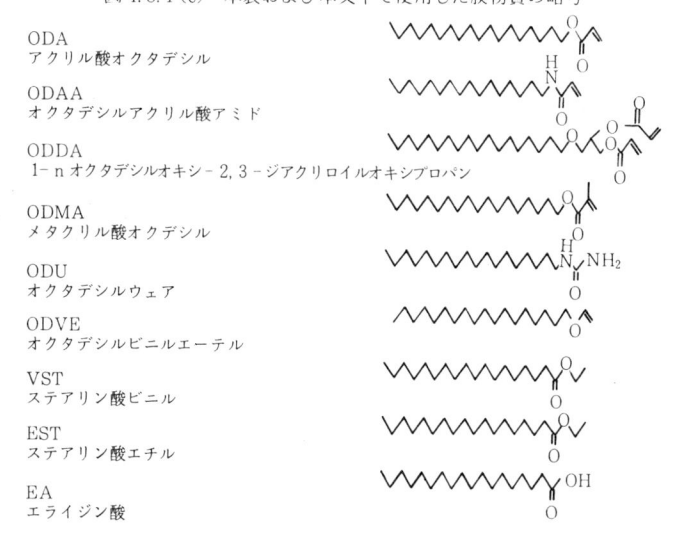

ODA
アクリル酸オクタデシル

ODAA
オクタデシルアクリル酸アミド

ODDA
1-nオクタデシルオキシ-2,3-ジアクリロイルオキシプロパン

ODMA
メタクリル酸オクデシル

ODU
オクタデシルウェア

ODVE
オクタデシルビニルエーテル

VST
ステアリン酸ビニル

EST
ステアリン酸エチル

EA
エライジン酸

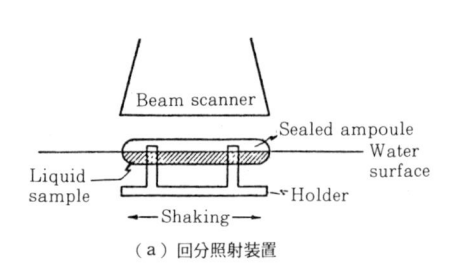

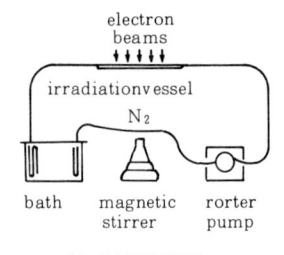

第4章 放射線による高分子反応・加工

(a) 回分照射装置　　　　　　　　　(b) 連続照射装置

[St] (Wt%)	[SLS]/[St] (Wt%)	Irradiation			Solid content (%)	particle diameter (nm)		$\bar{M}_n$	$\bar{M}_w$	$\bar{M}_w/\bar{M}_n$
		E (MeV)	I (μA)	Time (hrs)		Stopped flow	Nanosizer			
30	1.0	1.5	50	2.8	21.8	61	63 (6-7)	1460	6040	4.1
30	3.0	1.5	50	4.4	24.9	72	82 (4-6)	1330	6240	4.7
20	3.0	1.5	100	4.4	17.3	53	-	1050	4450	4.2
10	3.0	2.0	50	4.4	7.6	56	-	936	13200	14.1
*10	3.0	2.0	90	3.9	8.9	69	-	833	2030	2.4

* no reservoir system

図4.8.2　電子線乳化重合装置と電子線乳化重合による超微粒子の製造[10]

イク状にもったポリマー表面[6]や，親水ドメインと疎水ドメインがモザイク状に並んだポリマー表面[7]を作ることもできる。最近ガンマ線や電子ビームの外に，イオンビームをも放射線として利用する研究が始まっており，イオンビームによる表面反応加工の可能性が注目されている。イオンビームの利用の形態の一つとして，イオンビーム蒸着法があり，これは，イオンビームそのものを蒸着させる場合と，中性分子を基板上に真空蒸着させながら同時にイオンビームを打込んでゆく場合とがある。後者はIVD法とも呼ばれている。イオンビーム蒸着法によれば，無機・金属の薄膜を基板上に形成させることができるが，ミキシングによって多層複合膜的な構造をもたせることができる特徴がある。将来有機物（モノマー・ポリマー）の蒸着重合法と組み合わせて，有機・無機の多層複合膜を得る技術も進むであろう。

超微粒子の製法として，金属については加熱蒸発法（煙にする）が知られているが[8]，蒸発の手段として電子ビームが利用されることがある[9]。金属・無機の蒸着では，薄膜が形成される前に微粒子状の蒸着が起こる。プラズマ重合でも，モノマーの圧力などの条件によって，微粒子が得られたり，薄膜が得られたりすることが知られている。有機超微粒子の製法としては，乳化重合を挙げねばならないであろう。電子線重合やガンマ線重合によって，数十nm径の超微粒子が

8 放射線による極限材料の合成加工

表 4.8.1 放射線析出重合による超微粒子の製造

	モノマー	有機溶媒	照射条件		重合収率	ポリマーの	ポリマー粒子のサイズ
			線量(rad)	温度(℃)	(%)	粒子化	(μm)
1	1 G				0	なし	-
2	2 G				100	有	0.8
3	3 G	エチルプロピオネート	1×10^6	rt	100	有	2.5
4	4 G				100	有	3.6
5	9 G				0	なし	-
6	14 G				0	なし	-
7		n-ブチルプロピオネート			95	有	0.6
8		エチルカプロエート			100	有	0.5
9	2 G	n-ブチルエーテル	1×10^6	rt	190	有	0.7
10		エチラール			100	有	1.0
11		トリメトキシメタン			100	有	1.0
12				0	100	有	0.8
13	2 G	トリメトキシメタン	1×10^6	-43	90	有	0.5
14				-78	40	なし	-

モノマー濃度は 5%(V/V)で N_2 雰囲気下,静置状態において 60Co 線源からの γ 線を照射する。
1G:エチレングリコールジメタクリレート,2G:ジエチレングリコールジメタクリレート,3G:トリエチレングリコールジメタクリレート,4G:テトラエチレングリコールジメタクリレート,9G,14G:ポリエチレングリコールジメタクリレート

得られている(表4.8.1)[10]。電子線反応(重合やグラフト重合などの混合反応)によって乳化性樹脂を作る研究もある[12]。最近筆者らは,特別の溶媒中でビニルモノマーの放射線溶液重合を行うと,生成するポリマーが溶媒によって微妙に析出し,きわめて粒度分布の狭い超微粒子から成るエマルションが得られることを見出した[12]。放射線乳化重合や析出重合(沈殿重合)で得られる超微粒子は,触媒残渣を含まないので,塗膜の物性や生物医学的利用における生体への親和性において有利と思われる。

超微孔体の製造では,放射線を利用した 3 つの方法に触れておきたい。1 つは低温凍結重合法であり,溶媒を含んだ過冷却性モノマー(ガラス化性モノマー)を放射線により低温重合させると,溶媒が凍結(結晶化)した部分が空孔になり,多孔質体が得られる[13]。孔径は,溶媒濃度,冷却速度,などで異なる。親水性モノマーに対する溶媒としては水が,疎水性モノマーに対してはポリエチレングリコールなどが用いられる。第 2 の方法は,放射線重合やグラフト重合で得られるエマルションをキャスト成膜してラテックス膜を形成させる方法である[14]。エマルションの粒径,濃度などに応じて,孔径の異なる微孔膜が得られる。第 3 の方法は,エッチング法である。電子線リソグラフィを利用してエッチングを行う方法,イオンビーム照射によって,粒子線トラックを作り,さらにエッチングする方法,などが挙げられる[15],[16]。エッチング法によれば,孔径

のそろったまっすぐな孔をあけることができ,ビームの種類,エネルギー,エッチング条件などによって孔径を変えることができる。以上のように,放射線をうまく用いると各種の極限材料,ハイブリッド材料の製作,構築の手法として寄与しうる可能性が大きい。今後各種の放射線を利用した極限材料化技術の基礎的研究が進み,さらにそれらの技術を駆使した様々の機能的応用の設計へと発展することが期待される。

文　　献

1) 宮田清蔵,高分子,**30**,819 (1981),など
2) A. M. Mearns, *Thin Solid Films*, **3**, 201 (1969),など
3) 畑田元義,日本接着協会誌,**13 (9)**,344 (1977)
4) M. Hatada, M. Nishii, K. Hirota, *Macromolecules*, **8**, 19 (1975)
5) 熊倉　稔,嘉悦　勲,未発表データ
6) A. Chapiro, A. M. Jendrychowska-Bonamour, S. Mizvahi, *Europ. Polymer. J.*, **12**, 773 (1976)　岡小天,第15回医用高分子研究会講演要旨集,p. 25, 1982,東京など
7) G. E, T. Okano et al, *Polymer J.*, **10 (15)**, 477 (1978)
8) 八谷繁樹,上田良二,応用物理,**42**, 1067 (1973)
9) S. Iwama, I. Sahashi, *Japan. E. J. Appl. Phys.*, **12** (1973年10月号)
10) K. Makuuchi, H. Nakayama, *Progress in Organic Coatings*, **11**, 241 (1983)
11) 細井文雄,佐々木　隆,萩原　幸,高分子論文集,**40 (10)**, 673 (1983)
12) 吉田　勝,浅野雅春,嘉悦　勲,未発表データ
13) I. Kaetsu, M. Kumakura, M. Yoshida, *Polymer*, **20**, 3 (1979) ; M. Yoshida, M. Kumakura, I. Kaetsu, *Polymer*, **19**, 1379 (1978) など
14) 大塚保治,表面,**21 (8)**, 471 (1983)
15) R. L. Fleischer, P. B. Price, R. M. Walker, "Nuclear Tracks in Solid, Principle and Applications" Univ. Calif. Press, 1975
16) Y. Komaki, *Nucl. Tracks*, **3**, 33 (1979)

8.2 耐放射線性材料，極低温材料

8.2.1 はじめに

萩原　幸*

　ポリマーが原子力や宇宙開発の分野で用いられる場合，放射線や極低温による環境劣化が問題となるときがある。原子力発電所の例でみると，原子炉格納容器内では数MGy程度の耐放射線性が求められる。用途としては電線ケーブルの絶縁材，パッキング，シール材，塗料などにエチレン・プロピレンゴム，ポリエチレン，シリコーンゴム，エポキシ樹脂など汎用性のポリマーが用いられている。今後は高速増殖炉の実用化，核融合炉の開発，また宇宙の分野ではミッションライフの長い通信衛星や宇宙基地の建設などで，新しい用途，例えば金属やセラミックに代る構造材料など新規の需要が増えるものと期待されている[1]。この場合，電気絶縁性，断熱性，軽量性，易加工性というポリマー材料としての特徴を保持しつつ，極低温その他の極限条件のもとで十分な強度とこれまでとはケタ違いに大きな耐放射線性が求められることになる。超耐放射線性という観点からは芳香族系ポリマーが，また高強度という点では複合材料（繊維強化プラスチック，FRP）が重要である。本項ではこれらに関する最近の知見を中心に述べる。

8.2.2 各種ポリマーの耐放射線性

　放射線によるポリマー材料の劣化の研究は古くから進められており，データもまとめられている[2]~[5]。原子力施設での使用については，材料の安全性評価が厳しく行われているが，最近は特に可能な限り使用環境に近い条件で評価する必要から，在来データの見直しが進められている。過去には，空気中で，また比較的高い線量率で短時間に大線量を照射する方法が行われてきた。しかし，この方法では，空気中，低線量率照射という実際の環境での酸化劣化が正しく模擬できず，耐久性評価に誤差が生ずる。促進酸化劣化法として，最近加圧酸素下で照射する方法が考案され[6]，データが集積されつつある。

　図4.8.3は汎用のゴムおよびプラスチック材料について，空気中高線量率あるいは加圧酸素下で照射したときの耐放射線性を相互比較したものである[7]。加圧酸素下で試料が均一に酸化される条件では，ゴム材料の劣化は架橋の崩壊が主原因となる。これは劣化の重要な指標である伸び率の低下が酸素中照射では抑制される場合が多いことから理解できる。

　空気中高線量率照射では酸素が試料表面で急速に消費されてしまい，中心部は真空中照射と同じような状況になり架橋が起こる。空気中高線量率照射での伸び率低下にはこの架橋の効果が寄与しているものと考えられる。このため，ゴム材料では酸化が均一に起こる場合と一部に非酸化領域が存在する場合とでは，照射効果は複雑な相関を示すことになる。プラスチック材料では，加圧酸素下の照射により，伸び率，強度ともに低下が著しく促進される。なお，図4.8.3から明

---

* Miyuki Hagiwara　日本原子力研究所　高崎研究所　開発部

図 4.8.3 ゴムおよびプラスチック材料の耐放射線性の比較[7]

らかなように汎用ゴムおよびプラスチックの耐放射線性はおよそ 0.1〜2 MGy といえる。
　芳香族系ポリマーが良好な耐放射線性をもつことは従来からよく知られている。図 4.8.4 は代表的な芳香族耐熱ポリマーの耐放射線性を比較したものである[8),9)]。実質的に非酸化条件となる高線量率電子線の照射に対しては、数種のポリイミド[10]およびPEEKが数10〜数100 MGyの耐放射線性を示す。一方、酸化条件ではこの値はおよそ1/5〜1/10程度に減少する。ポリマー構

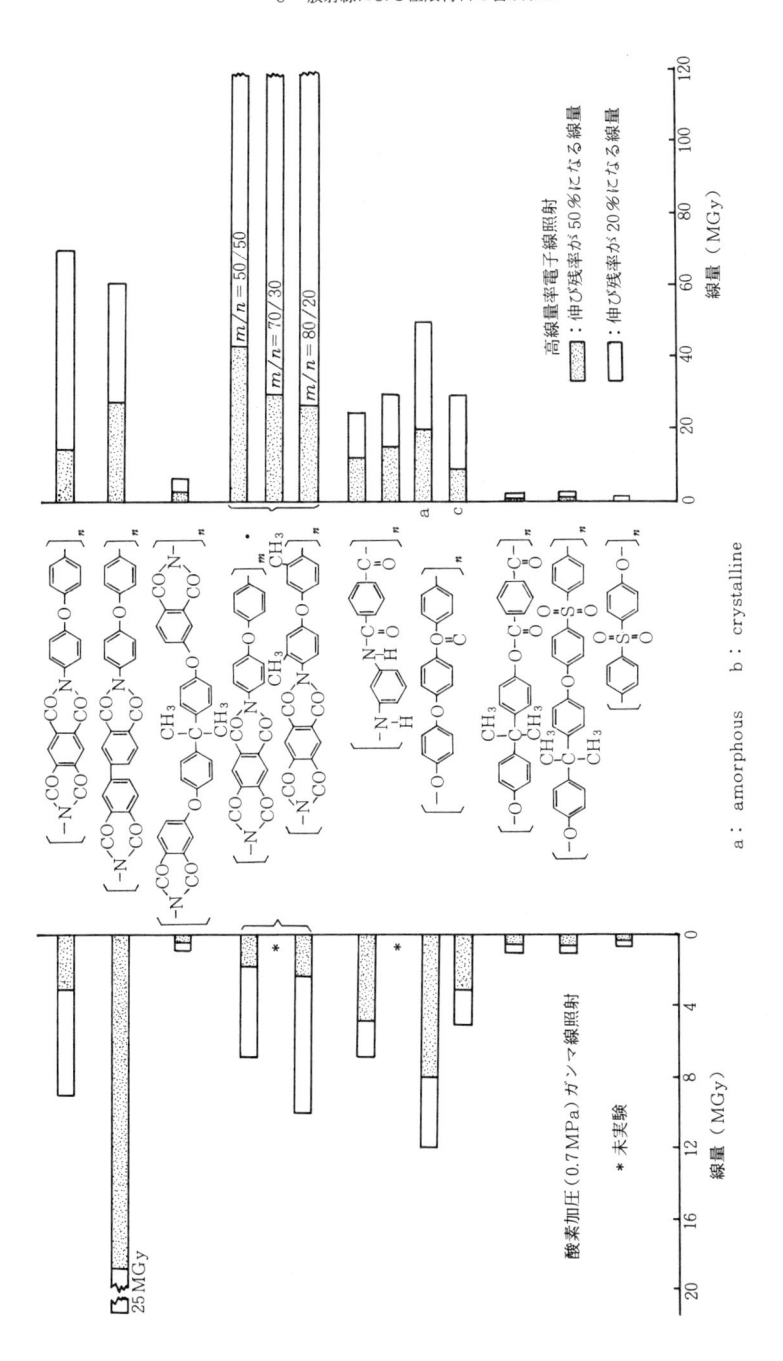

8 放射線による極限材料の合成加工

図 4.8.4 各種芳香族系ポリマーの耐放射線性の比較[8),9)]

造との関係では主鎖にスルホン基やビスフェノールA構造のような四置換炭素が含まれると，耐放射線性は極端に小さくなる．主鎖の構造単位と放射線安定性の序列は概ね以下のようになる[8]．

[化学構造式：ポリイミド系 > ジフェニルエーテル・ベンゾフェノン系 > 芳香族アミド系 ≫ ビスフェノールA系 > スルホン系]

8.2.3 各種複合材料の耐放射線性

　複合材料（繊維強化プラスチック，FRP）の耐放射線性については，これまでのところガラス繊維やカーボン繊維を強化材とするものが多く研究されている．
　FRPの強度は下式のようにいわゆる複合則で表わされる．

$$\alpha_c = \beta \alpha_{fu} V_f + (\alpha_m)_{\epsilon fu} V_m \tag{1}$$

　　α_c：FRPの破壊応力　　　α_{fu}：繊維の破壊応力
　　$(\alpha_m)_{\epsilon fu}$：繊維の破壊ひずみに対するマトリックスの応力　　β：繊維の形態によって決まる係数（一方向強化の場合，$\beta = 1.0$）
　　V_f, V_m：繊維およびマトリックス成分の体積含有率

　通常，$\alpha_{fu} \gg (\alpha_m)_{\epsilon fu}$であるから$V_f$が十分に大きければFRPの強度は繊維が担うことになる．式(1)に従い十分な強度が発揮されるためには，マトリックスやマトリックスと繊維の接合が健全である必要がある．一般にマトリックスなどの有機成分は放射線により早く劣化し，FRPの強度低下は，それがもとでの荷重伝達の不具合により起こる．したがって，FRPの耐放射線化には放射線に安定なマトリックスの選択および接合界面の形成が重要になる．
　図4.8.5は照射によるFRPの強度変化の例を示したものである[11]～[13]．ポリマー構造単位の耐放射線性序列からも理解できるように，ビスフェノールA系のエポキシに対し，スルホン基をもつ硬化剤を組み合わせるのは放射線安定性の点では適切でない．エポキシをテトラグリシジルジアミノフェニルメタン（TGDDM）[11],[12]あるいは硬化剤をジアミノフェニルメタン（DDM）[13]に変えるだけで耐放射線性はかなり改善される．また同じマトリックスに対しては，カーボン繊維のほうがガラス繊維よりも安定なFRPを与える．さらに，ビスマレイミド-トリアジン（BT）

8　放射線による極限材料の合成加工

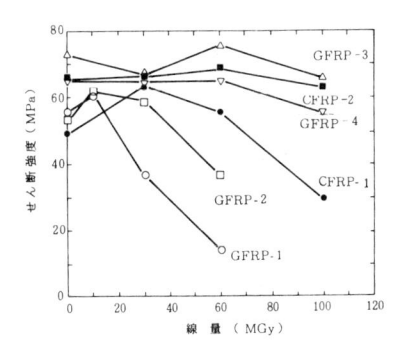

(注1)　FRP試料の組成

試料＼組成	基　材	マトリックス樹脂
GFRP-1	Eガラス 朱子織クロス	ビスフェノールA系エポキシ樹脂 (硬化剤：ジアミノジフェニルスルホン)
GFRP-2	同　上	ビスフェノールA系エポキシ樹脂 (硬化剤：ジアミノジフェニルメタン)
GFRP-3	同　上	BT樹脂
GFRP-4	同　上	ビスフェノールA系エポキシ樹脂変性BT樹脂
CFRP-1	高弾性炭素繊維 平織クロス	ビスフェノールA系エポキシ樹脂 (硬化剤：ジアミノジフェニルメタン)
CFRP-2	高強度炭素繊維 一方向材	ビスフェノールF系エポキシ樹脂 (硬化剤：ジアミノジフェニルメタン)

(注2)　ビスフェノールA系エポキシ樹脂

$$H_2C-CH-CH_2-\left[O-\phi-\underset{CH_3}{\overset{CH_3}{C}}-\phi-O-CH_2-\underset{OH}{CH}-CH_2\right]_n-O-\phi-\underset{CH_3}{\overset{CH_3}{C}}-\phi-O-$$

$$-CH_2-CH-CH_2$$

ビスフェノールF系エポキシ樹脂

$$H_2C-CH-CH_2-O-\phi-CH_2-\phi-O-CH_2-CH-CH_2$$

BT (Bismaleimide-Triazine) 樹脂

$$\underset{CO}{\overset{CO}{\diagup}}N-\phi-CH_2-\phi-N\underset{CO}{\overset{CO}{\diagdown}} + N\equiv C-O-\phi-\underset{CH_3}{\overset{CH_3}{C}}-\phi-O-C\equiv N$$

ジアミノジフェニルスルホン (DDS)

$$H_2N-\phi-SO_2-\phi-NH_2$$

ジアミノジフェニルメタン (DDM)

$$H_2N-\phi-CH_2-\phi-NH_2$$

図4.8.5　各種FRPのせん断強度と線量の関係[13]

樹脂やポリアミノビスマレイミド（PABM）樹脂[12]を用いると100MGy以上でも強度低下のない優れた耐放射線性FRPが得られる。

8.2.4 極低温材料

ポリマーは断熱材をはじめ低温工学の分野にも多く進出している。宇宙開発や超電導技術の分野では，施設，装置の構造部材としてFRPの進出がめざましい。ポリマー材料は温度低下とともに，弾性率，曲げおよび引張強度，耐クリープ性，耐電圧性などが一般に増大し，伸び率，疲労，衝撃および圧縮強度，さらに誘電損失は小さくなる[14]。低温の影響は，実用上，電気特性や熱特性よりも機械特性に対して厳しい場合が多い。ここでは，前項の耐放射線性との関連で，極低温機械特性に対する照射効果について最近の結果を紹介する。

ゴムを含む代表的な19種類のポリマーについて，77Kでの原子炉照射（最高2MGyまで）後，77Kの引張試験により評価した耐放射線性の比較データが報告されている[15]。それによるとゴムの使用限界線量はきわめて低い。これに対し芳香族系のエポキシ，ポリイミド樹脂は良好であった。最近，5Kで原子炉照射し，5Kでの圧縮試験が行われている[16]。5KではS-S曲線に77Kではみられなかったセレーション（鋸歯状波）が現われる。破壊過程を考えるうえで注目される。ノーメックスやカプトンの優れた性能が確認されている。20Kでの原子炉照射と77Kでの機械特性試験で，ポリフェニレンスフィド（PPS）が低温特性，耐放射線性の両方に良好な性能を示した[17]。

FRPに関しては，ビスフェノールA系のエポキシにそれぞれ脂肪族系あるいは芳香族系のアミン硬化剤を組み合わせたガラス繊維強化のG-10CRとG-11CRおよびPABMを用いた試料について，5K原子炉照射と77Kでの圧縮および曲げ試験が行われた。ビスフェノールA系エポキシがマトリックスの場合は室温照射と同様，極低温照射においても耐放射線性は低い[18]。これらと比較してPABMをマトリックスとするものは5～10倍の耐放射線性を示した[19]。

エポキシ系FRPは加工性，経済性の点でPABM系よりも優れているが，耐放射線性では改善が必要である。これに関連して図4.8.6のような興味ある結果が得られている[20]。照射は室温で行われているが，4.5Kの機械特性試験の結果，マトリックスにTGDDM/DDSを用いたものは，強度，耐放射線性ともにビスフェノールA系のものより格段に優れていることがわかった。核融合実験炉用の超電導磁石絶縁材としては30～50MGyの耐放射線性が必要とされているが，エポキシ系でもPABM系と比較して遜色ないものが得られる可能性を示すものとして注目される。

8 放射線による極限材料の合成加工

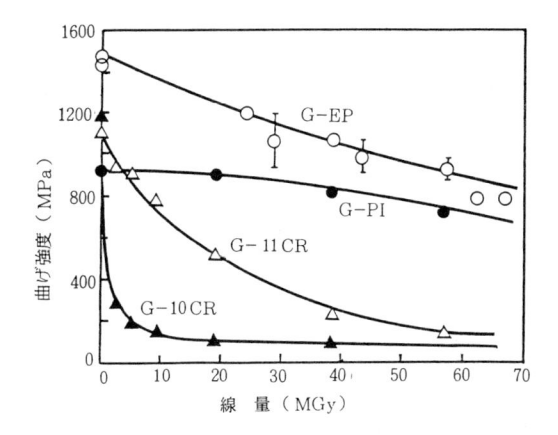

図4.8.6 FRPの極低温強度におよぼすγ線照射の影響[20]

γ線照射 室温空気中
曲げ試験 4.5 K
G-EP = ガラス/TGDDM-DDS, G-PI = ガラス/PABM,
G-11CR = ガラス/ビスフェノールA系エポキシ-芳香族アミン
G-10CR = ガラス/ビスフェノールA系エポキシ-脂肪族アミン

文　献

1) 萩原　幸, 日工マテリアル, 印刷中
2) M. B. Bruce, M. V. Davis, "Radiation Effects on Organic Materials in Nuclear Plants" NP-2129 Georgia Institute of Technology (1981)
3) H. Schönbacher, A. Stolary-lzycka, "Compilation of Radiation Damage Test Data" CERN 79-04 (1979); CERN 79-08 (1979); P. Beynel, P. Maier, H. Schönbacher, CERN 82-10 (1982), Enropean Organization for Nuclear Research
4) R. O. Bolt, J. G. Carrol, "Radiation Effects on Organic Material", Academic Press (1963)
5) 絶縁材料放射線試験調査専門委員会（電気学会),「絶縁材料の放射線劣化と耐放射線性試験法の現状」電気学会技術報告 (II部) 第86号 (1979)
6) T. Seguchi, K. Hashimoto, K. Arakawa, N. Hayakawa, W. Kawakami, I. Kuriyama, *Radiat. Phys. Chem.*, **17**, 195 (1981); 瀬口, 荒川, JAERI-M 9671, 日本原子力研究所 (1981)
7) 瀬口忠男,「耐放射線性高分子材料の最近の動向」, 工業材料, **32** (No.6) 71 (1984)

8) T. Sasuga, N. Hayakawa, K. Yoshida, M. Hagiwara, *Polymer* **26**, 1039 (1985)
9) 貴家恒男ほか, 電気学会, 絶縁材料研究会資料 EIM-84-132 (1984)
10) 貴家恒男, ほか, 高分子論文集, **42**, 283 (1985)
11) M. Hagiwara, A. Udagawa, S. Kawanishi, S. Egusa, N. Takeda, *J. Nucl. Mater.*, **133 & 134**, 810 (1985)
12) A. Udagawa, S. Kawanishi, S. Egusa and M. Hagiwara, *J. Mater. Sci. Lett.*, **3**, 68 (1984)
13) 宇田川昂, ほか, JAER-M 85-220, 日本原子力研究所印刷中
14) U. T. Kreibich, F. Lohse, R. Schmid, " Polymers in Low Temperature Technology "in "Nonmetallic Materials and Composites at low Temperatures" Ed. by A. F. Clark, R. P. Reed, G. Hartwig, p. 1~32, Plenum Press (1979)
15) M. H. Van de Voorde, *IEEE Trans. Nucl. Sci.*, **18**, 784 (1971): *ibid*, **20**, 693 (1973)
16) 加藤輝夫, ほか, 低温工学, **15**, 173 (1980)
17) H. Yamaoka, K. Miyata, *J. Nucl. Mater.*, **133 & 134**,
18) R. R. Coltmann, Jr., C. E. Klabunde, *J. Nucl. Mater.*, **113**, 268 (1983)
19) R. R. Coltmann, Jr., C. E. Klabunde, *J. Nucl. Mater.*, **103/104**, 717 (1981)
20) S. Egusa, H. Nakajima, M. Oshigiri, M. Hagiwara, S. Shimamoto, *J. Nucl. Mater.* **137**, 173 (1985)

9 放射線による情報・電子材料の合成加工

9.1 リソグラフィー

助川　健*

　LSIに代表される半導体素子の製造では微細寸法のパターン加工技術が不可欠であり，加工寸法もミクロン台からサブミクロンの領域に移りつつある。平面上へのパターン形成は印刷技術をその源としており，リソグラフィー（lithography：石版印刷）の語は微細加工の分野で広く用いられている。微細加工の工程は図4.8.1に示すように，基板上にパターンを描画する工程とそのパターンをもとに基板を加工する工程からなる。ここでの重要な技術には，パターン描画技術，基板加工技術とともにこの2つの技術を橋渡しするレジストがある。レジストはいわゆる感光性高分子材料で，描画されたパターンを基板上に形成するとともに，基板加工時のマスク材の役割を持つ。本節では，最も微細化が進んでいるLSIの製造を例として各種露光描画技術について概説するとともに，レジスト材料について述べる。

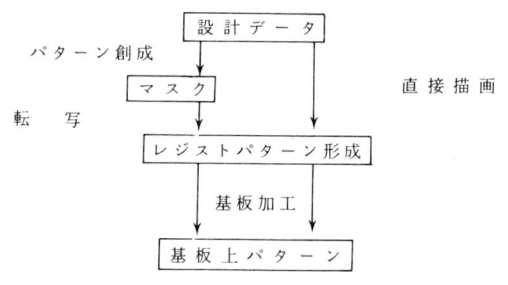

図4.9.1　リソグラフィーの工程

9.1.1　露光描画技術

　表4.9.1に半導体素子加工に用いられる各種露光技術を加工対象に分けて示した。現在最も一般的に使われているのはホトリソグラフィーであり，それに必要なホトマスクの作製に電子線露光技術が用いられつつある。

(1)　ホトリソグラフィー

　光でマスクパターンを基板上に転写する方式には種々のものがある。各種露光方式の特徴を表4.9.2に示す。コンタクト露光は最も古くからあり，文字どおりマスクと基板を重ねて密着させてから露光する。理想的な密着が得られれば，解像力は他の方式より高い[1]。コンタクト露光の

---

*　Ken Sukegawa　日本電信電話（株）　NTT電気通信研究所

第4章 放射線による高分子反応・加工

表4.9.1 露光技術

対象	露光技術	解像度 μm	完成度*	備考
マスク製作	紫外線露光	2～1	A	現在の主流
	電子線露光	1～0.5以下	A	同上，X線マスクにも適用
	イオンビーム露光	—	B	
基板への転写	紫外線露光	3～0.7	A	現在の主流，各種方式あり
	遠紫外線露光	1～0.5	B	
	X線露光	1～0.5以下	B	
	電子線露光	1～0.5	B	
	イオンビーム露光	—	B	
直描接画	電子線露光	1～0.5以下	B	生産性が低い
	イオンビーム露光	—	B	

＊A：実用になっている，B：研究段階

表4.9.2 光露光方式の特徴

方式\項目	コンタクト	プロキシミティー	等倍投影 レンズ	等倍投影 反射鏡	縮小投影
装置価格	安い	やや高い	やや高い	高い	高い
コントラスト	高い	低い	中	中	中
スループット	大	大	中	中	小
マスク寿命	短い	中	半永久	半永久	半永久
その他	アライメント精度が悪い		ステップアンドリピートにより大口径ウエハへの焼付も可能	・色収差がない ・高精度機構が必要 ・温度変動に弱い	・高精度機構が必要 ・ウエハ変形に対処できる

問題は，マスクの汚染・損傷と基板上のレジスト膜の損傷による欠陥の発生である。

プロキシミティー露光はコンタクト方式におけるマスク損傷を防止するために開発されたもので，マスクと基板間に10～30μmのギャップを設けて露光する。ホトマスクの寿命はコンタクト方式の5～10倍と言われている。

レンズを用いて投影露光すればマスクの損傷はない。レンズ投影露光方式は露光面積が小さくなるが，基板を載せている試料台を移動させることにより広い面積を露光するステップアンドリピート方式が開発されて，大面積の基板に精度よく転写できるようになり，LSI製造における露光装置の主流になっている。

像の投影は反射鏡を用いても可能で，反射投影方式の露光装置が作られている。反射鏡の収差の影響を避けるため，細い円弧スリットを介してマスクを照射し，マスクと基板を同期して移動することによりマスク上の全パターンを基板に投影する。この方式は，色収差がないのでレンズ

9 放射線による情報・電子材料の合成加工

投影のように単一波長を用いる必要はないが，高精度なミラーやマスクと基板の移動機構が必要となって装置が大型，高価になる。

ホトリソグラフィーで用いられる光の波長は g 線（436 nm）が一般に使用されているが，解像度の向上や焦点深度を深くしてより微細な加工を可能とする努力が続けられており，最近 i 線（365 nm）を用いた縮小投影露光装置が開発されている。また，200 nm 台の光で露光する遠紫外線（Deep UV）露光にも光源にエキシマレーザを使う等の研究が行われている[2]。

(2) 電子線リソグラフィー

電子線リソグラフィーは，細径ビームが得られること，電算機制御により任意のパターン描画ができる等から微細加工の重要な技術と考えられている。電子線リソグラフィーはその用途により3種に分類できる。第一は，極細径ビームを用いたリソグラフィーである。極微細なパターンの描画が可能であり X 線リソグラフィー用マスクあるいは材料物性の研究や極微細な構造を持つ半導体素子の研究用として重要である。第二は，ホトリソグラフィー用のマスクの製造である。スループットの点から高速性，精度が要求される。電子線リソグラフィーの最も有力な用途の一つである。第三は，電子線直接描画と言われるものである。シリコン基板上のレジストに直接電子ビームを走査してパターンを露光するもので，カスタムデバイスの製造やプロトタイプの LSI 素子製造には将来不可欠な技術になると予想される。電子線露光における問題は，露光時間の短縮（スループットの改善），近接効果の補正である。これらは露光装置上の問題だけでなく，レジストの開発上でも大きな影響を持ち，スループットの向上のために高感度なレジストが必要になる。また，入射電子線の後方散乱で解像性が低下する近接効果を避けるため，高コントラストのレジストが要求される。

(3) X 線リソグラフィー

X 線リソグラフィーでは，波長 0.4 ～数 nm の軟 X 線が用いられる。最も一般的な X 線源としては回転対陰極を用いた熱電子 X 線管が使用されている。X 線リソグラフィーでの問題はこの線源で，X 線の発生効率が低いこと，平行光束が得られないことにある。これらはそれぞれ，パターン転写時間の増加や解像性低下を生ずる。このため，新しい線源としてプラズマ X 線源[3]やシンクロトロン放射光[4]の利用が考えられている。シンクロトロン放射光は，輝度や放射光の平行性の点ではほぼ理想的な X 線源であり，近年注目を集めつつある。また，プラズマ X 線源は，線源の寿命，プラズマ発生の繰り返し周波数を高めることが課題となっている。現在，X 線レジストには電子線レジストに比べて約一桁高い感度が要求されている。

8.1.2 レジスト材料

表 4.8.3 は，レジストへの要求特性をまとめたものである。電子線，X 線レジストはホトリソグラフィーと同程度のスループットを得ることが目標となっている。解像度で重要な点は凹凸基

275

第4章 放射線による高分子反応・加工

表4.9.3 レジストへの要求特性

感　　度	紫外光　$10 \sim 50\,\mathrm{mJ/cm^2}$ 電子線　$1 \sim 2\,\mu\mathrm{C/cm^2}$，X線　$20\,\mathrm{mJ/cm^2}$
解像性	凹凸基板上で必要な解像度を示すこと
加工耐性	ドライエッチング，ウェットエッチングに耐性が高いこと
接着性	種々の基板上でパターンの脱落が生じないこと 基板加工後は剥離の容易なこと
安定性	保存中あるいは基板上へ塗布状態で感度，現像特性が変化しないこと ロットごとの感度にバラツキがないこと
その他	基板へのコンタミネーションのないこと

板上で評価されることである。LSI製造工程では基板に凹凸ができるために，平坦な基板上よりも高い解像性が要求される。耐ドライエッチング性はフッ素系，塩素系ガスプラズマに対する高い耐性が必要である。また，後で述べる多層レジストでは酸素ガスプラズマ耐性が求められる。接着性も重要な特性である。パターンが微細化するとレジストと基板の接着面積が減少するため，現像時に剥離が生じやすくなる。

(1) ホトレジスト

表4.9.4に代表的なホトレジストをあげる。KPR (Kodak Photo-Resist)は1956年に発表され，プリント板のホトエッチングに用いられたものでホトレジストの名称の起源になっている。これはポリビニルアルコールに感光性を有するケイ皮酸を結合させたものである。ケイ皮酸が露光により四員環を形成することにより架橋してネガ形のパターンを形成する[5]。KPRは半導体工業用としてはピンホールが多く接着性も十分でなかったため，ネガ形レジストの主流は環化ゴム系レジストに移っている。半導体工業用として最初に開発されたものはKTFRであるが，次第に改良されて多くの種類がある。環化ゴム系レジストは一般にビスアジドを架橋剤として添加して感光性を付与している。ビスアジドの架橋反応は酸素で阻害されるので露光の際は試料表面に

表4.9.4 代表的なホトレジスト

タイプ	レジスト	ベースポリマ	耐薬品性
ネガ形	KPR	ポリケイ皮酸ビニル	酸に強い
	KTFR	合成ゴム	酸，アルカリに強い
	Way Coat IC	〃	〃
	OMR 83	〃	〃
ポジ形	A 2 1350 J	ノボラック樹脂	酸に強いがアルカリに弱い
	A 2 2400	〃	〃
	OFPR	〃	〃

窒素ガスを吹き出し,酸素を除去する必要がある[5]。

ポジ形レジストとしては AZ 系と呼ばれるものが有名である。これらは感度,接着性,耐薬品性および可塑性がなくもろい点ではネガ形ホトレジストに劣るが,エッジの切れがよく解像性が優れているため,近年 LSI のパターン微細化とともに多く用いられるようになってきた。これらは,ノボラック樹脂にキノンアジドを添加したもので,ナフトキノンアジドが光によってインデンカルボン酸となりアルカリ水溶液に可溶性になることを利用している[5]。

(2) 電子線,X 線レジスト

表4.9.5にポジ形とネガ形それぞれで各性能の関係を示した。ポジ形レジストは高い解像性は得られるものの感度と耐ドライエッチング性に相反関係が見られる。一方,ネガ形レジストでは高い耐ドライエッチング性は得られるものの感度と解像性に相反関係がある。

①ポジ形レジスト

これまでに提案された主なポジ形レジストを表4.9.6に示す。ポジ形レジストはメタクリレート系ポリマーを中心に開発が進められてきた。

表4.9.5 電子線,X線レジストの性能の相互関係

	解像性	感度	耐ドライエッチング性
ポジ形レジスト	良	相反	
ネガ形レジスト	相反		良

表4.9.6 主なポジ形レジスト

レジスト	感度 ($\mu C/cm^2$)	ガラス転移温度 (℃)
Polymethylmethacrylate (PMMA)	100	104
Poly-n-butylmethacrylate (PnBMA)	0.4	19
Polyphenylmethacrylate (PPhMA)	150	110
Polydimethyltetrafluoropropylmethacrylate (FPM)	5.0	93
Polyhexafluorobutylmethacrylate (FBM)	0.4	50
FBM-glycidylmethacrylate (FBM-G)	0.4	65
Trifluoroethyl-α-chloroacrylate (EBR-9)	2.5	133
Polytrichloromethylmethacrylate (EBR-1)	3.0	138
MMA-methacrylic acid (PMMA-MAA)	20	150
MMA-MAA-methacrylic chloride (XXL)	20	140
MMA-t-butylmethacrylate (CP-3)	1.6	131
PhMA-MMA (ϕ-MAC)	10	142
Poly (butene sulfone) (PBS)	1.0	−
Poly (methylpentene sulfone) + novolac resin (NPR)	4.0	−

ポジ形レジストの感度は主鎖切断のG値(G_s)の大きなものほど高くなる。しかし，G_sと感度に相関のないレジストも少なくない。PMMAとFBMを比較するとG値はほぼ同じであるが，感度は約200倍FBMが高い。G_sと感度に直線関係が得られない原因は現像過程にあり，露光，未露光部の現像溶媒に対する溶解速度差に支配されることを示している。現像は，低分子量部分と高分子量部分の現像溶媒に対する溶解速度差を利用して低分子量部分を選択的に溶解する過程である。したがって，少ない露光量で溶解速度が大きく変化するレジストほど高感度となる。

ポジ形レジストにおける大きな問題は耐ドライエッチング性を付与するために芳香環を導入すると感度が低下することである[6]。これを克服するために考えられた方法が，弱く架橋したポリマーを用いることである。PPhMAはPMMAより約2倍高い耐ドライエッチング性を持つが，主鎖崩壊のG値が小さいために感度は低い。しかし，メタクリル酸との共重合体とし，基板上で加熱して酸無水基で架橋させると高感度なレジストとなる[6]（表4.8.6 ϕ-MAC）。

② ネガ形レジスト

表4.9.7に主なネガ形レジストをまとめた。ネガ形レジストでは感度と解像性に相反が見られ，これが高性能レジスト開発のネックとなっている。ネガ形レジストは架橋反応を利用しており，ビニル基，グリシジル基，クロロメチル基等を導入したポリマーが用いられる。また，高分子の放射線によるゲル化過程の理論的取扱を適用した解析が行われている[7]。

図4.9.2は，ネガ形レジストの分子量パラメータと性能との関係をまとめたものである。ネガ

表4.9.7 主なネガ形レジスト

レジスト	反応性 $D_o \cdot M_w$*	ガラス転移温度 (℃)
Polyglycidylmethacrylate（PGMA）	0.028	78
GMA-ethylacrylate（COP）	0.023	10
Polychlorohydroxypropylmethacrylate containing maleic acid methyl ester（SEL-N）	0.026	—
Diallylorthophthalate（PDOP）	0.036	160
Polystyrene（PSt）	5.5	85
Polychlorostyrene（PClSt）	0.28	122
Chloromethylated PSt（CMS）	0.12	110
Iodinated PSt（IPS）	0.42	156
Chloromethylated poly-α-methylstyrene（αM-CMS）	0.23	170
Chloromethylated polynaphthylmethacrylate（CNM）	0.28	113
Vinylnaphthalene-vinylbenzylchloride（PVN-VB）	0.41	—
Vinylbenzylchloride-GMA（PVB-GMA）	0.67	77
PSt containing tetrathiafulvalene units（PSTTF）	6 $\mu C/cm^2$	—

＊感度への分子量の効果を除くため，ゲル点の露光量(D_o)と重量平均分子量(M_w)の積で示した。数値の小さいものほど高感度である。

9 放射線による情報・電子材料の合成加工

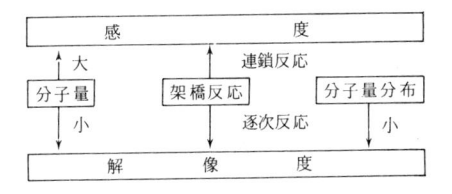

図4.9.2 ネガ形電子線,X線レジストの性能と分子量の関係

形レジストの感度は分子量に比例するため,高分子量のポリマーを用いれば高感度となる。しかし,レジストが高分子量になるとパターンを構成するゲルの架橋密度が小さくなって現像溶媒中で膨潤しやすくなるため,解像度は逆に低下する。現像溶媒中でのレジストの膨潤はネガ形レジストの解像度を高める上では重要な問題で,ガラス転移温度の高いポリマーを用いたり,架橋反応を使わないレジストが提案されている(表4.8.7 PSTTF)。ネガ形レジストの感度は架橋反応のG値に比例して高くなる。架橋が連鎖反応で進むとG値は大きくなるため高感度になるが,レジストのコントラスト(γ値)が低くなり,解像性は低下する。ビニル基,グリシジル基を導入したレジストでは高感度が得られるが,解像性は低くなる傾向を示す。これは,架橋が連鎖反応で進むためと考えられている。高感度で高解像性のネガ形レジストを得るには,G値が高く,架橋反応の連鎖の少ないものが必要となる。ハロゲンを官能基とするものが比較的この条件を満足する[8]。また,ハロゲンを官能基とするレジストは後重合効果がない。

分子量分布がネガ形レジストの解像性に与える影響は大きく,分子量分布を狭くすることが必要である。

③ 多層レジスト

基板を加工するにはマスク材としてある程度の膜厚のレジストパターンを確保する必要がある。したがって,加工が微細になるほど形状(パターンの幅と高さの比)の高いレジストパターンの形成が要求され,パターン形成が困難になってくる。このため,レジスト膜を多層化することが試みられている[9]。典型的なパターン形成プロセスを図4.9.3に示す。図は三層レジストの例であり,まず上層のレジストパターンを形成して,これをマスクとして中間層をエッチングする。次に,この中間層をマスクとして下層の有機高分子を酸素ガスプラズマでエッチングしてレジストパターンとする。この方法は,レジスト膜厚を薄くすることで高い解像性を得ると同時にパターンの形状比は中間層と有機高分子のエッチング速度比で決まるため,高解像性で高形状比のレジストパターンを得ることができる。また,ドライエッチング技術をレジストパターン形成に採り入れることで,高い精度が確保できる。パターン寸法の微細化とともに今後の主流技術の一つになると予想される。問題は,レジストパターン形成に要する工程が多くなることで,これを解

第4章 放射線による高分子反応・加工

消するためにレジストと中間層の役割を兼ねるような酸素プラズマ耐性の高い有機金属系レジストの開発がシリコーンポリマーを中心に進められている[10]。シリコーンポリマーは酸素プラズマ耐性がよく,有機高分子をエッチングするときに有効なマスクとなるが,一般にガラス転移温度が低いのでこれを克服することがレジスト開発のポイントとなる。

④ドライ現像レジスト

ドライ現像の方法は以下の3種類が研究されている。
・露光時にレジストが分解して膜が除去されるもの[11]。
・ホストポリマーにゲスト化合物を混合して露光によるゲスト化合物のポリマーへの固定を行い,ガスプラズマで現像するもの[12]。
・露光部へ選択的にグラフト重合を行い,グラフトした膜をマスクにガスプラズマで現像するもの[13]。

しかし,現状では有力なレジストがなく,今後のレジスト開発のターゲットと考えられる。

⑤他のレジスト材料

ナノメータオーダーのリソグラフィーの分野では,電子線露光部に気相重合膜が付着するコンタミネーションレジスト[14]やラングミュアブロジェット膜[15]をレジストに用いることが試みられており,数十〜数nmのパターン形成が行われている。

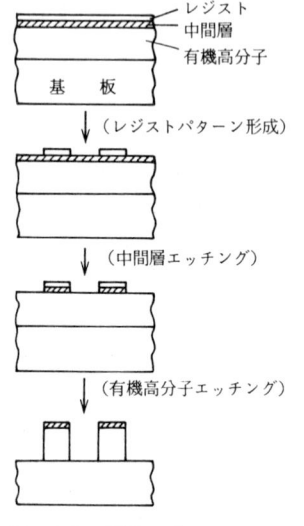

図4.9.3 三層レジストのパターン形成プロセス

文　献

1) B. J. Lin, *J. Vac. Sci. Technol.*, **12(6)**, 1317 (1975), 中瀬,応用物理, **47(5)**, 468 (1978)
2) Y. Kawamura, K. Toyoda, S. Namba, *Appl. Phys. Lett.*, **40(5)**, 374 (1982), H. G. Craighead, J. C. White, R. E. Howard, L. D. Jackel, R. E. Behringer, J. E. Sweeney, *J. Vac, Sci, Technol.*, **B1(4)**, 1186 (1983)
3) J. S. Pearlman, J. C. Riordan, *ibid*, **19(4)**, 1190 (1981). B. Yaakobi, H. Kim, J. M. Soures, H. W. Dekman, J. Dunsmuir, *Appl. Phys. Lett.*, **43(7)**, 686 (1983)
4) H. Aritome, T. Nishimura, H. Kotani, S. Matsui, O. Nakagawa, S. Namba, *J. Vac. Sci. Technol.*, **15(3)**, 992 (1978). E. Spiller, et al., *J. Appl. Phys.*, **47(12)**, 5450

(1976). B. Fay, J. Trotel, *Appl, Phys, Lett.*, **29(6)**, 370 (1976)
5) 半導体研究会編, 半導体研究 14 巻, 工業調査会, p.58 (1977)
6) K. Harada, et al, *IEEE Trans.*, **ED-29**, 518 (1982)
7) H. Y. Yu, L. C. Scala, *J. Electrochem. Soc.*, **119**, 980 (1969). N. Atoda, H. Kawakatsu, *ibid*, **123**, 1519 (1977)
8) S. Imamura, T. Tamamura, K. Harada, S. Sugawara, *Appl. Polym. Sci.*, **27**, 937(1982)
9) B. F. Griffing, *J. Vac. Sci. Technol.*, **19(4)**, 1423 (1981).D. M. Tennant, L. D. Jackel R. E. Howard, E. L. Hu, P. Grabbe, R. J. Capik, B. S. Schneider, *ibid*, **19(4)**, 1304 (1981)
10) M. Morita, S. Imamura, A. Tanaka, T. Tamamura, *J. Electrochem. Soc.*, **131**, 2402 (1984). A. Tanaka, M. Morita, K. Onose, *Jpn J. Appl. Phys.*, **24**, L 112 (1985). M. Suzuki, K. Saigo, H. Gokan, Y. Ohnishi, *J. Electrochem. Soc.*, **130**, 1962 (1983). M. Hatzakis, et al, *in Proc, Microcircuit Engineering. Laussanne* (1981)
11) T. F. Deutsch, M. W. Geis, *J. Appl. Phys.*, **54**, 720 (1983). L. F. Thompson, M. J. Bowden, *J. Electrochem. Soc.*, **120**, 1722 (1973). I. Adesida, J. D. Chinn, L. Rathbun, E. D. Wolf, *J. Vac. Sci. Technol.*, **21(2)**, 666 (1982). M. W. Geis, et al, *Appl. Phys. Lett.*, **43(1)**, 74 (1983)
12) G. N. Taylor, T. M. Wolf, *ibid*, **127**, 2665 (1980). G. N. Taylor, et al, *J. Vac. Sci, Technol.*, **19(4)**, 872 (1981). M. Tsuda, S. Oikawa, M. Yabuta, A. Yokota, H. Nakane, *Jpn J. Appl. Phys.*, **23**, 259 (1984)
13) M. Morita, S. Imamura, T. Tamamura, O. Kogure, K. Murase, *J. Electrochem. Soc.*, **131**, 653 (1984)
14) A. N. Broers, W. W. Molzen, J. J. Cuomo, N. D. Wittels, *ibid*, **29(9)**, 596 (1976). W. W. Molzen, A. N. Broers, J. J. Cuomo, J. M. E. Harper, R. B. Laibowiz, *J. Vac. Sci. Technol.*, **16(2)**, 269 (1979)
15) A. Barraud, et al, *Solid State Technol.*, **22**, 120 (1983). A. N. Broers, M. Pomrautz, *Thin Solid Films*, **99**, 323 (1983)

第4章 放射線による高分子反応・加工

9.2 半導体加工

9.2.1 ビームプロセス

蒲生健次 *

最近のVLSI技術の進展は目覚しく,素子寸法は,3年で2/3,集積度は,3年で4倍の割合で向上し,すでに1MのDRAMも量産されようとしている。このような発展を今後も続けるためには,新しいプロセス技術の開発が重要で,1) $1\mu m$ 以下の超微細加工,2) 異方性加工,3) 少ないプロセス誘起欠陥,4) 低温プロセス,5) 高制御性,6) 清浄性,7) 異種材料間の選択加工,8) 広い適用範囲,等の特長を持つプロセスが望まれている。このため,電子ビーム,イオンビームおよび光を用いたビームプロセス技術が重要となり精力的な開発が進められている。

電子ビーム,イオン・プラズマプロセスと光プロセスの比較を表4.9.8に示す。イオンは,照射による温度上昇や電子準位の励起による熱的,化学的反応に加えてスパッタリング等衝突カスケードによっても加工が進む。電子およびイオンビームは,数 nm の超微細加工ができるが,光は回折効果によって制限を受ける。しかしレーザー光プロセスにより,$0.2\mu m$ の微細パ

表4.9.8 電子,イオン・プラズマ,光子ビームプロセスの特性

	電子	イオン・プラズマ	光子ビーム
エネルギー	数eV〜MeV	数eV〜MeV	数eV〜数keV
加工プロセス	(カイネティック) 熱的 化学的	カイネティック 熱的 化学的	熱的 化学的
ビーム寸法	≦数nm	≦数10 nm	$d \fallingdotseq \lambda \fallingdotseq 0.5\mu m$
エッチング		スパッタリング	
	ビームアシスト	ビームアシスト ビーム改質技術 照射増速エッチ	光化学反応 熱的
デポジション	ビームアシスト 熱的	ビームアシスト 熱的	光化学反応 熱的
ドーピング		イオン注入	レーザーアニール
加工損傷	小	大	〜0

ターンの形成も可能である。また数100eVからMeVの高エネルギービームを照射するイオン,プラズマプロセスに比べ,わずか数eVの光子を照射する光プロセスでは,特にプロセス誘起欠陥が少ないものと期待される。さらに,これらのビームプロセスは,ビームを集束・走査したり,マスクパターンを投影することによりマスクレスやレジストレスプロセスが可能となり,プロセスの簡略化,高信頼化が期待される。

9.2.2 光プロセス

(1) デバイスプロセス

光プロセスは,低損傷のエッチング,酸化膜,窒化膜の低温形成,ドーピングやレーザアニール等超LSI素子製作プロセスのほとんどすべてに期待されている。したがって,集束したレー

---

* Kenji Gamo 大阪大学 基礎工学部

ザー光を用いるとマスクレスプロセスが可能となる。図4.9.4は，このようなマスクレスプロセスとして検討されているMOS製作プロセスの例である[1]。ここでゲート電極は，SiH_4およびWF_6ガスのレーザー照射による熱分解，選択拡散のための酸化膜のエッチングとPの拡散によるソース，ドレイン電極形式およびWFガスの熱分解によるWメタルによる配線により，マスクレスでMOSが製作される。このためリソグラフィープロセスが不要で，プロセスの大幅な簡略化，設計変更の柔軟性等多くの特徴が期待される。

(2) アニールプロセス

イオン注入層のアニールは，電気炉を用いて行われている。このときアニール時間が比較的長いために不純物の拡散が起こる。超LSIデバイスでは，素子の占有面積とともに深さ方向も縮小し高集積化されるため，不純物の拡散をさせずにイオン注入損傷をアニールすることが望まれる。図4.9.5は，種々のアニール温度に対するアニール時間と不純物の拡散距離の関係を示す[2]。Siでは，例えば，1,100℃では数10秒間のアニールで十分イオン注入損傷はアニールされるが，電気炉アニールでは，このような短時間アニールは不可能であり，不必要に長時間高温にさらされる結果，不純物が拡散する。レーザーや光を用いると試料のみの加熱ができ，炉の熱容量が小さく急加熱・急冷ができ，超LSI素子製作に必要な短時間アニールが実現される。

(3) SOI 結晶成長と三次元デバイス

SOIはSiO_2やSi_3N_4等の非晶質絶縁膜上にSi単結晶を成長する方法である。この方法は試料を局所的に加熱し，温度勾配を制御して，局所帯容融を行い結晶成長を行うものであり，エネル

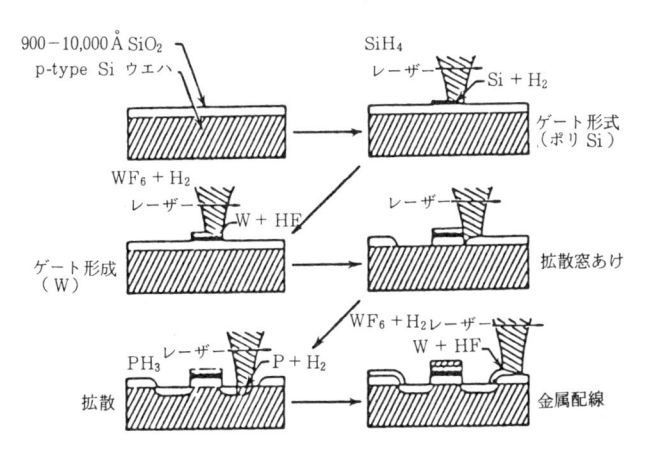

図4.9.4 光プロセスを用いたマスクレスMOS製作プロセス[1]

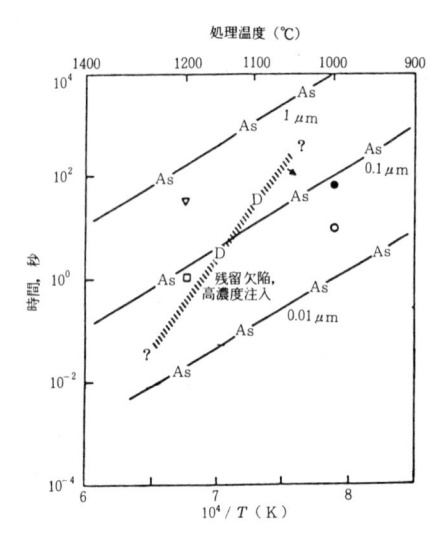

図 4.9.5 アニール温度，アニール時間と不純物の拡散距離[2]

▽ Baumgart, et al. (10^{16}/cm² B, 50 keV ; 10^{16}/cm² As, 150 keV)
□ Hodgson, et al. (5×10^{15} As, 50 keV)
○ Current and Yee ($1 \leq 10^{15}$/cm² B, P, As, 50 keV)
● Current and Yee (6×10^{15}/cm² B, P, As, 50 keV)

ギービームとしてレーザー，電子ビームおよびストリップヒーター等が使われる。レーザーおよび電子ビームを用いると，ビーム形状や走査法を変え，適当にパターン化した反射防止膜を用いる等によって温度分布を局所的に制御して，非晶質膜上に単結晶成長ができ，しかも表面層のみが加熱されるため，集積回路を形成した層の上に多層に積み重ねられ，三次元集積化が可能となる。また超高速化，耐放射線性等の機能の向上も実現される。

9.2.3 イオンビームプロセス

(1) イオン注入法

イオンビームもまた図4.9.6に示すように多くの半導体プロセスに使われる。不純物をイオン化して数 keV から MeV に加速して半導体にドーピングするイオン注入法は，極めて高精度のドーピング技術として MOS，バイポーラトランジスタの製作に広く実用化されている。イオンビームミキシングは，衝突カスケードや照射増速拡散等によって原子の移動が増速され，二層構造膜界面にイオン照射する事によって原子のミキシングが起り合金が形成されるものである。例えば金属膜を蒸着したシリコンウエハにイオン照射する事により電極，配線に必要な金属シリサイ

9 放射線による情報・電子材料の合成加工

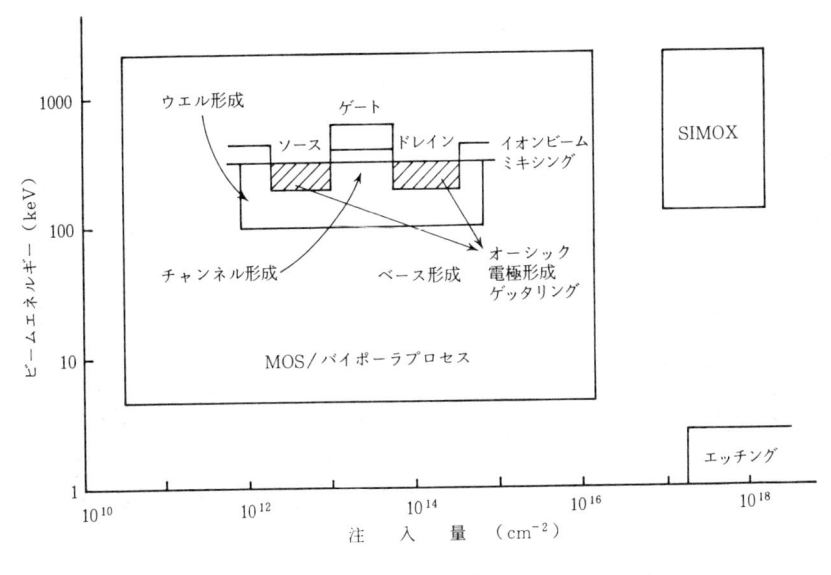

図4.9.6 イオンビームプロセス

ドが形成できる。

最近のイオン注入装置は，数10mA以上のビーム電流を持つ大電流注入装置が開発されドーピングのみでなく材料の合金も可能である。SIMOXは酸素をSiに高濃度注入し埋込み酸化膜を合成しSOI構造素子を作る方法である。注入直後の酸素はLSS理論で示される分布を持つが，熱処理によってSiと結合してシャープな界面を持つSiO_2層を形成することが確かめられている。

(2) 集束イオンビームプロセス

液体金属イオン源は，高輝度の点イオン源でこれを用いてビーム径数10nm，電流密度数A／cm^2の集束イオンビームが形成できる。写真4.9.1は，集束イオンビーム装置の例を示すが，加速電圧数10keV‐200keV，ビーム電流数pA‐数nAの装置が製作されている。この装置を用いるとイオン注入，エッチング，膜形成等のプロセスがマスクレスで行え，また分子線エピタキシー装置や電子ビームまたはレーザーアニール装置と組合せる事により，すべての半導体プロセスが清浄な真空中で行える事となり注目を集めている技術の一つである。

写真4.9.2は，集束イオンビームを用いて，Siをマスクレスエッチングした例を示す[3]。エッチングは，集束イオンビームを塩素ガス雰囲気中で照射し，Siと塩素とのエッチング反応を増速して行うイオンビーム支援エッチング法を用いている。この方法では，基板原子は，エッチングガ

285

第4章　放射線による高分子反応・加工

写真4.9.1　200 keV 集束イオンビーム装置

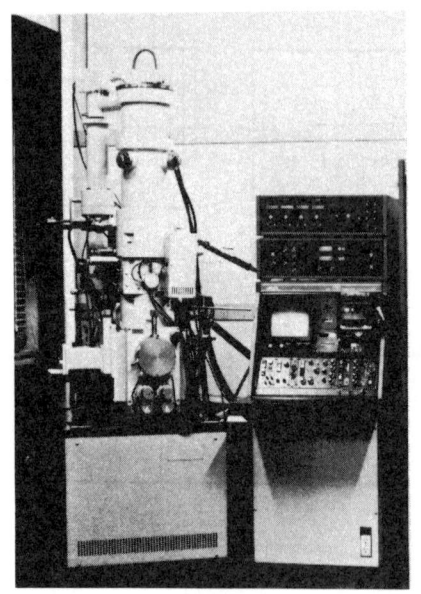

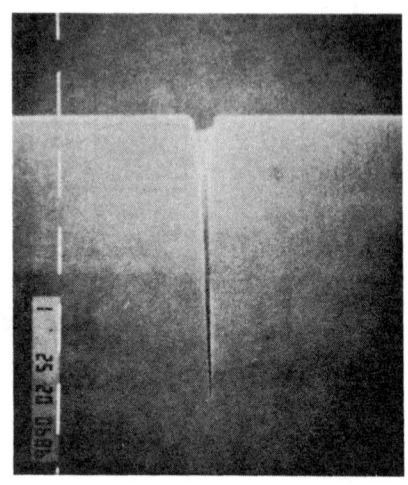

写真4.9.2　集束イオンビームで形成したSiのエッチングパターン[3]

スと反応して揮発性分子となり，蒸発によって除去されるため，物理的スパッタで見られるスパッタされた原子の再付着がなく，写真に示すように深くて狭い溝が形成される。また加工速度も20～30倍程度増速される。

9.2.4　おわりに

超LSI製作プロセスで重要な光，イオン・プラズマプロセスについて，いくつかの例をのべた。デバイスの微細化につれて，これらのプロセスは益々重要になってくる。しかしながら，イオン注入技術をのぞいてその多くは，まだ基礎的な研究段階であり，実用化のためには加工特性，加工原理や加工層の特性等の解明が望まれる。また大きなスループットを得るために装置の開発も必要である。

9 放射線による情報・電子材料の合成加工

文　　献

1) B. M. McWilliams, I. P. Herman, F. Mitlitsky, R. A. Hyde, L. L. Wood, *Appl. Phys. Lett.*, **43**, (1983) 946
2) J. F. Gibbons, D. M. Dobkin, M. E. Greiner, J. L. Foyt, W. G. Opyd, Energy Beam-Solid Interractions and Transient Thermal Processing, eds. J. C. C. Fan and N. M. Johnson (North-Holland, 1984) p. 37
3) Y. Ochiai, Y. Shihoyama, K. Toyoda, K. Gamo, S. Namba, *J. Vac. Sci. Technol.*, (to be published.)

10 光学用プラスチックのキャスティング

嘉悦　勲*

　ここで紹介する分野は，地味な分野ではあるが放射線プロセスのメリットがはっきりしており，すでに実用化の実例もあり，さらに今後息長く適切なターゲットへの応用を考えてゆくならば，将来とも長期間にわたって，着実な実用化例の蓄積と，放射線プロセシングの一分野としての定着が期待される領域である。

　周知のようにプラスチックレンズやプラスチック透明板の代表的な原料であるMMA（メチルメタクリレート）を室温でガンマ線により予備重合してパーオキサイドを含むプレポリマーを作り，鋳型に注入して重合を完結させるプロセスが，かつてイタリアや米国で検討され[1]，最近中国でも前照射法によるMMAの注形重合によってコンタクトレンズを作る研究[2]が行われている。しかし，これらのプロセスは，いづれもまだ実用化には至っていない。

　筆者らは，1973年頃から，低温放射線重合によるインソースプロセスでのキャスティング（注形）技術の研究開発を行ってきた[3]。周知のように，光学用ガラスは切削研磨法により，光学用プラスチックは，射出，圧縮，注形いずれかの成形方法により作られるが，生産性の点でプラスチックの成形加工がはるかに有利である。しかしながら射出法は製造サイクルが短く，量産できる代わりに光学的品質が劣っており，注形法は，品質が比較的良好である代りに，サイクルが長く量産性に乏しかった。また，従来の注形法で得られる製品も，光学ガラスに比べてはるかに劣り，光学機械などの精密な用途には適用できないとされていた。近年射出成形法の進歩により，品質改善がなされているが，根本的な状況変化には至っていない。光学用プラスチックに要求される光学的品質で重要な条件は，光学歪が少ないことと，寸法精度がすぐれていることの2点である。射出法では，高粘度の融解ポリマーを不均一に冷却して固化させるので，応力緩和がなされず，分子配向も起こり，歪の生成が避けがたい。注形法では，液体モノマーから出発するが，重合反応による系の固化が過激であれば，応力緩和が追随できない。プラスチックの注形において応力発生の原因となるのは，重合固化（液体モノマーから固体ポリマーへの密度変化）や冷却固化に伴う系の容積収縮と，重合発熱に伴う系の昇温と熱対流や分子対流の発生の2点である。従来の触媒法による重合では，重合時間をゆっくりとって，おそい速度で重合させてもこの2つの要因の大きな影響を避けることができなかった。

　筆者らが開発した低温重合法によると，適当なメタクリレートモノマー系（ガラス化性モノマーと呼び，多くのメタクリレート・アクリレートがこれに属する）を選ぶと，低温（$-20°C \sim -50°C$）

---

*　Isao Kaetsu　日本原子力研究所　高崎研究所

で過冷却になり，粘度が急激に増し，ほとんど流動性を失ってガラスのような非晶質固体に近い状態になる[4]。レンズ・板・プリズムなどの形の鋳型にガラス化性モノマーを注入して低温過冷却状態にして照射すると，そのまま重合してレンズなどの製品が得られる。

このキャスティングの特徴は，固体での重合なので，容積収縮が少ないこと，低温重合なので，重合熱による昇温が少なく，しかも固体なので対流が起こらないことの2点である。すなわち，低温注形重合では，従来の注形法の欠点を大幅に取除くことができ，結果として応力の発生，残留，さらには光学歪の発生と寸法精度特にレンズの面精度の誤差を著しく減少させることができる。これが今迄に確認された低温重合法によるキャスティングのメリットとその原理である。このような低温・固相での反応プロセスが放射線によってのみ，有効に行えることはいうまでもない。図4.10.1のように，この方法によって，低温では室温に比べ厚みの大きい（制御しにくい）材料を，はるかに短時間で光学歪なしに作ることができる。

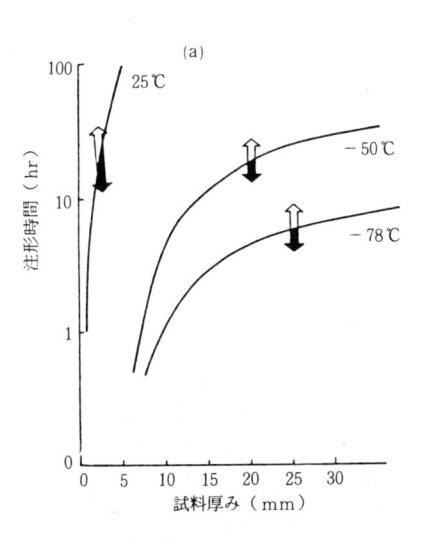

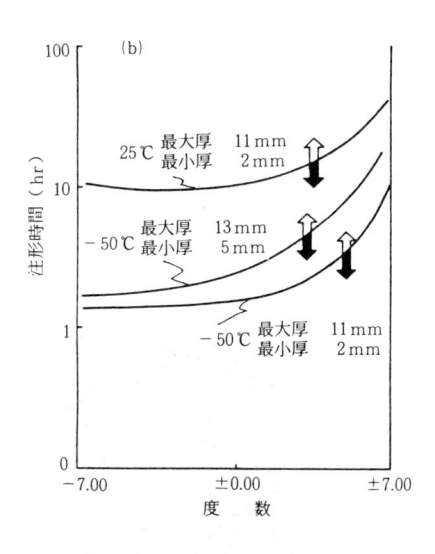

(a) 試料厚みと光学歪のない製品が得られる注形条件。⇦ 歪のない製品が得られる領域。⬅ 歪のある製品が得られる領域。
照射：1×10^6 rad.
モデルモノマー：2-ヒドロキシエチルメタクリレート
試料寸法：20 cm × 10 cm の板

(b) 眼鏡用凹凸レンズの注形において，光学歪のない製品が得られる条件。
⇦ 歪のない製品が得られる領域。
⬅ 歪のある製品が得られる領域。
照射：1×10^6 rad.
モデルモノマー：2-ヒドロキシエチルメタクリレート

図4.10.1　放射線による注形重合条件と光学歪の発生の関係

第4章　放射線による高分子反応・加工

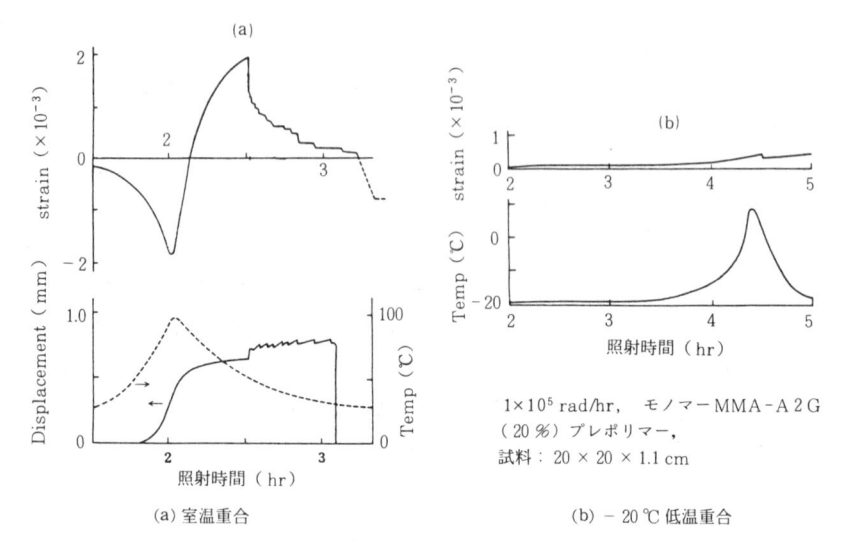

(a) 室温重合

(b) −20℃低温重合

1×10^5 rad/hr, モノマー MMA-A2G
(20%) プレポリマー,
試料：$20 \times 20 \times 1.1$ cm

図 4.10.2　常温注形重合と低温注形重合における歪発生と昇温の比較

その後の研究によって，反応系を低温過冷却状態にして粘度を上げ，固体状態にする代わりに，予備重合やポリマーの添加によって，比較的高粘度のプレポリマーを作り，これを鋳型に注入して，放射線を何段階かに分けて照射して重合を完結させると，室温重合でも光学的品質の良い製品を比較的短時間で得られることがわかった。

(a) 大口径レンズ　　　　　　　　　　　(b) 三角プリズム

写真 4.10.1　放射線注形重合の製品

この技術は，種々の光学材料，製品をはじめ歪をきらい，精度を要求する材料のキャスティングに広く利用し得ると考えられる。2，3の応用例を示すと，歪や寸法制御のきわめてむずかしい

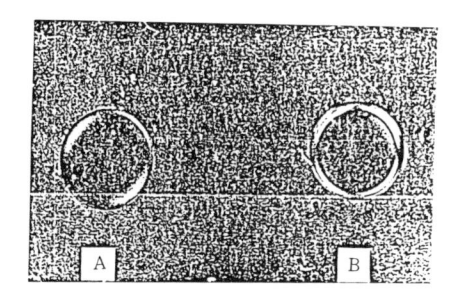

Optical strain image of the section of the polymer block.
A : Radiation method
B : Catalytic method

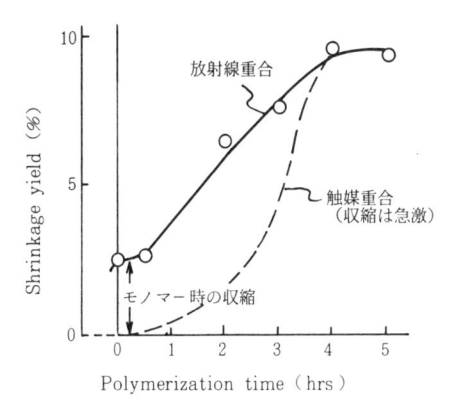

図 4.10.3 コンタクトレンズの注形重合時の容積収縮と重合物の光学歪

大口径レンズ,肉厚レンズ,プリズム[5],などや,複雑な鋳型の表面のカーブや模様を精度よくコピイする必要のあるフレネルレンズ[6],ホログラム板などの注形に応用されて,それぞれ有効性が確かめられている。特にホトレジスト用の光照射装置に用いられる非球面集光レンズへの応用は,光学機器メーカーによって商品化された。また,最近,この技術のコンタクトレンズへの応用も開発が進んでおり,プロセス,製品ともに実用性の高いものが得られており,商品化が期待されている[7]。集光レンズやコンタクトレンズなどへの応用開発では,光学歪や寸法精度の点ですぐれている点ばかりでなく,放射線重合物が触媒残渣を含まず,純粋な材料である点も大きなメリットとして評価されている。放射線キュアリングによるオプティカルファイバーの保護コーティングでも,同様のメリットが期待される。不純物は,光学的性質を損ねたり,生体に対して毒性作用を及ぼしたりする恐れがあるためである。こうした特徴とメリットを活して,次々にニーズが発掘され,新しいターゲットへの適用が試みられ,この分野が定着してゆくことが期待される。

第4章 放射線による高分子反応・加工

文　献

1) O. F. Joklik, *Nuclear Energy.*, May. 211 (1961) ; *Chem. Eng. Progr.*, **50**, 267, (1954) など
2) 劉鈺銘, 楊月琪, 馬瑞徳, 第2回日中放射線化学シンポジウム, *Abstracts*, p. 13, 大阪 (1985)
3) 嘉悦　勲, 光学技術コンタクト, **17** (7), 31 (1979);塩ビとポリマー, **16**, 12 (1976), F. Yoshida, H. Okubo, I. Kaetsu , *J. Applied Polymer Sci.*, **22**, 389 (1978) ; *ibid.*, **22**, 401 (1978) ; *ibid.*, **22**, 1 (1978) ; *ibid.*, **22**, 13 (1978) ; *ibid.*, **22**, 27 (1978) ; *ibid.*, **22**, 43 (1978) など
4) I. Kaetsu, H. Okubo, A. Ito, K. Hayashi, *J. Polymer Sci.*, **A-1**, **10** 2203 (1972) ; *ibid.*, **A-1**, **10**, 2215 (1972) など
5) I. Kaetsu, M. Kumakura, F. Yoshii, K. Yoshida, S. Nishiyama, O. Abe, H. Tanaka, S. Nakamura, *Rad. Phys. Chem.*, **25**, 879 (1985)
6) I. Kaetsu, K. Yoshida, H. Okubo, *J. Applied Polymer Sci.*, **24**, 1515 (1979) ; *Intern. J. Applied Radiat. Isot.*, **30**, 209 (1979)
7) 嘉悦　勲, 熊倉　稔, 陶山英成, 亀田信雄, 光山秀男, 中島　章, 金井　淳, 曲谷久雄, 第7回バイオマテリアル学会大会予稿集, p. 59, 名古屋 (1985)

11 放射線による生物・医学材料の合成加工

11.1 生体親和性材料，人工臓器素材
筏　義人[*]

11.1.1 はじめに

よく知られているように，多くの人工臓器の中心部は高分子から構成されている。これらの材料とカテーテル，縫合糸，血液バッグなどの医療用具材料とを総称して医用高分子材料とよんでいる。それらは血液とか結合組織のような生体と接触して用いられるため，できれば生体となじむ，つまり生体親和性をもつことが望まれる。

これらの医用材料と工業材料との最大の相違点は，医用材料が無毒性でなければならないことである。ここでいう無毒性とは，材料が生体と接触したときに急性炎症，発熱，アレルギー，発がんなどを認めないことである。このような生体反応は，抗原物質，細胞毒性物質などを材料が含んでいるときに生ずるが，それらは主として水溶性の低分子化合物である。このことは，材料が，酸化防止剤とか可塑剤などの添加物を含有していない，重合開始剤切片を含有していない，有毒低分子化合物を生じるような分解を起こさない，などの条件を満たしていることが要求される。放射線高分子反応はいかなる触媒も増感剤も必要としないため，無毒性材料の合成に放射線化学を利用することは有利なように思われる。

しかし，実際には放射線化学反応によって医用材料を合成している例は，まだきわめてまれである。その理由は放射線化学を用いなくても無毒性医用材料を合成できるからである。

ところが，医用材料が，今後，放射線と密接な関係をもつことはほぼ間違いないといわれている。それは医用材料に不可欠な滅菌に放射線がきわめて適しているからである。滅菌における重要性とは比較にならないが，放射線化学は高分子材料に生体親和性を付与するときにも優れた方法を提供する。

11.1.2 放射線滅菌

通常の方法で製造された医用材料には微生物が付着しているため，必ず滅菌してから使用しなければならない。滅菌には表4.11.1に示した多くの方法が知られているが，これらの中で医用材料によく用いられている方法は，135〜145℃にて3〜5時間直接加熱する乾熱法，115°で30分間飽和水蒸気で処理する高圧蒸気法，エチレンオキシドを用いるガス法などである。ポリプロピレンとか軟質ポリ塩化ビニルのようなディスポーザブル用高分子材料は熱に弱いため，主としてエチレンオキシドガス法が採用されている。ところが，最近，放射線法が大きな注目をひいている。その大きな理由は，医用材料の生産量が増大したためである。滅菌すべき製品の量が少ない

---

[*] Yoshito Ikada　京都大学　医用高分子研究センター

場合は，エチレンオキシド法のほうが設備費の高い放射線法より有利であるが，最近のように医療用具の使用量が急増すると，エチレンオキシド法より放射線法のほうがより安価に滅菌できる。

エチレンオキシド法は1940年代から用いられているが，最近，エチレンオキシドには突然変異誘発性があるといわれて問題になっている。これも放射線法が注目されるようになった原因の一つであるが，さらにエチレンオキシド法では医用材料の包装材料

表4.11.1 滅菌の種類

方　法	細　分　類
加　熱　法	火炎法，乾熱法，高圧蒸気法，流通蒸気法，煮沸法，間欠法
ろ　過　法	メンブランフィルター法，磁製フィルター法
照　射　法	放射線法，紫外線法，高周波法
ガ　ス　法	エチレンオキシド法，ホルムアルデヒド法
薬　液　法	エタノール法，塩化ベンザルコニウム溶液法，クレゾール法

が高価であるという難点もある。微生物は通過させずにエチレンオキシド分子を通さなければならないので，タイベックのような多孔質膜をガス方法では必要とするが，放射線法では安価な非多孔性フィルムのみによって材料を包装できる。他のガス法の一つの欠点は，品質管理が放射線法よりはるかに面倒ということである。

放射線法にはガンマ線滅菌法と電子線滅菌法とがあるが，現在，大規模に用いられているのは，ガンマ線法である。それはガンマ線のほうがはるかに物質透過性が高く，汎用性があるためである。

滅菌に必要な線量は定まったものではない。それは，当然ながら医用材料の付着菌数に依存する。しかし，付着菌数が少ない場合でも，図4.11.1に示すように，放射線照射によって付着菌のすべてを死滅させることはできない[1]。現在では，生残菌の出現率が10^{-6}以下になるように滅菌するのが一般的である。それに基づき，北欧では滅菌線量として3.5〜4.5 Mrad，それ以外の欧米では2.5 Mradというのがよく採用されている。

生残菌数を1/10に減少させる線量をD_{10}値というが，その指標菌として*Bacillus pumilus*を用いると，そのD_{10}は約0.2 Mradである。菌の生残確率を10^{-6}とすると，滅菌線量は$12 D_{10}=2.4$ Mradとなる。しかし，実際にはD_{10}は0.1 Mradより低く，滅菌線量は1.0 Mrad程度でもよいのではないかといわれている。

滅菌線量が低ければ，滅菌費用が低減するという以外に，放射線照射による高分子材料の劣化も低度にとどめることができる。通常の医用高分子材料を放射線滅菌したときに生ずる最大

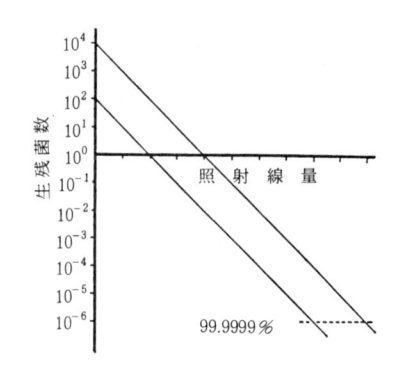

図4.11.1 滅菌の成立（照射線量と生残菌数）

の劣化は，材料の脆化と着色である。ポリスチレンのような比較的耐放射線性の高い材料では，2.5 Mrad 程度の照射では劣化など認められないが，医療によく用いられるポリプロピレンとかテフロンでは放射線劣化が問題となる。そのために耐放射線性ポリプロピレンが発売されている。

通常のポリプロピレン（PP）でも線量率によって劣化度はかなりの影響をうける。図4.11.2は吉井らがPPシートにガンマ線と電子線を照射したときの酸化度をシートの厚み方向に対してプロットしたものである[2]。線量率の最も高い電子線ではごく表面近傍しか酸化されていないことがわかる。図4.11.3はそのPPシートの脆化度を破壊伸度で表わし，そのシート厚さ依存性を示したものである[2]。照射線量が5.0 Mradの場合，最も低い線量率の 1×10^5 rad/hr ではPPシートの伸度はその厚さに無関係にほとんどゼロとなってしまい，きわめてもろくなることがわかる。

11.1.3 生体親和性材料

生体に接触する材料には生体親和性が必要であるといわれてから久しいが，いまだに満足できる生体親和性材料は開発されていない。その大きな理由は，人工材料である異物を生体が排除してしまうからである。異物排除は，生体の重要な防御機構の発動の当然の結果であるので，生体親和性材料を開発するためには何とか異物を異物と生体に認識させない工夫が必要である。人工材料の非異物化の一つの方法は材料の表面

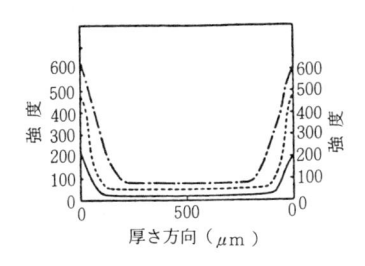

図4.11.2 電子線およびガンマ線照射したポリプロピレンの酸化層の深さ分布（照射線量= 5.0 Mrad）
　　　（—·—）ガンマ線，2×10^5 rad/hr
　　　（……）ガンマ線，1×10^6 rad/hr
　　　（——）電子線，1.43×10^5 rad/sec

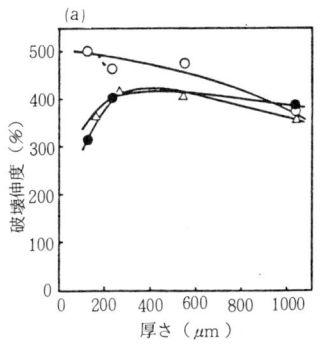

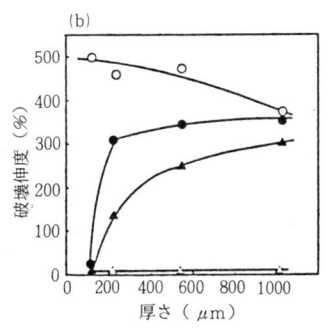

図4.11.3 ガンマ線照射したポリプロピレンの破壊伸度に及ぼす線量率の影響
　〔(a) 2.5 Mrad, (b) 5.0 Mrad〕
　線量率（rad/hr）
　(●) 1×10^6, (▲) 5×10^5
　(△) 1×10^5, (○) 未照射

第4章 放射線による高分子反応・加工

改質である。その表面改質の中でも表面グラフト化が有望なように思われる。

(1) 表面グラフト化

材料と生体との初期反応は，材料表面への生体中のタンパク質あるいは細胞の付着である。体液と接触した通常の材料の表面は，図4.11.4のように硬くて平滑であるが，細胞の表面には水溶性鎖が存在し，含水状態にある。人工材料の表面にもそのような構造をつ

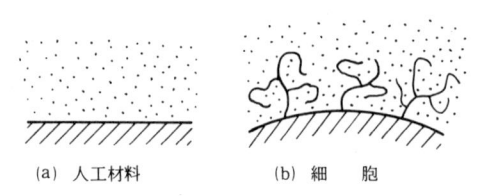

(a) 人工材料　　　(b) 細　胞

図4.11.4　通常の人工材料および細胞の水媒体中における表面構造モデル

くりだせればある程度は材料の非異物化が達成されるのではないかと期待される。そのような構造は材料表面への水溶性モノマーのグラフト重合によって実現できそうなので，生体親和性材料にグラフト重合がよく試みられている。

テフロン，シリコーン，ポリエチレンのような化学的に不活性で医療に用いられている高分子材料へのグラフト重合は，放射線を利用するのが最も単純である。そのために，生体親和性材料の合成に放射線が登場するわけである[3]。実際にもメタクリル酸2-ヒドロキシエチル(HEMA)，アクリルアミド(AAm)，アクリル酸などの放射線グラフト重合が数多く発表されている。

しかし，単にグラフト重合すればよいというものではない。できるだけ材料のバルクの性質は変えず，そして生体とははげしく相互作用しないようなグラフト化が望まれる。図4.11.5は，ポリウレタンにHEMAを放射線グラフト重合した結果の一例であるが[4]，このように多量のグラフト量では，細胞表面のような状態にはなっていない。われわれは，重量法では到底測定できないほどのきわめて低いグラフト率の放射線グラフト重合を進めている。この場合，改質表面の性質を表わせるのは，図4.11.6に示した接触角ぐらいである[5]。

これらの放射線グラフト重合材料の生体親和性の本格的な評価はこれからである。

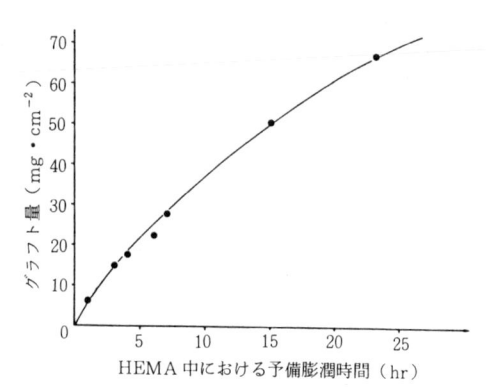

図4.11.5　HEMAをポリエーテルウレタンに放射線グラフト重合したときのグラフト量に及ぼす予備膨潤時間の影響

(照射線量= 2.9×10^4 J・kg^{-1}, 照射温度= 293 °K)

(2) ハイドロゲル

含水架橋体のハイドロゲルも生体親和

性に優れていると思われている。ハイドロゲルは放射線重合法あるいは放射線架橋法によって容易に合成できるため，放射線による医用ハイドロゲルの研究が盛んに行われている。例えば，HEMAとかAAmの放射線重合，あるいはデキストランとかポリビニルアルコール含水体の放射線架橋などである。これらの医療への本格的な応用研究もまだ始まったばかりである。

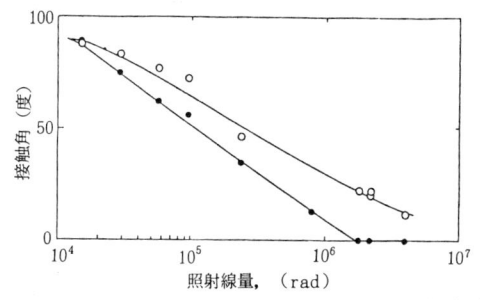

図4.11.6 ポリエチレンにアクリルアミドを放射線グラフト重合したときの接触角に及ぼす照射線量の影響
（重合温度＝50℃，重合時間＝1hr）
(○) 低密度ポリエチレン，(●) 高密度ポリエチレン

11.1.4 おわりに

紙面の都合と，すでに人工臓器への放射線の利用に関しては別にまとめたので[6,7]，ここではその基本的概念のみを述べた。特に近い将来にはわが国においても医用材料に不可欠になるだろうといわれている放射線滅菌に関してはやや詳しく紹介した。本文中にも指摘したように，放射線を利用した材料の臨床への応用は，まだ当分先の話である。

文　献

1) 佐藤健二, *Radioisotopes,* **32**, 431 (1983)
2) 吉井文男, 佐々木　隆, 幕内更三, 石垣　功, 医器学, **55**, 396 (1985)
3) A. S. Hoffman, *Adv. Polym. Sci.,* **57**, 141 (1984)
4) B. Jansen, in "Polymers in Medicine", E. Chiellini, P. Giusti Eds., Plenum Press, New York, 1983, p.287.
5) M. Suzuki, Y. Tamada, H. Iwata, Y. Ikada, in "Physicochemical Aspects of Polymer Surfaces", vol.2, K. L. Mittal Ed., Plenum Press, New York, 1983, p.923
6) 筏　義人, 嘉悦　勲, 原子力工業, **25**, 73 (1979)
7) 筏　義人, *Radioisotopes,* **33**, 397 (1984)

第4章 放射線による高分子反応・加工

11.2 ドラッグデリバリーシステム（薬物送達系），センサー，バイオリアクター

嘉悦　勲[*]

　バイオテクノロジーを支える重要な技術として，酵素工学，タンパク工学，細胞工学，免疫工学などの分野がいずれも近年着実な発展を遂げているが，これらの技術分野においてしだいに欠くことのできないものとなりつつあり，将来益々寄与を大きくするであろうと予想されるキーテクノロジーとして，天然または人工の種々の生物機能成分を高分子に複合して生物機能活性を有する材料やシステムを開発する技術が挙げられる。対象となる生物機能成分として，酵素・タンパク・抗体・核酸・オルガネラ・菌体・酵母・動植物細胞・各種の生理活性物質（薬物・ホルモンなど）などが重要であり，これらの成分を高分子材料に複合する技術は，固定化技術と呼ばれている。固定化技術の目的とするところは，生物機能成分を長期間くり返し利用して分析や反応を行えるように固体触媒化すること，生物機能成分をバイオリアクターや人工臓器その他のシステムに組込んで利用しやすいように，適当な形状や構造に加工すること，生物機能成分を必要に応じ適当な期間，適量ずつ材料から放出させて利用できるようにすること，生物機能成分を外界から安定に保護して，利用できる寿命を長びかせること，生物機能成分の増殖や融合などの活動を刺激促進すること，などである。

　固定化技術の具体的方法については，現在までに多数の研究が行われ，多くの方法が知られているが，放射線を用いた研究も少なくない。この分野に今後，放射線がどれだけ寄与できるかは，バイオテクノロジーにとっても重要で興味深い課題である。

　キモトリプシンを含むアクリルアミド水溶液に0℃でX線を照射し，固定化を行ったDoboの仕事は，放射線を固定化の手段として用いた最初の報告であった[1]。これは，放射線重合による包括法による固定化であったが，以後大別して，重合や橋かけによる硬化・ゲル化反応を利用して，生物機能成分を複合するphysicalな固定化の研究と，グラフト共重合により基材表面に官能基を作って，これを生物機能成分と反応させ，化学結合によって固定化する研究とが，二つの流れを作って発展してきた[2]。前者は，日本や東欧で，後者は米国やフランスで主として，研究されている。

　前田，山内ら[3]は，インベルターゼなどの酵素を含むポリビニルアルコール水溶液の放射線（電子線を含む）橋かけ反応を利用して，酵素の包括による固定化を行った。また，アクリルアミド，2-ヒドロキシエチルメタクリレートなどの放射線重合による包括固定化をも試みている。川嶋ら[4]も，アクリルアミド，アクリル酸金属塩などの放射線重合によって，インベルターゼなどの固定化を検討した。ポーランドのPekala[5]らは，アクリルアミドや2-HEMAの放射線重合

---

　[*]　Isao Kaetsu　日本原子力研究所　高崎研究所

(a) 機能成分の固定化方法

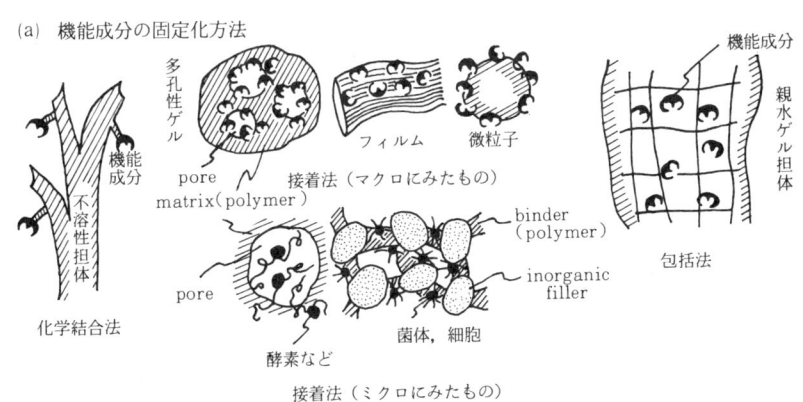

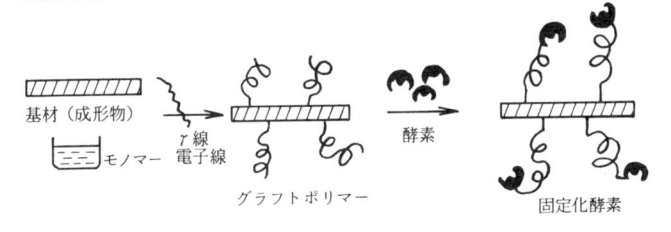

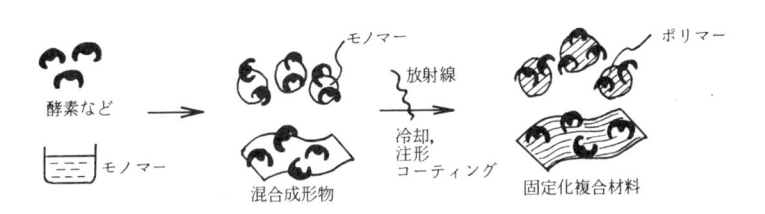

図 4.11.7 生物機能成分固定化法と放射線法の二つのタイプ

(b) 固定化における放射線の利用法
 (1) 共有結合法へのグラフトの利用
 (2) 物理的複合法への重合・橋かけの利用

による薬物の固定化と徐放性医薬への応用を研究している。米国のHoffman, Ratner[6]らは, 筆者らの低温放射線重合法を用いて, グルコースオキシダーゼの固定化膜を作り, これをセンサー部とするインスリン放出制御用デバイスを検討した。Rembaumら[7]は放射線重合によって官能性ビニルポリマー微粒子を作り, 抗体を固定化して, 抗原捕集反応に利用している。福井, 田中ら[8]は, 放射線ではないが光硬化性オリゴマーの光硬化反応を利用して, オルガネラや微生物の

第4章 放射線による高分子反応・加工

固定化を行い，有機溶媒中でのステロイドの変換などに応用している。また，長田ら[9]は，プラズマ重合による酵素の固定化を試みた。包括法による固定化は，カラギーナンなどの天然高分子の塩添加によるゲル化，エポキシ樹脂やポリウレタンなどの硬化反応など温和な条件下で行うなんらかの硬化・ゲル化反応を利用して行うことができる。ただ光・プラズマ・放射線などのエネルギービームは，透過力があり，常温や低温でも反応系を外部からビームにより貫通しながら行える特徴がある。特に放射線は透過力が大きいので，反応系がかさ高い容積や複雑な構造をもっていても，また不透明な状態であっても，容易に貫通して硬化・ゲル化反応を行わせることができる。したがって，低温容器中での凍結状態での照射や鋳型を用いた種々の形状や複合構造などをもった固定化物の製造などにも適している。放射線による生物活性成分の失活は，図4.11.8で示したように，10^6 ラド以下の線量で，0 ℃〜−20 ℃以下の温度を用いれば，ほとんど避けることができる。低温では，水が凍結するので，水の分解による間接効果の影響が少なくなるためである。酵素，微生物は，かなり安定であるが，オルガネラや細胞では，放射線の影響をうけやすいので，重合性の大きいモノマーを用いて，少ない線量で固定化を行う。

筆者らが1973年頃から進めてきた低温放射線重合による固定化法[10]は physical な固定化法であるが，これまでの包括法と次の点で異なっており，接着法と呼ぶべき方法と考えられる。すなわ

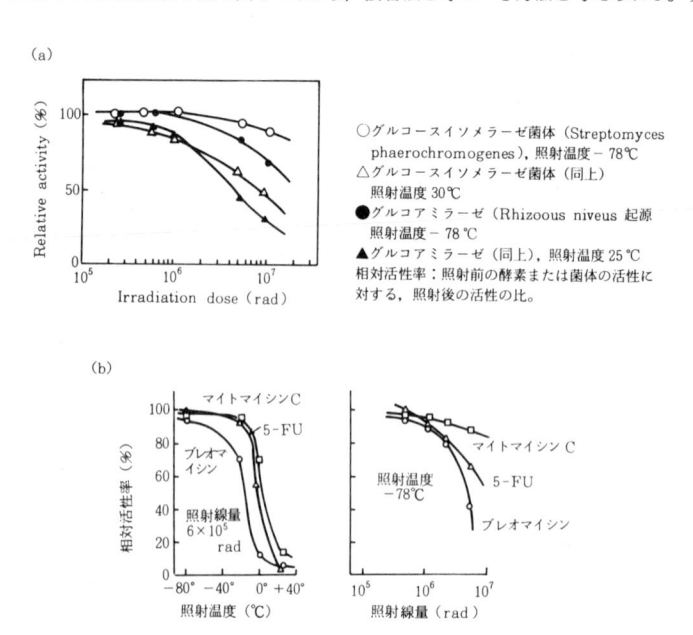

図4.11.8 生物機能成分の活性に対する照射条件の影響，(a)酵素，菌体の場合，(b)薬物の場合

11 放射線による生物・医学材料の合成加工

ち,包括法では親水性モノマーの水溶液に酵素などを溶かし,全体をゲル化して,その橋かけした網目分子内に酵素などをとじこめるのであるが,筆者らの方法では,親水性から疎水性までの幅広いモノマーを用い,モノマーが重合してポリマー化する時の分子的からみ合いで,酵素などをポリマーの表面に接着する。親水ゲルの内部にとじこめられているのでなく,疎水性ポリマーの表面にからまっているので,基質が担体内部に入ってゆく必要がない。したがって,高分子量基質の反応(たとえば,セルロース,タンパク質,デンプンなどの加水分解反応や抗原抗体反応),表面反応(細胞・微生物・オルガネラなどが行う反応やその増殖)などへの利用に適している。一般に化学結合法に比べて,物理的複合法の特徴を生かせるのは,生物機能成分の放出制御(たとえば生理活性物質の徐放)と,生体の丸ごとの固定による利用や培養(たとえば,菌体・酵母・動植物組織細胞などの培養と有用物質の分泌生産)である。これらは,化学結合法では有効に行いにくい。筆者らは,接着法を用いると,薬物の放出制御や細胞・微生物の培養が一層有利であることを見出した。すなわち,放出制御において,長期間にわたって薬物をゆっくり放出させることが要求されるが,親水ゲルでは,放出が早いのでこの点を満たすことは困難であり,親水性から疎水性まで幅広いポリマーを利用できる接着法が有利である。また,微生物・細胞の培養では,親水ゲル内部にとじこめると,酸素や栄養の補給,老廃物の排除に不利であり,担体ポリマーへの表面接着に適している。接着法は,幅広く条件を変えられる方法であり,薬物を水を用いないで直接に疎水性モノマー中に溶解または分散して重合すると,薬物を疎水ゲル内部に均一に複合することができる。また,細胞や微生物を水とともに親水性モノマーに分散して低温重合すると,それらを親水ゲルの表面に固定化することができる。薬物の放出では,前者が,生体の培養では,後者の状態が望ましいからである。

以上のような諸点を考慮して,現在筆者らが進めている固定化技術の応用は,固定化タンパク(酵素・抗体など)による表面生物反応,固定化低分子化合物(薬物・ホルモン・免疫関連物質など)の放出制御,固定化生体(微生物・組織細胞)の培養と物質生産の3つのターゲットである。表面生物反応では,特に,セルロース系原料の糖化・発酵によるグルコース・アルコールの製造プロセス(バイオマス変換)と,抗原・抗体反応による免疫診断材料や免疫センサの開発[12]とを進めており,放出制御では特に癌に対する局所化学療法[13]とターゲッティング,ホルモン・免疫関連物質・精神薬などのコントロールリリース[14]に重点を置いて研究開発を進めている。さらにまた,微生物・組織細胞の培養では,酵素産生菌[15]・酵母[16]・ハイブリドーマ・肝細胞・神経膠細胞[17]などの有利な培養増殖と有用物質の産生を目標にして,研究を進めつつある。これらの領域と目標はいずれもある程度未来を先取りしたテーマであり,それぞれについて多くの有用と思われる結果と新しい展開がなされているが,詳しくは,綜説・文献を参照いただきたい。

コバルト60などのガンマ線を利用した場合,透過力は最大であり,反応もマイルドであるが,

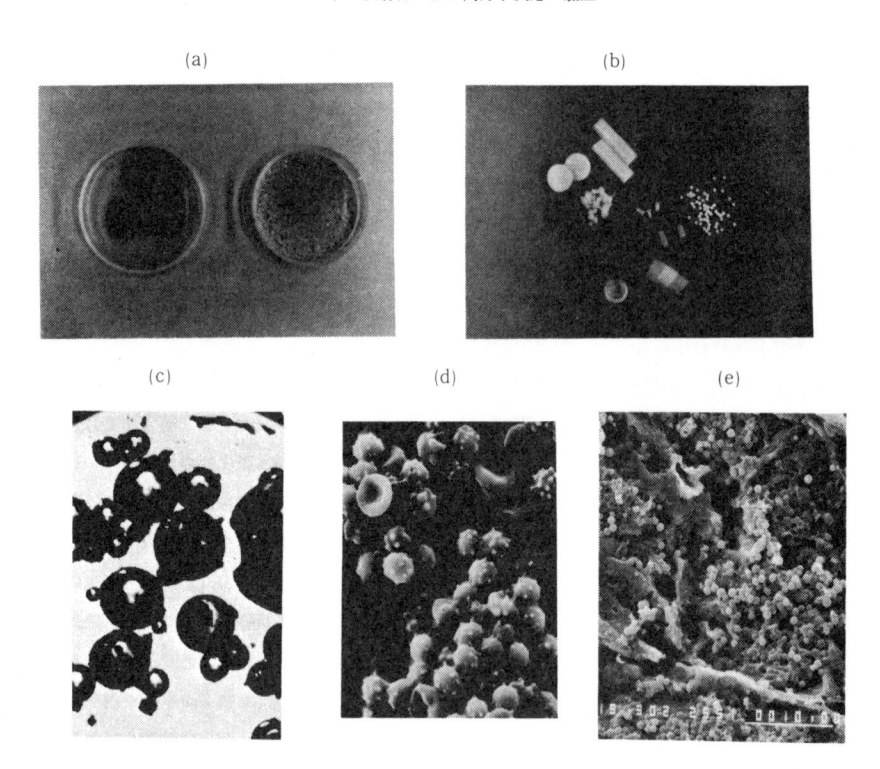

第4章 放射線による高分子反応・加工

(a) (b)

(c) (d) (e)

写真4.11.1 放射線重合法による固定化物（写真）

(a) 左：固定化菌体（トリコデルマ菌），右：固定化酵素（セルラーゼ）
(b) 固定化薬物（制癌複合ドラッグデリバリーシステム）
(c) 固定化菌体（グルコースイソメラーゼ菌体）
(d) 固定化赤血球
(e) 固定化酵母（エタノール発酵酵母）

現在，放射線プロセスの工業化の主流は，電子加速器が発達し，効率的な量産が可能な電子線プロセスに移っている。電子線キュアリングによる塗装，ラミネート，コンポジットシートのキュアリングなどの表面処理加工が，生産性，品質など多くのメリットによって注目され，実用化の面でも定着しつつある。特に，遮閉設備の必要な低エネルギー電子加速器が登場し，低コスト，簡便さなどによって関心を集め，普及の傾向をみせている。低エネルギー電子線によるキュアリングは，重合時の昇温も少なく，反応系に含まれる成分のダメージも少ないので，なんらかの機能成分，

11 放射線による生物・医学材料の合成加工

機能物質を分散したモノマーやオリゴマーの硬化・複合化に適していると考えられる。筆者らは，酵素や抗体などのタンパクを電子線硬化性モノマーやオリゴマーに分散し，低エネルギー電子線照射による固定化を行って，酵素活性や抗体活性を保った固定化膜を得ている。中エネルギー以上の電子線照射では，重合性も悪く（ラジカルが高濃度で生じるため再結晶が多い），発熱も大きくて，タンパクの活性が失われやすいが，低エネルギー電子線では，重合も固定化も容易で，興味深い生物機能膜が得られている。低エネルギーキュアリングのメリットである経済性，量産性，簡便性，クリーンなプロセス，高品質などの特徴を活かしつつ，担体（基材）表面に硬化接着による活性を与えられる方法として，発展を期待している。

一方，グラフト共重合法を用いた化学結合法による固定化の研究は，米国のHoffman, Ratnerらのグループ[18]や，フランスのGaussenらのグループによって活発に進められている。Hoffmanらは，早くからポリエチレン，ポリシリコンなどの基材を利用して，これに官能基をもった親水性ビニルモノマーをグラフトし，酵素などを反応させて固定化する方法を提案しているが，近年，固定化の対象を抗体，リセプター，薬物など広範囲の生物機能成分にひろげて，広くバイオメディカルな分野に応用することを提唱している。彼等はもともと，グラフトを用いた抗血栓性材料などの生体親和性医用材料の研究を進めていたが，バイオメディカルな研究開発が，次第に生体適合性材料の研究から生体機能性材料の研究へと発展的に移行しつつあることは，米国，日本共通の最近の傾向と考えられる。Gaussenらは，エチレン－酢酸ビニル共重合体粉末に2-HEMAをグラフトして表面を親水化し，これをIUD（子宮内避妊具）に成形して，避妊薬（硫酸銅）を吸収させ，子宮内でこれを長期間にわたって放出させるドラッグデリバリーシステムを開発し，実用化した。化学結合法による固定化ではないが薬物の包括のためにグラフトを利用した例である。Gaussen, Nicaiseらはまた，放射線グラフトポリマーに抗体を結合し，血液中の抗原や免疫複合体を吸着捕集して，除去する研究を進めている。これは，近年注目されている血液浄化による治療法の一環として，抗体固定化物による免疫吸着の利用を試みた興味深い技術的先取りである。オーストラリアのGarnnettらも，ポリスチレンに他の官能性モノマーをグラフトして，これに酵素を結合する研究を行っている[20]。グラフト共重合による固定化は，基材の表面のみを変性したり，活発化できる方法であり，表面のミクロ構造を利用した選択的領域への固定化，適当な長さのスペーサを介した固定化，分子配向をそろえた固定化など，グラフトの特性を利用したキメ細かいユニークな固定化法の開発が望まれる。

固定化技術と直接関係はないが，固定化物の応用と関連して，興味深い2，3の事実も見出されている。その一つは，放射線によって酵素反応の原料（基質）を予め照射すると，酵素反応に大きな影響を与えることである。例えばセルロースやでん粉やタンパクに予め照射して，分解，変性（酸化など）橋かけなどを起こさせると，後続の酵素反応（主として加水分解）は促進され

第4章 放射線による高分子反応・加工

たり，抑制されたりする。他の話題はある種の微生物に予め放射線を照射して，培養を行うと，ある狭い範囲の線量を照射した場合に，増殖が刺激促進されたり，放射線によるダメージが抑制されたりする事実である。固定化のための照射と関連して，今後さらに検討されるべき知見と考えられる。

さて，本節で取上げた分野は，実用化の面でまだ放射線プロセシングの一分野として定着していないが，医用工学，酵素工学などの専門分野で，放射線法はユニークな手段として評価されつつある。一方では，放射線への誤解とアレルギーもある。しかし，その応用対象であるバイオロ

生物体照射効果	食品照射 害虫不妊化 抗原ワクチンの弱毒化 変異，育種	DNAの切断などによる機能，形質の修飾	γ線，電子ビーム，イオンビーム照射
	癌治療 殺菌	細胞の殺傷，破壊	γ線，電子線，中性子線，イオンビーム照射
	微生物の増殖刺激 細胞融合の促進	生体膜の刺激攪乱などによる効果	γ線照射
天然高分子・生体高分子の照射効果	遺伝子工学・タンパク工学・細胞工学用物質の合成	遺伝子，制限酵素，酵素，抗体などの修飾，合成	γ線，電子線照射による分解
	生物工学・医用工学用基質物質の改質	セルロース・タンパクなどの切断，変性による新基質の合成，生物反応の促進改良	
生物活性体の固定化	薬物（医薬・ホルモン・農薬など）の固定化	各種のバイオリアクター，センサー，ドラッグデリバリーシステム，免疫調節システム，精神機能調節システム，内分泌調節システム，遺伝子工学システム，細胞工学システム，人工臓器，人工知能，ロボット	γ線，電子線，イオンビーム照射による重合，キュアリング，グラフト，橋かけ，蒸着
	タンパク（酵素・抗体・ヘモグロビン・フィブロネクチンなど）の固定化		
	核酸（DNA, RNA）の固定化，オルガネラ（クロロプラスト・ミトコンドリアなど）の固定化		
	微生物（菌体・酵母・ウィールスなど）の固定化 組織細胞（植物細胞・動物組織細胞・免疫細胞・血液細胞・ハイブリドーマなど）の固定化		

生物体照射効果 → バイオテクノロジー
生物活性体の固定化 → バイオエンジニアリング

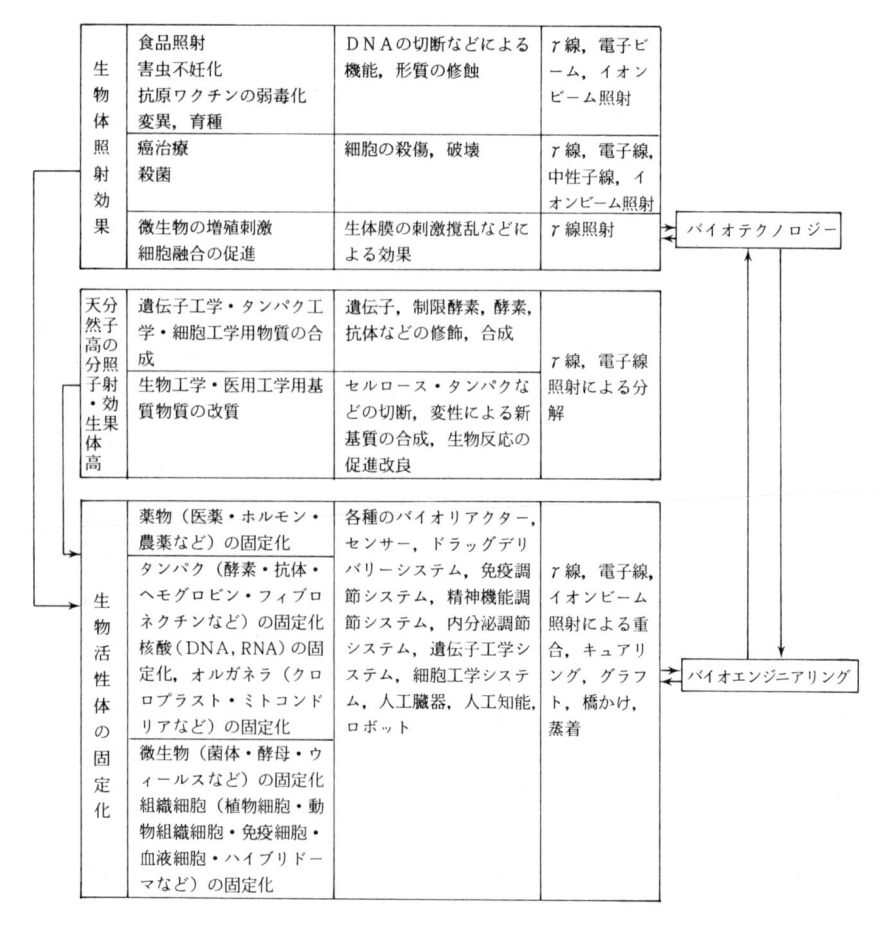

図4.11.9 バイオテクノロジー・バイオエンジニアリングへの放射線の寄与の可能性

ジカルな領域は未来性に富んでおり,広汎多岐である。放射線利用にも,ここで紹介したいくつかのパターンがあるが,今後具体的ターゲットに対して,パターンにとらわれない多様な適用の工夫がなされ,一つでも多く実用化例が蓄積されて,この分野が普及定着してゆくことを願っている。

文　　献

1) J. Dobō, *Acta. Chim. Acad. Sci. Hung.*, **63**, 453 (1970)
2) 嘉悦　勲, 放射線化学, 1979年1月号, p. 26, 原子力工業, **25** (2), 37 (1979), など
3) H. Maeda, H. Suzuki A. Yamauchi, *Biotechnol. Bioeng.*, **15**, 607 (1973) など
4) K. Kawashima, K. Umeda, *Biotechnol. Bioeng.*, **17**, 599 (1975)
5) W. Pekala, International Atomic Energy Agency Research Coordinative Programme Report, Paris, 1983
6) J. Kost, T. A. Horbett. B. D. Ratner, M. Singh, *J. Biomed. Mater. Res.*, **19**, 1117 (1985) など
7) A. Rembaum et al., *J. Makromol. Sci.,-Chem.*, **A13**, 603 (1979), など
8) 福井三郎, 田中渥夫, 化学と生物, **19**, 620 (1980)
9) 長田義人ら, 高分子学会第32回年次大会予稿集, p. 444, 京都 (1983)
10) 嘉悦　勲, 表面, **18** (6), 345 (1980), 原子力工業, **25**, 37 (1979); 高分子, **26**, 198 (1977) など
11) 嘉悦　勲, 木谷　収, 柴田和雄編 "バイオマス-生産と変換 (下)", p. 115, 学会出版センター (1981), M. Kumakura, I. Kaetsu, Biomass **3**, 199 (1983), **2**, 299 (1982) など
12) M. Kumakura, I. Kaetsu, *J. Immuno. Methods*, **63**, 115 (1983), **69**, 79 (1984) など
13) 嘉悦　勲, 有機合成化学協会誌, **42** (11), 1020 (1984)
14) 山中英寿, 泌尿紀要, **29** (12), 1579 (1983)
15) M. Kumakura, I. Kaetsu, *Agricultural wastes* **11**, 259 (1984); M. Kumakura, I. Kaetsu, K. Nishizawa, *Biotechnol. Bioeng.*, **26**, 17 (1984)
16) 藤村　卓, 嘉悦　勲, 膜, **8** (3), 142 (1983) など
17) F. Yoshii, I. Kaetsu, *Applied Biochem. Biotechnol.*, **8**, 115 (1983) など
18) A. S. Hoffman, *Radiat. Phys. Chem.*, **18**, 323 (1981), ibid., **22**, 267 (1983) など
19) G. Gaussens, International Conference on Industrial Application of Rodioisotopes and Radiation Technology, Abstract, p.122, Grenoble 1981
20) H. Baiker, J. L. Garnett, R. S. Kenyon. R-Levot, M. S. Liddy, M. A. Long, "Proc. VIth Int. Cong. Catalysis. The Chemical Society (London) p.551 (1977); *J. Polymer Sci.*, Symposium, No.49, 109 (1975) など

《**CMC テクニカルライブラリー**》発行にあたって

　弊社は、1961年創位以来、多くの技術レポートを発行してまいりました。これらの多くは、その時代の最先端情報を企業や研究機関などの法人に提供することを目的としたもので、価格も一般の理工書に比べて遙かに高価なものでした。

　一方、ある時代に最先端であった技術も、実用化され、応用展開されるにあたって普及期、成熟期を迎えていきます。ところが、最先端の時代に一流の研究者によって書かれたレポートの内容は、時代を経ても当該技術を学ぶ技術書、理工書としていささかも遜色のないことを、多くの方々が指摘されています。

　弊社では過去に発行した技術レポートを個人向けの廉価な普及版《**CMC テクニカルライブラリー**》として発行することとしました。このシリーズが、21世紀の科学技術の発展にいささかでも貢献できれば幸いです。

2000年12月

㈱シーエムシー出版

高分子のエネルギービーム加工　(B657)

1986年4月25日　初　版　第1刷発行
2002年7月27日　普及版　第1刷発行

監　修　　田附　重夫　　　　　　Printed in Japan
　　　　　長田　義仁
　　　　　嘉悦　　勲
発行者　　島　健太郎
発行所　　株式会社　シーエムシー出版
　　　　　東京都千代田区内神田1-4-2（コジマビル）
　　　　　電話03（3293）2061

〔印刷　株式会社プリコ〕　　©S.Tazuke, Y.Osada, I.Kaetsu, 2002

定価は表紙に表示してあります。
落丁・乱丁本はお取替えいたします。

ISBN4-88231-764-8　C3058

☆本書の無断転載・複写複製（コピー）による配布は、著者および出版社の権利の侵害になりますので、小社あて事前に承諾を求めて下さい。

CMCテクニカルライブラリーのご案内

バイオセンサー
監修／軽部征夫
ISBN4-88231-759-1　B652
A5判・264頁　本体3,400円+税（〒380円）
初版1987年8月　普及版2002年5月

構成および内容：バイオセンサーの原理／酵素センサー／微生物センサー／免疫センサー／電極センサー／FETセンサー／フォトバイオセンサー／マイクロバイオセンサー／圧電素子バイオセンサー／医療／発酵工業／食品／工業プロセス／環境計測／海外の研究開発・市場　他
執筆者：久保いずみ／鈴木周章／佐野恵一　他16名

カラー写真感光材料用高機能ケミカルス
－写真プロセスにおける役割と構造機能－
ISBN4-88231-758-3　B651
A5判・307頁　本体3,800円+税（〒380円）
初版1986年7月　普及版2002年5月

構成および内容：写真感光材料工業とファインケミカル／業界情勢／技術開発動向／コンベンショナル写真感光材料／色素拡散転写法／銀色素漂白法／乾式銀塩写真感光材料／写真用機能性ケミカルスの応用展望／増感系・エレクトロニクス系・医薬分野への応用　他
執筆者：新井厚明／安達慶一／藤田眞作　他13名

セラミックスの接着と接合技術
監修／速水諒三
ISBN4-88231-757-5　B650
A5判・179頁　本体2,800円+税（〒380円）
初版1985年4月　普及版2002年4月

構成および内容：セラミックスの発展／接着剤による接着／有機接着剤・無機接着剤・超音波はんだ／メタライズ／高融点金属法・銅化合物法・銀化合物法・気相成長法・厚膜法／固相液相接着／固相加圧接着／溶融接合／セラミックスの機械的接合法／将来展望　他
執筆者：上野力／稲野光正／門倉秀公　他10名

ハニカム構造材料の応用
監修／先端材料技術協会・編集／佐藤孝
ISBN4-88231-756-7　B649
A5判・447頁　本体4,600円+税（〒380円）
初版1995年1月　普及版2002年4月

構成および内容：ハニカムコアの基本・種類・主な機能・製造方法／ハニカムサンドイッチパネルの基本設計・製造・応用／航空機／宇宙機器／自動車における防音材料／鉄道車両／建築マーケットにおける利用／ハニカム溶接構造物の設計と構造解析、およびその実施例
執筆者：佐藤孝／野口元／田所真人／中谷隆　他12名

ホスファゼン化学の基礎
著者／梶原鳴雪
ISBN4-88231-755-9　B648
A5判・233頁　本体3,200円+税（〒380円）
初版1986年4月　普及版2002年3月

構成および内容：ハロゲンおよび疑ハロゲンを含むホスファゼンの合成／$N_3P_3Cl_{6-n}R_n$ から部分置換体の合成／$(NPR_2)_3$ の合成／環状ホスファゼン化合物の用途開発／$(NPCl_2)_3$ の重合／$(NPCl_2)_n$ 重合体の構造とその性質／ポリオルガノホスファゼンの性質／ポリオルガノホスファゼンの用途開発　他

二次電池の開発と材料
ISBN4-88231-754-0　B647
A5判・257頁　本体3,400円+税（〒380円）
初版1994年3月　普及版2002年3月

構成および内容：電池反応の基本／高性能二次電池設計のポイント／ニッケル-水素電池／リチウム系二次電池／ニカド蓄電池／鉛蓄電池／ナトリウム-硫黄電池／亜鉛-臭素電池／有機電解液系電気二重層コンデンサ／太陽電池システム／二次電池回収システムとリサイクルの現状　他
執筆者：高村勉／神田基／山木準一　他16名

プロテインエンジニアリングの応用
編集／渡辺公綱／熊谷泉
ISBN4-88231-753-2　B646
A5判・232頁　本体3,200円+税（〒380円）
初版1990年3月　普及版2002年2月

構成および内容：タンパク質改変諸例／酵素の機能改変／抗体とタンパク質工学／キメラ抗体／医薬と合成ワクチン／プロテアーゼ・インヒビター／新しいタンパク質作成技術とアロプロテイン／生体外タンパク質合成の現状／タンパク質工学におけるデータベース
執筆者：太田由己／榎本淳／上野川修一　他13名

有機ケイ素ポリマーの新展開
監修／櫻井英樹
ISBN4-88231-752-4　B645
A5判・327頁　本体3,800円+税（〒380円）
初版1996年1月　普及版2002年1月

構成および内容：現状と展望／研究動向事例（ポリシラン合成と物性／カルボシラン系分子／ポリシロキサンの合成と応用／ゾル-ゲル法とケイ素系高分子／ケイ素系高耐熱性高分子材料／マイクロパターニング／ケイ素系感光材料）／ケイ素系高耐熱性材料へのアプローチ　他
執筆者：吉田勝／三治敬信／石川満夫　他19名

※書籍をご購入の際は、最寄りの書店にご注文いただくか、㈱シーエムシー出版のホームページ(http://www.cmcbooks.co.jp/)にてお申し込み下さい。

CMCテクニカルライブラリーのご案内

水素吸蔵合金の応用技術
監修／大西敬三
ISBN4-88231-751-6　　　　　　B644
A5 判・270 頁　本体 3,800 円＋税（〒380 円）
初版 1994 年 1 月　普及版 2002 年 1 月

構成および内容：開発の現状と将来展望／標準化の動向／応用事例（余剰電力の貯蔵／冷凍システム／冷暖房／水素の精製・回収システム／Ni-MH 二次電池／燃料電池／水素の動力利用技術／アクチュエーター／水素同位体の精製・回収／合成触媒）
執筆者：太田時男／兜森俊樹／田村英雄　他 15 名

メタロセン触媒と次世代ポリマーの展望
編集／曽我和雄
ISBN4-88231-750-8　　　　　　B643
A5 判・256 頁　本体 3,500 円＋税（〒380 円）
初版 1993 年 8 月　普及版 2001 年 12 月

構成および内容：メタロセン触媒の展開（発見の経緯／カミンスキー触媒の修飾・担持・特徴）／次世代ポリマーの展望（ポリエチレン／共重合体／ポリプロピレン）／特許からみた各企業の研究開発動向　他
執筆者：柏典夫／潮村哲之助／植木聡　他 4 名

バイオセパレーションの応用
ISBN4-88231-749-4　　　　　　B642
A5 判・296 頁　本体 4,000 円＋税（〒380 円）
初版 1988 年 8 月　普及版 2001 年 12 月

構成および内容：食品・化学品分野（サイクロデキストリン／甘味料／アミノ酸／核酸／油脂精製／γ-リノレン酸／フレーバー／果汁濃縮・清澄化　他）／医薬品分野（抗生物質／漢方薬成分／ステロイド発酵の工業化）／生化学・バイオ医薬分野　他
執筆者：中村信之／菊池啓明／宗像豊㓮　他 26 名

バイオセパレーションの技術
ISBN4-88231-748-6　　　　　　B641
A5 判・265 頁　本体 3,600 円＋税（〒380 円）
初版 1988 年 8 月　普及版 2001 年 12 月

構成および内容：膜分離（総説／精密濾過膜／限外濾過法／イオン交換膜／逆浸透膜）／クロマトグラフィー（高性能液体／タンパク質の HPLC／ゲル濾過／イオン交換／疎水性／分配吸着　他）／電気泳動／遠心分離／真空・加圧濾過／エバポレーション／超臨界流体抽出　他
執筆者：仲川勲／水野高志／大野省太郎　他 19 名

特殊機能塗料の開発
ISBN4-88231-743-5　　　　　　B636
A5 判・381 頁　本体 3,500 円＋税（〒380 円）
初版 1987 年 8 月　普及版 2001 年 11 月

構成および内容：機能化のための研究開発／特殊機能塗料（電子・電気機能／光学機能／機械・物理機能／熱機能／生態機能／放射線機能／防食／その他）／高機能コーティングと硬化法（造膜法／硬化法）
◆**執筆者**：笠松寛之／鳥羽山満／桐生春雄
　　　　　　田中丈之／荻野芳夫

バイオリアクター技術
ISBN4-88231-745-1　　　　　　B638
A5 判・212 頁　本体 3,400 円＋税（〒380 円）
初版 1988 年 8 月　普及版 2001 年 12 月

構成および内容：固定化生体触媒の最新進歩／新しい固定化法（光硬化性樹脂／多孔質セラミックス／絹フィブロイン）／新しいバイオリアクター（酵素固定化分離機能膜／生成物分離／多段式不均一系／固定化植物細胞／固定化ハイブリドーマ）／応用（食品／化学品／その他）
◆**執筆者**：田中渥夫／飯田高三／牧島亮男　他 28 名

ファインケミカルプラント FA 化技術の新展開
ISBN4-88231-747-8　　　　　　B640
A5 判・321 頁　本体 3,400 円＋税（〒380 円）
初版 1991 年 2 月　普及版 2001 年 11 月

構成および内容：総論／コンピュータ統合生産システム／FA 導入の経済効果／要素技術（計測・検査／物流／FA 用コンピュータ／ロボット）／FA 化のソフト（粉体プロセス／多目的バッチプラント／パイプレスプロセス）／応用例（ファインケミカル／食品／薬品／粉体）　他
◆**執筆者**：高松武一郎／大島榮次／梅田富雄　他 24 名

生分解性プラスチックの実際技術
ISBN4-88231-746-X　　　　　　B639
A5 判・204 頁　本体 2,500 円＋税（〒380 円）
初版 1992 年 6 月　普及版 2001 年 11 月

構成および内容：総論／開発展望（バイオポリエステル／キチン・キトサン／ポリアミノ酸／セルロース／ポリカプロラクトン／アルギン酸／PVA／脂肪族ポリエステル／糖類／ポリエーテル／プラスチック化木材／油脂の崩壊性／界面活性剤）／現状と今後の対策　他
◆**執筆者**：赤松清／持田晃一／藤井昭治　他 12 名

※ 書籍をご購入の際は、最寄りの書店にご注文いただくか、
㈱シーエムシー出版のホームページ（http://www.cmcbooks.co.jp/）にてお申し込み下さい。

CMCテクニカルライブラリー のご案内

環境保全型コーティングの開発
ISBN4-88231-742-7　　　　　　B635
A5判・222頁　本体 3,400円＋税　(〒380円)
初版 1993年5月　普及版 2001年9月

構成および内容：現状と展望／規制の動向／技術動向（塗料・接着剤・印刷インキ・原料樹脂）／ユーザー（VOC排出規制への具体策・有機溶剤系塗料から水系塗料への転換・電機・環境保よりみた木工塗装・金属缶）／環境保全への合理化・省力化ステップ　他
◆執筆者：笠松寛・中村博忠・田邊幸男　他 14名

強誘電性液晶ディスプレイと材料
監修／福田敦夫
ISBN4-88231-741-9　　　　　　B634
A5判・350頁　本体 3,500円＋税　(〒380円)
初版 1992年4月　普及版 2001年9月

構成および内容：次世代液晶とディスプレイ／高精細・大画面ディスプレイ／テクスチャーチェンジパネルの開発／反強誘電性液晶のディスプレイへの応用／次世代液晶化合物の開発／強誘電性液晶材料／ジキラル型強誘電性液晶化合物／スパッタ法による低抵抗ITO透明導電膜　他
◆執筆者：李継・神辺純一郎・鈴木康生　他 36名

高機能潤滑剤の開発と応用
ISBN4-88231-740-0　　　　　　B633
A5判・237頁　本体 3,800円＋税　(〒380円)
初版 1988年8月　普及版 2001年9月

構成および内容：総論／高機能潤滑剤（合成系潤滑剤・高機能グリース・固体潤滑と摺動材・水溶性加工油剤）／市場動向／応用（転がり軸受用グリース・OA関連機器・自動車・家電・医療・航空機・原子力産業）
◆執筆者：岡部平八郎・功刀俊夫・三嶋優　他 11名

有機非線形光学材料の開発と応用
編集／中西八郎・小林孝嘉
中村新男・梅垣真祐
ISBN4-88231-739-7　　　　　　B632
A5判・558頁　本体 4,900円＋税　(〒380円)
初版 1991年10月　普及版 2001年8月

構成および内容：〈材料編〉現状と展望／有機材料／非線形光学特性／無機材料／超微粒子系材料／薄膜，バルク，半導体系材料〈基礎編〉理論・設計／測定／機構〈デバイス開発編〉波長変換／EO変調／光ニュートラルネットワーク／光パルス圧縮／光ソリトン伝送／光スイッチ　他
◆執筆者：上宮崇文・野上隆・小谷正博　他 88名

超微粒子ポリマーの応用技術
監修／室井宗一
ISBN4-88231-737-0　　　　　　B630
A5判・282頁　本体 3,800円＋税　(〒380円)
初版 1991年4月　普及版 2001年8月

構成および内容：水系での製造技術／非水系での製造技術／複合化技術（開発動向）乳化重合／カプセル化／高吸水性／フッ素系／シリコーン樹脂〈現状と可能性〉一般工業分野／医療分野／生化学分野／化粧品分野／情報分野／ミクロゲル／PP／ラテックス／スペーサ　他
◆執筆者：川口春馬・川瀬進・竹内勉　他 25名

炭素応用技術
ISBN4-88231-736-2　　　　　　B629
A5判・300頁　本体 3,500円＋税　(〒380円)
初版 1988年10月　普及版 2001年7月

構成および内容：炭素繊維／カーボンブラック／導電性付与剤／グラファイト化合物／ダイヤモンド／複合材料／航空機・船舶用CFRP／人工歯根材／導電性インキ・塗料／電池・電極材料／光応答／金属炭化物／炭窒化チタン系複合セラミックス／SiC・SiC-W　他
◆執筆者：嶋崎勝乗・遠藤守信・池上繁　他 32名

宇宙環境と材料・バイオ開発
編集／栗林一彦
ISBN4-88231-735-4　　　　　　B628
A5判・163頁　本体 2,600円＋税　(〒380円)
初版 1987年5月　普及版 2001年8月

構成および内容：宇宙開発と宇宙利用／生命科学／生命工学〈宇宙材料実験〉融液の凝固におよぼす微小重力の影響／単相合金の凝固／多相合金の凝固／高品位半導体単結晶の育成と微少重力の利用／表面張力誘起対流実験〈SL-1の実験結果〉半導体の結晶成長／金属凝固／流体運動　他
◆執筆者：長友信人・佐藤温重・大島泰郎　他 7名

機能性食品の開発
編集／亀和田光男
ISBN4-88231-734-6　　　　　　B627
A5判・309頁　本体 3,800円＋税　(〒380円)
初版 1988年11月　普及版 2001年9月

構成および内容：機能性食品に対する各省庁の方針と対応／学界と民間の動き／機能性食品への発展が予想される素材／フラクトオリゴ糖／大豆オリゴ糖／イノシトール／高機能性健康飲料／ギムネマ・シルベスタ／企業化する問題点と対策／機能性食品に期待するもの　他
◆執筆者：大山超・稲葉博・岩元睦夫・太田明一　他 21名

※書籍をご購入の際は、最寄りの書店にご注文いただくか、㈱シーエムシー出版のホームページ(http://www.cmcbooks.co.jp/)にてお申し込み下さい。

CMCテクニカルライブラリーのご案内

植物工場システム
編集／髙辻正基
ISBN4-88231-733-8　　　　　　　　　B626
A5判・281頁　本体3,100円＋税（〒380円）
初版1987年11月　普及版2001年6月

構成および内容：栽培作物別工場生産の可能性／野菜／花き／薬草／穀物／養液栽培システム／カネコのシステム／クローン増殖システム／人工種子／馴化装置／キノコ栽培技術／種菌生産／栽培装置とシステム／施設園芸の高度化／コンピュータ利用　他
◆執筆者：阿部芳巳／渡辺光男／中山繁樹　他23名

液晶ポリマーの開発
編集／小出直之
ISBN4-88231-731-1　　　　　　　　　B624
A5判・291頁　本体3,800円＋税（〒380円）
初版1987年6月　普及版2001年6月

構成および内容：〈基礎技術〉合成技術／キャラクタリゼーション／構造と物性／レオロジー〈成形加工技術〉射出成形技術／成形機械技術／ホットランナシステム技術〈応用〉光ファイバ用被覆材／高強度繊維／ディスプレイ用材料／強誘電性液晶ポリマー　他
◆執筆者：浅田忠裕／鳥海弥和／茶谷陽三　他16名

イオンビーム技術の開発
編集／イオンビーム応用技術編集委員会
ISBN4-88231-730-3　　　　　　　　　B623
A5判・437頁　本体4,700円＋税（〒380円）
初版1989年4月　普及版2001年6月

構成および内容：イオンビームと個体との相互作用／発生と輸送／装置／イオン注入による表面改質技術／イオンミキシングによる表面改質技術／薄膜形成表面被覆技術／表面除去加工技術／分析評価技術／各国の研究状況／日本の公立研究機関での研究状況　他
◆執筆者：藤本文範／石川順三／上條栄治　他27名

エンジニアリングプラスチックの成形・加工技術
監修／大柳　康
ISBN4-88231-729-X　　　　　　　　　B622
A5判・410頁　本体4,000円＋税（〒380円）
初版1987年12月　普及版2001年6月

構成および内容：射出成形／成形条件／装置／金型内流動解析／材料特性／熱硬化性樹脂の成形／樹脂の種類／成形加工の特徴／成形加工法の基礎／押出成形／コンパウンティング／フィルム・シート成形／性能データ集／スーパーエンプラの加工に関する最近の話題　他
◆執筆者：高野菊雄／岩橋俊之／塚原　裕　他6名

新薬開発と生薬利用Ⅱ
監修／糸川秀治
ISBN4-88231-728-1　　　　　　　　　B621
A5判・399頁　本体4,500円＋税（〒380円）
初版1993年4月　普及版2001年9月

構成および内容：新薬開発プロセス／新薬開発の実態と課題／生薬・漢方製剤の薬理・薬効（抗腫瘍薬・抗炎症・抗アレルギー・抗菌・抗ウイルス）／天然素材の新食品への応用／生薬の品質評価／民間療法・伝統薬の探索と評価／生薬の流通機構と需給　他
◆執筆者：相山律夫／大島俊幸／岡田稔　他14名

新薬開発と生薬利用Ⅰ
監修／糸川秀治
ISBN4-88231-727-3　　　　　　　　　B620
A5判・367頁　本体4,200円＋税（〒380円）
初版1988年8月　普及版2001年7月

構成および内容：生薬の薬理・薬効／抗アレルギー／抗菌・抗ウイルス作用／新薬開発のプロセス／スクリーニング／商品の規格と安定性／生薬の品質評価／甘草／生姜／桂皮素材の探索と流通／日本・世界での生薬素材の探索／流通機構と需要／各国の薬用植物の利用と活用　他
◆執筆者：相山律夫／赤須通範／生田安喜良　他19名

ヒット食品の開発手法
監修／太田静行・亀和田光男・中山正夫
ISBN4-88231-726-5　　　　　　　　　B619
A5判・278頁　本体3,800円＋税（〒380円）
初版1991年12月　普及版2001年6月

構成および内容：新製品の開発戦略／消費者の嗜好／アイデア開発／食品調味／食品包装／官能検査／開発のためのデータバンク〈ヒット食品の具体例〉果汁グミ／スーパードライ〈ロングヒット食品開発の秘密〉カップヌードル／エバラ焼き肉のたれ／減塩醤油　他
◆執筆者：小杉直輝／大形　進／川合信行　他21名

バイオマテリアルの開発
監修／筏　義人
ISBN4-88231-725-8　　　　　　　　　B618
A5判・539頁　本体4,900円＋税（〒380円）
初版1989年9月　普及版2001年5月

構成および内容：〈素材〉金属／セラミックス／合成高分子／生体高分子〈特性・機能〉力学特性／細胞接着能／血液適合性／骨組織結合性／光屈折・酸素透過能〈試験・認可〉滅菌法／表面分析法〈応用〉臨床検査系／歯科系／心臓外科系／代謝系　他
◆執筆者：立石哲也／藤沢　章／澄田政哉　他51名

※書籍をご購入の際は、最寄りの書店にご注文いただくか、
㈱シーエムシー出版のホームページ（http://www.cmcbooks.co.jp/）にてお申し込み下さい。

CMCテクニカルライブラリーのご案内

半導体封止技術と材料
著者／英 一太
ISBN4-88231-724-9　　　　　　　B617
A5判・232頁　本体 3,400円＋税（〒380円）
初版 1987年4月　普及版 2001年7月

構成および内容：〈封止技術の動向〉ICパッケージ／ポストモールドとプレモールド方式／表面実装〈材料〉エポキシ樹脂の変性／硬化／低応力化／高信頼性VLSIセラミックパッケージ〈プラスチックチップキャリヤ〉構造／加工／リード／信頼性試験〈GaAs〉高速論理素子／GaAsダイ／MCV〈接合技術と材料〉TAB技術／ダイアタッチ 他

トランスジェニック動物の開発
著者／結城 惇
ISBN4-88231-723-0　　　　　　　B616
A5判・264頁　本体 3,000円＋税（〒380円）
初版 1990年2月　普及版 2001年7月

構成および内容：誕生と変遷／利用価値〈開発技術〉マイクロインジェクション法／ウイルスベクター法／精子ベクター法／トランスジーンの発現／発現制御系〈応用〉遺伝子解析／病態モデル／欠損症動物／遺伝子治療モデル／分泌物利用／組織、臓器利用／家畜／課題〈動向・資料〉研究開発企業／特許／実験ガイドライン 他

水処理剤と水処理技術
監修／吉野善彌
ISBN4-88231-722-2　　　　　　　B615
A5判・253頁　本体 3,500円＋税（〒380円）
初版 1988年7月　普及版 2001年5月

構成および内容：凝集剤と水処理プロセス／高分子凝集剤／生物学的凝集剤／濾過助剤と水処理プロセス／イオン交換体と水処理プロセス／有機イオン交換体／排水処理プロセス／吸着剤と水処理プロセス／水処理分離膜と水処理プロセス 他
◆執筆者：三上八州家／鹿野武彦／倉根隆一郎 他17名

食品素材の開発
監修／亀和田光男
ISBN4-88231-721-4　　　　　　　B614
A5判・334頁　本体 3,900円＋税（〒380円）
初版 1987年10月　普及版 2001年5月

構成および内容：〈タンパク系〉大豆タンパクフィルム／卵タンパク〈デンプン系と畜血液〉プルラン／サイクロデキストリン〈新甘味料〉フラクトオリゴ糖／ステビア〈健食新素材〉ＥＰＡ／レシチン／ハーブエキス／コラーゲン／キチン・キトサン 他
◆執筆者：中島庸介／花岡譲一／坂井和夫 他22名

老人性痴呆症と治療薬
編集／朝長正徳・齋藤 洋
ISBN4-88231-720-6　　　　　　　B613
A5判・233頁　本体 3,000円＋税（〒380円）
初版 1988年8月　普及版 2001年4月

構成および内容：記憶のメカニズム／記憶の神経的機構／老人性痴呆の発症機構／遺伝子・染色体の異常／脳機構に影響を与える生体内物質／神経伝達物質／甲状腺ホルモン／スクリーニング法／脳循環・脳代謝試験／予防・治療へのアプローチ 他
◆執筆者：佐藤昭夫／黒澤美枝子／浅香昭雄 他31名

感光性樹脂の基礎と実用
監修／赤松 清
ISBN4-88231-719-2　　　　　　　B612
A5判・371頁　本体 4,500円＋税（〒380円）
初版 1987年4月　普及版 2001年5月

構成および内容：化学構造と合成法／光反応／市販されている感光性樹脂モノマー、オリゴマーの概況／印刷版／感光性樹脂凸版／フレキソ版／塗料／光硬化型塗料／ラジカル重合型塗料／インキ／UV硬化システム／UV硬化型接着剤／歯科衛生材料 他
◆執筆者：吉村 延／岸本芳昭／小伊勢雄次 他8名

分離機能膜の開発と応用
編集／仲川 勤
ISBN4-88231-718-4　　　　　　　B611
A5判・335頁　本体 3,500円＋税（〒380円）
初版 1987年12月　普及版 2001年3月

構成および内容：〈機能と応用〉気体分離膜／イオン交換膜／透析膜／精密濾過膜〈キャリヤ輸送膜の開発〉固体電解質／液膜／モザイク荷電膜／機能性カプセル膜〈装置化と応用〉酸素富化膜／水素分離膜／浸透気化法による有機混合物の分離／人工腎臓／人工肺 他
◆執筆者：山田純男／佐伯俊勝／西田 治 他20名

プリント配線板の製造技術
著者／英 一太
ISBN4-88231-717-6　　　　　　　B610
A5判・315頁　本体 4,000円＋税（〒380円）
初版 1987年12月　普及版 2001年4月

構成および内容：〈プリント配線板の原材料〉〈プリント配線基板の製造技術〉硬質プリント配線板／フレキシブルプリント配線板〈プリント回路加工技術〉フォトレジストとフォト印刷／スクリーン印刷〈多層プリント配線板〉構造／製造法／多層成型〈廃水処理と災害環境管理〉高濃度有害物質の廃棄処理 他

※書籍をご購入の際は、最寄りの書店にご注文いただくか、㈱シーエムシー出版のホームページ(http://www.cmcbooks.co.jp/)にてお申し込み下さい。

CMCテクニカルライブラリーのご案内

汎用ポリマーの機能向上とコストダウン
ISBN4-88231-715-X　　　　　　　　B608
A5判・319頁　本体3,800円+税（〒380円）
初版1994年8月　普及版2001年2月

構成および内容：〈新しい樹脂の成形法〉射出プレス成形（SPモールド）／プラスチックフィルムの最新製造技術〈材料の高機能化とコストダウン〉超高強度ポリエチレン繊維／耐候性のよい耐衝撃性PVC〈応用〉食品・飲料用プラスチック包装材料／医療材料向プラスチック材料　他
◆執筆者：浅井治海／五十嵐聡／高木否都志　他32名

クリーンルームと機器・材料
ISBN4-88231-714-1　　　　　　　　B607
A5判・284頁　本体3,800円+税（〒380円）
初版1990年12月　普及版2001年2月

構成および内容：〈構造材料〉床材・壁材・天井材／ユニット式〈設備機器〉空気清浄／温湿度制御／空調機器／排気処理機器材料／微生物制御〈清浄度測定評価（応用別）〉医薬（GMP）／医療／半導体〈今後の動向〉自動化／防災システムの動向／省エネルギ／清掃（維持管理）　他
◆執筆者：依田行夫／一和田眞次／鈴木正男　他21名

水性コーティングの技術
ISBN4-88231-713-3　　　　　　　　B606
A5判・359頁　本体4,700円+税（〒380円）
初版1990年12月　普及版2001年2月

構成および内容：〈水性ポリマー各論〉ポリマー水性化のテクノロジー／水性ウレタン樹脂／水系UV・EB硬化樹脂〈水性コーティング材の製法と処法化〉常温乾燥コーティング／電着コーティング〈水性コーティング材の周辺技術〉廃水処理技術／泡処理技術　他
◆執筆者：桐生春雄／鳥羽山満／池林信彦　他14名

レーザ加工技術
監修／川澄博通
ISBN4-88231-712-5　　　　　　　　B605
A5判・249頁　本体3,800円+税（〒380円）
初版1989年5月　普及版2001年2月

構成および内容：〈総論〉レーザ加工技術の基礎事項〈加工用レーザ発振器〉CO_2レーザ〈高エネルギービーム加工〉レーザによる材料の表面改質技術〈レーザ化学加工・生物加工〉レーザ光化学反応による有機合成〈レーザ加工周辺技術〉〈レーザ加工の将来〉他
◆執筆者：川澄博通／永井治彦／末永直行　他13名

臨床検査マーカーの開発
監修／茂手木皓喜
ISBN4-88231-711-7　　　　　　　　B604
A5判・170頁　本体2,200円+税（〒380円）
初版1993年8月　普及版2001年1月

構成および内容：〈腫瘍マーカー〉肝細胞癌の腫瘍／肺癌／婦人科系腫瘍／乳癌／甲状腺癌／泌尿器腫瘍／造血器腫瘍〈循環器系マーカー〉動脈硬化／虚血性心疾患／高血圧症／糖尿病マーカー／糖質／脂質／合併症〈骨代謝マーカー〉〈老化度マーカー〉他
◆執筆者：岡崎伸生／有吉寛／江崎治　他22名

機能性顔料
ISBN4-88231-710-9　　　　　　　　B603
A5判・322頁　本体4,000円+税（〒380円）
初版1991年6月　普及版2001年1月

構成および内容：〈無機顔料の研究開発動向〉酸化チタン／チタンイエロー／酸化鉄系顔料〈有機顔料の研究開発動向〉溶性アゾ顔料（アゾレーキ）〈用途展開の現状と将来展望〉印刷インキ／塗料〈最近の顔料分散技術と顔料分散機の進歩〉顔料の処理と分散性　他
◆執筆者：石村安雄／風間孝夫／服部俊雄　他31名

バイオ検査薬と機器・装置
監修／山本重夫
ISBN4-88231-709-5　　　　　　　　B602
A5判・322頁　本体4,000円+税（〒380円）
初版1996年10月　普及版2001年1月

構成および内容：〈DNAプローブ法-最近の進歩〉〈生化学検査試薬の液状化-技術的背景〉〈蛍光プローブと細胞内環境の測定〉〈臨床検査用遺伝子組み換え酵素〉〈イムノアッセイ装置の現状と今後〉〈染色体ソーティングとDNA診断〉〈アレルギー検査薬の最新動向〉〈食品の遺伝子検査〉他
◆執筆者：寺岡宏／高橋豊三／小路武彦　他33名

カラーPDP技術
ISBN4-88231-708-7　　　　　　　　B601
A5判・208頁　本体3,200円+税（〒380円）
初版1996年7月　普及版2001年1月

構成および内容：〈総論〉電子ディスプレイの現状〈パネル〉AC型カラーPDP／パルスメモリー方式DC型カラーPDP〈部品加工・装置〉パネル製造技術とスクリーン印刷／フォトプロセス／露光法／PDP用ローラーハース式連続焼成炉〈材料〉ガラス基板／蛍光体／透明電極材料　他
◆執筆者：小島健博／村上宏／大塚晃／山本敏裕　他14名

※書籍をご購入の際は、最寄りの書店にご注文いただくか、㈱シーエムシー出版のホームページ（http://www.cmcbooks.co.jp/）にてお申し込み下さい。

CMCテクニカルライブラリーのご案内

防菌防黴剤の技術
監修／井上嘉幸
ISBN4-88231-707-9
A5判・234頁　本体3,100円＋税（〒380円）
初版1989年5月　普及版2000年12月　　B600

構成および内容：〈防菌防黴剤の開発動向〉〈防菌防黴剤の相乗効果と配合技術〉防菌防黴剤の併用効果／相乗効果を示す防菌防黴剤／相乗効果の作用機構〈防菌防黴剤の製剤化技術〉水和剤／可溶化剤／発泡製剤〈防菌防黴剤の応用展開〉繊維用／皮革用／塗料用／接着剤用／医薬品用 他
◆執筆者：井上嘉幸／西村民男／高麗寛紀 他23名

快適性新素材の開発と応用
ISBN4-88231-706-0
A5判・179頁　本体2,800円＋税（〒380円）
初版1992年1月　普及版2000年12月　　B599

構成および内容：〈繊維編〉高風合ポリエステル繊維（ニューシルキー素材）／ピーチスキン素材／ストレッチ素材／太陽光蓄熱保温繊維素材／抗菌・消臭繊維／森林浴効果のある繊維〈住宅編，その他〉セラミック系人造木材／圧電・導電複合材料による制振新素材／調光窓ガラス 他
◆執筆者：吉田敬一／井上裕光／原田隆司 他18名

高純度金属の製造と応用
ISBN4-88231-705-2
A5判・220頁　本体2,600円＋税（〒380円）
初版1992年11月　普及版2000年12月　　B598

構成および内容：〈金属の高純度化プロセスと物性〉高純度化法の概要／純度表〈高純度金属の成形・加工技術〉高純度金属の複合化／粉体成形による高純度金属の利用／高純度銅の線材化／単結晶化・非晶化／薄膜形成〈応用展開の可能性〉高耐食性鋼材および鉄材／超電導材料／新合金／固体触媒〈高純度金属に関する特許一覧〉 他

電磁波材料技術とその応用
監修／大森豊明
ISBN4-88231-100-3
A5判・290頁　本体3,400円＋税（〒380円）
初版1992年5月　普及版2000年12月　　B597

構成および内容：〈無機系電磁波材料〉マイクロ波誘電体セラミックス／光ファイバ〈有機系電磁波材料〉ゴム／アクリルナイロン繊維〈様々な分野への応用〉医療／食品／コンクリート構造物診断／半導体製造／施設園芸／電磁波接着・シーリング材／電磁波防護服 他
◆執筆者：白崎信一／山田朗／月岡正至 他24名

自動車用塗料の技術
ISBN4-88231-099-6
A5判・340頁　本体3,800円＋税（〒380円）
初版1989年5月　普及版2000年12月　　B596

構成および内容：〈総論〉自動車塗装における技術開発〈自動車に対するニーズ〉〈各素材の動向と前処理技術〉〈コーティング材料開発の動向〉防錆対策用コーティング材料〈コーティングエンジニアリング〉塗装装置／乾燥装置〈周辺技術〉コーティング材料管理 他
◆執筆者：桐生春雄／鳥羽山満／井出正／西襄二 他19名

高機能紙の開発
監修／稲垣寛
ISBN4-88231-097-X
A5判・286頁　本体3,400円＋税（〒380円）
初版1988年8月　普及版2000年12月　　B594

構成および内容：〈機能紙用原料繊維〉天然繊維／化学・合成繊維／金属繊維〈バイオ・メディカル関係機能紙〉動物関連用／食品工業用〈エレクトリックペーパー〉耐熱絶縁紙／導電紙／情報記録用紙／電解記録紙〈湿式法フィルターペーパー〉ガラス繊維濾紙／自動車用濾紙 他
◆執筆者：尾鍋史彦／篠木孝典／北村孝雄 他9名

新・導電性高分子材料
監修／雀部博之
ISBN4-88231-096-1
B5判・245頁　本体3,200円＋税（〒380円）
初版1987年2月　普及版2000年11月　　B593

構成および内容：〈基礎編〉ソリトン，ポーラロン，バイポーラロン：導電性高分子における非線形励起と荷電状態／イオン注入によるドーピング／超イオン導電体（固体電解質）〈応用編〉高分子バッテリー／透明導電性高分子／導電性高分子を用いたデバイス／プラスチックバッテリー 他
◆執筆者：A. J. Heeger／村田恵三／石黒武彦 他11名

導電性高分子材料
監修／雀部博之
ISBN4-88231-095-3
B5判・318頁　本体3,800円＋税（〒380円）
初版1983年11月　普及版2000年11月　　B592

構成および内容：〈導電性高分子の技術開発〉〈導電性高分子の基礎理論〉共役系高分子／有機一次元導電体／光伝導性高分子／導電性複合高分子材料／Conduction Polymers〈導電性高分子の応用技術〉導電性フィルム／透明導電性フィルム／導電性ゴム／導電性ペースト 他
◆執筆者：白川英樹／吉野勝美／A. G. MacDiamid 他13名

※書籍をご購入の際は，最寄りの書店にご注文いただくか，㈱シーエムシー出版のホームページ（http://www.cmcbooks.co.jp/）にてお申し込み下さい。

CMCテクニカルライブラリーのご案内

クロミック材料の開発
監修／市村 國宏
ISBN4-88231-094-5 B591
A5判・301頁　本体3,000円＋税（〒380円）
初版1989年6月　普及版2000年11月

構成および内容：〈材料編〉フォトクロミック材料／エレクトロクロミック材料／サーモクロミック材料／ピエゾクロミック金属錯体〈応用編〉エレクトロクロミックディスプレイ／液晶表示とクロミック材料／フォトクロミックメモリメディア／調光フィルム 他
◆執筆者：市村國宏／入江正浩／川西祐司 他25名

コンポジット材料の製造と応用
ISBN4-88231-093-7 B590
A5判・278頁　本体3,300円＋税（〒380円）
初版1990年5月　普及版2000年10月

構成および内容：〈コンポジットの現状と展望〉〈コンポジットの製造〉微粒子の複合化／マトリックスと強化材の接着／汎用繊維強化プラスチック（FRP）の製造と成形〈コンポジットの応用〉／プラスチック複合材料の自動車への応用／鉄道関係／航空・宇宙関係 他
◆執筆者：浅井治海／小石眞純／中尾富士夫 他21名

機能性エマルジョンの基礎と応用
監修／本山 卓彦
ISBN4-88231-092-9 B589
A5判・198頁　本体2,400円＋税（〒380円）
初版1993年11月　普及版2000年10月

構成および内容：〈業界動向〉国内のエマルジョン工業の動向／海外の技術動向／環境問題とエマルジョン／エマルジョンの試験方法と規格〈新材料開発の動向〉最近の大粒径エマルジョンの製法と用途／超微粒子ポリマーラテックス〈分野別の最近応用動向〉塗料分野／接着剤分野 他
◆執筆者：本山卓彦／葛西壽一／滝沢稔 他11名

無機高分子の基礎と応用
監修／梶原 鳴雪
ISBN4-88231-091-0 B588
A5判・272頁　本体3,200円＋税（〒380円）
初版1993年10月　普及版2000年11月

構成および内容：〈基礎編〉前駆体オリゴマー、ポリマーから酸素ポリマーの合成／ポリマーから非酸化物ポリマーの合成／無機－有機ハイブリッドポリマーの合成／無機高分子化合物とバイオリアクター〈応用編〉無機高分子繊維およびフィルム／接着剤／光・電子材料 他
◆執筆者：木村良晴／乙咩重男／阿部芳宣 他14名

食品加工の新技術
監修／木村 進・亀和田光男
ISBN4-88231-090-2 B587
A5判・288頁　本体3,300円＋税（〒380円）
初版1990年6月　普及版2000年11月

構成および内容：'90年代における食品加工技術の課題と展望／バイオテクノロジーの応用とその展望／21世紀に向けてのバイオリアクター関連技術と装置／食品における乾燥技術の動向／マイクロカプセル製造および利用技術／微粉砕技術／高圧による食品の物性と微生物の制御 他
◆執筆者：木村進／貝沼圭二／播磨幹夫 他20名

高分子の光安定化技術
著者／大澤 善次郎
ISBN4-88231-089-9 B586
A5判・303頁　本体3,800円＋税（〒380円）
初版1986年12月　普及版2000年10月

構成および内容：序／劣化概論／光化学の基礎／高分子の光劣化／光劣化の試験方法／光劣化の評価方法／高分子の光安定化／劣化防止概説／各論－ポリオレフィン、ポリ塩化ビニル、ポリスチレン、ポリウレタン他／光劣化の応用／光崩壊性高分子／高分子の光機能化／耐放射線高分子 他

ホットメルト接着剤の実際技術
ISBN4-88231-088-0 B585
A5判・259頁　本体3,200円＋税（〒380円）
初版1991年8月　普及版2000年8月

構成および内容：〈ホットメルト接着剤の市場動向〉〈HMA材料〉EVA系ホットメルト接着剤／ポリオレフィン系／ポリエステル系〈機能性ホットメルト接着剤〉〈ホットメルト接着剤の応用〉〈ホットメルトアプリケーター〉〈海外におけるHMAの開発動向〉 他
◆執筆者：永田宏二／宮本禮次／佐藤勝充 他19名

バイオ検査薬の開発
監修／山本 重夫
ISBN4-88231-085-6 B583
A5判・217頁　本体3,000円＋税（〒380円）
初版1992年4月　普及版2000年9月

構成および内容：〈総論〉臨床検査薬の技術／臨床検査機器の技術〈検査薬と検査機器〉バイオ検査薬用の素材／測定系の最近の進歩／検出系と機器
◆執筆者：片山善彦／星野忠／河野均也／細荘和子／藤巻道男／小栗豊子／猪狩淳／渡辺文夫／磯部和正／中井利昭／髙橋豊三／中島憲一郎／長谷川明／舟橋真一 他9名

※ 書籍をご購入の際は、最寄りの書店にご注文いただくか、
㈱シーエムシー出版のホームページ（http://www.cmcbooks.co.jp/）にてお申し込み下さい。

CMCテクニカルライブラリー のご案内

紙薬品と紙用機能材料の開発
監修／稲垣 寛
ISBN4-88231-086-4　　　　　　　　B582
A5 判・274 頁　本体 3,400 円＋税（〒380 円）
初版 1988 年 12 月　普及版 2000 年 9 月

構成および内容：〈紙用機能材料と薬品の進歩〉紙用材料と薬品の分類／機能材料と薬品の性能と用途〈抄紙用薬品〉パルプ化から抄紙工程までの添加薬品／パルプ段階での添加薬品〈紙の 2 次加工薬品〉加工紙の現状と加工薬品／加工用薬品〈加工技術の進歩〉他
◆執筆者：稲垣寛／尾鍋史彦／西尾信之／平岡誠　他 20 名

機能性ガラスの応用

ISBN4-88231-084-8　　　　　　　　B581
A5 判・251 頁　本体 2,800 円＋税（〒380 円）
初版 1990 年 2 月　普及版 2000 年 8 月

構成および内容：〈光学的機能ガラスの応用〉光集積回路とニューガラス／光ファイバー〈電気・電子的機能ガラスの応用〉電気用ガラス／ホーロー回路基盤〈熱的・機械的機能ガラスの応用〉〈化学的・生体機能ガラスの応用〉〈用途開発展開中のガラス〉他
◆執筆者：作花済夫／栖原敏明／高橋志郎　他 26 名

超精密洗浄技術の開発
監修／角田 光雄
ISBN4-88231-083-X　　　　　　　　B580
A5 判・247 頁　本体 3,200 円＋税（〒380 円）
初版 1992 年 3 月　普及版 2000 年 8 月

◆構成および内容：〈精密洗浄の技術動向〉精密洗浄技術／洗浄メカニズム／洗浄評価技術〈超精密洗浄技術〉ウェハ洗浄技術／洗浄用薬品〈CFC-113 と 1,1,1-トリクロロエタンの規制動向と規制対応状況〉国際法による規制スケジュール／各国国内法による規制スケジュール　他
◆執筆者：角田光雄／斉木篤／山本芳彦／大部一夫他 10 名

機能性フィラーの開発技術

ISBN4-88231-082-1　　　　　　　　B579
A5 判・324 頁　本体 3,800 円＋税（〒380 円）
初版 1990 年 1 月　普及版 2000 年 7 月

構成および内容：序／機能性フィラーの分類と役割／フィラーの機能制御／力学的機能／電気・磁気的機能／熱的機能／光・色機能／その他機能／表面処理と複合化／複合材料の成形・加工技術／機能性フィラーへの期待と将来展望
◆執筆者：村上謙吉／由井浩／小石真純／山田英夫他 24 名

高分子材料の長寿命化と環境対策
監修／大澤 善次郎
ISBN4-88231-081-3　　　　　　　　B578
A5 判・318 頁　本体 3,800 円＋税（〒380 円）
初版 1990 年 5 月　普及版 2000 年 7 月

◆構成および内容：プラスチックの劣化と安定性／ゴムの劣化と安定化／繊維の構造と劣化、安定化／紙・パルプの劣化と安定化／写真材料の劣化と安定化／塗膜の劣化と安定化／染料の退色／エンジニアリングプラスチックの劣化と安定化／複合材料の劣化と安定化　他
◆執筆者：大澤善次郎／河本圭司／酒井英紀　他 16 名

吸油性材料の開発

ISBN4-88231-080-5　　　　　　　　B577
A5 判・178 頁　本体 2,700 円＋税（〒380 円）
初版 1991 年 5 月　普及版 2000 年 7 月

◆構成および内容：〈吸油（非水溶液）の原理とその構造〉ポリマーの架橋構造／一次架橋構造とその物性に関する最近の研究〈吸油性材料の開発〉無機系／天然系吸油性材料／有機系吸油性材料〈吸油性材料の応用と製品〉吸油性材料／不織布系吸油性材料／固化型 油処着材　他
◆執筆者：村上謙吉／佐藤悌治／岡部潔　他 8 名

消泡剤の応用
監修／佐々木 恒孝
ISBN4-88231-079-1　　　　　　　　B576
A5 判・218 頁　本体 2,900 円＋税（〒380 円）
初版 1991 年 5 月　普及版 2000 年 7 月

◆構成および内容：泡・その発生・安定化・破壊／消泡理論の最近の展開／シリコーン消泡剤／バイオプロセスへの応用／食品製造への応用／パルプ製造工程への応用／抄紙工程への応用／繊維加工への応用／塗料、インキへの応用／高分子ラテックスへの応用　他
◆執筆者：佐々木恒孝／高橋葉子／角田淳　他 14 名

粘着製品の応用技術

ISBN4-88231-078-3　　　　　　　　B575
A5 判・253 頁　本体 3,000 円＋税（〒380 円）
初版 1989 年 1 月　普及版 2000 年 7 月

◆構成および内容：〈材料開発の動向〉粘着製品の材料／粘着剤／下塗剤〈塗布技術の最近の進歩〉水系エマルジョンの特徴およびその塗工装置／最近の製品製造システムとその概説〈粘着製品の応用〉電気・電子関連用粘着製品／自動車用粘着製品／医療用粘着製品　他
◆執筆者：福沢敬司／西田幸平／宮崎正常　他 16 名

※ 書籍をご購入の際は、最寄りの書店にご注文いただくか、
㈱シーエムシー出版のホームページ（http://www.cmcbooks.co.jp/）にてお申し込み下さい。